Jetzt helfe ich mir selbst

Motor
buch
Verlag

Einbandgestaltung: Andreas Pflaum

Bilder/Zeichnungen: frisch CONSULTING, Friedrich Schröder, Motor-Presse Stuttgart, Ford, Dunlop, Continental, Hella, Bosch.

Alle Angaben und Ratschläge in diesem Ratgeber wurden nach bestem Wissen und Gewissen erteilt. Eine Haftung der Autoren oder des Verlages und seiner Beauftragten für Personen-, Sach- und Vermögensschäden ist ausgeschlossen.

Dieser Band entspricht dem Kenntnisstand zum Zeitpunkt der Drucklegung. Abweichungen durch Weiterentwicklung der beschriebenen Fahrzeuge, geänderte Anweisungen des Fahrzeugherstellers bzw. neue gesetzliche Bestimmungen sind möglich.

ISBN 3-613-01856-X

1. Auflage 2000

Grafische Gestaltung: Andreas Pflaum
Herstellung: Maisch & Queck
Druck: Maisch & Queck, 70839 Gerlingen
Bindung: Nething, 73235 Weilheim/Teck
Printed in Germany

Friedrich Schröder

FORD FIESTA

Benziner: 1,25 Liter (75 PS), 1,3 Liter (50/60 PS), 1,4 Liter (90 PS)
Diesel: 1,8 Liter (60 PS)

ab 1996

Inhaltsverzeichnis

Schnelle Hilfe – was tun bei Störungen

Störungsbeistände

Ein Ratgeber stellt sich vor

»Jetzt helfe ich mir selbst« ist ein Ratgeber rund ums Auto. Er zeigt, wie die Technik funktioniert und wie Sie Ihr Fahrzeug optimal pflegen und warten können. Sie werden sehen: Do it yourself macht Spaß und spart Geld. Und mit dem richtigen Know-how schrumpft manche Panne zur Bagatelle, weil oft wenige Handgriffe genügen, ein Auto wieder flott zu machen.

Ein Ratgeber mit System

Jedes Kapitel dieses Ratgebers gliedert sich in die Abschnitte Theorie, Wartung und Reparatur.
Theorie: Hier informieren Sie sich über Technik und Funktionen. Neben ausführlichen Beschreibungen finden Sie in diesem Abschnitt auch ein **Techniklexikon** mit Hintergrundwissen zu speziellen Problemen.
Wartung: Eine detaillierte Anleitung führt Step by Step durch alle Arbeiten. **Arbeitssymbole** verdeutlichen Zeitaufwand, Schwierigkeitsgrad sowie Gefahren für Sicherheit und Umwelt. Eine Fotodokumentation veranschaulicht Arbeitsabläufe und Probleme.
Reparatur: Die **Arbeitsschritte** werden nach dem gleichen Muster dargestellt wie die Wartungsarbeiten. **Praxistipps** helfen Ihnen bei der Umsetzung und bei Problemen. Der Reparatur-Teil enthält auch häufig einen **Störungsbeistand,** der Störungen, Ursachen und Abhilfen auflistet.

Technik-Themen und Störungsbeistände erschließen Sie über die Inhaltsübersicht und das Stichwortverzeichnis. Im Inhaltsverzeichnis finden Sie auch einen Hinweis auf die Wartungen und Reparaturen zu den verschiedenen Baugruppen: Jeweils auf der ersten Seite des entsprechenden Kapitels steht eine Übersicht mit Seitenangaben, die Sie direkt zu den Arbeitsschritten führt.

Die Bauteile des Motors — **Technik-lexikon**

Motorblock Hier sind die beweglichen Teile gelagert. Er besteht bei vielen Motoren aus Grauguß. Der Motorblock trägt auch Aggregate wie Lichtmaschine, Anlasser und Zündanlage.
Zylinderkopf Schließt den Zylinder nach oben ab. Er enthält Kanäle für Frisch- und Abgas, Ventilsitze, Lager und Führungen für Teile der Ventilsteuerung, Zündkerzengewinde, Wasserkanäle und Brennraum. Die Zylinderkopfdichtung zwischen den Metall-Flächen von Zylinderkopf und Zylinderblock verhindert, dass an dieser Stelle Luft und Kühlwasser in den Zylinder gelangen.

Technik auf den Punkt gebracht: Knappe und präzise Infos über Begriffe, Funktionen und Zusammenhänge.

Wartung

Motor durchdrehen ....
Ventilspiel prüfen ....
Ventile einstellen ....
Kompressionsdruck messen ....

Reparatur

Zahnriemenzustand prüfen ....
Zahnriemenspannung behelfsmäßig prüfen ....

Eine Übersicht der Wartungen und Reparaturen finden Sie auf der ersten Seite jedes Kapitels. Die Seitenangaben führen Sie direkt zu den Arbeitsschritten.

Arbeits-schritte — **30.000 km 2 Jahre**

① Ansauggeräuschdämpfer abbauen. Beim Diesel: Luftansaugleitung abbauen. Bei allen Motoren: elektrische Steckverbindungen lösen.

② Sechs Schrauben der Zylinderkopfhaube lösen und Haube vorsichtig abnehmen. Sitzt der Deckel fest, lösen Sie ihn durch Schläge mit Handballen oder Hammerstiel.

③ Für die Messung von Ein- und Auslassventil eines Zylinders müssen beide Ventile entlastet sein. Dazu den Motor durchdrehen, bis an der Nockenwelle die Spitzen beider Nocken von Zylinder 1 (in Fahrtrichtung rechts) symmetrisch nach links und rechts oben zeigen (OT-Markierung beachten). Diese Position entspricht dem Oberen Totpunkt.

Die Arbeitsschritte führen Sie Step by Step durch Ihre Wartungen und Reparaturen. Hier steht, wo Sie den Hebel ansetzen müssen und worauf Sie dabei achten müssen.

Kühlsystem

Störungsbeistand

Störung	Ursache	Abhilfe
A Temperatur-Anzeigenadel steht im roten Bereich	**1** Keilrippenriemen zu schwach gespannt oder gerissen	Riemenspannung kontrollieren oder Riemen ersetzen
	2 Zu wenig Flüssigkeit im Kühlsystem	Auffüllen, notfalls aus der Scheibenwaschanlage
	3 Kabel zur Temperaturanzeige hat Masseschluß	Kabel am Temperaturgeber abziehen, Zeiger muß zurückgehen, sonst Masseschluß; Kabelverlauf kontrollieren

Der ideale Pannenhelfer: Der »Störungsbeistand« hilft Ihnen, Fehlern und Defekten an Ihrem Fahrzeug systematisch auf den Grund zu gehen. Außerdem finden Sie hier Tipps, wie Sie mit einer Störung fertig werden.

Praxistip

Kompressions-druckluft strömt aus

Wenn Kompressionsdruckluft an einer der folgenden Stellen ausströmt, hat dies meist diese Ursachen:

- Ansaugkrümmer oder Luftfiltergehäuse: defektes Einlaßventil.
- geöffneter Kühler oder Kühlmittel-Ausgleichbehälter.

Praxistipps für Schrauber: Hier steht, wie Sie schnell und effektiv Fehler feststellen und Probleme lösen.

Kein Do-it-yourself innerhalb der Garantiezeit

Wenn Sie einen neuen Fiesta fahren, halten Sie unbedingt die Wartungsintervalle des Herstellers ein. Vor allem verzichten Sie aufs Do it yourself: Selbst berechtigte Garantieansprüche erfüllt Ford ausschließlich nur dann, wenn eine Vertragswerkstatt die Wartungsarbeiten an Ihrem Fiesta erledigt hat. Das gilt übrigens auch, wenn Sie einen Fiesta mit Austauschmotor fahren.

Ratgeberservice: Checklisten

Auf die vorderen und hinteren Umschlaginnenseiten dieses Ratgebers haben wir eine Reihe von **Checklisten** gestellt, die Ihnen helfen, Ihr Auto für Alltag, Winter und TÜV/DEKRA fit zu machen. Hier steht, welche Arbeiten Sie durchführen sollten und auf welchen Seiten Sie die Arbeitsanleitungen dazu finden. Am besten die benötigte Liste kopieren und alle Arbeiten Punkt für Punkt abhaken.

Die Arbeitssymbole

Der Umweltbaum soll Sie für den Umweltschutz sensibilisieren. Er taucht immer dann auf, wenn eine Arbeit oder die dabei anfallenden Abfälle für die Umwelt problematisch sind.

Die Zahl der Schraubenschlüssel signalisiert den Schwierigkeitsgrad.
1 Schlüssel = leichte Arbeit; 2 Schlüssel = anspruchsvolle Arbeit; 3 Schlüssel = schwierige Arbeit.

Die Sanduhr nennt den Zeitaufwand für den Hobby-Schrauber. Ein Teilstrich steht für eine Viertelstunde – bei einer gefüllten Uhr müssen Sie also mit rund einer Stunde Arbeit rechnen.

Das Ausrufezeichen steht für Arbeiten, die die Betriebssicherheit Ihres Fahrzeugs betreffen. Wenn Sie nicht absolut kompetent sind: Hände weg! Das ist ein Fall für die Werkstatt.

Die Prüfplakette klassifiziert eine Vorsorgearbeit für die Hauptuntersuchung. Sie sparen Geld und Zeit, wenn Sie die markierten Wartungs- und Prüfarbeiten vor Ihrem Termin bei TÜV oder DEKRA durchführen.

Die Wartungsplakette bezeichnet alle Wartungsarbeiten für Ihr Auto, die auch die Werkstatt beim Kleinen und Großen Kundendienst durchführt. Sämtliche Punkte entsprechen den offiziellen Wartungsplänen.

DER FORD FIES

Ford Fiesta: Ein überaus erfolgreicher Kompaktwagen, der bereits seit gut zwanzig Jahren auf allen Straßen dieser Welt zu Hause ist. Trotz diverser Face-Lifts blieb das Grundkonzept des Ford über die Jahre unangetastet.

Seit seinem Debüt in 1976 gehört der Ford Fiesta europaweit zu den beliebtesten Kompaktwagen: Nach fast einem Vierteljahrhundert ist seine Popularität nahezu ungebrochen. Über zehn Millionen Fiesta wurden bereits gebaut. Der kleine Ford ist in allen Situationen des automobilen Alltags ein robuster Begleiter. Er war weiland übrigens das erste nach der Finite-Element-Methode berechnete europäische Auto. Der Fiesta wurde, im Laufe seines Autolebens, ständig den aktuellen technischen Standards angepasst. Sein Grundkonzept freilich überdauerte alle Karosserie Make-ups: Fiesta steht bei Ford nach wie vor als Synonym für kompakte Limousinen mit zwei oder vier Türen, variablem Innenraum, quer zur Fahrtrichtung montierten Vierzylinder Motoren, Frontantrieb und großer Heckklappe. Vornehmlich an der unlängst vorgestellten Neuauflage wird deutlich »Ford. Die tun was«. Doch auch die 96er Fiesta Version belegte mit neuen Zetec-Motoren, verfeinerten Fahrwerken und einem deutlich angehobenen Ausstattungspaket vordere Ränge in den Vergleichstests großer Automobilzeitschriften.

Mehr Komfort und verbesserte Motoren – Synonym für den »96er Fiesta«

Die wichtigsten Stichworte zum 96er Fiesta in aller Kürze: Neu entwickelter 1,25-Liter Leichtmetallmotor (55 kW/75 PS), 1,8-Liter Wirbelkammer-Dieselmotor mit Verteiler-Einspritzpumpe, vier Ausstattungsvarianten, gesteigerte aktive und passive Sicherheit, umfangreicheres Komfortpaket in allen Varianten.
Der kompakte Ford wurde bis 1999 als Fiesta Focus, Fiesta Flair, Fiesta Fun und Fiesta Ghia mit drei oder fünf Türen geliefert. Die »praktische« Ergänzung des Fiesta hörte und hört auf den Namen Courier. Der kleine »Laster« tritt im »Führerhaus« wie alle Fiesta auf, auch technisch bietet er durchaus Limousinenstandard.

Die 96er Modellversionen

Das Modellprogramm hat Ford maßgeschneidert auf die unterschiedlichsten Aufgabenstellungen einzelner Kundengruppen ausgerichtet. Der Fiesta rollt als Drei- und Fünftürer von den Produktionsbändern. Hier die Limousinen:

- Fiesta Focus – die preisorientierte Variante
- Fiesta Flair – die komfortorientierte Variante
- Fiesta Fun – die sportliche Variante
- Fiesta Ghia – die luxuriöse Variante

Zur Serienausstattung sämtlicher Fiesta gehören Fahrerairbag, Gurtstraffer und -stopper, elektronische Wegfahrsperre sowie Zigarettenanzünder, Digitaluhr und eine Mittelkonsole.

Fiesta Focus

Der Fiesta Focus ist äusserlich, neben dem Schriftzug auf den vorderen Kotflügeln, an nicht lackierten Stoßfängern, schwarzen Türgriffen und Aussenspiegeln sowie dem in Wagenfarbe lackierten Kühlergrill erkennbar. Zur Serienausstattung gehören, ausser den oben erwähnten Accessoires, Heckscheiben-Wisch-/Waschanlage, beheizbare Heckscheibe und umklappbare Rücksitzlehne.

Fiesta Flair

Die äusseren Designelemente des Fiesta Flair sind mit einer speziellen Seitenzierleiste und dem Namensschriftzug abgehandelt. Seine Ausstattung umfasst serienmäßig Servolenkung, geteilt umklappbare Rücksitzlehne, getönte Wärmeschutzverglasung, Pollenfilter und Umluftschaltung.

Fiesta Fun

Die sportliche Alternative wartet ab Werk mit speziell geformten Sitzen, Stereo-Radio-Kassettengerät, getönter Wärmeschutzverglasung, einer weiss unterlegten Instrumententafel sowie Heckspoiler und in Wagenfarbe lackierten Aussenspiegeln auf. Den Fun liefert Ford ausschließlich mit drei Türen aus.

Fiesta Ghia

Luxus wird im Ghia GROSS geschrieben: Servolenkung, Kopfstützen hinten, in der Höhe elektrisch verstellbarer Fahrersitz, elektrische Fensterheber und elektrisch einstellbare und beheizbare Außenspiegel sind ebenso Standard wie die beheizbare Frontscheibe, Drehzahlmesser und Zentralverriegelung mit Fernbedienung. Auch außen zeigt der Ghia Flagge – in Wagenfarbe lackierte Stoßfänger und Außenspiegel ergänzen Seitenzierleisten in Wagenfarbe und einen transparenten Acryl-Kühlergrill.

Wunschprogramm – die Sonderausstattungen

Zur Palette der Sonderausstattungen gehören Beifahrer-Airbag, das Vierkanal-ABS mit Antriebsschlupfregelung, Servolenkung (sofern nicht serienmäßig), Klimaanlage, Metallic-Lackierungen und Panoramadach.

Eine Neuheit im Ausstattungsprogramm ist das »Sitzpaket«, zu dem Kopfstützen für die hinteren Sitze und, für den Focus, eine geteilt umlegbare Rücksitzbank zählen. Für Flair und Fun ist das Paket mit einer elektrischen Fahrersitz-Höhenverstellung zu erweitern. Frischluft-Fans bekommen die Zetec-Version des Fun mit einem elektrisch verstellbaren Faltverdeck. Innerhalb verschiedener Pakete stehen Fiesta Fahrern darüber hinaus Annehmlichkeiten wie Zentralverriegelung, elektrische Fensterheber, Kofferraum-Fernentriegelung und beheizbare Frontscheibe zur Verfügung.

Die Motoren:

Zetec-SE Aggregate mit reduziertem Wartungsaufwand

Mit gleich zwei völlig neu entwickelten Vierzylinder-Aggregaten geht die 96er Version des Ford Fiesta an den Start. Die neu entwickelten Zetec-SE Leichtmetall-Motoren setzen, gemessen am Ford Angebot, hinsichtlich Laufkultur, Wirtschaftlichkeit und Lebensdauer neue Maßstäbe. Fiesta-Käufer haben die Wahl zwischen 1, 25 Liter (55 kW, 75 PS) und 1,4 Liter Hubraum (66 kW, 90 PS). Beide Motoren erfreuen beispielsweise mit robuster Technik und reduziertem Wartungsaufwand: Der Motoröl- inklusive Ölfilterwechsel (3, 4 Liter) findet alle 15.000 Kilometer statt, neue Zündkerzen sind nach jeweils 45.000 Kilometern und die Ventilspielkontrolle erst nach 150.000 Kilometer fällig.

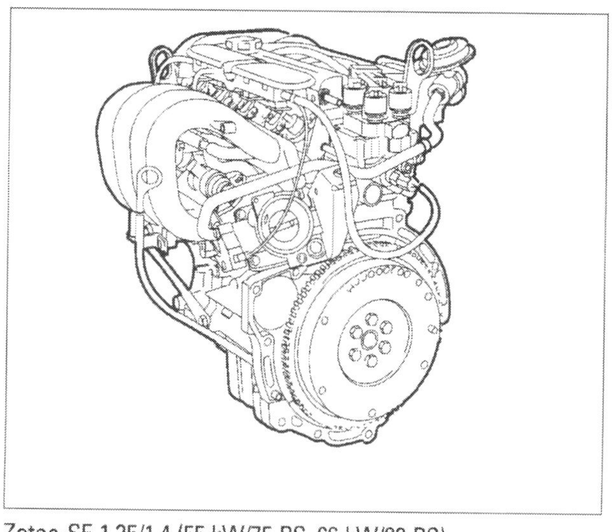

Zetec-SE 1,25/1,4 (55 kW/75 PS, 66 kW/90 PS)

1,3 Liter Einspritzmotoren in zwei Leistungsstufen

Das aktuelle Ottomotoren-Angebot innerhalb der Fiesta-Modellreihe komplettieren zwei altbewährte 1,3-Liter Vierzylinder mit Multipoint Kraftstoffeinspritzung, elektronischem Motormanagement und 37/44 kW (50 PS/60 PS) Leistung. Bevor sie freilich erste Wahl in der neuen Fiesta-Auflage wurden, renovierten Ford-Ingenieure gründlich ihr Innenleben: Tiefgreifende konstruktive Maßnahmen zur Emissionsminderung, sowie zu komfortablerem Geräusch- und Vibrationsverhalten, hatten vor der Implantation oberste Priorität. Werksintern tragen beide OHV-Triebwerke die Bezeichnung Endura-E.

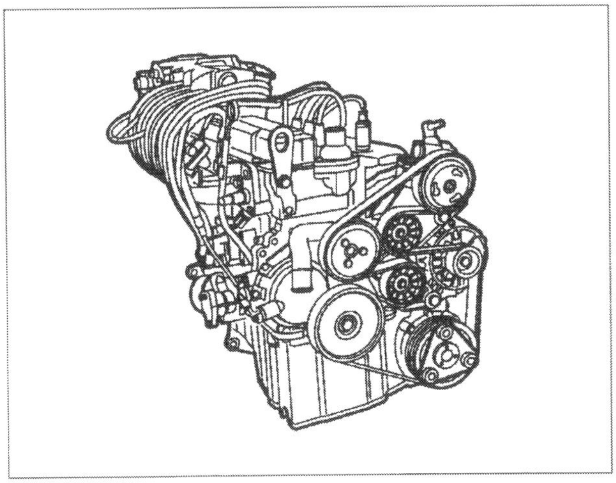

Endura-E 1, 3 (37 kW/50 PS, 44 kW/60 PS)

Neuer Wirbelkammer-Dieselmotor

Ähnlich tiefgreifende Modifikationen weist auch der völlig überarbeitete Dieselmotor mit 44 kW/60 PS auf – der 1,8-Liter Wirbelkammer-Diesel trägt die Werksbezeichnung Endura-DE. In seinem Aluminiumzylinderkopf rotiert eine über Zahnriemen angetriebene Nockenwelle. Der Endura-DE weist derzeit den spezifisch günstigsten Kraftstoffverbrauch aller Ford-Motoren auf. Schon kurz nach dem Kaltstart weicht das vernehmliche »Dieselnageln« einem eher monotonen »Brummen«. Für den Fachmann wie den Laien der beste Beweis, dass die theoretischen Maßnahmen zur Geräuschreduktion auch in der Praxis fruchten.

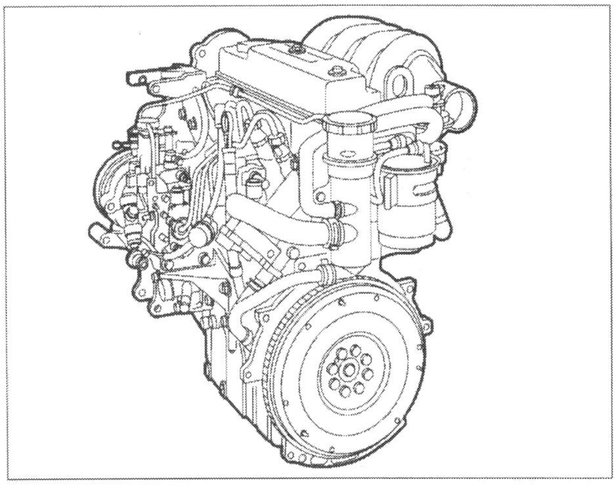

Endura-DE 1, 8 (44 kW/60 PS)

Die Modellpflege beim Fiesta

Fast 20 Jahre alt und schon ein Klassiker: Rund 10 Millionen Fiesta hat Ford gebaut, seit der Kleine 1976 als erstes frontgetriebenes Ford-Modell auf den europäischen Markt kam. Im Laufe der Zeit kamen weitere Premieren dazu: 1984 ein Dieselantrieb, 1989 eine ABS-Bremsanlage, 1992 der erste 16V-Motor und 1994 der Fahrerairbag als Serienausstattung. Die aktuelle Version des Fiesta machte Anfang 1994 mit ihrem kompletten Sicherheitspaket Furore: Karosserieverstärkungen zum Seitenaufprallschutz, Fahrer- und Beifahrer-Airbags, Gurtstraffer und ein Schalter zur Unterbrechung der Benzinzufuhr im Falle eines Aufpralls machten den Fiesta zu einem außergewöhnlich sicheren Fahrzeug in seiner Klasse. Produktionsstätten des Fiesta waren und sind Köln, Valencia (Spanien) und Dagenham (Großbritannien).

1976
Juni Vorstellung auf dem Genfer-Salon.

1976
Juni/ Juli Markteinführung in Deutschland und anderen europäischen Märkten.

1977
September 1,3-Liter Motor (39 kW/53 PS) in den Modellen Ghia und Fiesta S.
Dezember 500.000 Fiesta sind verkauft.

1980
September Eine Million Fiesta sind verkauft.

1981
September Debüt Fiesta XR2 (1,6-Liter Hubraum, 63 kW/84 PS) auf der IAA in Frankfurt.

1983
März Debüt Fiesta XR2 (1,6-Liter Hubraum, 71kW/96 PS).
Juni/Juli Debüt Fiesta II. Modifizierte Motoren, neu gestalteter Innenraum, servicefreundlichere Technik.
September/ Oktober Verkaufsstart Fiesta Diesel (1,6-Liter Hubraum, 40 kW/54 PS).

1984
September/ Oktober Heizungs- und Belüftungssystem modifiziert.

1985
Juni Dieselmotor besteht TÜV-Abgastest und wird fortan als »schadstoffarm« steuerbegünstigt.

1986
März 1,4-Liter Motor (55 kW/75 PS) mit Oxydationskatalysator wird als »schadstoffarm« eingestuft.

1987
September Alle Otto-Motoren bekommen Oxy-Kat und werden als »schadstoffarm« eingestuft.

1989
August Fiesta III kommt in den Verkauf. Leistungsvarianten zwischen 40 KW (55 PS) – 76 kW (104 PS), Dieselmotor mit 1,8-Liter Hubraum (44 kW/60 PS). Schaltgestänge modifiziert, überarbeitetes Fahrwerk, neues Getriebe, rostresistentere Karosseriebleche.

1991
Oktober Debüt Fiesta Courier, Kleinlieferwagen mit Limousinenkomfort. Motorisierung: 1,3 Liter Ottomotor (44 kW/60 PS) mit Kraftstoffeinspritzung, 1,8-Liter Diesel-Wirbelkammermotor (44 kW/60 PS).

1996
März Debüt Fiesta IV. Jetzt mit modernsten Sicherheitsstandards wie Fahrerairbag, Seitenaufprallschutz und Gurtstraffer. Beifahrerairbag, ABS und Anfahrschlupfbegrenzung auf Wunsch in allen Modellen. Hydraulisch betätigte Kupplung, alle Otto-Motoren »schadstoffarm« nach D4.
September Wirbelkammer-Dieselmotor (1,8-Liter Hubraum, 44 kW/60 PS), Abgasnorm nach 96 EEC II.

1999
September Debüt Fiesta V auf der IAA in Frankfurt.

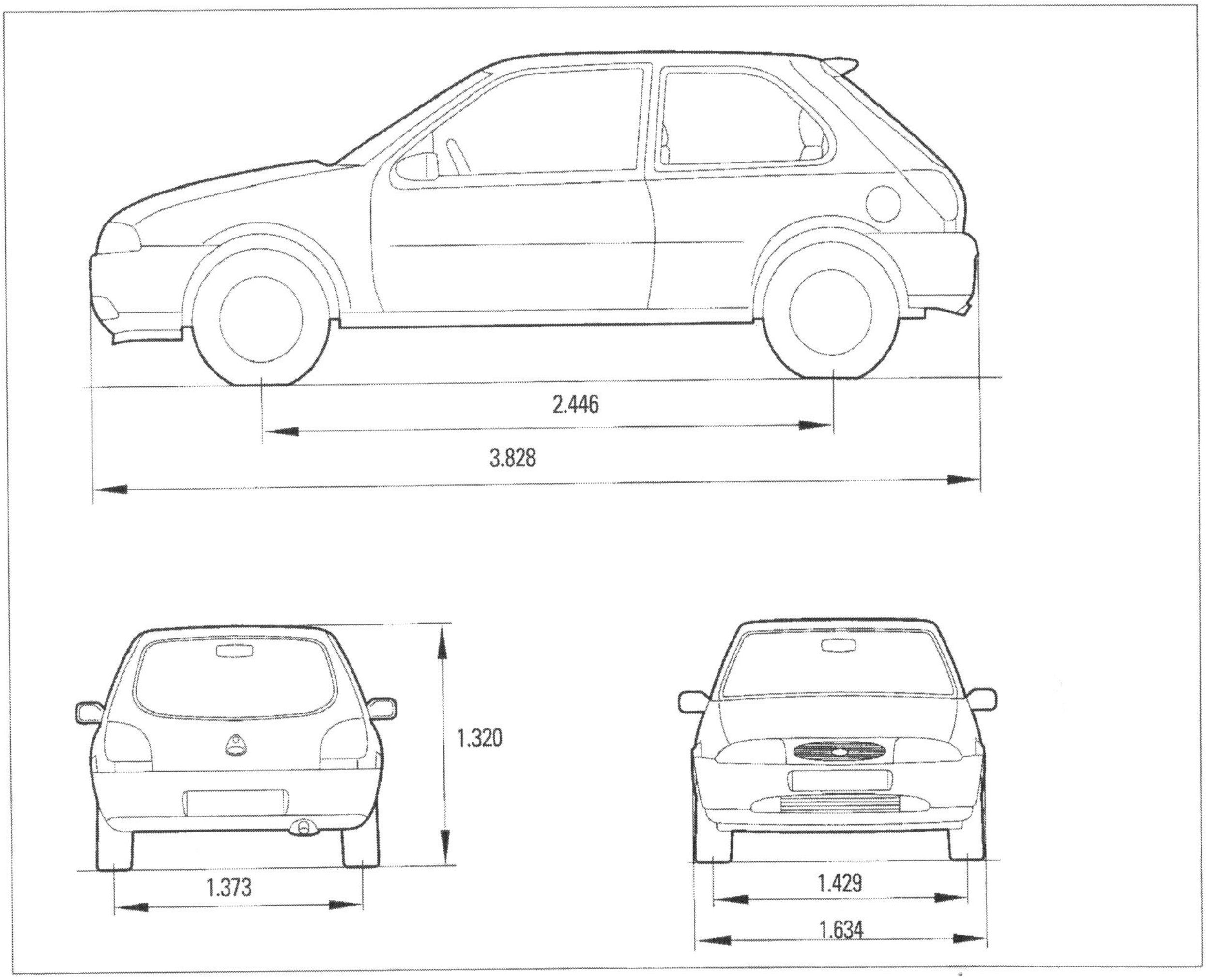

Die Abmessungen des Ford Fiesta Modelljar '96 (3-/5-Türer)

In Höhe (1.320 mm) und Breite (1.634 mm) entspricht der Fiesta durchaus der nächst höheren Fahrzeugklasse. Doch mit 3. 828 mm Gesamtlänge und einem Radstand von 2.446 mm wird klar, der Ford zählt zur Spezies der Kompaktwagen – wenngleich zu den »äusserlich« Großen unter den Kleinen. In seinem Innenraum finden vier Erwachsene bequem Platz, als Fünfsitzer wird's dann auf der Rückbank freilich etwas eng. Der Kofferraum des Fiesta schluckt im Normalfall und nach VDA-Norm 250 Liter – mit umgelegter Rückbank passen auf Fensterhöhe 625 Liter und bis zur Dachkante sogar 930 Liter in das Fiesta Heck. Damit ist der kleine Ford zwar längst nicht mehr der Klassenprimus, ein durchaus praktischer Zeitgenosse ist er jedoch allemal.

Mit 1.320 Millimetern Gesamthöhe, 1634 Millimetern Breite und 3.828 Millimetern Gesamtlänge kann sich der Ford Fiesta durchaus auf eine Stufe mit »Bonsai-Ausführungen« der nächst höheren Fahrzeugklasse stellen. Der Radstand des Fiesta entspricht mit 2.446 Millimetern rund 64 Prozent seiner Gesamtlänge. Keine Frage: Obwohl die Grundkonzeption des Rheinischen Mini schon älter als 20 Jahre ist, hält der Fiesta – bezüglich Platzangebot und Kofferraumvolumen – noch locker mit jüngeren Autos seiner Spezies mit.

DIE AUSRÜST

UNG

Der Arbeitsplatz

Als Hobbymechaniker brauchen Sie zunächst einen »passenden« Arbeitsplatz, schließlich möchten Sie sich ganz aufs Schrauben konzentrieren. Am besten geeignet: Eine ausreichend breite und gut beleuchtete Garage mit eigenem Stromanschluss. Bei gutem Wetter macht Schrauben unter freiem Himmel natürlich noch mehr Spaß. Doch legen Sie grundsätzlich Wert auf eine ebene und befestigte Fläche – handeln Sie bei allen Arbeiten stets nach der Devise: Safety First.

Mietwerkstatt

Mietwerkstätten sind in aller Regel eine gute Empfehlung für Hobbyschrauber. Neben Hebebühnen und umfangreicher Werkzeugausstattung gibt es dort häufig auch kompetente Hilfestellung mit fundierten Praxistips: Probleme am Fahrzeug und mit der Technik sind unter fachkundiger Anleitung leichter lösbar. Die meisten Mietwerkstätten bieten mehrere Arbeitsplätze. Doch mit freien Plätzen ist unter der Woche eher zu rechnen als am Wochenende, die meisten Hobbyschrauber greifen dann zum Schraubenschlüssel. Mietwerkstätten berechnen ihren Kunden für eine Arbeitsstunde bundesweit zwischen 20 bis 30 Mark – inklusive Werkzeug. Adressen von Mietwerkstätten finden Sie in den gelben Telefonbuchseiten, im Kleinanzeigenteil Ihrer Tageszeitung oder in Anzeigenblättern. Oft kann Ihnen auch Ihr Tankwart den einen oder anderen Tip zu Hobbywerkstätten in nächster Umgebung geben.

Gut vorbereiten - den Werkstattbesuch

Selbsthilfe in Mietwerkstätten lohnt freilich nur, wenn die Reparatur flott über die Bühne geht. Denn bei umfangreichen Arbeiten, die Sie zum ersten Mal selbst erledigen, kann die Summe der angesammelten Mietwerkstattstunden mitunter den Arbeitspreis von Fach- bzw. Vertragswerkstätten übersteigen. Dazu kommt dann meist noch der Zeitdruck wartender Hobbyschrauber: Wenn Sie erst einmal angefangen haben, sollten Sie die Arbeit besser auch direkt zu Ende führen. Die Praxis zwingt Sie förmlich zu einer akribischen Arbeitsplanung am grünen Tisch – schließlich möchten Sie ja nicht einen Großteil Ihres Mietwerkstattaufenthalts mit der Beschaffung fehlender Teile oder Hilfsmittel verplempern.

Praxistip

So arbeiten Sie effektiv

- Säubern Sie zuerst den Arbeitsplatz: Damit Sie nichts Falsches in Ihrem Fiesta montieren, räumen Sie vorab Schrauben und Teile von früheren Zerlegearbeiten unbedingt beiseite.
- Legen Sie demontierte Teile grundsätzlich in der Ausbaureihenfolge ab. Das erleichtert Ihnen die spätere Montage erheblich.
- Kleinteile deponieren Sie besser in separate Schachteln oder andere Behältnisse. Drehen Sie Schrauben nach dem Ausbau gleich wieder in das entsprechende Gewinde. Das erspart Ihnen ein Schraubenpuzzle – jede Schraube behält so ihren angestammten Platz.
- Falls sich ein Gully oder Ölabscheider in der Nähe befindet, decken Sie ihn während der Arbeit ab – Gitterroste ziehen Kleinteile erfahrungsgemäß magisch an.
- Vor Beginn der eigentlichen Arbeit sollten Sie mitgelieferte Reparatur- oder Montageunterlagen aufmerksam studieren. Halten Sie die Unterlagen während der Arbeit immer in Reichweite.
- Bei umfangreichen Arbeiten fertigen Sie sinnvollerweise eine Skizze an, aus der die Reihenfolge der ausgebauten Teile hervorgeht. Das verkürzt die spätere Montage und erleichtert bei Bedarf die Fehlersuche.
- Bei Arbeiten in den Radkästen, an den Stoßfängern oder unter dem Wagen legen Sie sich nicht auf den nackten Boden: Eine alte Decke schützt Sie gegen Bodenkälte. Und damit auch Öl oder Feuchtigkeit keine Chance hat, isolieren Sie die Unterlage zusätzlich noch mit einer Plastikfolie.
- Bleiben nach der Arbeit Ölspuren auf dem Boden zurück, hilft fürs erste ein scharfer Haushaltsreiniger oder ein Geschirrspülmittel. Besser sind freilich spezielle Ölfleckentferner, wie sie der Autozubehörhandel anbietet.

Der Ersatzteilkauf

Spätestens dann, wenn Sie mit der Arbeit beginnen möchten, sollten sämtliche Ersatzteile vor Ort sein. Stellen Sie rechtzeitig eine Ersatzteilliste zusammen, die alle zur Reparatur benötigten Teile beinhaltet. Berücksichtigen Sie in der Liste nicht nur direkt betroffene Teile, sondern auch jenes Zubehör (Dichtungen, Sicherungsringe, Radialwellendichtringe, selbstsichernde Muttern, Fett, flüssiges Dichtmittel, etc.), das zur Reparatur-Pheripherie gehört. Fragen Sie zur Sicherheit den Fachmann im Ersatzteillager – er kennt die meisten Arbeitsabläufe und stellt Ihnen das richtige Reparaturset zusammen. Sollten Sie vorab den Reparaturumfang nicht genau abschätzen können, legen Sie den Termin so, dass Sie noch Zeit für einen ausserplanmäßigen Besuch beim Zubehör- oder Stützpunkthändler haben. Gehen Sie niemals davon aus, dass eine Vertragswerkstatt immer alle Teile auf Lager hält – kalkulieren Sie darum auch Bestellzeiten ein.

Abhängig vom Nummerncode – das passende Ersatzteil

Im Laufe der Produktionszeit haben sich manche Details am Ford Fiesta geändert. Deshalb entscheidet oft das Baujahr, welches Ersatzteil passt. Sie erleichtern sich und dem Verkäufer die Arbeit, wenn Sie ihm Ihren Fahrzeugschein vorlegen oder die Daten des Typenschilds auf einem Zettel notiert haben. Ein geschulter Ersatzteilverkäufer erkennt aus den Nummerncodes das passende Teil mühelos. Doch wenn Sie ganz auf Nummer Sicher gehen wollen: Legen Sie Ihrem Verkäufer einfach das Altteil auf den Tresen.

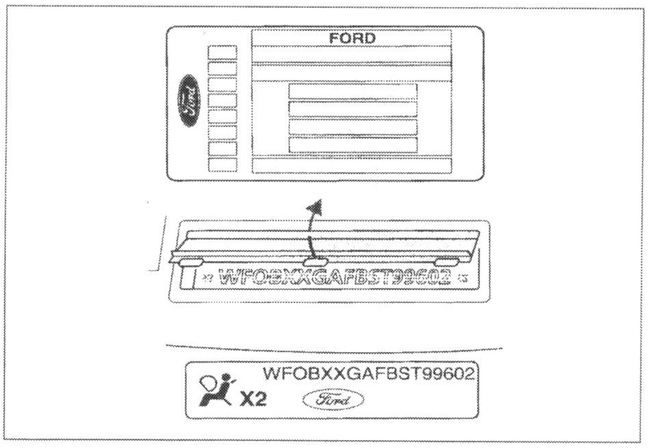

Fahrzeug-Typenschild: Sitzt beim Fiesta auf dem oberen Querträger vorne unter der Motorhaube. Es enthält Angaben über den Fahrzeugtyp, das Fahrzeuggewicht, die Identifizierungsnummer sowie die Bezeichnungen eingebauter Aggregate.
Fahrzeug-Identifizierungsnummer: Sie ist zusätzlich auf einer Plakette rechts auf der Armaturentafel und im Bodenblech eingeschlagen. Die Plakette auf der Armaturentafel enthält Zusatzinformationen über das Airbagsystem.
Motornummer: Der Buchstaben-Zahlencode ist auf dem Motorblock eingeschlagen. Beim **Endura-E** auf der Vorderseite nahe des Getriebeflanschs. Beim **Zetec-SE** vorne rechts unterhalb des Getriebeflanschs. Beim **Endura-DE** vorne links in Getriebenähe.

Safety First – vergleichen Sie Original- und Fremdteile

Alle Ersatzteile, die Sie im Reparaturfall für Ihren Fiesta benötigen, erhalten Sie beim Ford-Händler. Aber Sie müssen nicht ausschließlich dort einkaufen. Der Zubehörhandel hält ebenfalls ein breites Angebot bereit, darunter sogar Teile von jenen Herstellern, die Ford in der Erstausrüstung beliefern. Vergleichen Sie also die Preise – vorausgesetzt Service, Qualität und Lieferfähigkeit sind tatsächlich vergleichbar. Meiden Sie grundsätzlich No-name-Produkte. Die eingesparten Beträge sind oftmals nur gering und machen die fehlende Beratung beim Kauf von Verschleißteilen nicht wett. Sicher im Sinne von SICHER fahren Sie nur mit Ersatzteilen im Qualitätsmaßstab des Erstausrüsters.

Immer daran denken – billig ist nicht automatisch preisgünstig

Bei sicherheitsrelevanten Ersatzteilen ist Sparsamkeit immer am falschen Platz: Bremsbeläge, Bremsscheiben, Radlager, Antriebswellen und Gelenke sollten Sie grundsätzlich in Erstausrüster- oder Originalqualität kaufen. Die meisten Billig-Produkte erreichen bei weitem nicht die vom Hersteller geforderte Mindestqualität. Was nutzen Ihnen beispielsweise vermeintlich billige Bremsscheiben aus Osteuropa oder Asien, wenn sie nach dem Einbau unwuchtig laufen und teure Folgereparaturen initiieren? Ford stimmt beim Fiesta die Konsistenz der Reibbeläge auf die Materialbeschaffenheit der Bremsscheiben oder –Trommeln ab. Die Codenummer dafür steht in der »Allgemeinen Betriebserlaubnis« (ABE). Falls Ihr Fahrzeug nach einem ernsteren Unfall begutachtet wird und sich dabei eine nicht freigegebene Belagsmischung herausstellt, kann sich Ihre Kfz-Versicherung bei der Schadensregulierung »stur« stellen. Ihre Sicherheit und die Sicherheit anderer Verkehrsteilnehmer sollte Ihnen ein paar Mark extra wert sein.

Austauschteile – eine preiswerte Alternative

Second hand lohnt sich bei einer Reihe von Ersatzteilen. Austauschteile von Ford haben die gleiche Qualität wie ein Neuteil, sind deutlich billiger und werden mit gleicher Garantie geliefert. Auch der Zubehörhandel bietet zahlreiche Austauschteile an. Erneuerte Elektrik-Bauteile vertreibt zum Beispiel Bosch europaweit über autorisierte Autoelektrik-Werkstätten. Aber auch solide Autoverwerter sind in vielen Fällen eine gute Adresse – wenn Sie eine Reparatur besonders billig ausführen wollen und auf Äusserlichkeiten keinen großen Wert legen. Das gilt etwa für Karosserie-Bauteile wie Türen, Stoßfänger und Motorhauben. Der Kauf gebrauchter Verschleissteile lohnt allerdings nur dann, wenn sie deutlich besser sind als die bisher im Wagen eingebauten. Bisweilen müssen Sie das gewünschte Ersatzteil selbst ausbauen. Fragen Sie auf jeden Fall vorher nach dem Preis: Das gebrauchte Teil darf höchstens halb so teuer sein wie ein entsprechendes Neuteil. Verschleissteile dürfen maximal ein Viertel des Neupreises kosten.

Original-/Fremdteile	Austauschteile
Anlasser	Anlasser
Motordichtungen	Lichtmaschine
Ölfilter	Bremsbacken für Trommelbremsen
Zündkabel	Scheibenbremssättel
Lichtmaschine	Kupplungsdruckplatte
Zündkerzen	Kupplungsmitnehmerscheibe
Glühlampen	Schwungrad
Zündkerzenstecker	Getriebe
Scheinwerfer	Antriebswellen
Gelenkwellen	Zylinderblock mit Kolben
Keilriemen	Kurbelwelle mit Lagern
Hauptbremszylinder	Teilmotor
Stoßdämpfer	Zylinderkopf
Bremsleitungen	
Radbremszylinder	
Kupplung	
Bremsschläuche	
Reparaturbleche	
Lack	

Mit »spitzem« Bleistift rechnen - Teilmotor oder Austauschmotor?

Bei Schäden an Kurbeltrieb, Kolben und Ölwanne lohnt sich der Kauf eines Teilmotors. Er stellt eine wirtschaftliche Alternative dar, weil man zur Montage den Zylinderkopf und die Nebenaggregate vom alten Motor übernimmt. Ein kompletter Austauschmotor macht dagegen nur bei einem jüngeren und gut erhaltenen Fahrzeug Sinn. Fragen Sie in Ihrer Ford-Werkstatt nach. Ausserdem gibt's eine Reihe von Firmen, die auf Komplett- und Teilüberholung von Motoren spezialisiert sind und Reparaturen nach Qualitätsrichtlinien garantieren. Ein Anschriftenverzeichnis dieser Betriebe erhalten Sie beim Verband der Motorinstandsetzungsbetriebe e.V., Gothaer Straße 17, 40980 Ratingen.

Das Werkzeug

Gute Arbeitsergebnisse sind nur mit vollständigem und gepflegtem Werkzeug zu erzielen. Überprüfen Sie daher Ihre Ausrüstung vor Arbeitsbeginn: Schlechtes Werkzeug, das schon vor der ersten verrosteten Schraube kapituliert oder sich kurzerhand verbiegt, schafft Probleme und verdirbt die gute Laune. Achten Sie beim Werkzeugkauf auf Qualität – gutes Werkzeug hat seinen Preis und verirrt sich höchst selten auf Wühltische in Baumärkten und Kaufhäusern. Ganz sicher finden Sie es im Fachhandel. Sollten Sie nur gelegentlich selbst Hand anlegen, sind Sie mit folgender Grundausstattung schon bestens bedient:

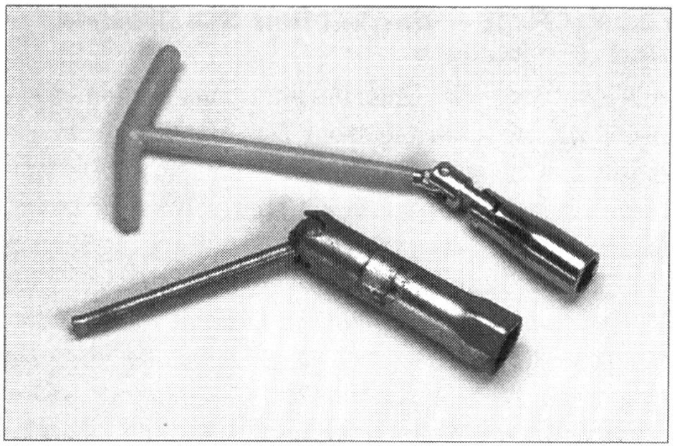

Zündkerzenschlüssel. Ein spezieller Steckschlüssel mit Gummieinsatz.

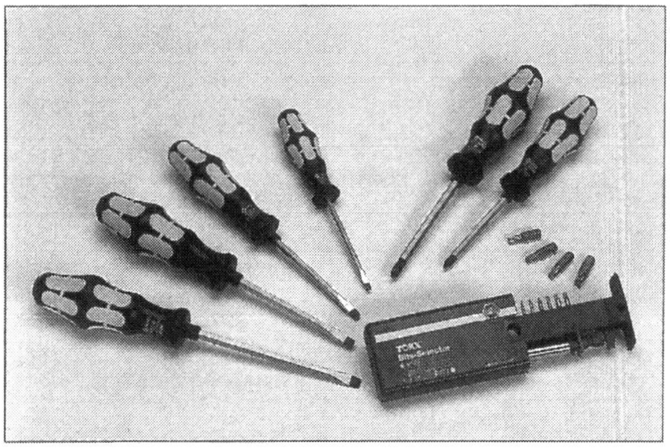

Ein Sortiment Schraubendreher mit stabilem, rutschfestem Griff für Schlitz-, Kreuzschlitz- und Torxschrauben.

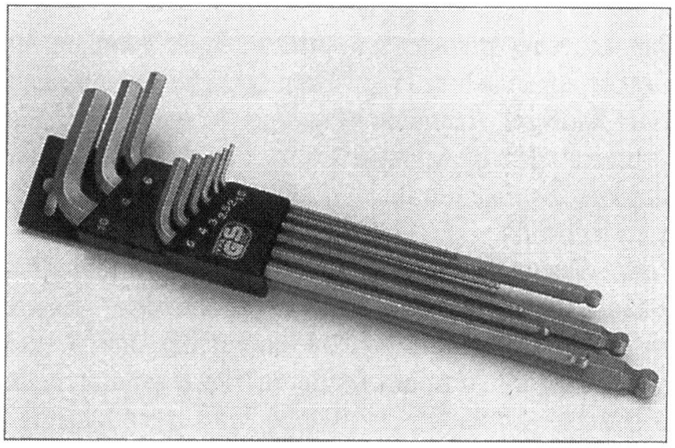

Innensechskantschlüssel (Inbusschlüssel) am Ring in den Größen 2-8 Millimeter.

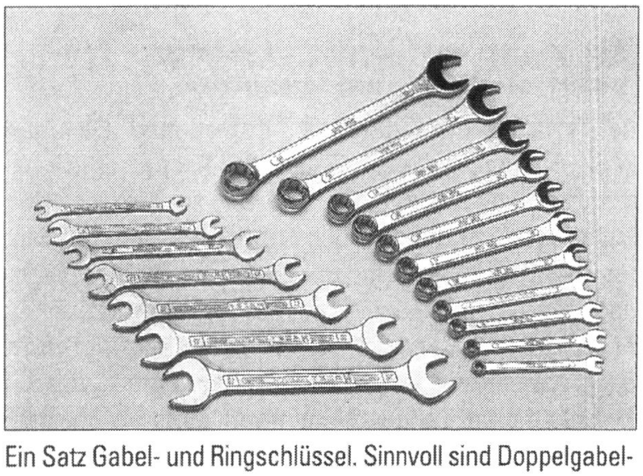

Ein Satz Gabel- und Ringschlüssel. Sinnvoll sind Doppelgabelschlüssel mit Maulweiten zwischen sechs und 19 Millimetern. Ring-/Gabelschlüssel mit den Schlüsselweiten 10, 13, 17 und 19 Millimeter sollten Sie für gekonterte Schraubverbindungen in doppelter Ausführung anschaffen.

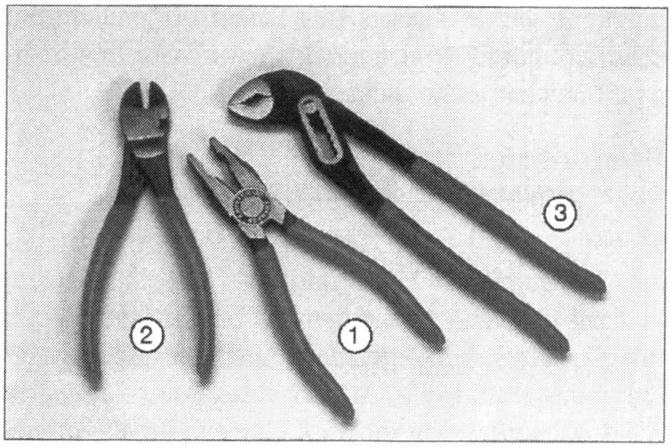

Kombizange ❶, Seitenschneider ❷ und Wasserpumpenzange ❸ (Länge mindestens 240 mm). Damit biegen, fixieren, drehen und trennen Sie fast alle Materialien an Ihrem Fiesta.

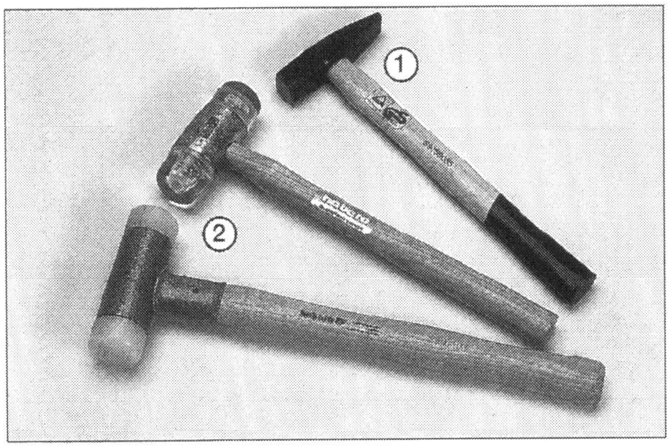

Schlosserhammer ❶ (empfohlenes Gewicht ca. 300 g). Zusammen mit einem Durchschlag löst er beispielsweise festsitzende Bolzen. Empfindliche Bauteile wie Lager, gegossene oder gehärtete Teile werden mit einem Kunststoff- oder Gummihammer ❷ bearbeitet.

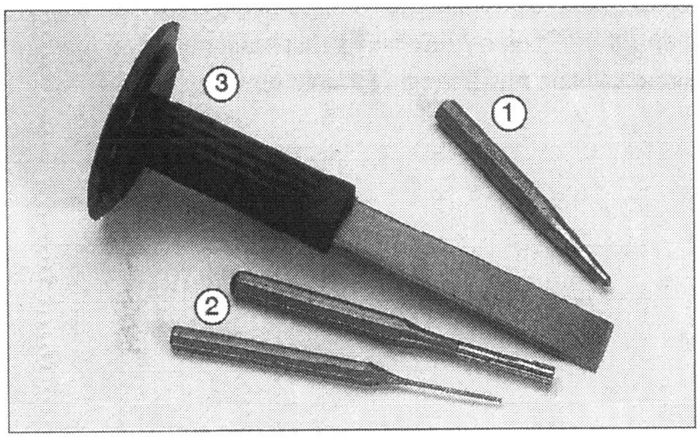

Mit einem Körner ❶ schlagen Sie Bohrlöcher an. Durchschläge ❷ (Durchmesser 3 und 6 mm) sind bei Montage- und Demonagearbeiten an Fahrwerk, Motor und Bremsen universell einsetzbar. Mit einem Flachmeißel ❸ (gehärtete Schneide) werden Sie zur Not auch mit deformierten oder festgerosteten Schraubverbindungen fertig.

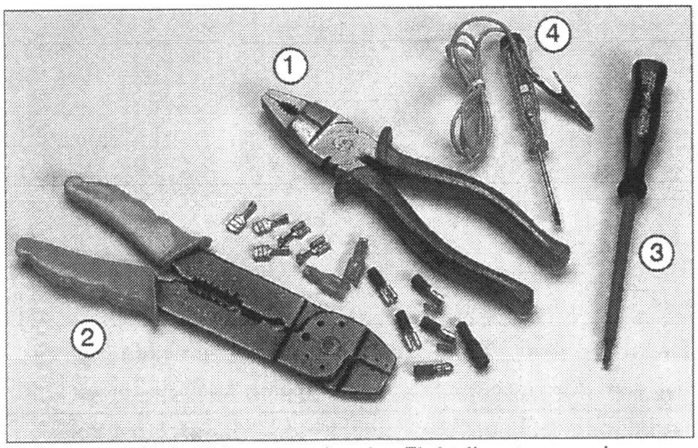

Arbeiten an Kabelbäumen oder der Elektrik setzen – als Grundausstattung – isolierte Kreuz-/Schlitzschraubendreher ❸ (Größe 1, 2, 3), eine Phasenprüflampe ❹ sowie eine isolierte Kombi- ❶ und Quetschzange ❷ voraus.

Praxistip

Bordwerkzeug komplett?

Checken Sie das Bordwerkzeug Ihres Autos. Die beste Grundausstattung in der Garage nützt Ihnen nichts, wenn Ihnen bei einer Panne unterwegs die Werkzeuge fehlen. Sind Wagenheber, Radkreuz ❶ und Schraubendreher an Bord? Bei einem Wackelkontakt oder einer gelösten Kabelverbindung helfen Kombizange ❷, Ersatzkabel ❸ und Isolierband ❹. Ebenfalls sinnvoll: ein Lampenset ❺ und Ersatzsicherungen ❻, Abschleppseil oder -stange ❼, Starthilfekabel ❽ und Taschenlampe ❾. Auch das vorliegende Reperaturhandbuch ist an Bord Ihres Fiesta sinnvoller aufgehoben, als Zuhause im Bücherregal.

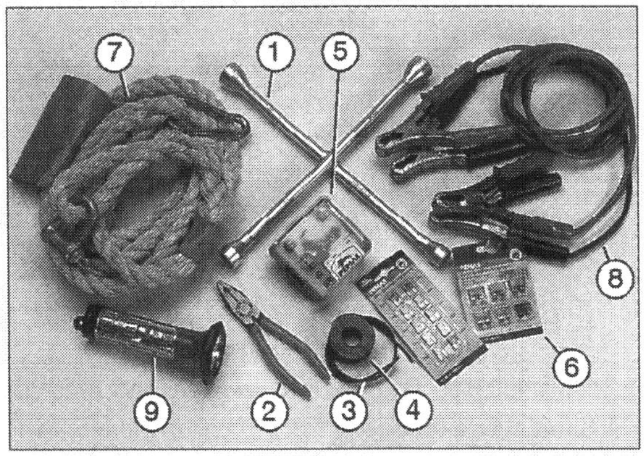

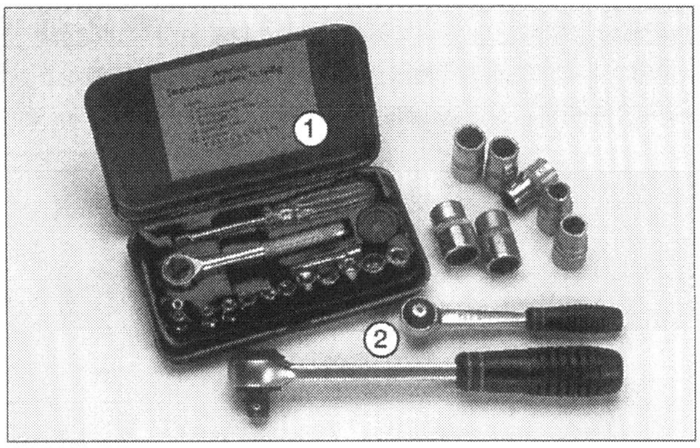

Arbeiten im Motorraum, unter dem Fahrzeug, am Fahrwerk sowie an den meisten Nebenaggregaten erledigen Sie am besten mit einer Umschaltknarre ❷ (1/2-Zoll-Antrieb) und den entsprechenden Schlüsselaufsätzen (Nüsse). In der Regel kaufen Sie einen kompletten »Knarrenkasten« ❶ (Aufsätze 10–32 Millimeter, Gelenkstück, lange/kurze Verlängerung, Knebel) günstiger als einzelne Teile. Für Arbeiten im Innenraum ist ebenfalls ein »Knarrenkasten« sinnvoll. Hier reicht allerdings ein kleinerer 1/4-Zoll-Antrieb. Neben Kreuz-, Torx-, Schlitzschrauben und Kunststoffclips verbauen die Hersteller überwiegend Schrauben mit Schlüsselweiten (SW) 6 bis 13 Millimeter.

Spezielle Werkzeuge und Zubehör

Mit einer vernünftigen Grundausstattung können Sie viele Wartungs- und Reparaturarbeiten selbst erledigen. Für einige Arbeiten brauchen Sie jedoch spezielles Werkzeug. Darüber hinaus bietet der Handel eine Reihe von Werkzeugen und Geräten an, mit denen Wartungs- und Reparaturarbeiten leichter von der Hand gehen. Was ist sinnvoll?

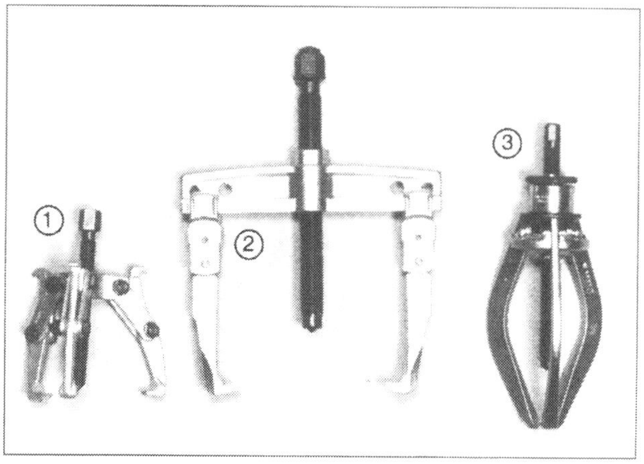

Abzieher gehören zur Grundausstattung jeder Autowerkstatt. Auch für Heimwerker lohnt sich die Anschaffung dieses Werkzeugs – zum Beispiel wenn Sie Radnaben lösen müssen oder Achsgelenke aus Ihrer Führung pressen wollen. Die Abbildung zeigt eine kleine Auswahl verschiedener Abziehertypen. ❶ Dreiklauen-Abzieher. ❷ Zweiklauenabzieher (gebräuchlichste Ausführung). ❸ Innenabzieher.

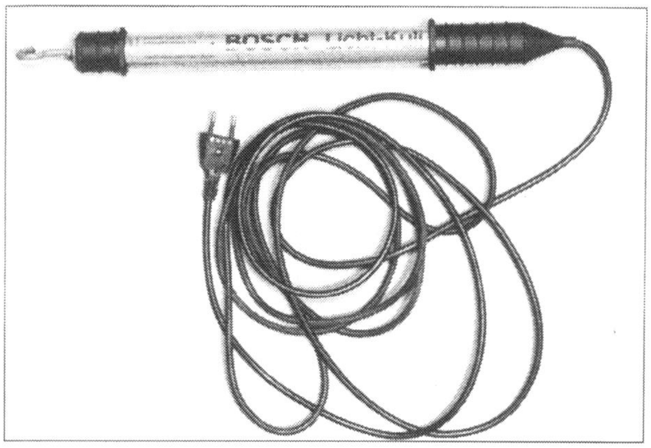

Eine Handstablampe ist fürs Schrauben unter dem Auto oder im Motorraum eine große Sichthilfe. Ebenso im Innenraum und in der oft nur spärlich beleuchteten Garage. Vorteil einer Handstablampe: Sie hat einen Blendschutz, das Anschlußkabel ist resistent gegen Öl, der Leuchtkörper ist mit schlagsicherem Kunststoffgehäuse geschützt. Außerdem ist die Lampe wasserdicht abgeschlossen.

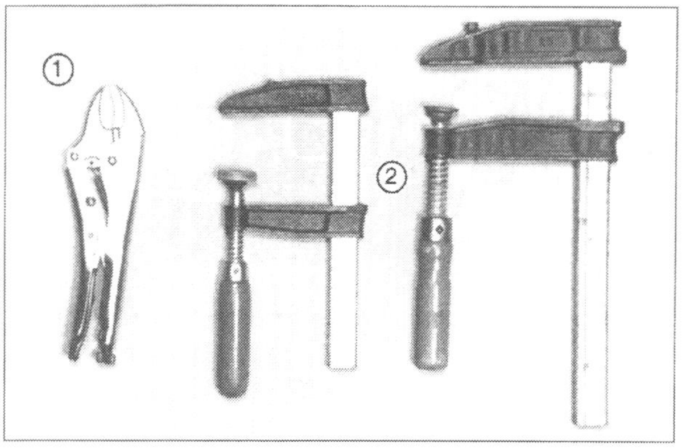

Eine Klemm- oder Gripzange ❶ kann in ihrer Maulweite mit einer Einstellschraube am Griffteil exakt eingestellt werden. Eine Schraubzwinge ❷ ersetzt Ihnen bei einer Reihe von Arbeiten – zum Beispiel beim provisorischen Fixieren größerer Teile – die fehlende dritte Hand. Schraubzwingen gibt es in allen erdenklichen Größen für ein paar Mark in Baumärkten und im Zubehörhandel.

Ein kurzer, kleiner Rangierwagenheber ist eine gute Alternative zum Bordwagenheber. Ideal ist eine Ausführung mit Fußpedal zum Hochpumpen. Beachten Sie, daß sich ein Heber mit zu kleinen Rädern unter Last nicht mehr bewegen läßt. Wichtiges Zubehör beim Anheben sind ein Hartgummiaufsatz ❶ gegen Schäden am Wagenboden und ein lastverteilendes Hartholz ❷.

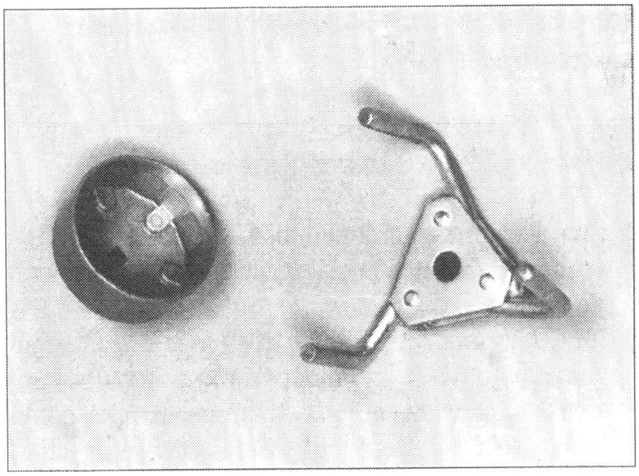

Für den Ölwechsel brauchen Sie einen Ölfilterschlüssel, den es je nach Preis in den verschiedensten Ausführungen gibt. Im Bild der fahrzeugspezifische Schlüssel (links) und ein Universalschlüssel (rechts).

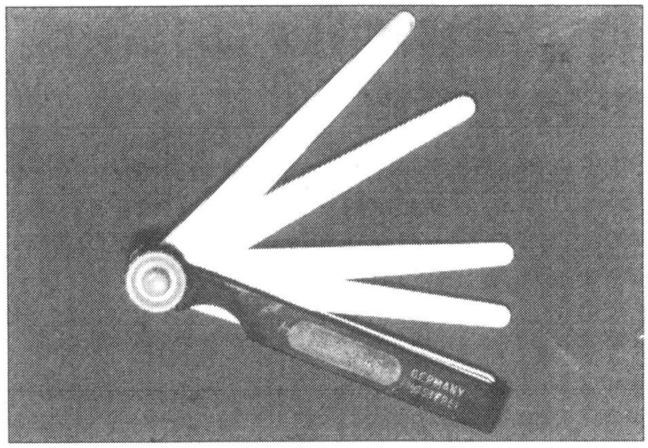

Eine Fühlerblattlehre brauchen Sie, wenn Sie das Ventilspiel prüfen oder etwa das Spaltmaß von Zündsystem-Drehzahlgeber oder ABS-Radsensoren messen wollen.

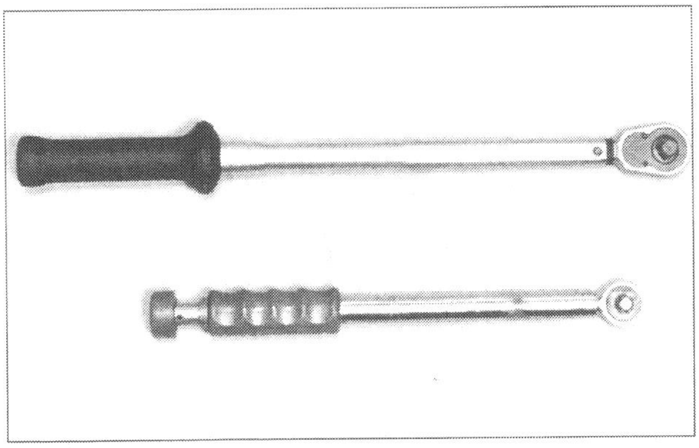

Ein Drehmomentschlüssel ist für fortgeschrittene Hobbymechaniker unentbehrlich. Ein Automatikschlüssel löst bei Erreichen des eingestellten Drehmoments vernehmlich aus.

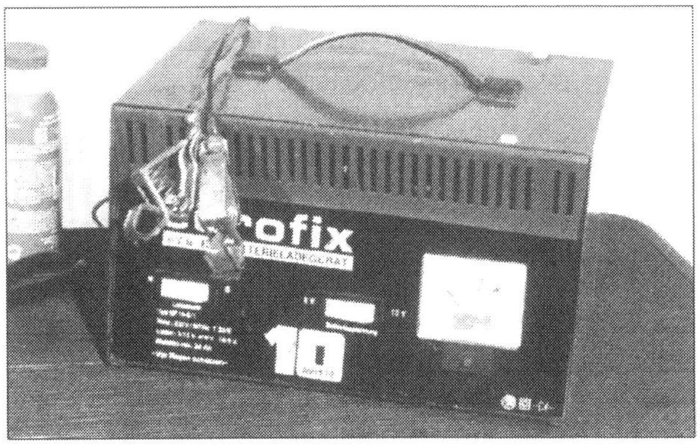

Ein Batterie-Ladegerät mit automatischer Ladestromanpassung ist besonders im Winter bei Kurzstreckenfahrzeugen wichtig, falls die stark beanspruchte Batterie von der Lichtmaschine nicht mehr voll geladen werden kann.

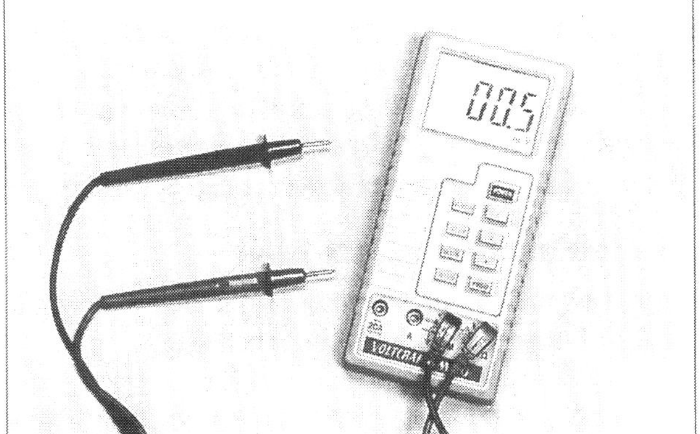

Für exakte Messwerte bei elektronischen Bauteilen ist das Multimeter zuständig. Ambitionierte Schrauber kommen ohne dieses Messgerät nicht aus.

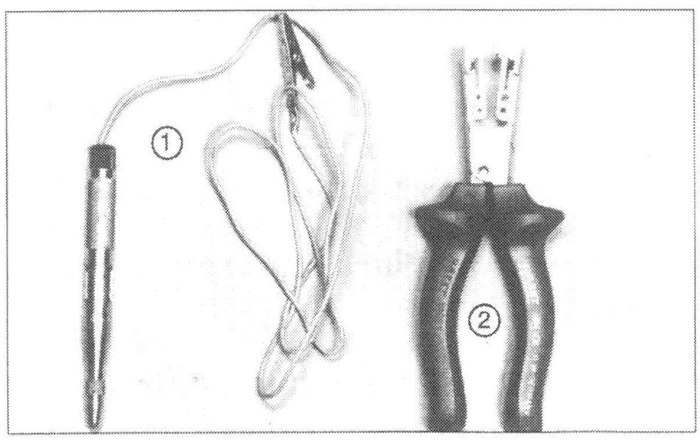

Durchgangsprüfer mit Krokodilklemme und Kontaktspitze ❶. Mit einer Abisolierzange ❷ ziehen Sie die Gummi-Isolierung der Kabel ab, ohne dass der Kupferdraht beschädigt wird.

Profitipps für Hobbyschrauber

Eine unlösbare oder abgerissene Schraube haben manchem Hobbyschrauber das Erfolgserlebnis schon vermiest. Damit Sie dagegen gefeit sind, an dieser Stelle ein paar Tips und Kniffe der Profis.

Verrostete Schraubverbindungen lösen

Bevor Sie eine festgerostete Mutter bzw. Schraube lösen, sollten Sie freiliegende Gewindegänge von Schmutz und Rost befreien. Andernfalls wird nämlich die Reibung auf den Gewindeflanken zu groß und der Gewindebolzen schert ab.

- Gewinde mit Drahtbürste säubern und anschließend mit Rostlöser einsprühen.
- Bei Schnell-Rostlösern die Mutter sofort losdrehen.
- Andere Rostlöser (Öl, Petroleum, Diesel, Cola, etc.) einige Zeit einwirken lassen.

Praxistip

Umgang mit selbstsichernden Muttern

Selbstsichernde Muttern klemmen satt auf dem Gewinde und lockern sich auch bei Vibrationen nicht. Dazu besitzen sie eine Einlage aus Kunststoff oder eine leicht verschränkte Gewindepassage. Sie sollten selbstsichernde Muttern grundsätzlich nur einmal verwenden, ihre Sperrwirkung lässt bei mehrfachem Gebrauch nach.

Beschädigte Muttern lösen

Wenn Sie eine Sechskantmutter mit dem Gabelschlüssel rund gedreht haben oder Rost die Anlageflächen bereits zerstört hat, ist Gewalt häufig das letzte Mittel.

- Bei kleineren Muttern hilft dann ab und an eine stabile Gripzange. Sie können den angefressenen Sechskant damit häufig noch fest greifen und die Verbindung lösen.
- Hilft das nicht weiter, wird die Mutter mit einem scharfen Meissel aufgemeisselt. Werkstätten benutzen zum Lösen solcher Muttern häufig auch einen sogenannten Muttersprenger.
- Gut zugängliche Muttern lassen sich ausserdem mit einer Metallsäge entlang des Gewindes aufsägen.

Innensechskant- und Innenvielzahnschrauben lösen

Ehe Sie das Werkzeug ansetzen, muss das Schraubenloch von jeglichem Schmutz gesäubert sein.

- Zum Lösen solcher Schrauben eignen sich am besten Steckeinsätze mit langem Sechskant bzw. Vielzahn.
- Im Gegensatz zu gebräuchlichen Winkelschlüsseln (bei denen die Kraft immer schräg ansetzt) vertragen Steckeinsätze auf der Adapterseite auch einen Hammerschlag. Der Schlag – im Notfall sogar direkt auf den Schraubenkopf – lockert meistens die Schraube ein wenig und erleichtert das Lösen.

Schlitz- und Kreuzschlitzschrauben lösen

Schon nach relativ kurzer Zeit können Schrauben so fest sitzen, dass ein normaler Schraubendreher schlichtweg überfordert ist. Bei Kreuzschlitzschrauben kommt erschwerend hinzu, dass sich der Schraubendreher auch bei starkem Druck auf den Griff aus dem Kreuzschlitz herausdreht. Folge: Schon nach wenigen Versuchen ist der Kreuzschlitz vermurkst und die Schraube praktisch unlösbar.

- Wenn sich eine Schraube nicht gleich löst, sollten Sie einen passenden Schraubendreher mit stabilem Griff ansetzen und mit einem knackigen Hammerschlag auf das Griffende versuchen, die Schraubverbindung zu lösen.
- Häufig reicht das, die oft nur am Kopf festkorrodierte Schraube bricht los und lässt sich dann normal lösen.
- Haben Sie keinen Erfolg damit, versuchen Sie es mit einem Schlagschrauber und dem passenden Einsatz. Schlagschrauber setzen jeden Hammerschlag in der Schraube unter Druck in eine Drehbewegung um – dem widersteht praktisch keine Schraube.

Blechschrauben ausbohren

Lässt sich in einem Schraubenkopf kein Werkzeug mehr ansetzen, hilft nur noch Ausbohren.

- Zunächst mit einem entsprechend großen Bohrer den Schraubenkopf ausbohren. Bei großen Köpfen unbedingt mit einem kleineren Bohrer vorbohren.
- Ohne Kopf lässt sich die Schraube entweder mit einem Durchschlag aus dem Bohrloch stossen oder

Praxistip

Schraube fällt vom Werkzeug

Möchten Sie an einer schwer zugänglichen Stelle eine Schraube ansetzen, sollten Sie sie vorher mit etwas Karosseriekitt, Kaugummi, zähem Schmierfett oder einem Klebestreifen im bzw. am Werkzeug fixieren. Dieser einfache Trick wirkt häufig Wunder.

von der Rückseite mit einer Gripzange herausdrehen.

- In besonders hartnäckigen Fällen muss der gesamte Gewindebolzen mit einem Bohrer ausgebohrt werden. Den Bohrer möglichst klein wählen, ansonsten passt später nur noch eine größere Blechschraube in das Bohrloch.

Lösen und Festdrehen von Stehbolzen

Stehbolzen (Gewindestange) bieten einem Schraubenschlüssel meist keine Anlagefläche. Sollten Sie in Ihrem Werkzeugsortiment keinen Stehbolzenausdreher haben, müssen Sie auf dem Stehbolzen kurzerhand eine Schraubmöglichkeit schaffen.

- Auf dem überstehenden Bolzengewinde zwei Muttern gegeneinander festdrehen (kontern). Beim Lösen den Schraubenschlüssel an der unteren Mutter ansetzen, beim festziehen nutzen Sie die obere Mutter.

Abgerissene Schrauben ausbohren

Wichtig: Das Aussengewinde dabei möglichst wenig beschädigen.

- Einen Körnerschlag exakt in die Mitte des Schraubenstumpfs geben.
- Schraubenstumpf anbohren: Bis Schraubengröße M 8 schafft das ein sogenannter Kernlochbohrer. Als Kernloch wird der Durchmesser einer »rasierten« Schraube, also der Durchmesser ohne Gewindeflanken, bezeichnet. Bis zur Schraubengröße M 6 gilt die Faustregel: Gewindedurchmesser multipliziert mit 0,8. Beispiel: Verschraubung M 6 x 0,8 = Kernlochdurchmesser 4,8. Ab Schrauben > M 8 sollten Sie mit einem dünneren Bohrer vorbohren.
- Die in den Gewindegängen verbliebenen Metallreste lassen sich bisweilen mit einer Reissnadel oder Stabmagneten entfernen, andernfalls das Gewinde nachschneiden.

Gewinde schneiden

Da Leichtmetall eine geringere Festigkeit als etwa Stahl hat, reissen Gewinde hier besonders leicht aus. Solange um das alte Gewinde herum noch genügend Materialsubstanz vorhanden ist, können Sie ein größeres Gewinde einschneiden. Andernfalls in der Werkstatt eine Gewindebuchse (z.B. Heli-Coil) einsetzen lassen. Nach- oder Neuschneiden von Gewinden erfolgt in drei Stufen. Die entsprechenden Gewindeschneider heissen daher Vorschneider (ein Ring am Schaft), Mittelschneider (zwei Ringe am Schaft) und Fertigschneider (ohne bzw. drei Ringe am Schaft).

- Gewindeschneider unter ständigem Ölen nacheinander in das vorgebohrte Kernloch ein- und ausdrehen.
- Um den Gewindeschneider dabei nicht abzureissen, immer nur kleine Vorwärtsdrehungen (max. 1/8 des Umfangs) ins Material vornehmen, danach den Schneider immer soweit zurückdrehen, bis die Schneidspäne abbrechen und den Schneider nicht mehr klemmen.

Technik-lexikon

Schraubengröße und Drehmoment

Für normale Schrauben und Muttern reichen Standard-Drehmomente. Versierte Hobbyschrauber haben bei einfachen Verschraubungen das Drehmoment im »Handgelenk«. Falls Sie jedoch Ihrem Handgelenk misstrauen, schrauben Sie mit einem Drehmomentschlüssel immer auf der sicheren Seite. Für die gebräuchlichsten Schraubverbindungen gelten folgende Drehmomente:

Gewindedurchmesser (mm)	6	8	10	12	14
Drehmoment (Nm)*	10	25	49	85	135

*Die angegebenen Drehmomente gelten nicht für Sonderschrauben und für Schrauben, die in Leichtmetall eingedreht sind.

Tips für den Werkstattbesuch

Praxistip: Inspektion und Garantie

- Bei Inspektionen werden in erster Linie Zustand und Funktion von Baugruppen geprüft, die für die Zuverlässigkeit und Sicherheit Ihres Fahrzeugs wichtig sind. Falls nötig werden auch Verschleißteile ersetzt.
- Schon nach einer Laufzeit von 20.000 Kilometern kann an Bremsanlagen, Radaufhängungen, Reifen und der Lenkung deutlicher Verschleiß auftreten, der vom Fahrer unbemerkt bleibt. Regelmäßige Wartung hält also nicht nur Ihren Fiesta in Schuss, sie dient vor allem auch Ihrer eigenen Sicherheit.
- Ford empfiehlt für den Fiesta alle 15.000 Kilometer (Fiesta D alle 10.000 Kilometer) eine Sicherheitskontrolle mitsamt Ölwechsel. Zur Inspektion fahren Sie den Fiesta alle 45.000 Kilometer (Fiesta D alle 20.000 Kilometer).
- Wenigfahrer mit geringer jährlicher Laufleistung sollten dennoch einen jährlichen Kundendienst einplanen.
- Wenn Sie einen neuen Fiesta (oder einen Austauschmotor) haben: Halten Sie unbedingt die Wartungsintervalle ein und verzichten Sie aufs Do-it-Yourself. Jeder Hersteller erfüllt berechtigte Garantieansprüche nur dann, wenn eine Vertragswerkstatt die Wartungsarbeiten rechtzeitig erledigt hat.

Auch Ihr Fiesta muss ab und an in die Werkstatt. Zum Beispiel zur regelmäßigen Wartung, zumindest so lange, wie die Neu- oder Gebrauchtwagengarantie noch greift. Ihr Fiesta unterliegt als Neuwagen einer einjährigen, allgemeinen Fahrzeuggarantie ohne Kilometerbegrenzung. Gegen durchgerostete Karosseriebleche übernimmt Ford eine sechsjährige Garantie.

Sicher ist Sicher – der Ford-Garantie-Schutzbrief und das Mobilitätsversprechen

Nach Ablauf der Neuwagengarantie bietet der Schutzbrief im zweiten Jahr – bis maximal 50. 000 Kilometer – Hilfe bei Schäden an allen wichtigen Aggregaten. Für das zweite Jahr bis zum vierten Jahr gilt die Zusage bis maximal 100.000 Kilometer. Für die ersten zwölf »Lebensmonate« Ihres Fiesta leistet Ford eine EuroService Mobilitätsgarantie inklusive Kunden-Hotline, Abschlepp-, Hotel- und Mietwagenservice. Danach gilt das Mobilitätsversprechen der Ford Servicestützpunkte. Sollte sich demnach eine Reparatur länger hinausziehen als vom Ford-Händler vorhergesagt, steht Ihnen ein Leihwagen, Vorführwagen oder Transportservice zu.

Klar formulieren – Werkstattaufträge

Um vermeidbaren Ärger mit der Werkstatt aus dem Weg zu gehen, oder wenn Ihnen einfach mal die Zeit fürs Do-it-Yourself, die nötige Erfahrung oder gar teures Spezialwerkzeug fehlt, kommen sie an der Werkstatt ohnehin nicht vorbei. In jenen Fällen haben Sie selbst allerdings großen Einfluss darauf, ob Sie zufrieden aus der Werkstatt fahren. Beachten Sie schon bei Ihrem nächsten Werkstattbesuch die Spielregeln und Tips, die wir in der Übersicht für Sie zusammengestellt haben.

Vertragswerkstatt und freie Werkstatt

- Welche Werkstatt Sie mit Ihrem Fiesta aufsuchen, steht Ihnen grundsätzlich frei. Neben der Vertragswerkstatt können auch freie Werkstätten durchaus eine gute Adresse sein. Viele Reparaturen führen »Freie« mit vergleichbarer Kompetenz wie Vertragswerkstätten aus. Ölwechsel, neue Bremsbeläge, Bremsscheiben, Reifen und Stoßdämpfer sind dort häufig sogar günstiger. Achten Sie jedoch grundsätzlich darauf, dass die Werkstatt ein Meisterbetrieb ist und der Kfz-Innung angehört.
- Innerhalb der Garantiezeit ist Ihr Fiesta jedoch grundsätzlich ein Fall für die Ford-Vertragswerkstatt. Das gilt für Inspektionen wie für die meisten Aggregatereparaturen. Einfache Blech- oder Lackschäden können Sie – trotz Garantie – durchaus in Eigenregie beheben oder von einer freien Werkstatt erledigen lassen. Bei späteren Reparaturproblemen haben Sie dann jedoch die Werksgarantie verloren.

Immer schriftlich ausführen – Reparaturauftrag

- Stellen Sie eine Liste mit den Symptomen und Mängeln zusammen, die Ihr Fiesta hat. Arbeiten Sie die Liste mit dem Werkstattmeister oder dem Kundendienstberater ab. Wenn Ihnen in dem Gespräch etwas unklar ist, fragen Sie nach. Demonstrieren Sie die Mängel direkt am Fahrzeug.

- Formulieren Sie präzise Reparaturaufträge: Pauschalaufträge wie »TÜV-fertig machen« oder »für den Urlaub herrichten« öffnen Unstimmigkeiten geradezu Tür und Tor. Etwa dann, wenn Sie Arbeiten bezahlen sollen, die Ihrer Meinung nach nicht nötig gewesen wären.
- Erteilen Sie Reparaturaufträge stets schriftlich. Der Auftrag sollte die auszuführenden Arbeiten möglichst genau umreissen. Verlangen Sie immer eine Auftragsbestätigung.

Damit Sie Bescheid wissen – vorher nach den Reparaturkosten fragen

- Bevor Sie einen Reparaturauftrag erteilen, lassen Sie sich die voraussichtlichen Lohn- und Materialkosten splitten. Für eventuell erforderliche Zusatzarbeiten legen Sie eine Preisgrenze fest. Lassen sich Umfang und Aufwand einer Reparatur vorab nicht genau bestimmen, nennen Sie der Werkstatt Ihr eigenes Kostenlimit für die Reparatur.
- Fragen Sie nach den voraussichtlichen Diagnosekosten. Wenn Ihr Auto beispielsweise zuviel Kraftstoff verbraucht oder schlecht anspringt, wenn der Motor stottert oder Sie merkwürdige Geräusche an den Rädern hören, ist die Diagnose häufig teurer als die eigentliche Reparatur. Begrenzen Sie daher auch die Fehlersuche mit einem Preislimit.
- Geben Sie der Werkstatt Ihre Telefonnummer, damit Sie bei Rückfragen auch erreichbar sind. Zum Beispiel dann, wenn die Reparatur umfangreicher oder teurer als vereinbart wird. Lassen Sie zusätzliche Absprachen schriftlich auf dem Werkstattauftrag festhalten.
- Bei umfangreichen Reparaturen bitten Sie die Werkstatt um einen schriftlichen Kostenvoranschlag. Solide Werkstätten berechnen den Kostenvoranschlag in der Regel nur dann, wenn Sie die anschließende Reparatur nicht erledigen können. Bei unvorhersehbaren Arbeiten darf die Werkstattrechnung den Kostenvoranschlag um maximal 15-20 Prozent überschreiten.

Bis zu 30 Prozent günstiger – spezielle Teile- und Serviceangebote

- Ist Ihr Fiesta schon etwas in die Jahre gekommen, lohnt es sich, nach speziellen Teile- und Serviceangeboten zu fragen. Vertragswerkstätten bieten oft im Preis reduzierte Originalteile an – Sie können hier locker bis zu 30 Prozent sparen.
- Ist ein Aggregateaustausch fällig, muss für Sie nicht immer das Neuteil erste Wahl sein. Fragen Sie darum nach aufbereiteten und geprüften Austauschteilen – die sind billiger – bei vergleichbarer Qualität. Prädestinierte Austauschteile sind Motor, Kraftstoffeinspritzanlage, Getriebe, Kupplung, Lichtmaschine, Anlasser und die Wasserpumpe.

- Ein Ölwechsel in der Werkstatt oder an der Tankstelle geht mitunter ins Geld: Dort wird Ihrem Auto gerne das teuerste Öl aus dem Angebot spendiert. Fragen Sie nach billigeren Ölsorten mit der gleichen Spezifikation – in der Regel läuft Ihr Fiesta damit ebensogut.

Gemeinsam mit dem Meister kontrollieren – die Werkstattrechnung

- Gehen Sie nach der Reparatur zusammen mit dem Meister oder Kundendienstberater Ihre Werkstattrechnung durch. Lassen Sie sich unverständliche Abkürzungen und Fachbegriffe erklären.
- Auf der Rechnung sollten Posten wie Arbeitslohn, Material und Mehrwertsteuer separat aufgeschlüsselt sein. Fehler in der Rechnung können Sie innerhalb sechs Wochen nach Erhalt reklamieren.

Rechtzeitig reklamieren – mangelhafte Reparaturen

- Mangelhafte Reparaturen sollten Sie umgehend reklamieren. Die Werkstatt muss für Ihre Arbeit sechs Monate geradestehen (Gewährleistung). Für Schäden, hervorgerufen durch unsachgemäße Reparaturen, haften autorisierte Werkstätten.
- Wenn Ihnen bei der Fahrzeugübernahme bereits die ersten Mängel auffallen, kann die Werkstatt Ihnen trotzdem den vollen Reparaturumfang berechnen. Vermerken Sie in solchen Fällen auf der Rechnung, dass Ihre Zahlung ausschließlich unter Vorbehalt und nach Aufforderung erfolgte.
- Reklamationen sollten Sie dem Werkstattmeister in einem sachlichen Gespräch vortragen. Lassen sich Unstimmigkeiten vor Ort nicht ausräumen, helfen die Kfz-Schiedsstellen der Kfz-Innung kostenlos weiter – vorausgesetzt, Ihre Werkstatt ist Innungs-Mitglied. Adressen von Kfz-Schiedsstellen nennt Ihnen zum Beispiel die Zentrale für Verbraucherberatung oder Ihr Automobilclub.

Sicherheit geht vor

Wir haben es bereits mehrfach erwähnt, doch an dieser Stelle sei noch einmal unterstrichen: Räumen Sie der Sicherheit – erst recht beim Do-it-Yourself am eigenen Auto – absolute Priorität ein. Muten Sie sich darum nur Arbeiten zu, die Sie wirklich beherrschen. Nehmen Sie handwerkliche Tätigkeiten, mit denen Sie in der Praxis bislang wenig oder gar keine Erfahrung hatten, bitte niemals auf die leichte Schulter. Unsachgemäß ausgeführte Reparaturen können fatale Folgen haben – übrigens nicht nur für Sie, sondern gleichermassen auch für unbeteiligte Dritte im öffentlichen Straßenverkehr.

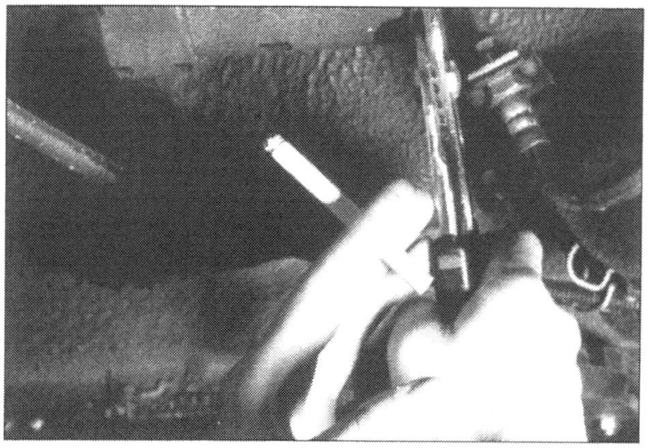

Rauchen und Kraftstoffilter ersetzen – warum nicht gleich russisches Roulette spielen? Also: Bei allen Wartungs- und Reparaturarbeiten bleibt der Glimmstengel in seiner Verpackung.

Micky-Maus sieht lustig aus. Aber Ihre Ohren werden es Ihnen danken, wenn Sie beim Blechtrennen oder bei Arbeiten mit laufendem Motor einen Ohrenschützer tragen.

Tragen Sie beim Bohren, Schleifen und Meißeln immer eine Schutzbrille. Der Augenschutz ist auch dann empfehlenswert, wenn Sie unter dem Fahrzeug an der Kraftstoffanlage arbeiten oder den Unterboden säubern. Bei Schweißarbeiten sollten Sie eine spezielle Schweißbrille aufsetzen.

Arbeitshandschuhe schützen zwar vor Schmutz oder Schürfwunden am scharfen Blech. An der Bohrmaschine sind sie jedoch eher gefährlich. Wenn das Bohrfutter Ihren Handschuh zu fassen bekommt, gibt zuerst die Hand nach, was ihr meistens schlecht bekommt.

Vorsicht bei der Arbeit in einer schlecht belüfteten Montagegrube. Hier können sich Benzindämpfe und Auspuffgase sammeln. Bei laufendem Motor herrscht Lebensgefahr durch Vergiftung.

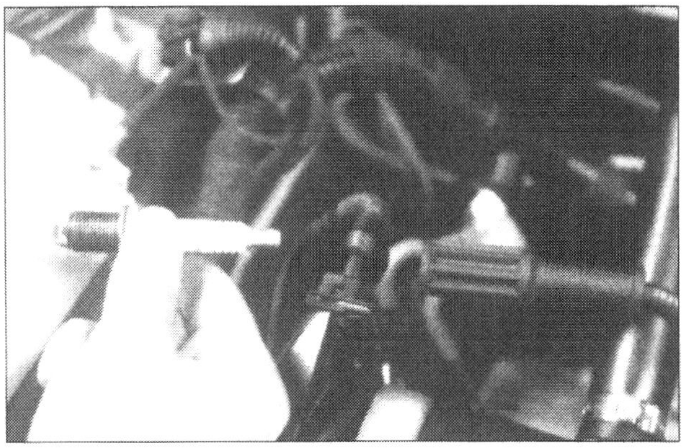

Vorsicht bei allen Arbeiten an der Zündanlage! Bei laufendem Motor steht die Anlage hochspannungsseitig (Primärstromkreis) mit bis zu 30000 Volt unter Spannung. Führen Sie Prüfungen an der Zündung deshalb nur bei Motorstillstand durch. Oder richten Sie den Prüfaufbau so aus, dass Sie während des Motorlaufs nicht die Hand anlegen müssen.

Durchgebrannte Sicherungen müssen Sie immer durch neue Sicherungen desselben Typs und identischer Stromstärke (A = Ampere) ersetzen. Niemals Draht oder Büroklammern zum Überbrücken verwenden. Die Beschädigung der nachfolgenden Bauteile oder – viel schlimmer – ein Kabelbrand können die Folge sein.

Wenn Sie größere Flächen an Ihrem Fahrzeug lackieren, sollten Sie eine spezielle Lackiererschutzmaske tragen. Sorgen Sie außerdem dafür, dass der Lackierraum ausreichend belüftet wird.

Sprühdosen, Altöl, Bremsflüssigkeit, Farbdosen oder alte Bremsbeläge geben Sie sauber getrennt an den Sondermüll-Annahmestellen Ihrer Stadt oder Gemeinde ab. Gebrauchte (Starter-)Batterien übernimmt der Händler.

So bocken Sie Ihr Fahrzeug richtig auf

Ford stattet den Fiesta serienmäßig mit einem Scherenwagenheber aus. Für die meisten Arbeiten reicht die Hubhöhe des Serienwagenhebers völlig aus, mit einer stabilen Unterlage zwischen Wagenheberfuß und Standfläche können Sie die Hubhöhe geringfügig vergrößern. Ein kleines Brett sollten Sie übrigens immer unterlegen, der Wagenheber steht dann stabiler, sein Fuß kann sich nicht in den Untergrund drücken. Doch Vorsicht, ein Wagenheber ist – wie der Name schon sagt – ausschließlich dazu da, den Wagen anzuheben: Eine stabile Abstützung ersetzt er in keinem Fall.

Fiesta-Wagenheber.

Zu Ihrer eigenen Sicherheit – stabile Unterstellböcke

Lassen Sie daher, auch in größter Eile, Ihren Fiesta bei Arbeiten unter dem Auto niemals nur auf dem Wagenheber stehen: Ihre Bequemlichkeit kann Sie schlimmstenfalls »Ihr« Leben kosten. Auf Nummer sicher gehen Sie mit Unterstellböcken, die der Zubehörhandel in verschiedenen Größen und Ausführungen anbietet. Zwei Böcke reichen für die meisten Reparaturen völlig aus. Beim Kauf sollten Sie sich für praktische Dreibeinböcke mit einklappbaren Füßen entscheiden. Achten Sie zudem auf das GS-Prüfzeichen und auf eine für Ihren Fiesta adäquate Traglast.

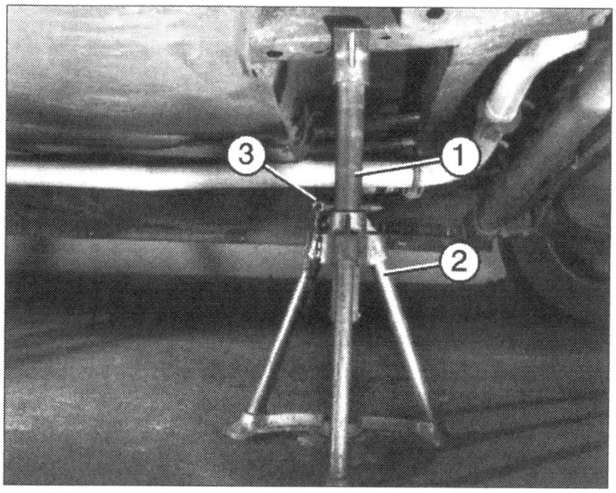

Ist der Unterstellbock ❷ unter dem Wagen richtig plaziert, wird der Säulenauszug ❶ auf die richtige Höhe gezogen und im nächsten erreichbaren Loch mit dem Sicherungsbolzen ❸ arretiert. Dann den Wagen mit Gefühl so absenken, daß die Aufnahme richtig am Fahrzeug sitzt.

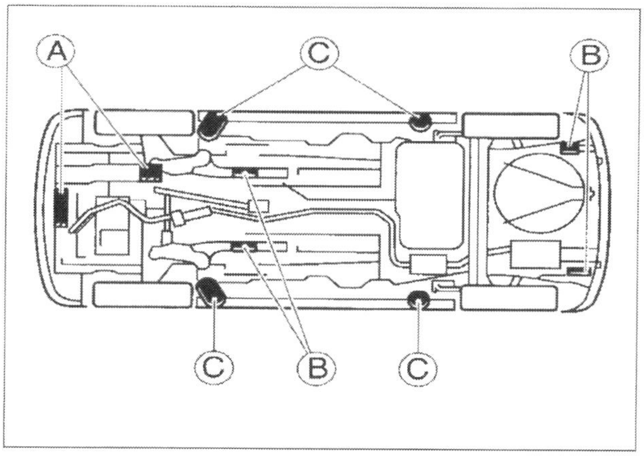

Die am Vorderwagen mit **A** markierten Punkte sind prädestiniert für einen Rangierwagenheber. Verzichten Sie dennoch keinesfalls auf eine stabile Hartholzunterlage zwischen Auflagefläche und Wagenheber.

Den gelifteten Fiesta können Sie mit Unterstellböcken auf den mit **B** gekennzeichneten Punkten »abstellen«. Achten Sie darauf, dass jeweils ein Standbein des Unterstellbocks zum Außenrand der Karosserie weist.

Wenn Sie Ihren Fiesta mit dem serienmäßigen Bordwagenheber oder einer Hebebühne anheben möchten, nutzen Sie die vier mit **C** gekennzeichneten Punkte unter den Seitenschwellern.

Fahrzeug aufbocken

Arbeitsschritte

① Stellen Sie Ihr Auto grundsätzlich auf einem festen ebenen Untergrund ab und entfernen – vor Arbeitsbeginn – alle schweren Gegenstände aus dem Innen- und Kofferraum.

② Ziehen Sie vor Arbeitsbeginn die Handbremse an und sichern mit Unterlegkeilen die am Boden verbleibenden Räder gegen Vor- und Zurückrollen: Notfalls reichen auch größere Steine aus. Eine angezogene Handbremse allein bietet keine ausreichende Sicherheit, bei manchen Arbeiten muss sie sogar gelöst bleiben.

③ Den Bordwagenheber finden Sie mitsamt Radmutternschlüssel und Abschleppöse, hinter der rechten Seitenverkleidung im Kofferraum. Bevor Sie den Heber an den Markierungswülsten unterhalb der Türschweller ansetzen, liften Sie den Heber soweit an, bis sein Ausleger fast die Höhe des Schwellers erreicht hat. Sie sollten generell darauf achten, dass der Heber möglichst senkrecht zur Karosserie steht. Wichtig: Setzen Sie Bordwagenheber nur an den gekennzeichneten Aufnahmepunkten an. Einen Rangierwagenheber sollten Sie nur mit lastenverteilendem Kantholz mittig unter den Türschweller bzw. einem anderen geeigneten Aufnahmepunkt (z. B. Traverse) ansetzen.

④ Wagenheber auf die gewünschte Arbeitshöhe bringen und Karosserie an geeigneter Stelle des Unterbodens mit Unterstellbock abstützen. Auch Unterstellböcke nur mit lastverteilender Zwischenauflage (z. B. Hartgummi, Kantholz) verwenden.

⑤ Bevor Sie Unterstellböcke ansetzen, inspizieren Sie genau die Abstützstelle: Sind evtl. Blechfalze, Kabelbäume, Kraftstoff- oder gar die Bremsleitungen im Weg?

⑥ Dreibein-Unterstellböcke stehen am sichersten, wenn eines ihrer Austellbeine nach aussen und zwei zur Wagenmitte hin zeigen. Achten Sie unbedingt auf die Stellung, wenn Sie den Fiesta aufbocken. Besonders, wenn Sie mehrere Böcke verwenden, kann es passieren, dass Ihnen beim Anheben der bereits angesetzte Unterstellbock seitlich weg kippt.

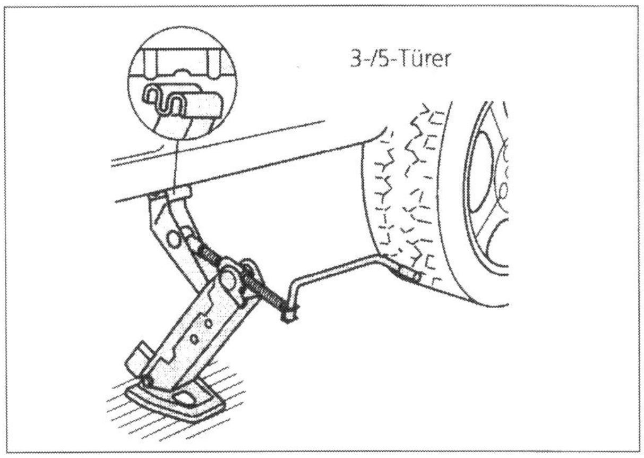

So setzen Sie den Bordwagenheber zu einem Radwechsel an.

DIE WAGENPFLEGE

Nichts erweist sich werterhaltender als eine regelmäßige Wagenpflege. Wenn Sie das von Anfang an beherzigen, zahlt sich Ihr »Fleiß«, spätestens beim Wiederverkauf, in Mark und Pfennig aus. Ganz abgesehen, in einem gepflegten Auto lässt sich's zudem »angenehmer leben«. Do-it-Yourselfer haben es selbst in der Hand – packen Sie's an…

Wartung

Reparatur

In einem gepflegten Auto fährt sich's angenehmer als mit einem schmuddeligen Vehikel. Zudem zahlt sich gute Pflege spätestens beim Verkauf mit einem oder zwei zusätzlichen Tausendern auf Ihrem Konto aus. Gepflegte Autos haben ausserdem bei den Prüfern von TÜV und DEKRA die besseren Chancen. Am besten, Sie betrachten eine Wagenwäsche als willkommene Kür, die den Lack mit klarem Wasser auf Hochglanz bringt. Doch vor der Kür kommt die Pflicht – und die beginnt mit der Innenraumpflege. Hier sollten Sie also zuerst Hand anlegen, ansonsten legen die Staubwölkchen aus Polstern und Fußmatten die glänzende Schale Ihres frisch gewienerten Autos gnadenlos in tristes Grau.

Spezielle Autopflegemittel – erste Wahl für die Innenreinigung

Für die Innenraumpflege verwenden Sie am besten spezielle Autopflegemittel. Vergessen Sie ab sofort Seifenlauge und Haushaltsreiniger: Scheiben, Polster und Kunststoffoberflächen sind durch Witterung, Staub, Schmutz und Feuchtigkeit extremen Belastungen ausgesetzt – spezielle Pflegesubstanzen sind denen einfach besser gewachsen. Generell werden Spezialreiniger nicht verramscht, gute Mixturen sind jedoch ihr Geld wert.

Praxistip

Pflegemittel für den Innenraum

Plastikreiniger. Reinigen Kunststoffflächen und frischen Farben auf. Solide Produkte sorgen nicht nur für neuen Glanz, sondern wirken zudem antistatisch: Die Oberflächen sind somit für längere Zeit gegen Schmutz- und Staubbefall geschützt.

Textilreiniger: Reinigen Polster, Teppiche, Tür- und Innenverkleidungen. Sie lösen zuverlässig Staub und Schmutz, verblasste Polsterfarben bekommen dadurch neue Frische. Gute Reiniger entfernen zudem auch hartnäckige Flecken.

Glasreiniger (auch als Schaumreiniger): Reinigen alle Glasflächen und lösen auch hartnäckige Verschmutzungen. So zum Beispiel Insektenreste, Nikotin, Kunststofausdünstungen und Ölablagerungen (ungeeignet für lackierte Flächen).

Gummipflegemittel: Reinigen und pflegen Tür-, Fenster und Kofferraumdichtungen sowie Fußmatten. Ihr hoher Siliconanteil hält das Gummi über Jahre geschmeidig – Silicon verhindert Festfrieren an der Karosserie und frischt Farben auf.

Antibeschlagspray: Konserviert, je nach Witterung, für einige Tage oder Wochen die Glasflächen im Innenraum. Auf die Scheibe gesprüht, bildet sich nach kurzer Zeit ein Schaumbelag, den Sie mit einem trockenen Küchenpapier abreiben können. Antibeschlagtücher oder Fensterschwämme sind dagegen nur ein Notbehelf.

Innenreinigung – so wird Ihr Fiesta gründlich sauber

Zur gründlichen Innenreinigung Ihres Fahrzeugs brauchen Sie:

- Lappen (nicht flusend) zum feuchten und trockenen Ab- und Auswischen
- Kleider- oder Polsterbürste
- Staubsauger mit Polster- und Teppichdüse
- Handfeger und Kehrschaufel
- Feinporiger Schwamm für Kunststoffteile
- Fensterleder

Arbeitsschritte

① Wagen ausräumen. Bei dieser Gelegenheit gleich Ascher leeren und auswaschen.

② Fußmatten nach innen zusammenlegen und herausnehmen, ausschütteln, ausklopfen oder absaugen.

③ Gummimatten nass abwischen. Vorsicht: Mattenunterseiten trocknen im Fahrzeug nur schlecht. Feuchte Matten können üble Gerüche und Stockflecken im Textilbelag verursachen. Daher Matten ausserhalb des Autos trocknen.

④ Grobschmutz im Innenraum mit Staubsauger entfernen. Für weiche Textilbeläge verwenden Sie starre Düsenaufsätze, harte Kunststoffoberflächen mit Borstendüsenaufsätzen säubern. Bei glattem Gummibelag reicht es, die Oberfläche feucht abzuwischen.

⑤ Sitzpolster ausbürsten oder absaugen, Kunststoffoberflächen Staub wischen. Staub aus unzugänglichen Ecken und Falzen mit Pinsel entfernen.

⑥ Sicherheitsgurte trocken abbürsten. Bei starker Verschmutzung eventuell mit milder Seifenlösung reinigen.

⑦ Kunststoffteile und Armaturenträger mit feuchtem Leder abwischen. Niemals mit Benzin oder anderen Lösungsmitteln arbeiten – Kunststoff kann fleckig werden, die Oberfläche wird angegriffen. Verwenden Sie Kunststoffreiniger. Besprühte Flächen mit klarem Wasser nachwischen und einem Tuch trockenreiben. Bei regelmäßiger Reinigung reicht allemal ein mildes, fettlösendes Reinigungsmittel – aufgelöst in warmem Wasser.

Stets komplett reinigen – Dachhimmel

⑧ Dachhimmel, meist ein mit Textilgewebe beschichtetes Formteil, nur bei starker Verschmutzung reinigen. Himmel immer großflächig mit Textilreiniger einsprühen. Mit Schwamm und Frottierhandtuch nachwischen.

⑨ Behandlung bei Bedarf wiederholen. Vorsicht: Niemals nur verschmutzte Passagen reinigen, es können hässliche Flecken mit Rändern entstehen.

⑩ Sitzpolster und Textileinsätze in Seitenteilen und Innenverkleidungen mit Polsterschaumreiniger behandeln. Polster gründlich absaugen, solange sie noch feucht sind – der Schmutz löst sich so am besten. Ledersitze nur mit speziellen Lederpflegemitteln behandeln, gute Produkte halten das Leder geschmeidig und die Nähte flexibel.

⑪ Türdichtungen mit siliconhaltigem Gummipflegemittel einsprühen bzw. einreiben.

⑫ Fensterinnenseiten mit feuchtem Waschleder vorreinigen, danach Glasreiniger aufsprühen. Mit trockenem Küchen- oder Zeitungspapier blank polieren. In »Raucherautos« sind nach der Reinigung oft noch Schlieren und Graubelag sichtbar. Hier wirkt eine Lackpolitur oft wahre Wunder. Vorsicht: Politur nicht auf unversiegelten Kunststoff tropfen lassen, hässliche und dauerhafte Flecken können dadurch entstehen.

Polsterreiniger beseitigt Feinschmutz, Staub und frische Flecken. Reinigungsschaum aufsprühen und mit feuchtem Schwamm verteilen. Reiben Sie nicht zu fest, Sie pressen die Schmutzpartikel sonst wieder ins Gewebe. Beachten Sie die Gebrauchsanweisung auf der Dose.

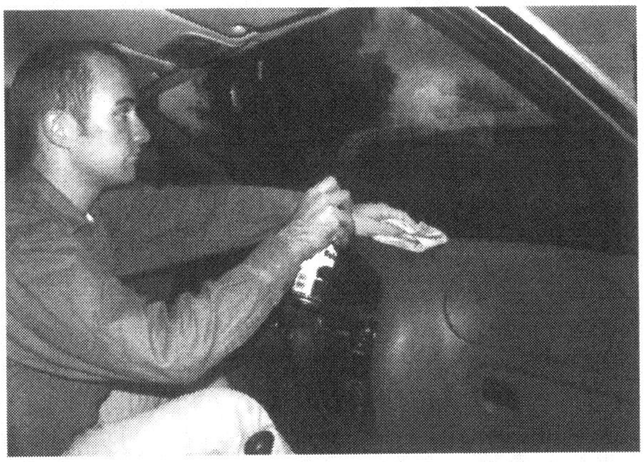

Verteilen Sie den Kunststoffpfleger mit einem feuchten, sauberen Lappen. So erzielen Sie die größtmögliche Tiefenwirkung der Pflegesubstanzen. Kunststoffpfleger, der auf Scheiben, Lenkrad oder Instrumente gelangt, muß mit Kunststoff- oder Glasreiniger sofort entfernt werden.

Nach den Dichtgummis der Türen sollten Sie nicht erst schauen, wenn die Türen schon zugefroren sind. Regelmäßige Kontrolle und Pflege mit siliconhaltigen Substanzen verlängert ihre Lebensdauer entscheidend. Der Ersatz solcher Dichtungen kann teuer werden.

Nicht in allen Gemeinden erlaubt – Autowäsche auf der Straße

In vielen Städten und Gemeinden dürfen Sie Ihr Auto nicht mehr auf der Straße waschen. Das hat gute Gründe: Mit dem Schmutzwasser gelangen Ölrückstände und andere umweltschädigende Substanzen in die Kanalisation. Eine saubere Sache ist dagegen die Wagenwäsche in einer automatischen Waschanlage. Die verwendeten Wassermengen sind in der Regel großzügig, die Wäsche ist also schonend. Ölabscheider und Wasseraufbereitungsanlagen schonen die Umwelt. Moderne Waschanlagen bieten übrigens individuelle Reinigungs- und Pflegeprogramme.

Nach der Waschanlage – Feinputz nicht vergessen

Trotzdem sollten Sie nach dem Waschgang Ihr Fahrzeug nachreinigen. Die Waschbürsten behandeln Radhäuser, Radläufe und die Türschweller oft nachlässig. Auch an Türrahmen und Karosseriefalzen ist bisweilen nachträgliche Handarbeit mit Schwamm und Putztuch angesagt. Im Winter, wenn streusalzhaltiges Wasser sich am Lack, an den Innenseiten der Kotflügel und am Unterboden festsetzt, sollten Sie öfter in der Waschanlage vorfahren. Ihr Fiesta ist zwar nach kurzer Zeit wieder schmutzig, der Rost hat jedoch keine Chance, sich an kritischen Stellen einzunisten.

Nach der Wäsche – Bremsen trocken fahren

Praxistip

Machen Sie nach jeder Wagenwäsche eine kurze Bremsprobe. Dabei verdampft die Feuchtigkeit, die während der Wäsche auf die Bremsscheiben bzw. in die Bremstrommeln gelangt ist. Auch nach längeren Regenfahrten, oder über winterliche Straßen mit Streusalz, sollten Sie, bevor Sie Ihr Fahrzeug für mehrere Tage abstellen, die Bremsen immer erst trockenfahren. Es reicht völlig aus, auf den letzten hundert Metern Wegstrecke das Bremspedal leicht zu treten. Mit dieser »Übung« vermeiden Sie einen feuchten Schmutzschleier auf den Bremsscheiben und in den Bremstrommeln, der im Ernstfall die Ansprechzeit Ihrer Bremsen verschlechtert.

Alternativangebot – Waschplatz oder Selbstwaschanlage

Wenn Sie Ihren Wagen lieber selbst waschen möchten, fragen Sie Ihren Tankwart nach einem Waschplatz. Auch Selbstwaschanlagen sind eine gute Alternative: Servicefreundliche Anlagen bieten Ihnen sogar vom Hochdruckreiniger bis hin zum Staubsauger alle Hilfsmittel, die Ihnen die Arbeit erleichtern. Kontrollieren Sie vor Arbeitsbeginn auf Selbstwaschplätzen jedoch den Zustand der Waschbürsten. Möglicherweise hat Ihr Vorgänger nach einer Schlammfahrt gerade seinen Unterboden oder seine Radkästen gereinigt und die Bürsten mit grobem Dreck verschmutzt – ärgerliche Kratzer im Lack wären die Folge. Waschen Sie Ihr Auto auch niemals in der prallen Sonne. Das schadet dem Lack: Kleine Wassertropfen wirken auf dem Lack wie Brenngläser – Staubteilchen und Kalk können sich darunter richtig in die Lackoberfläche einbrennen.

Do-it-Yourself Wäsche – damit klappt's

- Jede Menge Wasser ist kein Fehler, denn Wagenwäschen mit wenig Wasser ruinieren den Lack. Feine Staub- und Sandkörnchen setzen sich im Waschschwamm fest und hinterlassen auf der Oberfläche mikroskopisch kleine, spinnwebartige Kratzer.
- Gartenschlauch, wenn möglich mit Sprühdosierdüse. Ohne fließendes Wasser sollten Sie mindestens zwei Wassereimer für die Grundreinigung kalkulieren.
- Schlauchbürste, bei der fließendes Wasser den Schmutz wegschwemmt.
- Waschhandschuh oder Schwamm. Halten Sie die Sprühdosierdüse möglichst nah an die Waschfläche, Schmutzpartikel werden dann zuverlässig weggeschwemmt. Tauchen Sie den Waschhandschuh oder Schwamm nach jedem zweiten oder dritten Waschstrich in den vollen Wassereimer und drücken ihn aus. Dann setzt sich der Schmutz erst gar nicht darin fest.
- Langstielige Waschbürste – eignet sich besonders für Felgen und Radkästen.
- Großporiger Viskoseschwamm – ideal für große Flächen.
- Fliegenschwamm – beseitigt Insektenrückstände.
- Fensterleder – poliert die Scheiben und trocknet die Lackoberfläche.
- Wassereimer – praktisch für Shampoowäsche und zur Reinigung von Schwamm, Waschhandschuh und Fensterleder.

So zeigt der Hochdruckreiniger Wirkung

Praxistip

- Wassertemperatur maximal 60 Grad. Zu heißes Wasser greift Gummi und Unterbodenschutz an.
- Druckregler auf maximal 30 bar einstellen. Abstand zum Auto 60 bis 80 Zentimeter Bei geringerem Abstand und zu großem Druck Gefahr für den Lack Ihres Fahrzeuges.
- Bei der Motorwäsche kann Wasser die Motorelektronik lahmlegen oder über den Ansaugtrakt in den Motor gelangen – ein kapitaler Schaden wäre die Folge.
- Reifen niemals mit Rundstrahldüsen reinigen. Gefahr für die Reifenflanken.
- Selbst bei relativ großem Spritzabstand und nur kurzer Einwirkzeit können Schäden auftreten, die auf den ersten Blick nicht erkennbar sind.

Pflegemittel für die Außenwäsche

Technik-lexikon

Autoshampoo. Reinigt den Lack und entfernt ölige Rückstände.

Waschwachs: Ähnliche Eigenschaften wie Autoshampoo, schützt nach dem Trocknen jedoch den Lack gegen Umwelteinflüsse und verlängert den Zeitraum bis zur nächsten Politur.

Felgenreiniger: Löst festgebackenen Bremsstaub und Straßenschmutz.

Kunststoffpflegemittel: Enthält neben Pflegesubstanzen auch Farbstoffe. Frischt ausgebleichte Kunststoffstoßfänger wieder auf. Mit sauberem Schwamm auftragen und verteilen. Nach kurzer Einwirkzeit überschüssige Flüssigkeit mit feuchtem Lappen abwischen.

Außenwäsche

Arbeitsschritte

① Schließen Sie alle Türen und Fenster. Durchnäßte Polster sind kein Vergnügen.

② Säubern Sie zuerst die Radhäuser, Felgen und Türschweller. Vorteil: Den Restschmutz müssen Sie dann nur einmal wegspülen.

③ Reinigen Sie den Unterboden gelegentlich mit Dampfstrahler oder Wasserschlauch mit Sprühdosierdüse. Im Winter sollten Sie den Bauch Ihres Fiesta bei jeder Wagenwäsche reinigen. Lassen Sie Ihr Fahrzeug ein oder zweimal im Jahr auf einer Hebebühne hochnehmen (Ford-Werkstatt oder Tankstelle) um optisch den Zustand des Unterbodenschutzes zu prüfen.

④ Die vorderen Felgen sind stärker dem Schmutz ausgesetzt. Weil sie bei jedem Bremsvorgang den Bremsenabrieb mitbekommen, sollten Sie die Vorderräder häufiger mit Felgenreiniger pflegen. Achten Sie unbedingt auf umweltverträgliche Produkte und beachten die Gebrauchsanweisung. Nach der Reinigung auf jeden Fall mit kräftigem Wasserstrahl nachspülen.

⑤ Leichtmetallfelgen sollten Sie regelmäßig mit einer Wasser/Spülmittellösung reinigen. Gehen Sie vorsichtig mit Felgenreinigern um: Alufelgen sind sehr empfindlich gegen ätzende Reinigungsmittel.

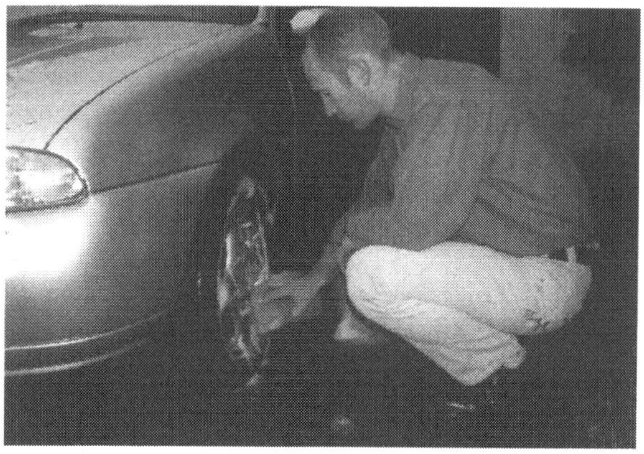

Zur Felgenreinigung müssen Sie die Radabdeckung abheben. Am gründlichsten gelingt die Arbeit mit Kaltreiniger, ein Autoshampoo reicht jedoch auch.

⑥ Filigran designte Felgen säubern Sie am effizientesten mit einer Zahnbürste. Um das Ergebnis länger genießen zu können, versiegeln Sie die Oberfläche nach der Reinigung mit klarem Sprühwachs. Bremsenabrieb und Schmutz fressen sich nicht durch die Wachsschicht. Vorsicht: Bremsscheiben oder -beläge nicht mit Sprühwachs benetzen.

Vorher gut einweichen – Straßenschmutz

⑦ Wagen mit geringem Wasserdruck gut vorsäubern. In Selbstwaschanlagen mit Hochdruckreiniger dazu das Programm«Spülen« wählen.

⑧ Bei Handwäsche immer nur ganze Flächen waschen und vom Dach nach unten beginnen.

Mit dem Schwamm sollte immer viel Wasser auf den Lack gebracht werden. Beachten Sie bei der Mischung des Waschwassers die Pflegemittel-Gebrauchsanweisung: Weniger ist meistens mehr.

⑨ Reinigungsschaum mit kreisenden Bewegungen und wenig Druck verteilen. Den Schaum kurz einwirken lassen.

⑩ Schmutzbrühe mit Wasserschlauch abspülen. In der Selbstwaschanlage: Programm »Spülen« wählen.

Wagenwäschen mit Waschbürstenaufsatz sind besonders pflegefreundlich. Spezielle Waschzusätze lösen zuverlässig hartnäckigen Schmutz. Sie erhalten »saubere« Waschbürsten in speziell eingerichteten Wasch-Centern.

⑪ Im letzten Waschgang reinigen Sie die Räder mit Waschbürste und Schlauch.

⑫ Nach der Wäsche den Wagen sofort abledern. An der Luft getrocknete Wassertropfen hinterlassen einen grauen Kalkbelag, der den Lack angreifen kann.

⑬ Leder vor Gebrauch gut in sauberem Wasser spülen. Danach auswringen, großflächig auf die Karosserie legen und langsam zu sich heranziehen.

Benutzen Sie zum Trocknen des Lacks ein spezielles Trockenleder. Damit können Sie schnell und effizient arbeiten. Vorteil: Das weiche Leder hinterlässt bei sorgfältigem Gebrauch keine Kratzspuren im Lack.

⑭ Vor dem Auswringen Leder immer durchspülen. Schonen Sie Ihr gutes Leder, Schmutzrückstände würden es schnell ruinieren. Darum schlecht zugängliche Ecken (etwa am Radkasten) mit Baumwollappen oder altem Trockenleder pflegen.

Keine Frage – auf den Durchblick kommt's an

⑮ Zum Schluss sind die Außenseiten der Fensterscheiben an der Reihe. Gehen Sie vor wie bei der Reinigung der Innenseiten. Kontrollieren Sie dabei die Frontscheibe auf Steinschläge, Kratzer und Risse.

⑯ Wischerblätter mit Schwamm oder Trockenleder reinigen. Prüfen Sie die Gummilippen auf Beschädigungen und Elastizität – verhärtete Gummis erneuern.

⑰ Nach der Wäsche Lack, Scheinwerfergläser und Frontstoßfänger auf hartnäckigen Schmutz hin kontrollieren: Insektenreste, Vogelkot, Blütenpollenrückstände und Teerspritzer wirken aggressiv und sollten daher mit Spezialreiniger entfernt werden.

⑱ Teerentferner nicht auf frischen oder frisch ausgebesserten Lacken verwenden – darin enthaltene Lösungsmittel können die Lackoberfläche angreifen.

Praxistip

Gutes Licht – nur mit sauberen Scheinwerfern

Die Scheinwerfer sollten Sie häufiger waschen als die Karosserie Ihres Fiesta. Schmutzpartikel auf dem Glas behindern die Lichtstrahlen und lenken sie ab. Folge: Unkontrolliertes Streulicht, geringere Sichtweite, starke Blendung, vornehmlich bei Nebel. Schon nach einer halben Stunde Fahrt auf feuchter Straße können die Scheinwerfer Ihres Fiesta zu über 60 Prozent verschmutzt sein. Entsprechend dürftig ist dann nur noch die Lichtausbeute – ein Gefahrenpotential für Sie und andere Verkehrsteilnehmer.

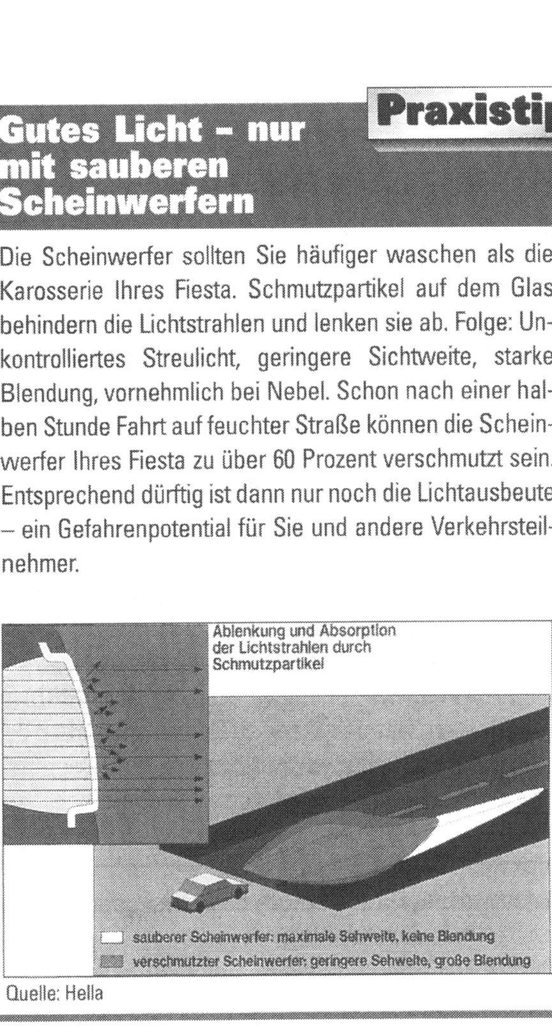

Quelle: Hella

Die Motorwäsche

Mit der Zeit verbinden sich Öl, Staub und Insekten im Motorraum Ihres Fiesta zu einem unansehnlichen Schmutzfilm, der sich nicht nur über den Motor und andere Teile legt, sondern auch die Leistung des Kühlers stark beeinträchtigen kann. Die Motorwäsche löst also nicht nur ästhetische, sondern gleichermaßen auch technische Probleme. Ein verdrecktes Kühlernetz kann zur Überhitzung des Motors und somit zu kapitalen Motorschäden führen. Und außerdem geht ein durchfahrener Winter auch nicht spurlos an den Aggregaten unter der Motorhaube vorüber. Also machen Sie es sich zur Gewohnheit, den Frühjahrsputz mit einer gründlichen Motorwäsche zu beginnen.

Beschleunigen Rostfraß – Salzkrusten

Denn Streusalz bekämpft nicht nur erfolgreich Eis und Schnee, sondern gleichfalls auch die Innereien Ihres Fiesta. Durch Ritzen und Schächte dringt es tief in den Motorraum und lagert sich an Kühler, Karosseriefalzen und Kanten sowie an Kabelbäumen, Elektroantrieben und Steckverbindern ab. Salzkrusten binden zudem Feuchtigkeit und fördern die Korrosion. Eine Motorwäsche dürfen Sie allerdings nur an Orten mit Ölabscheider erledigen. Am besten Sie machen sich in einer Selbstwaschanlage oder auf einem Waschplatz selbst ans Werk, oder vergeben die Arbeit an eine Fachwerkstatt. Kontrollieren Sie nach der Motorwäsche, ob Teile unter der Motorhaube (Gaszug, Kupplungszug, Stellmotoren, Umlenkhebel, etc.) nicht trocken laufen. Überall dort, wo Sie an beweglichen Teilen Fett- oder Ölmangel entdecken, helfen Sie mit einem Ölkännchen oder etwas Schmierfett maßvoll nach.

Arbeitsschritte

① Motor sollte möglichst kalt sein – auf warmem Motor verdampft der Motorreiniger bevor er einwirkt und den Schmutz lösen kann.

② Motor abstellen und Zündung ausschalten.

③ Schützen Sie empfindliche Bauteile wie Zündung, Lichtmaschine und Kraftstoffsystem mit Lappen oder Plastiktüten. Ansonsten sind Störungen an Zündung und Bordelektrik vorprogrammiert.

④ Nehmen Sie sich zuerst die Innenseite der Motorhaube vor. Mit viel Wasser einweichen, dann mit Schwamm und

Shampoo reinigen und wieder abspritzen. Vergessen Sie nicht die Kanten an den Doppelprofilen, Schmutznester sind dort immer vorhanden.

⑤ Kühlernetz mit reichlich Wasser aus Richtung Motorraum nach aussen durchspülen. Vorher Insektenreste mit eiweißlösendem Mittel (z.B. Geschirrspülmittel) einweichen und gleichfalls aus Richtung Motorraum abspülen. Vorsicht: Kühlernetz nicht mit harten Bürsten behandeln – deformierte Lamellen vermindern die Kühlleistung.

⑥ Motorraum an allen Falzen, Trägern und ungeschützten Stellen abduschen.

⑦ Stärker verschmutzte Teile an Motor und Motorraum mit einem Kaltreiniger einsprühen. Nach kurzer Einwirkzeit mit scharfem Wasserstrahl nachspülen.

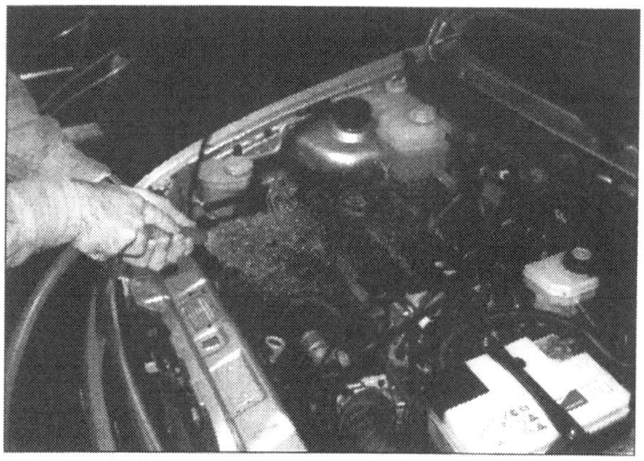

Motorraum mit Schlauch ausspritzen.

⑧ Motorraum, Motor und sämtliche Nebenaggregate mit Druckluft trocknen. An Selbstwaschanlagen oder autorisierten Waschplätzen sind meistens Druckluftnetze vorhanden. Druckluftpistolen werden gleichfalls dort verliehen.

Praxistip

Versiegelt die Oberfläche – Motorschutzlack

Denken Sie schon nach der Wäsche an die nächste Motorwäsche und versiegeln darum den Motor - nebst Technikperipherie - mit einem besonders hitzefesten Motorschutzlack. Der nächste Schmutzfilm haftet dann mit Sicherheit weniger intensiv als der gerade entfernte. Für den restlichen Motorraum reicht ein Konservierungsspray oder Konservierungswachs.

Damit alles in Bewegung bleibt – Schmierdienst

Wer gut schmiert, der gut fährt – ein Tröpfchen Öl, eine wohl dosierte Prise Fett oder ein Spritzer Silicon wirken manchmal Wunder: Leichtgängig bleibt, was sonst quietscht, klemmt, reisst oder rostet. Folgende Faustregel sollten Sie beherzigen: Überall dort, beispielsweise an Scharnieren und Gelenken mit engen Passungen, wo kein Fett eindringen kann, ist Öl oder Schmierspray die erste Wahl. Gegeneinander reibende Flächen fetten Sie dagegen besser mit einer Schmierpaste oder Silicongleitmittel.

- Die Scharniere an **Türen, Motorhaube** und **Heckklappe** können ab und an einen Spritzer Öl vertragen.
- Die **Türfeststeller** bleiben mit etwas Mehrzweckfett geräuschlos in Form.
- **Schlossfallen an Türen, Motorhaube** und **Heckklappe** behandeln Sie zweckmäßigerweise mit Sprühfett oder Gleitpaste. Dort wo Seilzüge sichtbar sind, zum Beispiel an der Schlossplatte der Motorhaube, etwas Fett auftragen und durch mehrmalige Hebelbewegung in die Zugumhüllung ziehen.
- **Schließzylinder** inklusive der **Schlüsselführungen** sollten Sie spätestens zu Beginn der kalten Jahreszeit mit Siliconspray auf den Winter vorbereiten: Silicon schmiert, verdrängt Feuchtigkeit und schützt vor Rost. Der Frost hat somit keine Chance das Schloss zu blockieren.
- **Arretierbügel** der Motorhaube am unteren Lagerbolzen mit Öl schmieren.
- **Motorhaubenscharniere** einölen oder mit Schmierspray benetzen.

Werterhaltend – Lackpflege

Die regelmäßige Lackpflege ist eine lohnende Arbeit. Denn stumpfe, verwitterte Lackoberflächen machen Ihren Fiesta für Sie und andere unansehnlich: Spätestens beim Wiederverkauf »kostet« Sie ein ungepflegter Lack schnell mal ein paar Tausender. Neue Lacke benötigen zunächst nicht viel Aufmerksamkeit. Regelmäßiges Waschen und die prompte Beseitigung von Steinschlägen, Teerflecken und Insektenresten reichen völlig aus. Doch spätestens wenn Wassertropfen nur noch mit unscharfen Rändern auf dem frisch gewaschenen Auto zerfließen, wird es Zeit zur Lackpflege. Sonne, Regen, Streusalz, Schmutz und andere Umweltgifte haben dann auch dem hartnäckigsten Lack dermaßen zugesetzt, dass er eine sanfte Grundreinigung nötig hat.

Wirkt oft Wunder – Lackreiniger

Welches Lackpflegemittel für Ihren Ford das richtige ist, hängt von seinem Zustand ab. Einem neuen, noch gut erhaltenen Lack genügt eine milde Politur. Sie glättet die durch Umwelteinflüsse und mechanische Einwirkungen leicht angegriffene Lackoberfläche. Außerdem sind moderne Polituren mit Wachskomponenten aufbereitet, die das Blechkleid konservieren. Für neue Lacke sind scharfe Lackreiniger eher reines Gift – für alte und verwitterte Lacke jedoch genau das richtige Mittel, für glänzende Ergebnisse.

Immer einen Versuch wert – gründliche Lackpflege

Ein Lackreiniger funktioniert zunächst wie eine Politur, seine Mixtur enthält jedoch gröbere Schleifmittel, die auch mit stärkeren Verschmutzungen fertig werden. Bevor Sie Ihrem verwitterten Fiesta also eine Neulackierung spendieren, sollten Sie es zunächst mit einem guten Lackreiniger versuchen: Zur Lackpflege ist es nie zu spät. Konservierende Komponenten enthalten Lackreiniger in der Regel allerdings keine. Sie sollten den aufbereiteten Lack daher in einem zweiten Arbeitsgang mit Autowachs versiegeln.

»Gift« für Lackpflegemittel – pralles Sonnenlicht

Bei neuen und aufbereiteten Lacken empfiehlt es sich übrigens, die Konservierung zwei- oder dreimal im Jahr zu erneuern. Das erhält den Glanz und optimiert den Langzeitschutz. Die meisten Polituren und Lackreiniger wirken in praller Sonne freilich ziemlich aggressiv. Arbeiten Sie deshalb lieber im Schatten oder in einer Garage, dort haben die chemischen Verbindungen in der Politur keine Chance, den Lack Ihres Fiesta über Gebühr anzugreifen.

Lackpflege

Arbeitsschritte

① Vor der Lackpflege das Fahrzeug gründlich waschen und trocknen.

② An einer relativ unauffälligen Stelle prüfen Sie zuerst, ob der Lack sich mit der Politur verträgt. Vorsicht bei Lackreinigern: Tragen Sie immer nur eine dünne Schicht auf, zuviel Reiniger schleift mehr Decklack ab als nötig. Reinigen Sie lieber in mehreren Durchgängen.

③ Politur oder Lackreiniger mit Baumwoll- oder Synthesewatte (handballengroße Stücke) oder weichem Tuch (kein Kunstfaserlappen) auftragen. Mit sanftem Druck in kreisförmigen Bewegungen einreiben. Nehmen Sie sich immer nur kleine Flächen vor.

④ Schon nach kurzer Einwirkzeit bildet sich ein trockener weißer Belag, der mit einem Wattebausch in kreisenden Bewegungen auspoliert wird. Bei stark verwittertem Lack Vorsicht an Kanten: Nicht zu lange die gleiche Stelle bearbeiten, Sie könnten sonst den Lack bis auf die Grundierung abtragen.

⑤ Den Watteballen regelmäßig wenden oder erneuern, da sich seine Oberfläche nach einiger Zeit mit Wachs- und Pflegemittelpartikeln zusetzt.

⑥ Um zurückgebliebenes Poliermittel und Watteflusen zu entfernen, zum Abschluss die polierte Lackoberfläche mit sauberem Baumwollappen abreiben.

Basis für Tiefenglanz – Konservierungsmittel

⑦ Autowachs mit Watte auftragen. Die Grösse der zu bearbeitenden Fläche hängt vom verwendeten Produkt ab.

Vorsicht: Konservierer haben einen hohen Lösemittelanteil. Sorgen Sie in geschlossenen Räumen daher für ausreichende Belüftung.

⑧ Den Konservierer unter leichtem Druck mit Watteballen in kreisenden Bewegungen auftragen: Gleichmäßiger Auftrag steigert den Tiefenglanz.

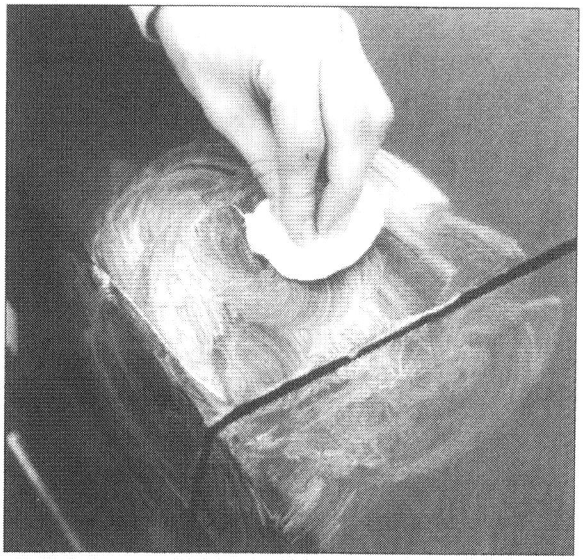

Teilen Sie die Karosserie in Abschnitte von etwa einem halben Quadratmeter ein. Bei größeren Flächen kommen Sie mit dem Auspolieren nicht nach. Eingetrocknete Politur lässt sich nur schwer verarbeiten.

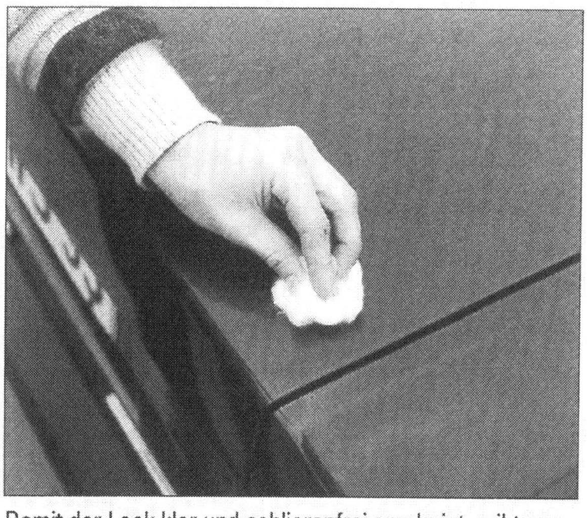

Damit der Lack klar und schlierenfrei erscheint, reibt man den weißen Belag mit großen Watteballen unter Druck glänzend. Wird die Polierbewegung schwerer, den Watteballen wenden oder erneuern.

⑨ Die Watte muss mit wenig Widerstand leicht über den Lack gleiten. Deshalb die Watte häufig wenden und rechtzeitig wechseln.

⑩ Weist der Lack nach dem Konservieren noch Streifen oder Wolken auf, liegt das meist an verschmierten Farbpartikeln, die eine vorhergehende Politur hinterlassen hat. An diesen Stellen wiederholen Sie den Vorgang.

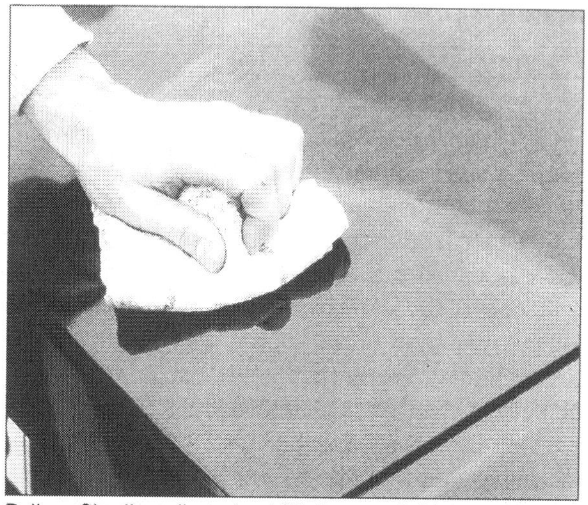

Reiben Sie die polierte Lackfläche zum Schluss noch mit einem sauberen Baumwollappen ab. Damit entfernen Sie eventuell noch vorhandenen Belag und natürlich auch die Watteflusen.

Wenn der Konservierer beim Auftragen fast vom Lack abperlt, ist die Oberflächenspannung des Lacks noch zu groß. Versuchen Sie es in diesem Fall vor der Konservierung mit einer milden Politur.

Wertmindernd – Lackschäden

Während der Fahrt ist Ihr Fiesta einem »Dauerbeschuss« diverser Fremdkörper ausgesetzt. Kleine aufwirbelnde Steinchen, selbst winzige Sandkörner werden bei hohem Tempo zu Geschossen, die wie Meteoriten auf dem Lack einschlagen. Auf winterlichen Straßen sind vor allem die Frontpartie und Motorhaube stark gefährdet – feste Streumittelbestandteile prasseln dann hörbar gegen die Karosserie. Steinschlagschäden sind jedoch kein Drama. Auch ein leichter Parkrempler mit Kratzern und Schrammen bietet keinen Anlass zur Panik. Solche Stellen lassen sich, ebenso wie der Fremdlack des »Gegners«, meistens einfach mit Lackreiniger oder Schleifpolitur auspolieren.

Praktisch bei Steinschlägen – Reparaturset

Viele Hersteller bieten für »kleine« Steinschlagschäden praktische Reparatursets an. Sie lassen sich ähnlich leicht handhaben wie eine Flasche Nagellack. Eine gebräuchliche Alternative ist Tupflack, mit dem Sie Steinschlagkrater in mehreren Lackschichten auffüllen können. Bei normalen Lacken und kleinen Beschädigungen helfen übrigens auch Wachsstifte in Wagenfarbe. Das Reparaturwachs hält freilich nur einige Wagenwäschen lang und muss danach wieder erneuert werden. Sollten Sie die Lackbezeichnung und den Code der Wagenfarbe vergessen haben, kein Problem: Ihr Ford-Händler entschlüsselt die Angaben anhand des Nummerncodes im Kfz.-Schein.

Frühzeitig ausbessern – Lackschäden

Ignorieren Sie auch winzige Macken im Lack nicht: Rost leistet in kurzer Zeit ganze Arbeit – bei ungünstigen Bedingungen (Nässe, Wärme oder unter Salzeinfluss) sogar schon in wenigen Tagen. Und hat sich der Rost erst über Monate oder Jahre ungehindert ausgebreitet, sind grosse Krater oder Rostlöcher das traurige Resultat. In diesem Fall helfen nur noch aufwendige Restaurierungsarbeiten. Die können wir Ihnen hier freilich ebenso wenig vorstellen wie die Behebung eines Blechschadens. Für solche Arbeiten empfehlen wir Ihnen Ihre Ford-Werkstatt oder den Band 175 aus der Reihe »Jetzt helfe ich mir selbst«. Fachleute informieren Sie darin umfassend über alle Arbeiten rund um die Autokarosserie.

Erfolgsbasis – das richtige Material

- Abklebeband (nur Profimaterial verwenden)
- Zeitungen oder Folie zum Abkleben
- Schleifklotz aus Holz oder Kork für flächiges Schleifen
- Nass- und Trockenschleifpapier in verschiedenen Körnungen
- Spachtel, Spachtelmasse und Härter. Spritzspachtel zum Ausgleich kleinerer Unebenheiten
- Haftgrund, als Grundlage für den neuen Lackaufbau
- Decklack
- Lackreiniger, Konservierer, Politur

Steinschlagschäden ausbessern

Arbeitsschritte

① Abstehende Ränder rund um den Lackkrater mit einer feinen Nadel oder einem Uhrmacherschraubendreher beseitigen.

② Den Rost kratzen Sie am besten mit einem spitzen Messerchen vorsichtig aus. Danach einen Tropfen Rostumwandler auf die Stelle tupfen und etwa eine Stunde einwirken lassen.

③ Jetzt die Schadstelle mit Lackverdünner reinigen und gründlich trocknen.

④ Etwas Haftgrund in den Sprühdosendeckel spritzen und mit Tupfpinsel oder Fingerkuppe dünn auftragen. Haftgrund gut austrocknen lassen.

⑤ Mit Fingerkuppe oder kleinem Kunststoffmesser ein wenig Spachtel bündig zur umgebenden Lackfläche in den Krater drücken und austrocknen lassen. Spachtelflecken auf dem Lack wischen Sie mit einem Lappen sofort ab.

⑥ Überflüssige Spachtelmasse schleifen Sie mit einem schmalen, um ein Bleistiftende gespannten Streifen feinen Schleifpapier vorsichtig aus. Bleistift dabei immer zwischen den Handflächen drehen.

⑦ Decklack in den Dosendeckel sprühen und ca. eine Minute ablüften lassen. Den verdickten Lack mit Fingerkuppe oder spitzem Pinsel dünn auftragen.

⑧ Den vollständig ausgetrockneten Lack (im Sommer nach etwa zwei, im Winter nach rund fünf Tagen) mit Politur bzw. Lackreiniger großflächig beipolieren.

Auspolieren – bei kleinen Schrammen völlig ausreichend

Arbeits-schritte

① Schadstelle gründlich mit Waschbenzin oder Verdünner reinigen.

② Polieren Sie die Fremdfarbe (falls vorhanden) in mehreren Arbeitsgängen mit Polierwatte, Schleifpolitur oder Lackreiniger aus dem Decklack. Halten Sie die Polierfläche möglichst klein.

③ »Ausgerissene« Schrammenränder schleifen Sie zunächst mit einem kleinen Streifen Wasserschleifpapier (mindestens Körnung 800) behutsam glatt. Dabei Schleifpapier ständig wässern und Schleifstelle mit Wasser spülen. Vorsicht: Durchschleifen Sie nicht die Decklackschicht.

④ Die Schadstelle mit einer milden Politur nach polieren. Dabei verteilen sich Farbpartikel aus der unmittelbaren Lackumgebung in die Schramme.

⑤ Zuletzt die bearbeitete Stelle mit Konservierer versiegeln.

⑥ Wenn Sie auf gleichmäßigen Glanz Wert legen, polieren Sie anschließend das ganze Auto auf.

So »verschwinden« größere Schrammen

Arbeits-schritte

① Bei tiefen Schrammen an Stoßfänger, Kotflügel oder Tür, bauen Sie vor der Reparatur das Karosserieteil besser aus. Das Ergebnis wird dann besser, denn die Arbeit geht leichter von der Hand.

② Schadensfläche mit Schleifpapier (Körnung 80 oder 100) anschleifen. Bei Rost bis aufs blanke Blech herunterschleifen. Dann Rostumwandler auftragen und ca. eine Stunde einwirken lassen.

③ Die Stelle mit Lackverdünner reinigen, entfetten und abtrocknen lassen.

④ Spachtel und Härter mischen. Die Spachtelmasse gleicht Höhenunterschiede zu den angrenzenden Flächen aus. Vorsicht: Zweikomponentenspachtel bleibt, je nach Temperatur, nur einige Minuten verarbeitungsfähig. Deshalb immer nur kleine Mengen anmischen. Bei geringen Unebenheiten ist Spritzspachtel aus der Sprühdose die bessere Wahl.

⑤ Dazu die Spachtelmasse gleichmäßig und zügig in mehreren dünnen Schichten auftragen. Nach etwa einer Stunde ist der Spachtel ausgehärtet.

⑥ Unebenheiten mit Trockenschleifpapier (Körnung 180) egalisieren. Den Feinschliff erledigen Sie mit Nassschleifpapier (Körnung 400). Fläche mit viel Wasser und wenig Druck beischleifen.

⑦ Verbliebene Riefen erneut mit Spritzspachtel ausgleichen, aushärten lassen und mit Nassschleifpapier (Körnung 600) nachschleifen.

⑧ Vor dem Lackieren Schleifstaub sorgfältig mit Wasser abspülen.

Lackieren wie ein Profi – mit etwas Geschick möglich

⑨ Die gründlich vorbereitete Schadstelle mit wasserfestem Lackierer-Klebeband, einer Folie oder alten Zeitungen abkleben. Unbedingt billiges Klebeband vermeiden, es weicht schnell durch und lässt dann sogar Farbe durch. Vorsicht: Beim Lackieren entstehen giftige Dämpfe. Lüften Sie deshalb Ihren Arbeitsplatz gut durch.

⑩ Haftgrund (Füller) als Grundlage für den Decklack spritzen. Sauber arbeiten – Unebenheiten und Lacknasen verschwinden nicht mit zunehmendem Lackauftrag, sondern vergrößern sich. Haftgrund trocknen lassen, mit Nassschleifpapier (Körnung 600) planschleifen. Schleifrückstände mit Wasser abwaschen.

⑪ Decklack aus der Sprühdose gleichmäßig und zügig in mehreren Schichten auftragen. Der Abstand vom Sprühkopf zur Lackierfläche sollte etwa 20 bis 30 Zentimeter betragen. Erwärmen Sie die Sprühdose vor dem Lackieren kurz in heißem Wasser. Die Farbpartikel entweichen dann unter höherem Druck. Vorteil: Die Oberfläche wird glatter und der Lackverlauf gleichmäßiger.

⑫ Klebebandränder um die Reparaturstelle lösen,umknicken und diese Stellen nachsprühen. Der Übergang zum Originallack wird dann unscharf und lässt sich leichter beipolieren.

⑬ Sobald der Reparaturlack vollständig ausgetrocknet ist (im Sommer nach etwa zwei, im Winter nach fünf Tagen), die ausgebesserte Stelle mit Politur und die Übergänge mit Lackreiniger bearbeiten. Die besten Ergebnisse erzielen Sie, wenn anschließend das gesamte Fahrzeug aufpoliert wird.

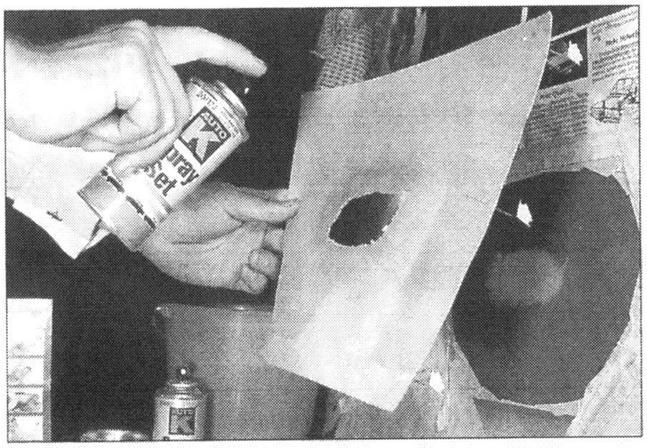

Wenn Sie mit der Spraydose lackieren: Schneiden Sie in ein großes Stück Pappe ein Loch in Größe der Schadensstelle. Der Sprühstrahl deckt dann nur die vorgesehene Fläche ab.

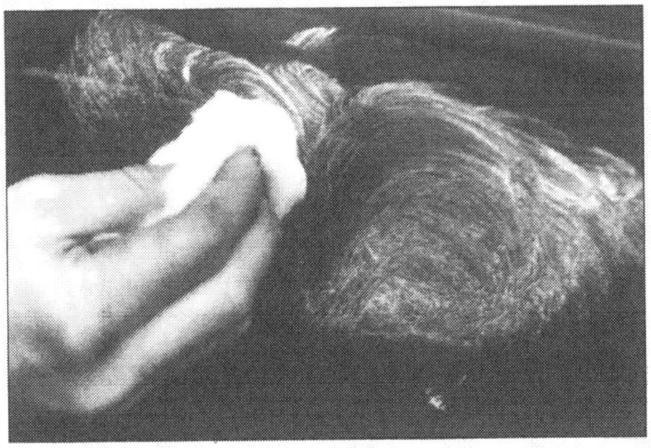

Kratzer oder Schrammen lassen sich mit Schleifpaste oder Lackreiniger beseitigen, wenn noch ein Hauch Decklack vorhanden ist. Verwenden Sie nur hochwertiges Arbeitsmaterial aus dem Zubehörhandel.

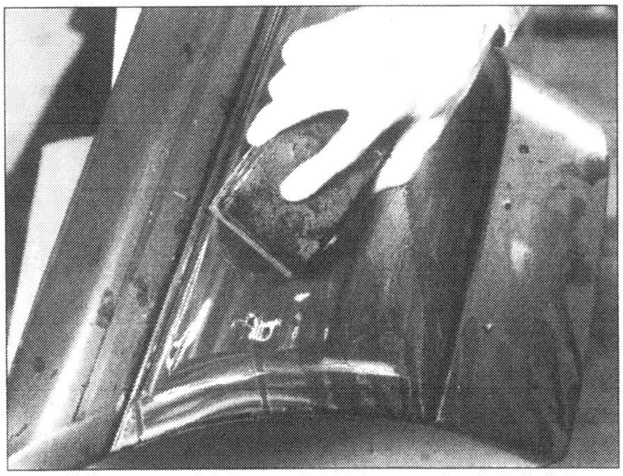

Schleifpapier um einen Schleifklotz wickeln, die Schadensfläche durch gleichmäßige Bewegungen in eine Richtung glatt schleifen. Den Klotz immer wieder in Wasser tauchen, damit der Schleifstaub herausgeschwemmt wird.

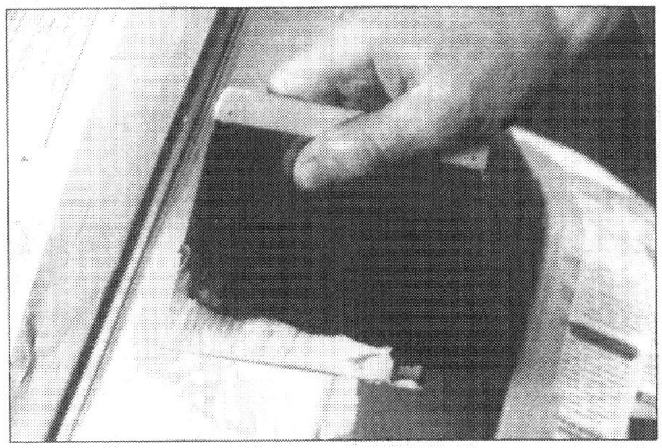

Wenn Sie zum ersten Mal mit Spachtel umgehen, sollten Sie erst üben, bevor Sie Ernst machen. Machen Sie auf einem alten Stück Autoblech einen Probedurchlauf. Das bringt das nötige Gefühl und Sicherheit im Umgang mit diesem Material.

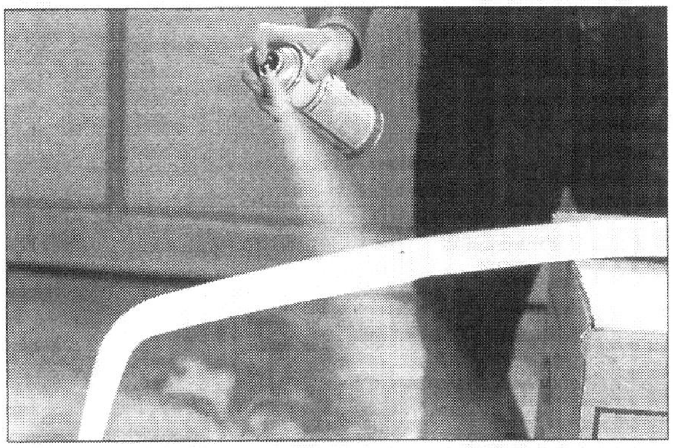

Halten Sie die Spraydose möglichst ruhig über der Lackierfläche. Führen Sie den Sprühstrahl am Lackierobjekt vorbei, nicht absetzen oder im Oval zurückführen – das vermeidet Lacknasen.

Praxistip

Sondermüll – alte Farben, leere Spraydosen, schmutzige Putzlappen und Pinsel

Farb- und Lösungsmittelreste gehören nicht in den Hausmüll sondern in den Sondermüll. Das gilt auch für verschmutzte Lappen, Pinsel und Spraydosen. In vielen Städten und Gemeinden gibt's heute mobile Annahmestellen. Fragen Sie bei Ihrem Umweltamt nach den Abholterminen oder den Öffnungszeiten der Deponie.

Die Scheibenwaschanlage

Saubere Scheiben sind eine Grundvoraussetzung zum sicheren Autofahren. Damit Sie auch bei Regen und Schnee im Verkehr den Durchblick nicht verlieren, hat Ihr Fiesta zwei Scheibenwaschanlagen an Bord. Auf der Frontscheibe läuft der Scheibenwischer in zwei Geschwindigkeiten. Dazu kommt eine Wischintervalleinrichtung, die etwa alle vier Sekunden automatisch den Wischer auslöst. Zusätzlich sorgt auf der Heckscheibe ein Wischer samt Scheibenwaschanlage für gute Sicht nach hinten. Stark verschmierte Scheiben reinigen Sie am besten mit den Scheibenwaschanlagen vor. Die besten Resultate erhalten Sie, wenn die Spritzdüsen das Waschwasser knapp oberhalb des Wischfelds zerstäuben – die Scheibenwischer haben dann leichteres Spiel den Schmutz zu entfernen.

Wichtig im Frühjahr und Herbst – Wischergummis erneuern

Die Lebensdauer von Wischergummis ist begrenzt: Verschlissene Gummis beschädigen die Scheiben Ihres Fiesta. Sie sollten Wischergummis daher vorbeugend stets im Herbst ersetzen. Denn bei jeder Wischbewegung malträtieren Straßenschmutz, verhärtete Insektenreste sowie Salzrückstände die Gummis, Ozon und UV-Strahlen härten das Material zusätzlich aus. Vorausgesetzt der Anpressdruck der Wischerarme ist noch korrekt, sind lästige Schlieren der beste Beweis für erneuerungsbedürftige Wischergummis – der fällige Wechsel bereitet keinerlei Probleme. Wie übrigens auch die meisten Arbeiten an der Scheibenwaschanlage, die Sie in der Regel mit einem mittleren Schlitzschraubendreher selbst erledigen können. Sollten Sie feststellen, dass elektrische Zuleitungen oder Sicherungen an einem der beiden Wischermotoren defekt sind, werfen Sie vor der Reparatur einen kurzen Blick in das Kapitel »Die Fahrzeugelektrik«.

Scheibenwischer und Waschanlage prüfen

Arbeitsschritte | W | ständige Kontrolle

① Zündung einschalten, Wischerhebel betätigen.

② Läuft der Scheibenwischer in beiden Geschwindigkeiten? Geht er beim Ausschalten in die Parkstellung zurück?

③ Funktioniert die Wischer-Intervallschaltung?

④ Arbeitet die Scheibenwaschanlage?

Scheibenwaschwasser auffüllen

Arbeitsschritte | W | ständige Kontrolle

① Im Sommer den Waschwasservorrat mit Leitungswasser auffüllen. Ein Anteil Reinigungsmittel steigert erheblich die Waschwirkung. Im Winter sollten Sie zusätzlich Gefrierschutz einfüllen.

② Damit im Vorratsbehälter sofort eine homogene Mischung entsteht, zuerst das Zusatzmittel einfüllen und dann bis zur Einfüllöffnung mit Wasser ergänzen.

③ Bei Frost kann die Scheibenwaschanlage einfrieren. Darum rund ein Drittel des Waschwasservorrats mit Brennspiritus ergänzen. Und damit auch die Zuleitungen und Spritzdüsen geschützt sind, beide Waschanlagen nach dem Füllvorgang solange betätigen, bis Sie die Mischung auf den Scheiben »riechen«.

Wischergummi wechseln

Arbeitsschritte | W | 20000 km 12 Monate

① Wischerarm von der Scheibe klappen.

② Arretierfeder des Wischerblatts soweit vom Wischerarm abziehen, bis Kerbe sichtbar wird.

③ Wischerblatt nach unten drücken und aus dem Arm herausschwenken.

④ An einer Seite fixiert das Wischerblatt den Gummi mit zwei Halteklammern. Drücken Sie mit einem Lüsterklemmenschraubendreher die Erhebungen am Gummi soweit zurück, bis Sie den Gummi aus den Halteklammern ausrasten können.

⑤ Wischergummi nun zusammen mit den seitlichen Metall- Federstreifen zur anderen Seite herausziehen.

⑥ Montage des neuen Wischergummis erfolgt in umgekehrter Reihenfolge.

⑦ Metall-Federstreifen rechts und links in den Nut des Wischergummis einschieben und Halteklammern in die Nuten drücken.

⑧ Wischergummi in Halter einziehen und Halteklammern im Gummi festsetzen.

⑨ Bei der Wischerblattmontage darauf achten, dass die Arretierungsfeder hörbar im Wischerarm einrastet. Auch optisch kontrollieren – Wischerblätter »fliegen« sonst beim nächsten Regen von der Scheibe.

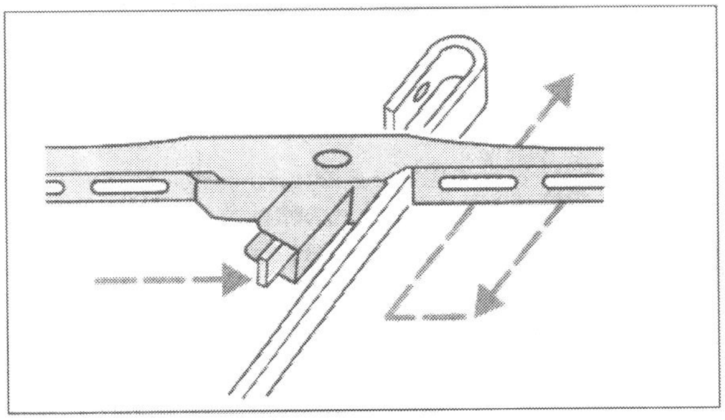

Wechsel des Wischerblatts: Erst den Wischerarm abklappen, dann das Gelenk des Wischerblattes an der kleinen Zunge (Pfeil) entsichern. Das Blatt kann jetzt aus dem »U« des Wischerarms geschoben werden.

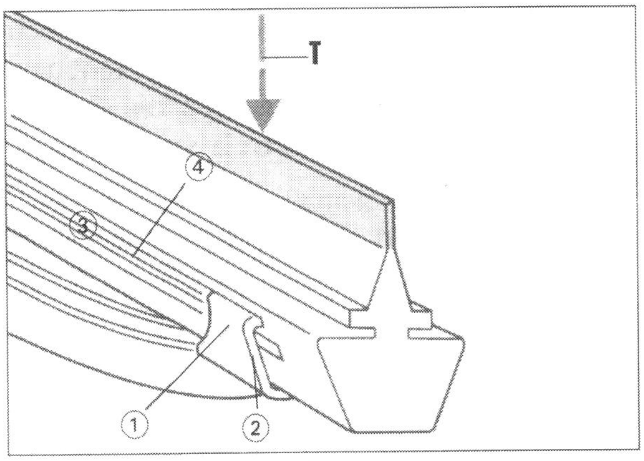

Wechsel des Wischergummis:
❶ Führungsnasen der Wischerblattschiene. ❷ Arretierungsklammern für das Wischergummi. ❸ Führungsprofil des Gummis. ❹ Nuten für Federstreifen. **T** Wischlippe

Waschwasserdüsen einstellen

In Kombination mit einer beheizbaren Frontscheibe sind auch die Waschwasserdüsen auf der Motorhaube beheizt. Die Düsen lassen sich mit einer Nadel oder Büroklammer punktgenau einstellen.

Arbeitsschritte

① Düsen mit einer Nadel oder Büroklammer verdrehen. Dazu Spitze vorsichtig in die Düsenöffnung führen und Düse in die gewünschte Spritzrichtung drehen.

② Um möglichst wenig Waschwasser zu verbrauchen, die Düsen etwa in Blickhöhe auf die Scheibe ausrichten.

Einstellung der Scheibenwaschdüsen:
Die Düsen wurden extra etwas höher ausgerichtet – so trifft der Sprühstrahl auch bei höherem Tempo (mit entsprechendem Winddruck) noch das ganze Wischfeld.

Scheibenwaschdüse ausbauen

Verstopfte Waschdüsen bauen Sie zweckmäßigerweise sofort aus und blasen Sie mit Druckluft in Richtung Schlauchanschluss aus. Ohne Druckluft können Sie die Düse auch vorsichtig mit einem dünnen Draht durchstoßen. Bleiben Sie erfolglos, wird eine neue Scheibenwaschdüse fällig. Zur Vorsorge gegen die meisten Verunreinigungen sollten Sie in die Zuleitung einen handelsüblichen Benzinfilter montieren.

Arbeitsschritte

① Motorhaube öffnen und Dämmmaterial von der Haube abziehen (Clips mit Schraubendreher aushebeln).

② Bevor Sie den Waschwasserschlauch von der Düse abziehen, erwärmen Sie ihn kurz mit einem Feuerzeug.

③ Haltezungen mit den Fingern zusammendrücken, dabei gleichzeitig Düse aus der Motorhaube drücken (evtl. Düse mit Schraubendreher aus der Haube heraushebeln – Lackierung dann mit Unterlage schützen).

④ Zur Montage Düse von außen in die Motorhaube »einrasten«. Unbedingt darauf achten, dass die Düse fest sitzt, ansonsten gibt's Probleme mit der Einstellung.

⑤ Wasserschlauch aufschieben, Düse wie beschrieben einstellen.

⑥ Isolationsmaterial befestigen.

Scheibenwischerarm ausbauen

Arbeitsschritte

Frontwischer

① Abdeckkappe (Pfeil) über der Wischerarmachse mit kleinem Schraubendreher abknippen. Mit Klebeband die Ruhestellung der Wischerblätter auf der Scheibe markieren.

② Haltemutter ca. zwei Umdrehungen mit Ringschlüssel lösen.

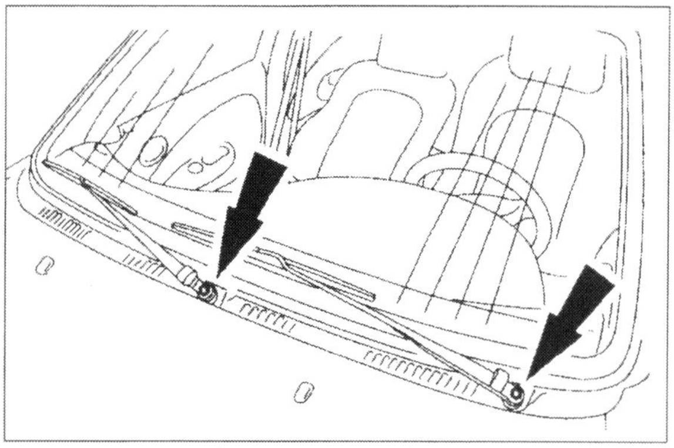

Scheibenwischer-Abdeckkappen.

③ Wischerarm aufstellen und gefühlvoll seitlich etwas hin- und herhebeln, damit er sich vom Konus der Wischerachse löst. Festsitzende Arme vorsichtig mit zwei Schlitzschraubendrehern von der Wischerachse hebeln. Damit der Lack nicht verkratzt, legen Sie bitte einen Putzlappen um die Befestigung.

④ Wischerarm zurückklappen, Mutter ganz lösen.

⑤ Wischerarm mit Unterlegscheibe von der Welle abziehen.

⑥ Wischerarm so montieren, dass er mit Markierung auf der Scheibe korrespondiert. Überprüfen Sie nach der Montage den korrekten Lauf. Die Blätter dürfen sich nicht verhaken oder gegen die Scheibendichtungen stoßen.

Heckwischer

① Mit Klebeband die Ruhestellung des Wischerblatts auf der Scheibe markieren.

② Abdeckkappe hochhebeln, Haltemutter ca. zwei Umdrehungen mit Ringschlüssel lösen.

③ Aufgestellten Wischerarm gefühlvoll seitlich etwas hin- und herhebeln, damit er sich vom Konus der Wischerachse löst. Evtl. festsitzenden Arm vorsichtig mit zwei Schlitzschraubendrehern von der Wischerachse hebeln. Damit der Lack nicht verkratzt, legen Sie bitte einen Putzlappen um die Befestigung.

④ Arm zurückklappen, Mutter ganz lösen.

⑤ Wischerarm mit Unterlegscheibe von der Welle abziehen.

⑥ Den Heckwischerarm so montieren, dass er mit Markierung korrespondiert.

Frontwischermotor ausbauen

Arbeitsschritte

① Wischerarme abheben und Wischermotor für etwa 30 Sekunden laufen lassen. Motor abstellen – Wischerarme müssen in automatischer Ruhestellung auf der Scheibe liegen.

② Batterie abklemmen. Wischerarme wie beschrieben demontieren.

③ Dichtgummi von der Stirnwandkante abziehen.

④ Sicherungskastendeckel abnehmen.

⑤ 2 Befestigungsschrauben (Pfeile) rechts an der Stirnwandabdeckung lösen.

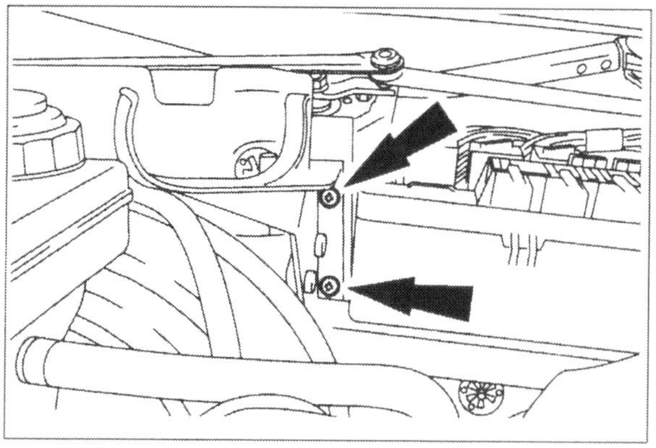

Befestigungsschrauben Stirnwand rechts.

⑥ 2 Befestigungsschrauben (Pfeile) links an der Stirnwandabdeckung lösen.

Befestigungsschrauben Stirnwand links.

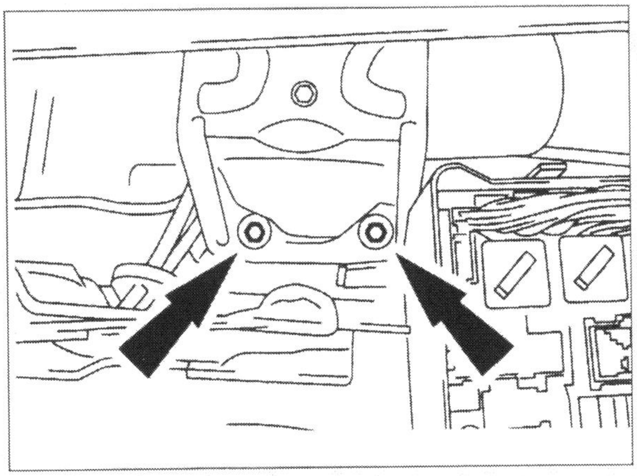

Befestigungsschrauben Scheibenwischermotor.

⑦ Scheibenwischermotor von Halter (Pfeile) schrauben.

⑧ Mehrfachstecker vom Motor abziehen.

⑨ Wischermotor komplett mit Gestänge heraussheben.

⑩ Wischermotor und Wischergestänge (3 Schrauben, 1 Mutter) trennen.

⑪ Vor der Montage prüfen, ob Wischermotor tatsächlich in Endstellung »parkt«. Dazu kurz den Mehrfachstecker aufschieben und Motor kurz einschalten.

⑫ Wischermotor mit Gestänge verschrauben (Schrauben mit 10 und Mutter mit 25 Nm befestigen). Endmontage in umgekehrter Reihenfolge beenden.,

⑬ Komplett montierten Scheibenwischer probehalber auf befeuchteter Scheibe laufen lassen. Evtl. Wischerarme korrigieren.

Heckwischermotor ausbauen

Arbeits-schritte

① Heckwischerarm wie beschrieben demontieren. Batterie abklemmen.

② Befestigungsmutter von Antriebswelle schrauben (auf die Reihenfolge der Teile achten).

③ Heckklappe öffnen und Innenverkleidung ausbauen (1 Kunststoffschraube, 9 Clips). Das Formteil vorsichtig mit einer breiten Schraubendreherklinge und untergelegtem Lappen vorsichtig aus dem Heckklappenausschnitt bzw. den Klammern hebeln.

④ Massekabel abschrauben.

⑤ Mehrfachsteckverbindung zum Wischermotor trennen.

⑥ Wischermotorhalterung lösen. Motor komplett mit Halterung aus dem Heckklappenausschnitt herausnehmen.

⑦ Gummitülle von Welle abziehen.

⑧ Motor mit 3 Schrauben vom Halter lösen.

⑨ Montage in umgekehrter Reihenfolge beenden.

⑩ Probelauf starten, evtl. Wischerarm auf Scheibe ausrichten.

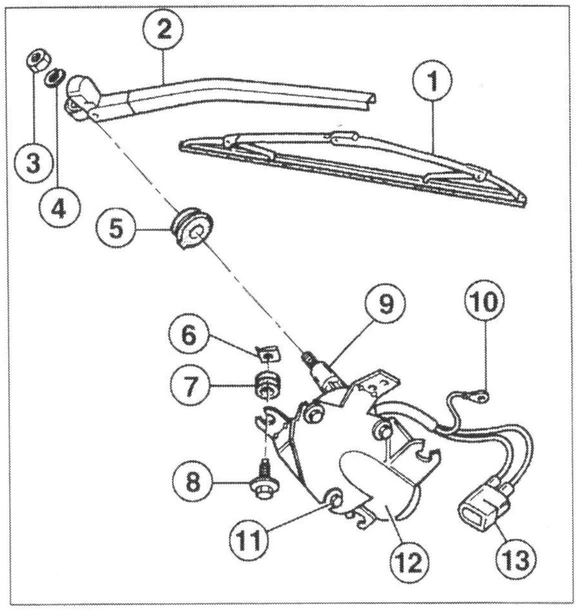

❶ Wischerblatt. ❷ Wischerarm. ❸ Wischerarmbefestigungsmutter. ❹ Wellscheibe. ❺ Gummitülle. ❻ Federklammer. ❼ Gummitülle. ❽ Halteschraube. ❾ Wischerachse. ❿ Massekabel. ⓫ Befestigungsschrauben Wischermotor. ⓬ Halterung Wischermotor. ⓭ Mehrfachstecker.

Wischerblatt

Störungs-beistand

Störung	Ursache	Abhilfe
A Wasser und Schmutz verteilen sich geleichmäßig über das Wischfeld	**1** Scheibe mit Lackpflegemitteln, ölhaltigen Rückständen oder Insektenresten verschmutzt	»Sidol« o.ä. Putzmittel auf die Scheibe auftragen, antrocknen lassen, mit einem sauberen Lappen abreiben
	2 Wischergummi verschlissen	Austauschen
	3 Wischerarm am Anlenkpunkt des Wischerblattes verdreht und nicht parallel zur Scheibe	Wischerarmende nachbiegen (in sich verdrehen)
B Im Wischfeld bleiben feine Wasserstreifen stehen	Siehe A2	Austauschen
C Im Wischfeld bleiben feine Wassertropfen zurück	Neigungswinkel des Wischergummis zur Windschutzscheibe zu flach	Wischergummi austauschen
D Im Wischfeld bleibt ein breiter Wasserfilm zurück	Ungleicher Auflagendruck – verbogene oder defekte Anpressfeder im Wischergummi	Wischerblatt austauschen
E Im Wischfeld bleiben mehrere Wasserfelder zurück	**1** Anpressdruck des Wischerarms zu gering	Anpressdruck überprüfen. Feder leicht einölen, Wischerarm stärker vorspannen, ggf. erneuern
	2 Scheibenwischerantrieb verschlissen	Kontrollieren, defekte Teile ersetzen
	3 Wischerarm lose auf seiner Achse	Befestigen
	4 Wischerarm verbogen	Nachbiegen
	5 Wischerblatt verbogen	Austauschen
F Im oberen Wischfeld bleiben Wasserfelder zurück	**1** Siehe E1	
	2 Siehe D	
G Wischerblatt rattert	**1** Zuviel Spiel im Scheibenwischergestänge	Vershleißteile auswechseln
	2 Wischerarm lose	Befestigen
	3 Wischerarm in sich verdreht	Wischerarm richten

Scheibenwischer

Störungsbeistand

Störung	Ursache	Abhilfe
A Frontscheiben-wischer läuft nicht	**1** Sicherung defekt	Erneuern
	2 Intervallrelais defekt	Anschlüsse prüfen, Intervallrelais austauschen
	3 Wischerantriebskurbel lose	Festziehen
	4 Kabel zum Wischerschalter unterbrochen	Steckverbindungen und Zuleitungen überprüfen
	5 Kabel zum Wischermotor unterbrochen	Steckverbindungen und Leitungen überprüfen
	6 Wischermotor durchgebrannt bzw defekt	Austauschen
B Heckscheiben-wischer läuft nicht	**1** Siehe A1	
	2 Siehe A4 und 5	
	3 Siehe A6	
C Scheiben-wischer laufen nicht in Stufe I	**1** Kontaktschwäche	Anschlüsse auf Stromdurchgang prüfen
	2 Spannungsaufnahme im Motor unterbrochen	Motor austauschen
	3 Spannungsdurchgang im Wischerschalter unterbrochen	Schalter tauschen
D Scheiben-wischer laufen nicht in Stufe II	**1** Spannungsdurchgang am Wischerschalter unterbrochen	Zuleitung überprüfen
	2 Kontakte im Wischerschalter verschlissen	Schalter austauschen
	3 Spannungsaufnahme am Wischermotor defekt	Motor austauschen
E Keine Wischer-rückstellung	**1** Leitung Klemme 53E zwischen Wischerschalter und Motor unterbrochen	Zuleitung kontrollieren
	2 Wischermotor defekt	Mit Prüflampe kontrollieren: Zwischen Klemme 53E und Masse (Klemme 31) muss die Lampe dauernd brennen. Zwischen Klemme 53E und Klemme 31 muss Lampe kurz vor Erreichen der Parkstellung verlöschen. Gegencheck zwischen Klemme 53E und Batterieplus (Klemme 30) vornehmen. Prüflampe muss dann kurz vor Erreichen der Parkstellung aufleuchten. Falls nicht, Motor austauschen
F Scheiben-wischer laufen nicht im Intervall-betrieb	**1** Intervallrelais defekt	Austauschen
	2 Zuleitung zwischen Wischer-schalter und Relais unterbrochen	Zuleitung überprüfen
	3 Kontakt im Wischerschalter defekt	Schalter austauschen
	4 Verbindung zwischen Sicherungskasten zum Intervallrelais bzw. zwischen Relais zum Wischermotor unterbrochen	Sicherung prüfen, Zuleitung inkl. Steck-verbindungen prüfen
G Intervallbetrieb läßt sich nicht aus-schalten	**1** Siehe E1	
	2 Siehe F1	
	3 Kontakte im Wischerschalter verschlissen	Schalter austauschen
H Scheiben-wischer bleiben nach dem Abschal-ten nicht oder nur kurz in Parkstellung stehen	Verschmutzter bzw. verklebter Kontakt im Wischermotor	Motorabdeckung abschrauben, Kontakte blankschleifen. Ggf. Motor austauschen

DER MOTOR

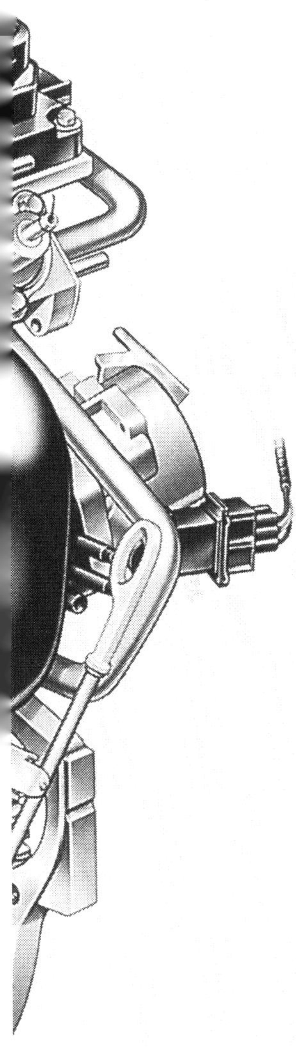

Wartung

Reparatur

Unisono arbeiten im Fiesta kompakte, quer über der Vorderachse montierte Reihen-Vierzylinder, alternativ mit zwei oder vier Ventilen (Zetec-SE) je Brennraum, unter der Motorhaube. Sämtliche Benziner steuert ab 1996 ein elektronisches Motormanagement (Ford EEC-V) mit kontaktloser 3-D Kennfeldzündung und elektronischer Kraftstoffeinspritzung (SEFI). Der aktuelle 1, 8D Endura-DE liefert seine Dieselrationen mit einer elektronisch gesteuerten Einspritzanlage direkt in den Wirbelkammern ab. Das Motorenquintett des modifizierten Ford Fiesta steht auf technisch hohem Niveau. Die Otto-Motoren sind allesamt mit einem geregelten Drei-Wege-Katalysator und der Diesel mit einem Oxydationskatalysator inklusive Abgasrückführung ausgerüstet. Alle Triebwerke erreichen die aktuelle Abgasnorm nach 96 EEC.

Ab Modelljahr '96 – neue Zetec-SE Vierzylinder im Fiesta

Unbestreitbar sind die DOHC (double-over-head-camshaft) Zetec-SE Aggregate mit 1,25-Liter Hubraum (55 kW/75 PS) respektive 1,4-Liter Hubraum (66 kW/90 PS) die technischen High-Lights der 96er Fiesta-Familie. Beide Triebwerke sind – um den Motorraum effizienter zu nutzen – um zwölf Grad nach hinten geneigt eingebaut. Es sind übrigens die ersten quer montierten Ford-Motoren, bei denen die Einspritzgalerie an der Vorderseite des Zylinderkopfs sitzt. Diese Maßnahme verbessert bei Reparaturen und Wartungsarbeiten deutlich die Zugänglichkeit zu allen Komponenten der Gemischaufbereitung. Der Neigungswinkel hat freilich auch technische Hintergründe: Mit der »Umkehr« des Zylinderkopfs »steht« das Abgassystem jetzt nicht mehr im kühlenden Fahrtwind, sondern »versteckt« sich hinter dem Motor. Die Neigung nach hinten schafft zwischen Motor und Spritzwand freilich genügend Platz, um die Wärmeübertragung vom Auspuffkrümmer und Katalysator auf den Motor zu minimieren.

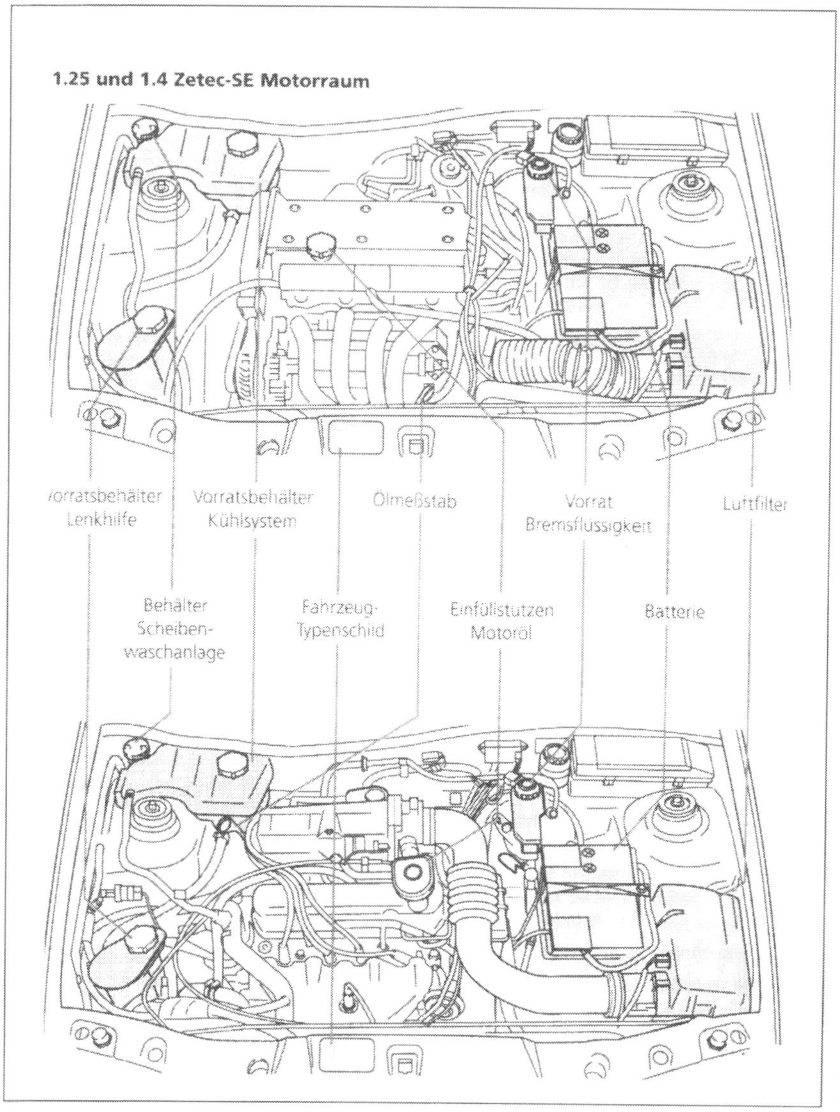

Aggregateanordnung Motorraum Zetec-SE 1, 25, 1,4 (oben); 1,3 Endura-E (unten).

Technik Kooperation – Yamaha war beteiligt

Beide Zetec-SE Motoren sind übrigens Vorläufer einer kompletten Motorenfamilie, die Ford – in Zusammenarbeit mit Yamaha – für Hubräume von 1,1 bis 1,7 Liter konzipiert hat. Als Besonderheit weisen die kompakten Vierzylinder elektronisch gesteuerte Vierloch-Einspritzventile sowie eine Weiterentwicklung des Ford-Motorsteuergeräts (EEC-V) auf. Damit realisieren die Ingenieure eine genauere Steuerung des Kraftstoff-/Luftgemischs und der Zündung, sowie eine verbesserte Motordiagnose und Leerlaufdrehzahlregelung. In der Praxis führen die Maßnahmen dann auch zu geringeren Abgasemissionen und einem gleichmäßigeren Verbrennungsablauf in allen Lastzuständen. Ein weiteres High-Light der

Zetec-Motoren ist ihr sehr guter Füllungsgrad und die daraus resultierende hohe Literleistung von 44,3 kW/l. Noch deutlicher wird das bei Betrachtung des effektiven Mitteldrucks, der ein Maß für den Wirkungsgrad in Form eines spezifischen Drehmoments darstellt. Der Mitteldruck aller Zetec-SE-Aggregate liegt deutlich höher als bei anderen Fordmotoren in dieser Hubraumklasse.

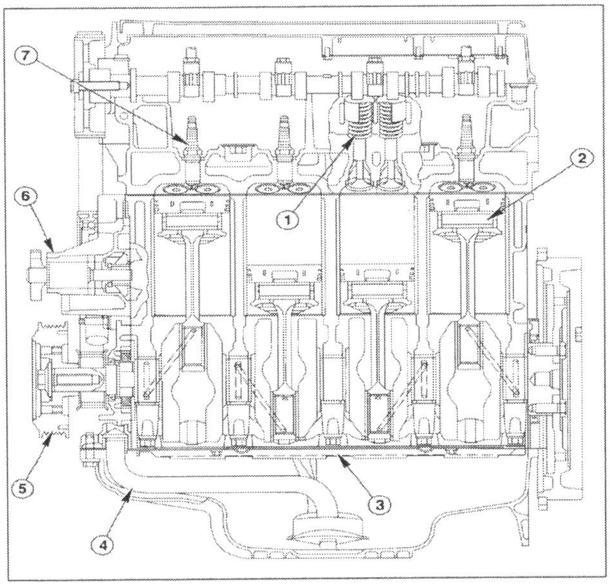

Seitenansicht Zetec-SE

❶ Ventiltrieb. ❷ Kolben. ❸ Ölprallblech. ❹ Ölansaugrohr. ❺ Schwingungsdämpfer. ❻ Wasserpumpe. ❼ Zündkerze.

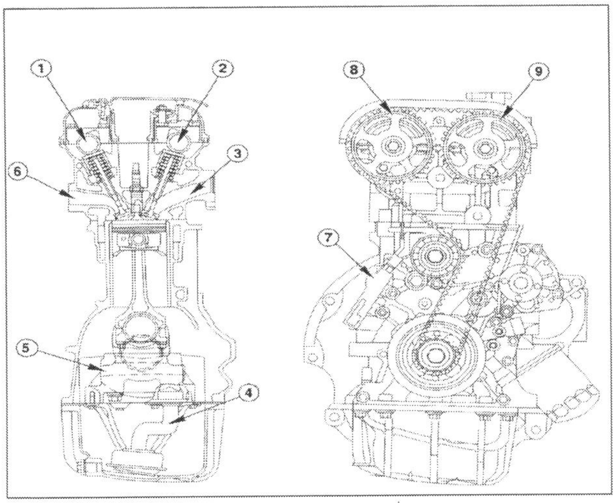

Aufriss Zetec-SE

❶ Auslassnockenwelle. ❷ Einlassnockenwelle. ❸ Einlasskanal. ❹ Ölsaugrohr. ❺ Kurbelwelle. ❻ Auslasskanal. ❼ hydraulischer Zahnriemenspanner. ❽ Auslassnockenwellenrad. ❾ Einlassnockenwellenrad.

Aus Leichtmetall – der Motorblock und Zylinderkopf

Der Motorblock und Zylinderkopf sowie die Gehäuse der meisten Nebenaggregate bestehen aus einer speziellen Aluminiumlegierung. Der Ventildeckel wird aus Magnesium, das Saugrohr aus Kunststoff hergestellt. Die Motoren haben zwei obenliegende Nockenwellen (DOHC) und sind mit Mehrventiltechnik – vier Ventile je Brennraum – ausgestattet. Eine Reihe konstruktiver Maßnahmen ermöglicht einen kultivierten, geräusch- und schwingungsarmen Betrieb, niedrige Abgasemissionen sowie einen minimalen Wartungsaufwand. Dank hydraulischem Ventilspielausgleich müssen die Ventile in der Werkstatt nur noch alle 150.000 Kilometer kontrolliert werden. Das Ventilspiel beträgt bei kaltem Motor 0, 17 – 0, 23 Millimeter an den Einlass- und 0, 27 – 0, 33 Millimeter an den Auslassventilen. Der Zündkerzenwechsel ist nach jeweils 45.000, der Motoröl- und Ölfilterwechsel nach 15.000 Kilometer fällig.

Leistung wie ein konventioneller 1,4-Liter Motor – der 1,25i Zetec-SE (55 kW/75 PS)

Der neue 1,25-Liter-16-Ventilmotor entwickelt die gleiche Leistung wie herkömmliche 1,4-Liter-Aggregate. Dabei standen bei seiner Konzeption weniger die absoluten Leistungsdaten als die »Fahrbarkeit« und der Verbrauch im Vordergrund. Mit einer äusserst stabil verlaufenden Drehmomentkurve verlangt der Hubraumzwerg nicht ständig nach hohen Drehzahlen, sondern fühlt sich bereits bei etwa 2.000/min. pudelwohl. Sein Drehmomentmaximum von 110 Nm erreicht der 1,25i bereits bei 4.000/min. Die Höchstleistung von 55 kW/75 PS steht bei 5.200/min. an. Das reicht allemal, um im normalen Verkehrsgetümmel locker mithalten zu können (Beschleunigung 0 – 100 km/h in 12,7 Sekunden) und den Fiesta auf Autobahnen bis auf 170 km/h zu treiben. Der Verbrauch hält sich durchaus in bescheidenen Grenzen – im Drittelmix verbrennt der Fiesta 1,25i rund 6,4 Liter Super je 100 Kilometer.

Komfortable Verbindung – Zetec-SE 1,25i mit CTX-Automatikgetriebe

Den »kleinen« Zetec-Motor kombiniert Ford übrigens auch mit einer stufenlosen CTX-Automatik. In der »Zwangskombination« verliert sich das Temperament des 1,25i zwar etwas in der Automatik, doch für zügige Fahrleistungen ist der Fiesta allemal noch gut: Den Sprint von 0 – 100 km/h absolviert er in 15,6 Sekunden und mit 160 km/h hat der CTX-Fiesta seine Höchstgeschwindigkeit erreicht. Das alles geschieht auf hohem Komfortniveau, ohne zu schalten und mit durchaus moderaten Verbräuchen – im Drittelmix sind's 6,7 Liter Super auf 100 Kilometer.

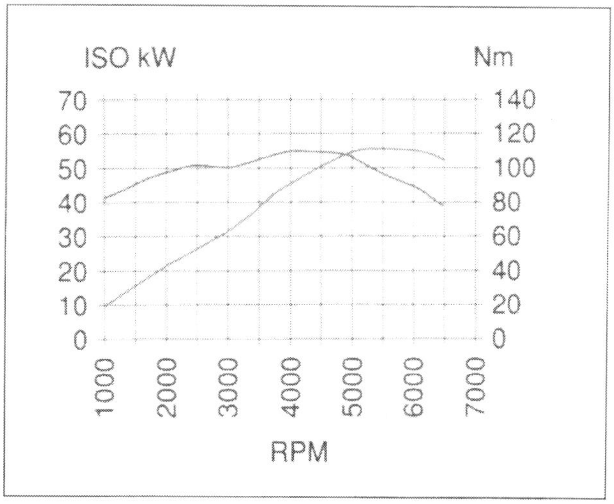

Leistungsdiagramm Zetec 1,25, 55 kW (75 PS)

Überzeugende Leistung, günstiger Verbrauch – Zetec-SE 1,4i (66 kW/90 PS)

Mit einem Drittelmix-Verbrauch von 6,9 Liter Super auf 100 Kilometer nimmt es der Zetec-SE 1, 4i mit den meisten konventionellen 1,6-Liter Motoren auf. Auch hinsichtlich der Leistungsdaten rangiert er im vorderen Feld: 66kW/90 PS bei moderaten 5.600/min. ist ein Wert, der auch temperamentvolle Fiesta-Fahrer überzeugen kann. Wenn's denn sein muss, beschleunigt der 1,4i in gerade mal 10,8 Sekunden von 0 auf 100 km/h und »rennt« bis zu 180 Kilometer in der Stunde. Von einem nervösen Sporttriebwerk ist der stärkste Fiesta-Treibsatz allerdings meilenweit entfernt: Mit 1,4-Liter Hubraum legt sich der Zetec-SE schon knapp unterhalb 2.000/min. souverän ins Zeug. Sein höchstes Drehmoment erreicht der 1,4i mit 125 Nm bei 4.500/min.

Ab 1996 in Serie – Endura-E Motoren (37 kW/50 PS; 44 kW/60 PS)

Als Antriebsalternative zu den beiden Zetec-SE Aggregaten bietet Ford den Fiesta mit zwei weiteren Otto-Motoren an. Die Treibsätze haben 1,3-Liter Hubraum, werksintern hören sie auf den Namen Endura-E. Die Basisversion liefert 37 kW/50 PS bei 4500/min. an der Kupplung ab, auf 44 kW/60 PS bei 5000/min. bringt es der stärkere Ableger des Endura-E Duos. Die neue Ford-Nomenklatur steht freilich nicht für zwei taufrische Motoren: Die Endura-E Triebwerke sind vielmehr gründlich modifizierte Versionen des OHV-HCS-Einspritzmotors (over-head-valve, high-combustion-system), der im Fiesta schon seit Jahren anstandslos seinen Job macht. Doch im Vergleich zum millionenfach bewährten »Original« hat Ford den Endura-E Ablegern hinsichtlich Elastizität, Laufruhe und Abgaswerten erhebliche Verbesserungen angedeihen lassen.

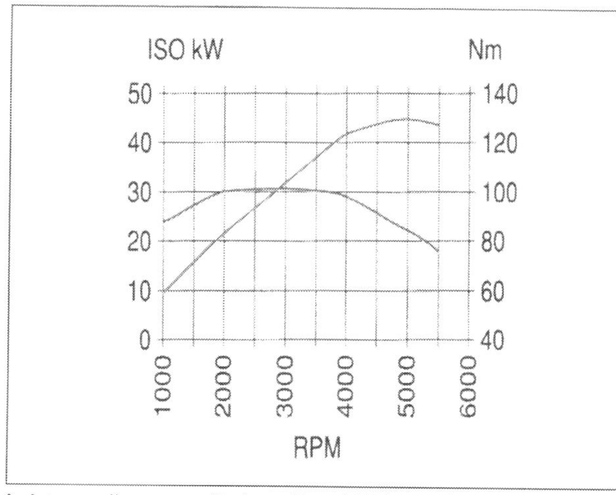

Leistungsdiagramm Endura-E, 44 kW (60 PS)

Verbessert den Gasdurchsatz – Kunststoff-Ansaugkrümmer

Um den Wirkungsgrad möglichst effizient zu steigern, spendierte Ford den Endura-E Motoren neue Zylinderköpfe mit Drallöffnungen und kompakteren Brennräumen. Auf der Ansaugseite kommen zudem Kunststoff-Ansaugkrümmer mit glatteren Innenflächen und einer besseren Wärmeisolierung zum Einbau. Das bei älteren OHV-HCS Motoren ab und an auftretende Symptom des Magerruckelns wird damit wirkungsvoll unterdrückt: Das Benzin-/Luftgemisch passiert den Kunststoffkrümmer ohne Kondensat, zudem verbessert sich das Warmstartverhalten durch die geringere Wärmeabsorption.

Standard für Endura-E Triebwerke – sequentielle Kraftstoffeinspritzung

Als weitere Neuerungen bieten alle Endura-E-Motoren eine sequentielle Kraftstoffeinspritzung, das neueste EEC-V-Motorsteuerungsmodul, einen motornah eingebauten Katalysator, eine Aluminiumguss-Ölwanne sowie neue Motoraufhängungen. Insgesamt führen die Änderungen zu einem erheblich besseren Ansprechverhalten und zu einem deutlich geringeren Innenraumgeräuschpegel.

Ab 1996 in Serie – 1,8-Liter OHC-Dieselmotor (44 kW/60 PS) mit elektronischem EEC-V-Modul und Oxydationskatalysator

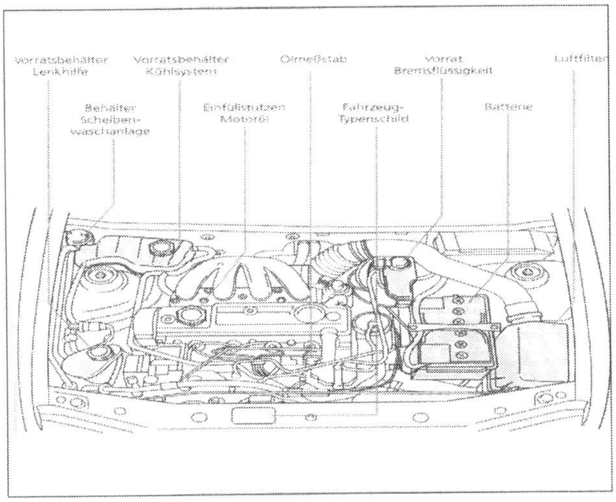

Aggregateanordnung Motorraum 1,8 Endura-DE

Der neue Endura-DE-Motor ist eine Weiterentwicklung des 1,8-Liter-Diesels (44 kW/60 PS bei 4800/min.). Er weist von allen Fiesta-Motoren den spezifisch niedrigsten Kraftstoffverbrauch auf. Seine grundlegenden Detailmodifikationen entsprechen weitestgehend dem Umfang der Otto-Motoren. Spezifische Änderungen am Endura-DE-Motor – er wurde auch auf Basis der neuesten EG-Abgasnormen entwickelt – beschränken sich auf neue Einspritzkomponenten, eine anders kalibrierte und per EEC-V-Modul gesteuerte Verteiler-Einspritzpumpe sowie ein motornah montierter Oxidationskatalysator, dessen Wirkungsweise im aktuellen Fiesta elektronisch beaufsichtigt wird. Das Kaltstartverhalten verbessern ab 1996 spezielle Glühkerzen (EZD 35), die auch bei Außentemperaturen von -15 Grad Celsius die Vorglühzeit auf etwa vier Sekunden beschränken.

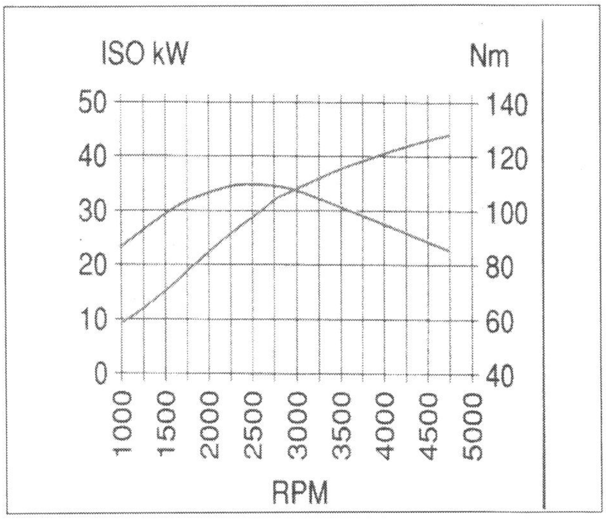

Leistungsdiagramm Endura-DE, 44 kW (60 PS)

Machen den Fiesta fast zum »Flüsterdiesel« – umfangreiche Schallschluckmaßnahmen

Modifizierte Motoraufhängungen, ein externer Luftfilter, eine neu abgestimmte Abgasanlage und zusätzliche schalldämpfende Massnahmen machen den aktuellen Diesel-Fiesta »leiser« als seine Vorgänger. Mit einem Hubraum von 1.753 cm3 schafft der Endura-DE die technische Basis für ansprechende Leistung im oberen und Durchzugskraft im mittleren Drehzahlbereich. Die Drehmomentkurve des Wirbelkammer-Saugdiesel verläuft äusserst flach – in der Praxis spricht das für gute Elastizitätswerte. Mit 105 Nm bei 2500/min. erreicht der Endura-DE seinen Höchstwert, fast 70 Prozent davon sind stabil über die gesamte Leistungskurve präsent. Aus dem Stand auf 100 km/h beschleunigt der Selbstzünder in 17,6 Sekunden, bei 155 km/h »bremst« ihn der Einspritzpumpenregler auf Höchstgeschwindigkeit ein. Bei dieseltypischer Fahrweise – möglichst viel im unteren Drehzahlbereich fahren – fließen im Drittelmix maximal 5,7 Liter Dieselöl aus dem Tank.

Werkstatt oder Do-it-Yourself?

Trotz ihres robusten Aufbaus können an den Fiesta-Motoren Defekte auftreten. Reparaturen und Einstellarbeiten sollten Sie weitestgehend der Werkstatt überlassen. Geschulte »Blaumänner« verfügen über das erforderliche Detail- und Fachwissen, sie haben Erfahrung und in der Regel auch umfangreiches Spezialwerkzeug für die meisten Reparaturen. Ein unsachgemäß in Eigenregie ausgetauschter Zahnriemen zum Beispiel kann schwere Schäden an Kolben und Ventilen verursachen. Trauen Sie sich besser auch keine Reparaturen an Zylinderkopfdichtung und Ventilen zu, ebenso überfordert Sie mitunter die Beseitigung eines Lagerschadens. Wenn Sie nicht ganz sicher sind, ob Sie an den Innereien Ihres Motors fachgerecht Hand anlegen können: Vergessen Sie Do-it-Yourself – im Interesse des eigenen Geldbeutels. Es bleiben Ihnen trotzdem noch eine Reihe von Prüf- und Wartungsarbeiten, die Sie in Eigenregie durchführen können.

Die Motoren der Fiesta-Modelle

Fiesta – ab Modelljahr '96	Hubraum (cm3)	Leistung (kW/PS)
1,3i Endura-E	1299	37/55
1,3i Endura -E	1299	44/60
1,8D Endura-DE	1753	44/60
1,25i Zetec-SE	1242	55/75
1,4 Zetec-SE	1388	66/90

Die Bauteile des Motors

Technik-lexikon

Motorblock: Hier sind sämtliche rotierenden und oszillierenden Bauteile des Kurbeltriebs und der Ölversorgung zusammengefasst. An seiner Peripherie trägt der Motorblock auch Nebenaggregate wie Lichtmaschine, Anlasser und Zündanlage. Die beiden Zetec-Motoren bestehen aus Leichtmetall, Grauguss kommt dagegen bei den Endura-Triebwerken zur Anwendung.

Zylinderkopf: Besteht bei modernen Motoren aus einer Leichtmetall-Legierung, schließt den Motorblock nach oben ab. Der Zylinderkopf enthält Ansaug- und Abgaskanäle, Wasserkanäle, Ölkanäle, die Ventilsitzringe, Lagerstellen für den Ventiltrieb, Ventilführungen sowie Zündkerzen- bzw. Einspritzdüsenbohrungen und die Brennräume. Die Zylinderkopfdichtung zwischen Motorblock und Zylinderkopf dichtet beide Bauteile gegen Öl, Kühlflüssigkeit und Luft nach aussen und innen ab.

Zylinder: Darin oszillieren die Kolben zwischen unterem Totpunkt (UT) und oberem Totpunkt (OT): Zylinderlaufflächen sind in ihrem Durchmesser exakt auf den Kolbendurchmesser abgestimmt und nachträglich noch einmal speziell Oberflächen behandelt (gehont). Sie werden entweder indirekt über Kühlkanäle oder, bei nassen Zylinderlaufbuchsen, direkt von Kühlflüssigkeit gekühlt.

Kolben: Oszillieren in den Zylindern und übertragen den Verbrennungsdruck über Pleuel auf die Kurbelwelle. Sie bestehen aus einer besonders leichten und hitzebeständigen Leichtmetall-Legierung. Ihre Hauptbestandteile sind Kolbenboden, Ringzone mit Kolbenringen, Kolbenbolzenaugen und der Kolbenschaft. Der Kolbenbolzen verbindet den Kolben mit dem Pleuel. Die oberen Kolbenringe (Verdichtungsringe) dichten den Brennraum nahezu gasdicht gegen den Kurbeltrieb ab. Der untere Ring (Ölabstreifring) führt überschüssiges Schmieröl von der Zylinderwand in den Ölsumpf (Ölwanne) zurück.

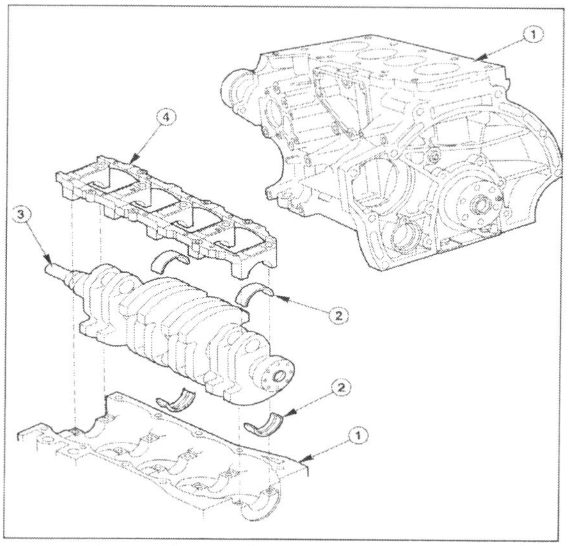

Der Motorblock des Fiesta Zetec-SE Motors besteht aus einer Aluminium-Silizium-Legierung. Stabil ausgeprägte Seitenwände und die Hauptlagerbrücke machen den Block besonders verwindungssteif. ❶ Motorblock. ❷ Lagerschalen. ❸ Kurbelwelle mit acht Gegengewichten und fünf Hauptlagern. ❹ Hauptlagerbrücke.

Pleuel: Verbinden den Kolben mit der Kurbelwelle. Ihre Bestandteile: Pleuelauge (führt den Kolbenbolzen), Pleuelschaft, Pleuelfuss und Pleuellagerdeckel (umschließen den Kurbelzapfen).

Kurbelwelle: Wandelt über das »Bindeglied Pleuel«oszillierende Energie (Weg der Kolben von OT nach UT) in rotierende Energie (Drehbewegung) um. Moderne Kurbelwellen bestehen aus einem geschmiedeten Rumpf der in den Hauptlagerstellen des Motorblocks rotiert. Je nach Zylinderzahl führen in einem genau definierten Versatz (Winkelgrad) jeweils zwei Kurbelwangen zu den Kurbelzapfen (Pleuellagerstellen). Fiesta-Motoren besitzen fünf Hauptlagerstellen und vier, im Winkel von 90° versetzten Pleuellagerstellen. Alle Lagerstellen sind mit auswechselbaren Gleitlagerschalen gegen Verschleiß gesichert.

Ventile: Steuern den Gaswechsel in Viertaktmotoren (ansaugen, verdichten, verbrennen, ausstoßen). Bei den Endura-Motoren hängen die Ventile in einer Reihe im Zylin-

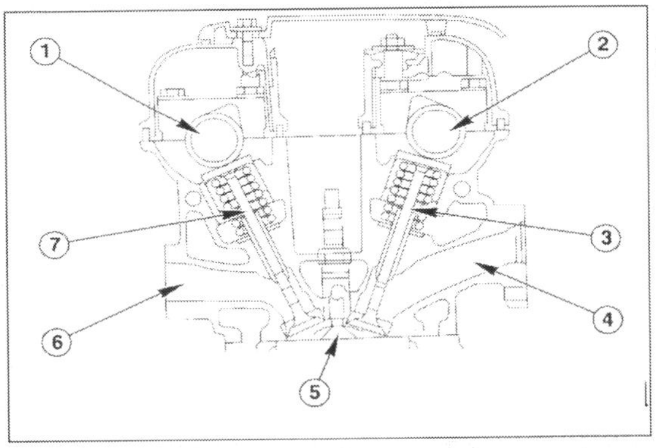

Bei den Fiesta OHC-/DOHC-Motoren treibt die Nockenwellen ein Zahnriemen an. ❶ Auslassnockenwelle. ❷ Einlassnockenwelle. ❸ Einlassventil. ❹ Einlasskanal. ❺ dachförmiger Brennraum. ❻ Auslasskanal. ❼ Auslassventil.

derkopf, in den Zetec-Motoren arbeiten die Ventile seitlich versetzt (radiale Anordnung). Die beweglichen Teile im Zylinderkopf bilden den Ventiltrieb.

Nockenwelle: Öffnet und schließt die Ventile – abhängig von der Motordrehzahl und Kolbenstellung – in genau definierten Zeitabständen.

Grundbegriffe zur Motortechnik

Technik-lexikon

Das Viertaktprinzip:

1 **Ansaugen** (1. Takt): Kolben gleitet von OT nach UT. Einlassventil öffnet, das Kraftstoff/Luftgemisch strömt in den Zylinder.
2 **Verdichten** (2. Takt): Kolben gleitet von UT nach OT und komprimiert auf seinem Weg das angesaugte Frischgas. Einlassventil und Auslassventil sind geschlossen.
3 **Verbrennen** (3. Takt): Bereits kurz vor OT entzündet sich das komprimierte Frischgas am Zündfunken der Zündkerze: Das Gemisch verbrennt explosionsartig, durch den Druckanstieg wird der Kolben in UT-Stellung gepresst. Das Pleuel gibt die Energie an die Kurbelwelle weiter und versetzt sie in Rotation.
4 **Ausstoßen** (4. Takt): Die Schwungmasse der Schwungscheibe bewegt den Kolben von UT erneut in Richtung OT. Das Auslassventil ist bereits geöffnet, so dass die verbrannten Gase (Abgase) in den Auspuff entweichen können. Zusammengefasst bilden die vier Takte den Gaswechsel in einem Viertaktmotor. Grundsätzlich funktioniert ein Dieselmotor nach dem gleichen Prinzip. Er saugt im Ansaugtakt lediglich reine Luft an, verdichtet sie wesentlich höher, so dass sich der gegen Ende des Verdichtungstakts eingespritzte Kraftstoff (Dieselöl) an der heissen Luft ohne Fremdzündung (Zündfunken) selbst entzünden kann. Der übrige Gaswechsel ist dann völlig identisch zum Ottomotor.

Hubraum: Der Raum, den die Kolben bei ihrer Bewegung von UT nach OT durchmessen. Der Brennraum hat keinen Einfluss auf den Hubraum. Hubraum und Brennraum bilden zusammen den Zylinderraum.

Verdichtungsverhältnis: Das Verhältnis in dem die angesaugten Frischgase im Brennraum komprimiert werden. Die Brennraumgröße hat unmittelbaren Einfluss auf das Verdichtungsverhältnis. Das Verdichtungsverhältnis besagt, welches Frischgasvolumen bei 100 %iger Füllung (voll geöffnete Drosselklappe) zum Zündzeitpunkt im Brennraum sein müsste. Bei den Endura-Motoren beträgt das Verdichtungsverhältnis 9, 5 : 1, respektive 21, 5 : 1 beim Endura-DE. Der Zetec 1,25i arbeitet mit einem Verdichtungsverhältnis von 10 : 1 und der 1,4i verdichtet sein Frischgas im Verhältnis 10, 3 : 1.

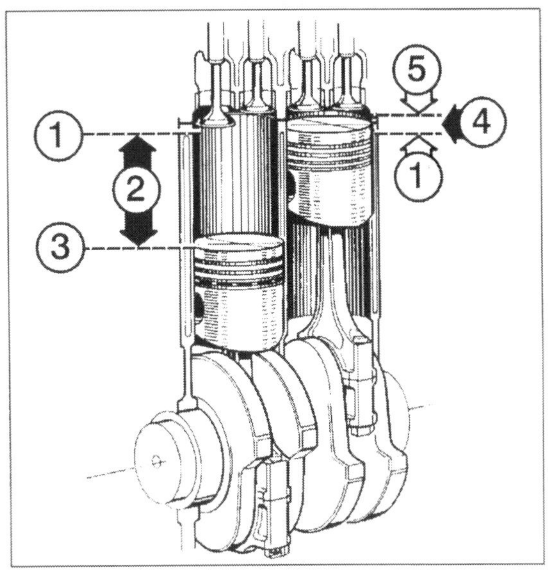

Der Hubraum ❷ erstreckt sich vom oberen ❶ bis zum unteren Totpunkt ❸. Zwischen dem OT, der im rechten Zylinder gerade durch den Kolbenboden begrenzt wird, und der Wölbung des Zylinderkopfes ❺ ist der Brennraum ❹.

Motor durchdrehen

Bei einer Reihe von Arbeiten am Motor kommt es darauf an, dass die Kolbenstellung in den Zylindern genau fixiert ist. Ausgehend vom oberen »Totpunkt« (OT) des ersten Zylinders ergeben sich die exakten Positionen der anderen Kolben.

OT-Stellung 1. Zylinder: Der Kolben des ersten Zylinders (Fahrtrichtung rechts) steht dann exakt im oberen Totpunkt, wenn sich die Ventile des vierten Zylinders überschneiden (Auslassventil schließt, Einlassventil beginnt zu öffnen). Die Ventile des ersten Zylinders sind dann geschlossen. An den meisten älteren Motoren mit Zündverteiler lässt sich die OT-Stellung des 1. Kolbens auch anhand der Stellung des Verteilerfingers und des Schwungrads überprüfen (Verteilerfinger steht über der Markierung am Verteilergehäuse, Schwungradmarkierung stimmt mit Kennzeichnung im Schauloch überein.

Arbeitsschritte

① Wie zu einem Radwechsel ein Vorderrad liften. 5. Gang einlegen. Wenn Sie jetzt das freistehende Rad nach vorne drehen, bewegt sich die Kurbelwelle automatisch mit. Leichter geht's, wenn Sie vorab die Zündkerzen demontiert haben. Sollten Sie Ihr Auto jedoch nicht »standfest« anheben können, legen Sie den 5. Gang ein und schieben den Wagen vorsichtig bis zur OT-Stellung des ersten Kolbens vor.

② Ohne fremde Hilfe können Sie den Motor auch mit einer Stecknuss durchdrehen, die Sie an der Riemenscheibe der Lichtmaschine ansetzen. Der Motor dreht besser, wenn Sie den Keilriemen dazu etwas in den Riementrieb pressen. Achten Sie bei dieser Methode jedoch darauf, dass der Motor immer nur im Uhrzeigersinn dreht.

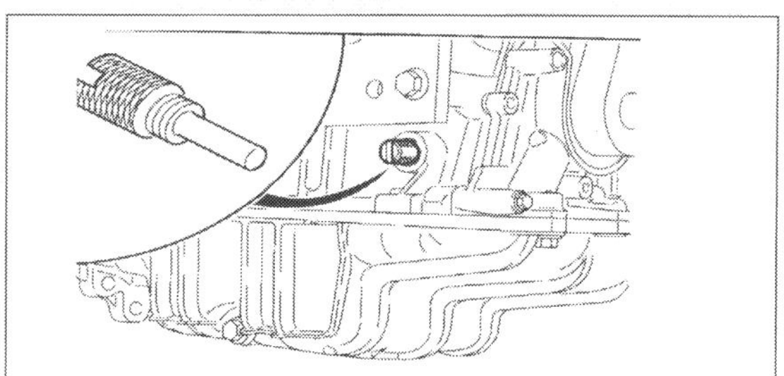

Nur mit Spezialwerkzeug exakt zu definieren: Kurbelwellen-OT. Ford Werkstätten schrauben dazu seitlich am Motorblock einen OT.Einstellstift (Spez.-Werkzeug 21-210) ein. Der Motor wird dann solange in Drehrichtung gedreht, bis die Kurbelwange »satt« am Einstellstift anliegt.

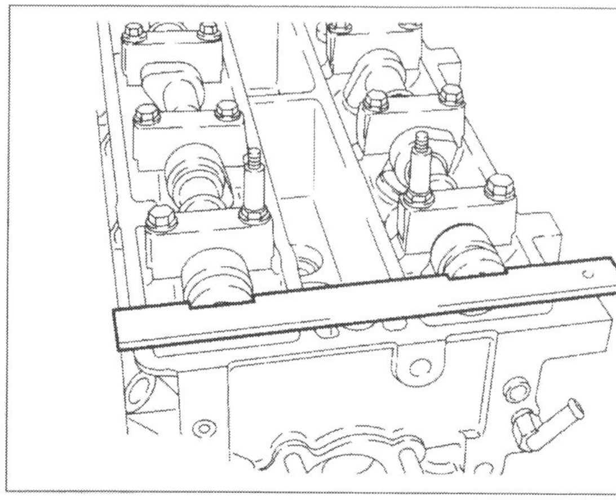

Auf der sicheren Seite nur mit Spezialwerkzeug: Ford-Monteure stellen die Nockenwellen mit einer Lehre (Spez.-Werkzeug 21-162 Zetec, 21-162-A Zetec SE) auf den oberen Totpunkt.

③ **Zetec/Endura DE:** Bei freilaufendem Riementrieb den Motor keinesfalls am Zahnriemen durchdrehen – der Riemen kann dabei unbemerkt um einen Zahn überspringen, die Steuerzeiten sind dann verstellt und Schäden am Ventiltrieb und den Kolbenböden vorprogrammiert.

Praxistip

Zündkerzen überprüfen

Da Otto-Motoren, anders als Dieselaggregate, auf eine Fremdzündung angewiesen sind, leiten Zündkerzen hier den Arbeitstakt ein. In früheren Jahren waren Zündkerzen hoch sensible Bauteile, die spätestens nach 12000 Kilometern ihre Verschleißgrenze erreicht hatten. Mit modernen Werkstoffen, bleifreiem Benzin und vor allem auch mit dem Einsatz elektronischer Hochleistungszündanlagen hat sich das grundlegend geändert. Zündkerzen reagieren zwar immer noch allergisch auf Feuchtigkeit, beispielsweise nach einer Motorwäsche, doch Laufleistungen jenseits von 40 000 Kilometern sind weitgehend normal – Ford empfiehlt den Wechsel nach 45 000 Kilometern. Dennoch sollten Sie Ihre Zündkerzen im Auge behalten, inspizieren Sie die Funkenspender etwa alle 20000 Kilometer: Der Fachmann erkennt am Kerzenbild den Zustand eines Motors. Bei den Endura-Motoren beträgt der Elektrodenabstand 1,0 und beiden Zetec-Versionen 1,3 Millimeter.

Zündkerzen

Störungs-beistand

Erkennungsmerkmal	Ursache/Besonderheiten
A Isolatorspitze hellgrau bis grau	Zündkerzen mit vorgeschriebenem Wärmewert montiert. Motormanagement (Gemischaufbereitung, Zündanlage) arbeitet vorschriftsmäßig. Mechanischer Verschleiß innerhalb der Toleranzen
B Isolatorspitze weißlich gefärbt	Isolator überhitzt. Schlechter (falscher) Kraftstoff. Undichte Ventile. Zu geringes Ventilspiel. Abgasmessung durchführen lassen. Motormanagement überprüfen, evtl. zu mageres Gemisch. Im Zweifelsfall riskieren Sie einen kapitalen Motorschaden (Kolbenfresser, Kolben brennen durch, Auslassventile verbrennen)
C Kerzengesicht dunkel, Isolator schwarz	Zündkerzen mit zu hohem Wärmewert montiert. Zündkerzen verschlissen. Hoher Kurzstreckenanteil. Luftfilter verdreckt. Motormanagement verstellt. Lambdasonde arbeitet nicht korrekt. Auspuffgase schwarz.
D Kerzengesicht schwarz, Isolator verölt	Siehe C. Zündkabel, Zündkerzenstecker defekt. Ölabstreifring gebrochen. Kolbenfresser. Ventilschaftabdichtung verschlissen. Hoher Ölverbrauch. Blau/schwarze Abgasfahne.

Mit diesen Zündkerzen läuft Ihr Fiesta

Motor	Zündkerzen-Spezifikation
1,3i Endura-E (37 kW/50 PS)	Motorcraft AGRF 22 PP
1,3i Endura-E (44 kW/60 PS)	Motorcraft AGRF 22 PP
1,25i Zetec-SE (55 kW/75 PS)	Motorcraft AYRF 22 PP
1,4i Zetec-SE (66 kW/90 PS)	Motorcraft AYRF 22 PP

Überdrehzahlen und Motorlebensdauer

Überdrehzahlen verkürzen die Lebensdauer Ihres Motors. Drehen Sie das Triebwerk zu hoch, treten unkontrollierte Schwingungen an der Kurbelwelle oder im Ventiltrieb auf. Werden die Schwingungen zu stark, können mechanische Schäden am Kurbel- oder Ventiltrieb folgen. Schlimmstenfalls bricht eine Ventilfeder, reißt ein Ventil ab, tritt ein Kolbenfresser auf, reißt ein Pleuel oder bricht die Kurbelwelle. In der Regel bedeutet dies teure Reparaturen oder gar einen Motortotalschaden. Abweichend von der Maximaldrehzahl traut Ford den Endura-Motoren als Dauerdrehzahl 5450 $min.^{-1}$ (5350 $min.^{-1}$ Endura DE), respektive 5950 $min.^{-1}$ den beiden Zetec-Aggregaten zu.

Kompressionsdruck messen

Wenn Sie im Laufe der Zeit den Eindruck gewinnen, Ihr Motor sei weniger temperamentvoll als in den Anfangstagen, kann der Leistungsverlust durchaus mechanische Verschleisshintergründe haben. Die häufigsten Ursachen sind: hoher Verschleiss zwischen Kolben und Zylindern, verschlissene Kolbenringe, undichte oder vebrannte Ventile, eine beschädigte Zylinderkopfdichtung, verschlissene Einspritzventile oder Zündkerzen. Gegen Ende des Verdichtungstakts entstehen hohe Kompressionsdrücke, die bei der Verbrennung des Kraftstoff-/Luftgemischs schlagartig weiter ansteigen. Das bedeutet für Kolben und Kolbenringe, Zylinderwände, Ventile, Ventilsitze, Ventilschaftdichtungen sowie die Zylinderkopfdichtung eine hohe thermische und mechanische Belastung. An Symptomen wie mangelhaftem Kaltstartverhalten oder unrundem Motorlauf, gestiegenem Öl- und Kraftstoffverbrauch, weißer oder blauer »Auspuffahne«, erhöhter Wassertemperatur, schlechteren Abgaswerten, geringerer Leistung kündigen sich »schleichende« Motorschäden in der Regel bereits längerfristig an. Zum globalen Überblick sollten Sie etwa bei jedem zweiten Kundendienst den Kompressionsdruck prüfen lassen. Das gilt übrigens nicht nur für Otto- sondern gleichermaßen auch für Dieselmotoren.

Richtwerte für den Kompressionsdruck

Die Kompressionsdruckwerte für Ihren Fiesta unterscheiden sich, abhängig vom Verdichtungsverhältnis, geringfügig. Unsere Richtwerte gelten für Motoren in einwandfreiem mechanischen Zustand. Allerdings kommt es bei der Interpretation des Kompressionsdrucks weniger auf den absoluten Spitzenwert als auf gleichmäßige Werte in allen Zylindern an. Abweichungen bis maximal 2 bar sind durchaus noch vertretbar, darüber hinaus sollten Sie den Fehler von einem Fachmann weiter »einkreisen« lassen. Er wird Ihren Motor im ersten Schritt mit einer Druckverlustmessung inspizieren.

Völlig normal – ältere Motoren bauen weniger Kompressionsdruck auf

Bei älteren Motoren sinkt der Kompressionsdruck zwangsläufig. – Kein Grund zur Sorge, denn es kommt weniger »auf den absoluten Spitzenwert als auf gleichmäßige Daten in allen Zylindern« an. Erst wenn die gemessenen Werte die Verschleissgrenze erreichen, sollten Sie geistig eine umfangreiche Reparatur oder einen Austauschmotor »ins Auge« fassen. Wenn die Differenzwerte der Zylinder mehr als 3 bar betragen, deutet das erfahrungsgemäß auf eine dieser Ursachen hin:

- Verschleiß von Kolben oder Kolbenringen
- festsitzende, verschlissene Kolbenringe – hervorgerufen von Verbrennungsrückständen in den Ringnuten

Richtwerte für Kompressionsdruck

Motor (kW/PS)	Normal	Verschleißgrenze
1,3i Endura-E (37 kW/50 PS)	12 – 14	10
1,3i Endura-E (44 kW/60 PS)	12 – 14	10
1,25i Zetec-SE (55 kW/75 PS)	12 – 14	10
1,4i Zetec-SE (66 kW/90 PS)	12 – 14	10
1,8 Endura DE (44 kW/60 PS)	28 – 34	24

- unrunde Zylinderlaufbahnen – häufig die Folge von leichten Kolbenklemmern oder festsitzenden Kolbenringen
- Verbrennungs- oder verkrustete Ölrückstände an Ventilschäften oder auf Ventilsitzflächen
- eingeschlagene Ventile
- verbrannte Ventile – hervorgerufen von zu geringem Ventilspiel oder thermischer Überbelastung

Als versierter Hobbymonteur können Sie den Kompressionsdruck natürlich auch in Eigenregie messen. Sie benötigen dazu allerdings einen Helfer der den Motor per Anlasser durchdreht und einen Kompressionsdruckmesser. In gut bestückten Hobbywerkstätten gehört ein Kompressionsdruckmesser übrigens zur Grundausstattung. Zuerst schrauben Sie alle Zündkerzen (bei Dieselmotor die Einspritzdüsen) aus dem Zylinderkopf und stellen sicher, dass die Ventile richtig eingestellt sind. Während der Prüfung tritt Ihr Helfer das Kupplungs- und Gaspedal voll durch, Sie »drücken« derweil den Zylinder ab. Da Dieselmotoren – mit innerer Gemischbildung – stets die gleiche Luftmenge ansaugen, kann Ihr Helfer das Gaspedal bei einem Diesel-Fiesta »links« liegen lassen. Sinnvollerweise beginnen Sie mit dem ersten Zylinder und gehen dann der Reihe nach weiter vor. Zählen Sie die Kurbelwellenumdrehungen bis zum Aufbau des höchsten Drucks und nehmen den Wert als Maßstab für die anderen Zylinder: Je zügiger sich der Kompressionsdruck aufbaut, um so »gesunder« ist der Zylinder. In einem gesunden Motor sollte der höchste Druck erfahrungsgemäß nach etwa 6 bis 8 Umdrehungen anstehen.

Basis für verlässliche Messwerte – starker Anlasser, volle Batterie

Es ist zwar eine Binsenweisheit, doch wir weisen an dieser Stelle noch einmal ausdrücklich darauf hin: Die Basis für verlässliche Messwerte sind ein durchzugskräftiger Anlasser und eine geladene Batterie. Denn wenn die Kurbelwelle nur gemächlich rotiert, baut sich die Gassäule im Ansaugrohr nur widerwillig auf – die Messung macht dann wenig Sinn. Sollten Sie große Abweichungen feststellen, kreisen Sie den Fehler mit einem Druckverlusttest weiter ein. Die Vorgehensweise mit diesem Gerät setzt allerdings einige praktische Erfahrungen voraus – deshalb unser Rat: Überlassen Sie den Druckverlusttest einem Fachmann.

So kommen Sie Fehlern auf die Spur

- Bei zu geringem Kompressionsdruck träufeln Sie mit einer Spritzkanne etwas Motoröl ins Zündkerzenloch (Düsenloch bei Dieselmotoren) und wiederholen die Messung. Das dichtet den Raum zwischen Kolben und Zylinderwand besser ab.
- Verändert sich der Wert nicht, gehen Sie davon aus, dass der Druck an Ventilen, Ventilsitzen, Ventilführungen, am Zylinderkopf oder der Zylinderkopfdichtung entweicht.
- Erhalten Sie bessere Druckwerte, deutet dies auf Verschleiss an Kolbenringen oder Zylinderlaufflächen hin.

Kompressionsdruck messen

Arbeitsschritte

① Fahren Sie den Motor vor der Messung warm (Betriebstemperatur). Das Einbauspiel aller beweglichen Teile ist dadurch hergestellt.

② Zündung abklemmen **(Klemme 15),** Zündkerzenstecker abziehen und alle Zündkerzen demontieren.

③ Handbremse anziehen, Schalthebel in Leerlaufstellung, Kupplungs- und Gaspedal durchtreten.

④ Gummikonus des Druckprüfers auf das Kerzenloch (beim Diesel auf das Düsenloch) des ersten Zylinders pressen – bei Bedarf passenden Adapter verwenden.

⑤ Helfer dreht Motor mit Anlasser etwa 6 bis 8 mal durch. Höchstdruck ist erreicht. Wichtig bei Otto-Motoren: Die beste Frischgasfüllung (äussere Gemischbildung) wird nur mit voll getretenem Gaspedal erreicht.

⑥ Messwert ablesen und notieren. Bei einem Druckprüfer mit Messschreiber auf den nächsten Zylinder schalten und Messung an allen Zylindern wiederholen.

Der Gummikonus des Kompressionsdruck-Prüfers muß das Kerzenloch luftdicht verschließen. Ein Helfer betätigt nach Ihrem Kommando den Anlasser. Der Anlasser muss solange drehen, bis der Mess-Schreiber des Prüfgeräts zum Stillstand kommt.

Wiederholen Sie den Messvorgang bei allen vier Zylindern der Reihe nach. Wichtiger als der absolute Druck sind gleiche Werte in den Zylindern.

Kompressionsdruck entweicht

Praxistip

Wenn der Kompressionsdruck (hörbar) entweicht hat das erfahrungsgemäß folgende Ursachen:

- Ansaugkrümmer oder Ansauggeräuschdämpfer – undichtes Einlassventil
- aus geöffnetem Kühler oder Kühlmittel-Ausgleichbehälter – defekte Zylinderkopfdichtung oder Riss im Zylinderkopf
- aus geöffnetem Öleinfüllstutzen oder Ölpeilstab – verschlissene Zylinderwände, Kolbenlaufbahnen oder Kolbenringe.
- am Auspuffendrohr – undichtes Auslassventil.

Keilriemen kontrollieren

Die Nebenaggregate (Lichtmaschine, Wasserpumpe etc.) des Fiesta treibt ein Keilriemen an, bei den neuen OHC-Aggregaten erledigt die Aufgabe ein 6K-Poly-V-Riemen (Mehrrillenriemen). Ford verwendet generell Keilriemen, die besonders flexibel über die Radien der

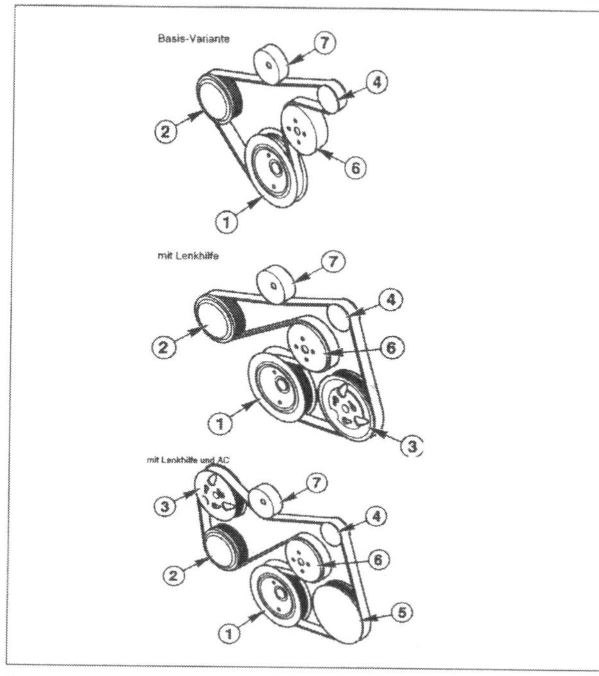

Bei den Zetec-SE Motoren kommen grundsätzlich 6K-Poly-V-Riemen zum »Zug«: Je nach Ausstattungsvariante sind sie unterschiedlich dimensioniert. Ein hydraulischer Riemenspanner regelt die Spannung. ❶ Kurbelwelle, ❷ hydraulischer Riemenspanner. ❸ Lenkhilfepumpe. ❹ Generator. ❺ Klimaanlage. ❻ Wasserpumpe. ❼ Umlenkrolle.

Riemenscheiben laufen. Sollten Sie einen Fiesta mit Klimaanlage oder Servolenkung fahren, weist der Riemen andere Dimensionen als an der Basisvariante auf. Um im Ernstfall allen Ärger zu vermeiden, komplettieren Sie Ihr Pannenset mit einem passenden Ersatzkeilriemen – irgendwann kommt er zu Ehren.

Keilriemen – auf die Vorspannung kommt's an

Keilriemen verrichten ihre Arbeit nur dann zufriedenstellend, wenn sie die nötige Vorspannung haben: Sie müssen straff, aber nicht zu stramm gespannt sein. Ein Spiel zwischen drei bis fünf Millimeter geht in Ordnung. Strammer gespannte Riemen ruinieren auf Dauer die Lager der Lichtmaschine, der Wasserpumpe (je nach Motortyp) und dem Verdichter der Klimaanlage. Ausserdem überdehnen zu straff gespannte Keilriemen und können dann reißen. »Schlaffe« Keilriemen rutschen dagegen durch – sie machen sich mit jämmerlichen Quietschgeräuschen bemerkbar. Die Lichtmaschine »leidet« am meisten darunter, sie liefert dann nicht mehr genug Ladestrom, was die Batterie, speziell im Kurzstreckenverkehr und bei Kaltstarts, überfordert. Auch der Keilriemen nimmt Schaden, seine Riemenflanken »verbrennen«. Folge: Vorzeitiger Verschleiß. In Extremfällen können rutschende Keilriemen sogar zu überhöhter Motortemperatur und damit zu teuren Folgeschäden (z.B. Kolbenklemmer, durchgebrannte Zylinderkopfdichtung) führen. Obwohl Ihr Fiesta das Keilriemenspiel automatisch korrigiert, werfen Sie ab und an einen gezielten Blick auf die »Transmission«.

Arbeitsschritte

① Kontrollieren Sie die Oberfläche des Riemens.

② Drehen Sie den Motor per Hand einige Male durch. Nur so können Sie den Keilriemen zuverlässig inspizieren. Oft haben Keilriemen nur einen einzigen, aber tiefen Riss. Und wenn der Riss bei der Kontrolle unglücklicherweise auf einer Riemenscheibe aufliegt, ist der Folgeschaden, trotz Kontrolle, vorprogrammiert.

③ Wenn Sie am Keilriemen folgende Schäden feststellen, tauschen Sie ihn sofort aus:

- unregelmäßige Schleifspuren an den Riemenflanken
- poröse, ausgefranste Riemenflanken oder Oberfläche
- Altersrisse

Praxistip

Keilriemen montieren

Neuen Keilriemen niemals mit einem Schraubendreher über die Riemenscheiben »würgen«. Durch Bruchstellen im Unterbau des Keilriemens ist sonst der nächste Riemenschaden schon wieder programmiert. Lassen Sie den Motor nach der Montage eines gebrauchten Keilriemens etwa 3 Minuten im Stand laufen (bei einem neuen Keilriemen etwa 10 Minuten) und prüfen erneut die Vorspannung. Bevor Sie den Motor abstellen einige male kurz auf mittlere Drehzahl beschleunigen. Nach etwa 1000 Kilometern Vorspannung erneut prüfen (3 – 5 mm).

Keilriemen montieren

Arbeitsschritte

① Klemmschraube am Spannbügel der Lichtmaschine lösen.

② Schrauben am Schwenklager lösen.

③ Lichtmaschine in Richtung Motor schwenken.

④ Alten Riemen gegen neuen Riemen austauschen.

⑤ Montage in umgekehrter Reihenfolge vornehmen.

Praxistip

Wenn der Keilriemen reißt

Leuchtet während der Fahrt die rote Ladekontrolle auf, deutet das auf einen gerissenen Keilriemen hin. Häufig bemerken Sie dann auch einen harten Schlag gegen den Radlauf oder das Frontblech im Motorraum. Sie sollten auf keinen Fall weiterfahren. Da die Wasserpumpe über Keilriemen angetrieben wird, stoppt der Kühlkreislauf, die »stillstehende« Kühlflüssigkeit gerät im Motorblock schnell ins Kochen und Sie riskieren einen kapitalen Motorschaden. Deshalb sofort einen Ersatzkeilriemen montieren oder den Wagen in die nächste Werkstatt abschleppen lassen.

Technik-lexikon

Zahnriemen und Nockenwelle

Den Ventiltrieb der Zetec-SE Motoren und des 1,8D Endura-DE Aggregats treibt ein Zahnriemen an. Er läuft auf »Zahnrädern« außerhalb des Kurbelgehäuses und bewegt von der Kurbelwelle aus die Nockenwellen im Zylinderkopf. Zahnriemen sind wartungsfrei, sie bestehen aus einem mit Stahldrahteinlagen laminierten Kunststoff und werden von einem hydraulischen Riemenspanner gestrafft. Ford empfiehlt den Austausch nach spätestens 150.000 Kilometern. Da sich beim Austausch die Steuerzeiten des Motors verstellen können, sollten Sie die Arbeit besser Ihrem Ford-Händler übertragen. Er prüft bei der Gelegenheit auch gleich die Spannvorrichtung und erneuert sie gegebenenfalls.

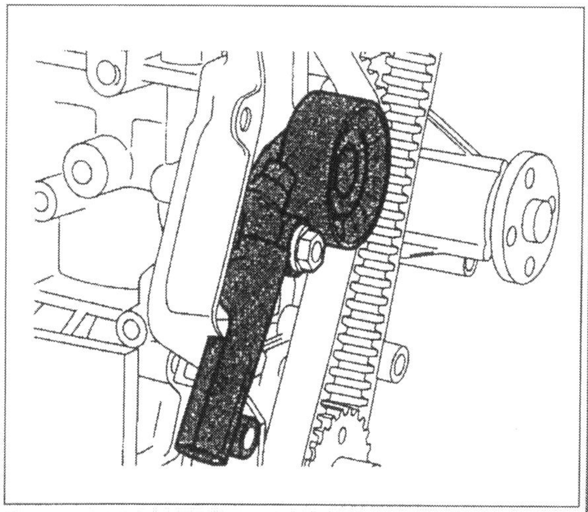

Überlebt den Zahnriemen: Der hydraulische Zahnriemenspanner an den Fiesta OHC-/DOHC-Motoren. Dennoch sollten Sie den Spanner, anlässlich des Zahnriemenwechsels, nach spätestens 150000 Kilometern inspizieren und bei leichten »Schwitzspuren« am Gehäuse erneuern.

Diagnostizieren – Klopfgeräusche aus dem Motorraum

Bei kaltem Motor sind leichte Klopfgeräusche aus dem Motorraum nicht unbedingt ein Grund zur Sorge. Metallisch harte Klopf- oder Rollgeräusche deuten bei einem betriebswarmen Motor dagegen fast immer auf einen ernsthaften Schaden hin. Die häufigsten Defekte treten an Pleuellagern auf. Die Hauptlager der Kurbelwelle, Ihr Fiesta hat fünf, sind seltener betroffen. Ein Lagerschaden zieht immer eine umfangreiche Motorrevision nach sich. Mit viel Glück und einem sensiblen Ohr erkennen Sie Lagerschäden mitunter schon im frühen Anfangsstadium. Ist das der Fall, reicht es mitunter, die Gleitlagerschalen des betreffenden Pleuel- oder Hauptlagers auszutauschen – ein Fachmann wird Ihnen freilich zu einer umfangreicheren Reparatur (Kurbelwelle schleifen, nitrieren, neu lagern) bzw. zu einem Teilemotor raten.

So erkennen Sie einen Lagerschaden

- Motor im Stand auf mittlere Drehzahlen beschleunigen und Gas zurücknehmen. Taucht mit abfallender Drehzahl ein leichtes Klopfgeräusch (»nack-nack-nack«) auf und bemerken Sie dieses Geräusch auch beim zügigen Beschleunigen, sollten Sie den Motor sofort in einer Fachwerkstatt checken lassen. Die Geräusche sind typisch für einen Pleuellagerschaden.

- Ignorieren Sie das anfängliche »nack-nack-nack« folgt schon nach wenigen Kilometern ein hartes »klack-klack-klack«: Der Lagerschaden hat sich verschlimmert, die Lagerschale ist bereits ausgelaufen und hat mit großer Wahrscheinlichkeit die Kurbelwelle in Mitleidenschaft gezogen. An eine preisgünstige Reparatur ist jetzt nicht mehr zu denken. Ein Austausch- oder Teilemotor ist fällig.

Ein gleichmäßiges, synchron zur Motordrehzahl ansteigendes Rollgeräusch aus dem Kurbeltrieb deutet meistens auf einen Hauptlagerschaden hin. Stellen Sie den Motor sofort ab und lassen den Schaden in einer Werkstatt diagnostizieren. Wenn Sie zu lange warten, wird der Motorblock als Austauschteil unbrauchbar. Das treibt unnötig die Reparaturkosten in die Höhe, denn Ihr Händler berechnet Ihnen den unbrauchbaren Block dann wie ein Neuteil.

Zylinderkopfdichtung

Störungs-beistand

Erkennungsmerkmal	Ursache/Besonderheiten
A Kühlflüssigkeitsstand wird regelmäßig ergänzt	Kühlflüssigkeit gelangt in geringer Menge in die Brennräume. Der Zustand kann sich ohne Merkmale über längere Zeit hinziehen
B Beträchtlicher Kühlmittelverlust. Auch bei warmem Motor entweicht dem Auspuff ein weißer Abgasschleier	Kühlmittel dringt in größerer Menge in einen Verbrennungsraum, verdampft dort und entweicht als »Wasserdampf« aus dem Auspuff
C Aus dem geöffneten Ausgleichsbehälter steigen Luftblasen auf, beim Öffnen des Verschlussdeckels sprudelt Kühlmittel unter Druck aus dem Behälter oder Kühler	Motor drückt Verbrennungsgase ins Kühlsystem. Aus der Einfüllöffnung riecht es nach Abgasen
D Buntschillernder Film schwimmt auf der Kühlflüssigkeit	Motoröl gelangt ins Kühlsystem
E Gräulich aussehende Emulsion setzt sich am Ölpeilstab ab, Motoröl ist von Wasserbläschen durchsetzt	Kühlflüssigkeit gerät ins Motoröl. Zylinderkopfdichtung oder Zylinderkopf defekt. Schaden sofort diagnostizieren lassen. Wagen zur Reparatur in Fachwerkstatt abschleppen. Achtung: Wasser im Motoröl verursacht einen Lagerschaden

DAS SCHMIER-SYSTEM

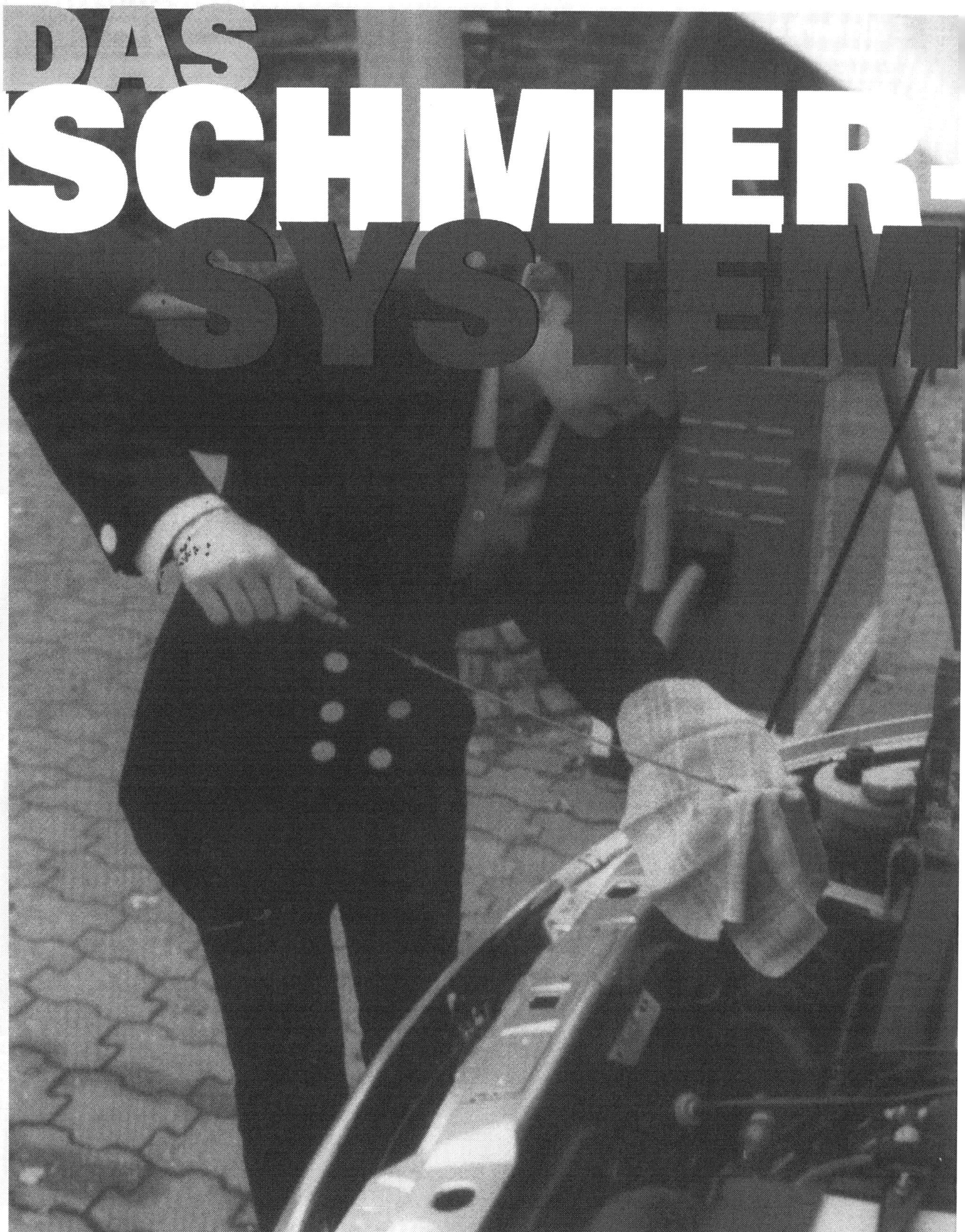

Wer gut schmiert – der gut fährt: Obwohl den Fiesta-Motoren nicht der Ruf vorauseilt, große »Ölfresser« zu sein, empfehlen wir Ihnen, spätestens nach jeder zweiten Tankfüllung den Motorölstand zu überprüfen. Solange der Ölpegel zwischen »Min« und »Max« am Ölpeilstab steht, besteht kein Grund, Motoröl zu ergänzen. Die Differenzmenge zwischen den Markierungen schwankt, je nach Motorversion, zwischen 0,5 bis 1,0 Liter. Füllen Sie niemals über »Max« auf: Die Radialdichtringe an der Kurbelwelle und der Luftfilter könnten Ihnen das »verübeln«.

Wartung

Ohne ausreichende Schmierung wäre jeder Motor schon nach wenigen Minuten zerstört. Deshalb schützt überall dort, wo im Motor bewegliche Teile aneinander »geraten«, ein hauchdünner Ölfilm vor kapitalen Schäden: So zum Beispiel die Kolben, die Zylinderlaufbahnen, die Pleuel- und Hauptlager an der Kurbelwelle, gleichwie den gesamten Ventiltrieb. Damit der Ölfilm seine Aufgabe im Motor erfüllen kann, zirkuliert das Öl in einem filigranen Labyrinth von Leitungen, Kanälen und feinen Bohrungen. Einen wichtigen Part im Ölkreislauf übernimmt die Ölpumpe. Sie saugt mit einem Ölsaugrohr Motoröl direkt aus der Ölwanne und fördert es an die jeweils richtige Adresse. Zuvor passiert das Öl allerdings den Ölfilter, er befreit den »Schmiersaft« von Rußpartikeln, Metallabrieb und Staub. Allerdings nur solange, wie seine mikroskopisch feinen Papierlamellen noch öldurchlässig und

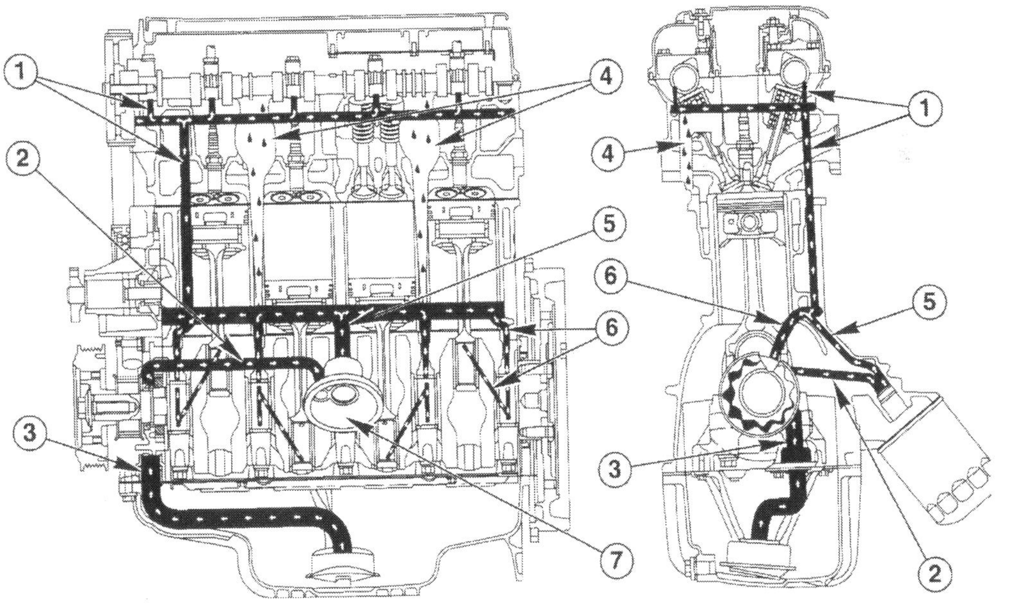

Schmierkreislauf Zetec-SE

❶ Ölkanal zum Zylinderkoppf und Ventiltrieb, ❷ Ölkanal von der Ölpumpe zum Ölfilter. ❸ Ölansaugrohr. ❹ Ölrücklaufkanäle zum Ölsumpf. ❺ Hauptölkanal. ❻ Ölkanal zu den Kurbelwellenlagern. ❼ Ölfilteranschluss.

nicht verstopft sind. Der Ölfilter ist also ein Verschleißteil, das regelmäßig ausgetauscht werden muss. Im Fiesta sitzt der Ölfilter direkt im Hauptstrom des Ölkreislaufs.

Regelmäßig erneuern – den Ölfilter

Regelmäßig heißt: Erneuern Sie den Ölfilter bei jedem Ölwechsel. Verstopfte Ölfilter lassen durch ein Überdruckventil das Motoröl zwar weiterhin im Motor kreisen, doch ungereinigtes Motoröl fördert den Verschleiß aller Schmierstellen – vornehmlich in den Zylindern und im Kurbeltrieb. Im Normalfall kursiert das Motoröl durch Bohrungen im Motorblock und der Kurbelwelle an die relevanten Schmierstellen, so auch in den Zylinderkopf und zu den Lagerstellen des Ventiltriebs. In Rücklaufkanälen gelangt es dann zurück in den Ölsumpf der Ölwanne, von wo aus es seine Reise erneut durch den Motor antritt. Der Ölkreislauf besteht solange der Motor läuft.

Der Öldruck

Damit der Schmierfilm auch Höchstbelastungen standhält, muss das Öl immer unter ausreichendem Druck an die Schmierstellen gelangen. Doch sollte bei zu kaltem und zähflüssigem Öl ein zu hoher Druck entstehen, könnte der Motor Schaden nehmen. Das verhindert ein Überdruckventil (Bypass), es öffnet und leitet das Öl direkt auf die Saugseite der Ölpumpe zurück. In technisch gesunden Fiesta-Triebwerken gelangt das Öl bei mittleren Motordrehzahlen mit etwa 1, 5 – 2, 8 bar (Öltemperatur ca. 80 – 100° C; Mehrbereichsöl SAE 10W-30) an die Schmierstellen. Im Leerlauf reichen dem Fiesta dagegen rund 0, 6 – 1 bar. Der serienmäßigen Öldruck-Kontrolleuchte können Sie freilich keine genauen Messwerte abverlangen, sie leuchtet lediglich zwischen 0,3 – 0, 5 bar auf. Exakte Informationen liefert Ihnen jedoch ein Öldruckmesser, den Sie realitv einfach nachrüsten können.

Signalisiert nur den Mindestdruck – Ölkontroll-Leuchte

Mit anderen Worten, die Ölkontroll-Leuchte leuchtet erst dann auf, wenn bereits Motorschäden im Anmarsch sind: Eine ausreichende Ölversorgung aller Motorinnereien ist dann nicht mehr gesichert. Das kann zum Beispiel schon dann auftreten, wenn Ihr Fiesta mit zu geringem Ölstand eine Kurve durcheilt: Die dabei auftretenden Fliehkräfte »verlagern« das Öl dann auf die kurvenäußere Seite der Ölwanne – die Ölpumpe »steht« im Trockenen und saugt Luft anstatt Öl aus dem Ölsumpf. Zwangsläufig fällt der Öldruck in den »Keller« – schwere Lagerschäden können das teure Resultat sein. Auch wenn nach schnellen Autobahn- oder Passfahrten die Öldruckleuchte im Leerlauf flackert, ist das ein sicheres Indiz dafür, dass der Öldruck nicht mehr ausreicht. Solange die Kontrolleuchte beim leichten Gasgeben allerdings noch ausgeht, ist das noch kein Grund zu großer Sorge – lassen Sie es etwas beschaulicher angehen, ein »gesunder« Motor kühlt sich während während der Fahrt wieder ab.

Erst wenn die Öldruck-Kontrolleuchte ständig brennt,

- halten Sie sofort an und stellen den Motor ab.
- kontrollieren Sie den Ölstand.
- Fehlt Öl, ergänzen Sie es möglichst sofort, ansonsten behutsam die nächste Tankstelle anfahren und Öl auffüllen. Prüfen Sie, ob danach die Leuchte wirklich ausgeht und dunkel bleibt.
- Falls nicht, schleppen Sie den Wagen in die nächste Werkstatt ab und lassen die Ursache diagnostizieren. Nur so ist unter Umständen ein schwerer Motorschaden noch zu vermeiden.

Ein vielseitiger Saft – das Motoröl

Öl ist das Lebenselexier eines jeden Motors. Es vermindert die Reibung und den Verschleiß an Kolben, an Zylindern sowie an allen Lagerstellen des Kurbel- und Ventiltriebs. Darüber hinaus dichtet Motoröl die Kolben zu den Zylinderwänden ab, so dass die bei der Verbrennung explosionsartig entstehenden Gase nahezu verlustfrei über die Kolbenböden und Pleuelstangen auf die Kurbelwelle einwirken können. Damit nicht genug: Schmieröl übernimmt zu einem Großteil auch die Kühlung der Motorinnereien. Außerdem schützt es vor Rost, hält Schmutzpartikel in der Schwebe und bindet einen Teil der chemischen Verbrennungsrückstände.

Multitalent – Mehrbereichsöl

Moderne Motoröle sind aus Erdöl raffinierte Schmierstoffe. Doch bevor ein aus Erdöl raffinierter Schmierstoff als Motoröl Karriere macht, mischen ihm die Ölhersteller spezielle Additive unter, sie machen am Schluss der Raffinationskette bis zu 20 Prozent seiner Rezeptur aus. Additive schützen das Öl auch vor Oxidation und verhindern sein Aufschäumen bei hohen Drehzahlen. Eines der wichtigsten Additive sind die VI-Verbesserer (VI = Viskositätsindex) – lange Molekülketten, die beim Erhitzen quellen und beim Abkühlen wieder schrumpfen. VI-Verbesserer bewirken, dass Öl sich den Motortemperaturen anpasst und gleich mehrere Viskositätsklassen überspannt. VI-Verbesserer haben jedoch die negative Eigenschaft, bei hohen Temperaturen zu verschleißen und damit einen Großteil ihrer Wirkung zu verlieren. Außerdem setzen Wasser, Kraftstoff und Verbrennungsrückstände der Lebensdauer des Motoröls Grenzen. Ein dünnes Mineralöl hält den im Motor herrschenden Drücken und Temperaturen über einen längeren Zeitraum nur unzureichend stand. Regelmäßige Ölwechsel sind daher kein verzichtbarer Luxus, sondern schlichtweg Standard, zumindest wenn Ihr Motor reibungslos funktionieren soll.

Hochpreisig – synthetische Leichtlauföle

Auch die als Synthetiköl angebotenen Leichtlauföle kommen nicht gänzlich ohne Erdöl aus. Allerdings wird bei Synthetikölen der Molekülaufbau des »natürlichen« Rohöls in einem aufwendigen Verfahren (Cracken) aufgelöst und mit speziellen Additiven in anderer Rezeptur neu vermischt. Synthetiköle sind im Prinzip nicht »künstlicher« als herkömmliche Mineralöle, aber durchweg teurer. Als Äquivalent versprechen ihre Hersteller einen geringeren Öl- und Kraftstoffverbrauch, eine größere Beständigkeit und längere Standfestigkeit: Theoretisch bedeutet das auch größere Ölwechselintervalle. Wenn Sie sich den Luxus dieses Spitzenöls leisten, sollten Sie die vorgesehenen Wechselintervalle dennoch nicht wesentlich überschreiten.

Motoröl – beachten Sie das Kleingedruckte auf der Dose

Für den Motor Ihres Ford Fiesta genügt ein herkömmliches Mehrbereichsöl. Wichtig ist lediglich, dass der Schmiersaft alle relevanten Normen erfüllt. Im Zweifelsfall fragen Sie Ihren Händler, denn über die Eignung entscheidet nicht der werbewirksame Auftritt eines Ölherstellers, sondern allein die Ölspezifikation, die richtige Viskositätsklasse und das »Kleingedruckte« auf der Dose: Ford empfiehlt SAE 5W-30 (Diesel 10W-40) Motorenöle, die mindestens der Spezifikation ACEA A1-96, B-96 oder der Ford Spezifikation WSS-M2C912-A1 (Diesel ACEA A3-96, ACEA B3-96) entsprechen. Sollten Sie anderes Öl verwenden wollen, müssen Sie in Ottomotoren der Qualität API SH (Diesel CC MC G5, PD2, API SH) entsprechen. Öle mit der Bezeichnung API SC, SD, SE oder SF (Diesel API CC) können Ihrem Fiesta dagegen sogar schaden. Sobald der Schmiersaft den genannten Kriterien entspricht, lassen sich die Ölsorten verschiedener Hersteller durchaus mischen. Sie müssen dann jedoch damit rechnen, dass spezielle Eigenschaften der ursprünglichen Rezeptoren nachlassen. Jede Marke zeichnet nämlich eine spezielle Additivrezeptur aus, deren Wirksamkeit beim Mix mit anderen Ölen abbauen kann. Aus diesem Grund macht auch die Kom-

Technik-lexikon: Begriffe und Normen rund ums Öl

Viskosität. Das Maß für die Fließfähigkeit des Schmieröls. Im Winter muss ein Motoröl so dünnflüssig sein, daß ss dass es nach dem Kaltstart im Motor sofort an alle Schmierstellen gelangt. Im Sommer dagegen ist dickflüssigeres Öl gefragt, das den Schmierfilm auch bei hohen Temperaturen nicht abreißen lässt.

SAE-Klasse (Society of Automotive Engineers). Bezeichnet die Viskositätsklasse, zum Beispiel SAE 5 W-30. Je kleiner die erste Zahl, um so leichter fließt das Öl bei Kälte (W = Winter). Ein Öl mit 0 W schmiert noch bei minus 30 Grad, bei 5 W steigt dieser Wert auf minus 25 Grad, bei 15 W auf minus 15 Grad. Je höher die zweite Zahl, um so besser widersteht das Öl hohen Temperaturen.

ACEA (Association des Constructeurs Européen d'Automobiles). Die 1996 eingeführte europäische Ölnorm. löst die CCMC-Norm ab. Für Otto-Motoren gibt's die Gruppen A1 (spritsparendes Öl), A2 (gering belastetes Öl), A3 (Hochleistungs-Öl). Für Diesel gilt die Einteilung B1, B2 und B3.

CCMC (Comittée des Constructeurs d'Automobiles du Marché Commun). Die Spezifikation besteht aus den Buchstaben G (Benziner) und PD (Diesel) sowie einer Zahl. Je höher die Zahl ist, um so besser ist die Qualität des Öls.

API (American Petroleum Institute). Die Spezifikation besteht aus den Buchstaben S (Ottomotor) und C (Dieselmotor) sowie einem weiteren Buchstaben. Je höher dieser im Alphabet steht, um so besser ist die Qualität des Öls.

bination von Mineralöl und Synthetiköl keinen Sinn. Desgleichen sollten Sie auch keine reinen Dieselöle mit Ölen für Otto-Motoren vermischen, schlimmstenfalls provozieren Sie damit einen Motorschaden.

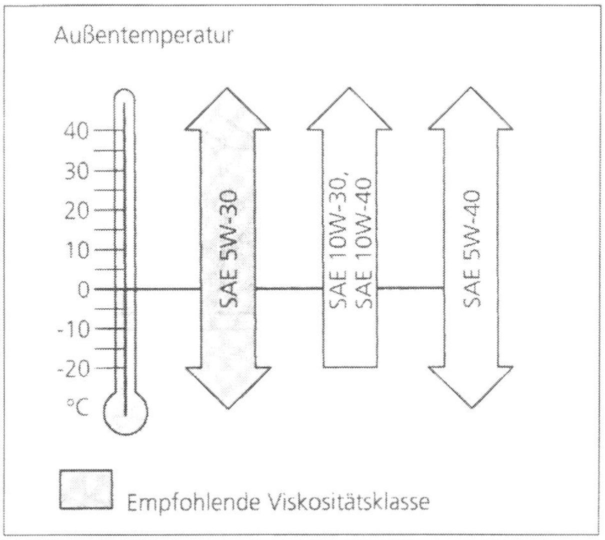

Anspruchslos: Die Otto-Motoren unter der Fiesta-Motorhaube sind nicht auf teures Synthetiköl angewiesen. Ford empiehlt in unseren Breitengraden einen Schmierstoff der Viskositätsklasse SAE 5W-30.

In Maßen normal – Ölverbrauch

Wenn der Motor Ihres Fiesta technisch in Ordnung ist, müssen Sie während der vorgeschriebenen Ölwechselintervalle allenfalls geringe Ölmengen (0,25 – 0,5 Liter) ergänzen. Auch der Diesel macht da übrigens keine Ausnahme. Das gilt für alle Motoren jedoch nur, wenn Sie regelmäßig das Öl wechseln und Ihren Motor nicht durch zu scharfe Fahrweise übermäßig belasten. Etwas Öl verbraucht jeder Motor. Es gelangt teilweise in den Verbrennungsraum und wird dort mitverbrannt. Ein undichter Motor, defekte Ventilschaftabdichtungen, verschlissene Ölabstreifringe, zu große Spaltmaße zwischen den Kolben und Zylinderlaufbuchsen oder zuviel Spiel zwischen Ventilführung und Ventilschaft treiben den normalen Verbrauch in die Höhe.

Blaue Abgasfahne – Verschleißindiz

An einer blauen Abgasfahne können Sie einen dieser Schäden unmittelbar ableiten. Doch auch wenn der Ölstand regelmäßig konstant bleibt, ist dies generell kein Grund zur Freude: Überschüssiger Kraftstoff und Kondenswasser verdünnen das Motoröl dann mitunter, seine Schmiereigenschaften verschlechtern sich dadurch. Vor allem im Winter und vornehmlich im Kurzstreckenverkehr ist dieses Phänomen zu beobachten – der Motor erreicht dann selten über längere Zeit seine Betriebstemperatur und kann die Rückstände nicht verbrennen. In diesem Fall sollten Sie das Motoröl in kürzeren Intervallen wechseln; etwa schon nach 6000 Kilometern oder halbjährlich.

Nicht vergessen – Motorölstand prüfen

Prüfen Sie den Motorölstand nach jedem dritten Tankstopp oder nach längeren Autobahnfahrten. In der Einfahrzeit oder bei älteren Motoren mit erhöhtem Ölverbrauch ist es ratsam, den Ölpeilstab mindestens alle 1000 Kilometer zu ziehen, um den Ölstand zu prüfen. Ergänzen Sie übrigens nicht kleinste Fehlmengen – frühestens wenn der Ölpegel etwa mittig zwischen beiden Markierungen des Ölstabs steht, spendieren Sie Ihrem Fiesta etwa einen halben Liter.

Arbeitsschritte — W — **ständige Kontrolle**

① Kontrollieren Sie das Öl vor dem Start bei kaltem Motor. Ihr Fiesta sollte dazu auf einem waagrechten Untergrund stehen. Einen warmen Motor können Sie erst verlässlich nach etwa fünf Minuten Stillstand checken – das umlaufende Öl muss sich erst in der Ölwanne sammeln.

② Peilstab ziehen. Vorsicht bei betriebswarmem Motor: Der Ölstab Ihres Fiesta kann sehr heiß werden. Gezogenen Peilstab mit sauberem, flusenfreien Lappen oder Papiertuch abwischen, bis zum Anschlag wieder in die Ölwanne stecken, kurz warten und erneut herausziehen.

③ Liegt der Pegel im oberen Viertel zwischen Minimum und Maximum, fühlt Ihr Motor sich wohl, bei 50 % verträgt er maximal einen halben Liter, an der unteren Markierung oder darunter müssen Sie sofort den Ölstand ergänzen, erfahrungsgemäß fehlt Ihrem Fiesta dann rund ein Liter Motoröl.

④ Füllen Sie grundsätzlich nur so viel Öl nach, dass der Pegel die obere Markierung niemals übersteigt. Unsere Empfehlung: Halten Sie den Stand konstant im oberen Viertel. Das Öl wird dann auch im Sommer, bei hohen Außentemperaturen, nicht zu heiß. Zu viel Motoröl schadet jedem Motor: Es sucht sich über Dichtflächen und Radialwellendichtringe seinen Weg ins Freie (verölte Kupplung, Riemenscheibe) oder wird mitunter über die Kurbelgehäuseentlüftung angesaugt und verschmutzt den Luftfilter inklusive Ansaugtrakt.

⑤ Benutzen Sie zum Nachfüllen aus größeren Gebinden einen sauberen Trichter.

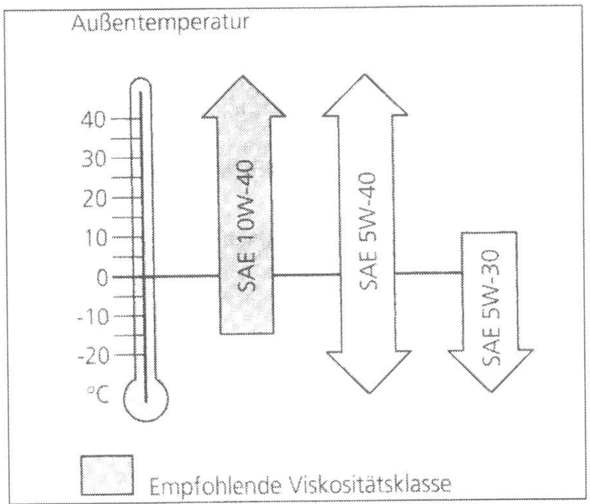

Fiesta Dieselmotoren sind hierzulande mit normalem SAE 10W-40 hinreichend geschmiert. Dennoch, verwenden Sie nur Öl der Spezifikation CC MC G5, PD2 oder API SH.

Immer gemeinsam wechseln – Motoröl und Ölfilter

Ab Modelljahr 96 ist der Ölwechsel bei allen Fiesta-Motoren nach 15 000 Kilometern fällig. Fahren Sie Ihren Fiesta überwiegend auf langen Strecken, brauchen Sie das Intervall nicht auf den Kilometer genau einzuhalten. Sind Sie dagegen ausschließlich in der Stadt oder auf Kurzstrecken unterwegs, macht ein früherer Wechsel Sinn. Im Winter sind dann bereits 6000 Kilometer oder ein halbes Jahr ein probater Wechselrythmus.

Ölwechsel – wann lohnt Do-it-Yourself?

Do-it-Yourself lohnt dann, wenn Sie ein preiswertes Öl aus dem Zubehörhandel, Warenhaus oder von der Tankstelle verwenden. Achten Sie auf jeden Fall darauf, dass der »Saft« auch den erforderlichen Spezifikationen entspricht. Bei einem konventionellen Ölwechsel (Öl aus der Wanne ablassen, Filter wechseln, Öl an Sammelstelle entsorgen) müssen Sie Ihren Fiesta aufbocken. Schneller und sauberer geht's bei einem SB-Ölwechsel inklusive Absauggerät an der Tankstelle. Diese Methode hat jedoch auch Nachteile: Der Schlamm bleibt in der Ölwanne, und ohne gleichzeitigen Ölfilterwechsel ist neues Motoröl ohnehin »verschenkt«. Ölwechsel in der Fachwerkstatt sind am bequemsten. Natürlich lässt sich der Fachmann seine Arbeit auch gebührend honorieren: Er verwendet in der Regel nur teure Ölsorten und berechnet Ihnen zudem die Entsorgung des Altöls und Ölfilters. Dennoch kann sich der Auftrag lohnen. Kalkulieren Sie im Vorfeld. Oft erledigen Werkstätten auch dann den Wechsel, wenn Sie das Öl und den Filter mitbringen.

Soviel Öl braucht Ihr Fiesta bei jedem Wechsel

Motor	Motoröl mit Filter*
1,3i Endura-E	3,25 Liter
1,3i Endura-E	3,25 Liter
1,8 D Endura DE	4,5 Liter
1,25i Zetec-SE	3,4 Liter
1,4 Zetec-SE	3,4 Liter

*Der Ölfilter ist auf den jeweiligen Motortyp abgestimmt (Otto-/Dieselmotor). Verwenden Sie nur original Ölfilter.

Arbeitsschritte **15.000 km 12 Monate**

① Motoröl warmfahren. Wichtig, nur dann sind die Schmutzpartikel in der Schwebe.

② Auto waagerecht auf ebener Fläche aufbocken.

③ Flache Wanne, Schüssel oder einen aufgeschnittenen Plastik-Ölkanister mit ausreichendem Fassungsvermögen unterstellen.

④ Ölablassschraube mit gekröpftem Ringschlüssel öffnen. Altes Motoröl auslaufen lassen. Vorsicht, beim Herausdrehen der Ablassschraube – das heiße Öl sucht sich mit einem kräftigen Strahl den Weg aus der Ölwanne in den Auffangbehälter (Verbrühungsgefahr!). Ölablassschraube »nur« mit neuem Dichtring festziehen.

⑤ Altölwanne entleeren und im Bereich des Ölfilters unter den Motor stellen. Ölfilter mit Spezialwerkzeug lösen. Falls nicht vorhanden, Schraubendreher durchs Blechgehäuse treiben (Vorsicht: Verbrühungsgefahr - heißes Öl läuft aus) und losdrehen. Filter über Ölauffanggefäß entleeren und als Sondermüll entsorgen.

Gegen Steinschläge geschützt: Die Ölablassschraube finden Sie in Fahrtrichtung hinten an der Ölwanne. Lassen Sie nur warmes Motoröl ab, dann bleibt auch der Ölschlamm nicht in der Ölwanne zurück.

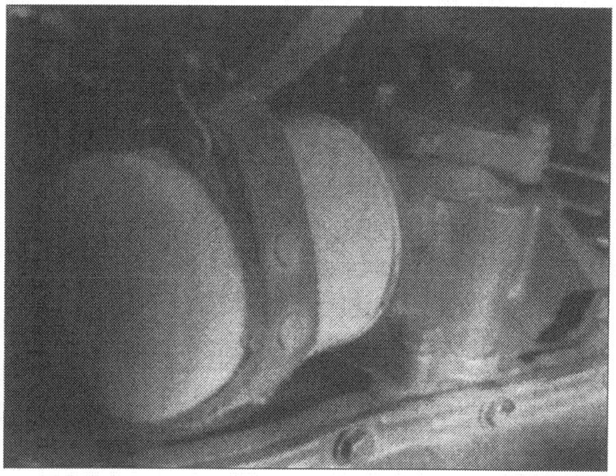

Große Hilfe: Das Spannband ist preisgünstiger als ein spezieller Ölfilterschlüssel und passt zudem auf alle Filtertypen. Sollten Sie den Filter dennoch nicht lösen können, schlagen Sie als »Knebel« einen stabilden Schraubendreher in die Patrone und drehen ihn los.

⑥ Dichtring des neuen Ölfilters dünn einölen oder leicht mit Fett einreiben. Filter gerade ansetzen und von Hand festziehen.

⑦ Vorgegebene Ölmenge einfüllen. Motor kurz im Stand laufen lassen. Die Öldruckkontroll-Leuchte erlischt erst, nachdem der neue Ölfilter gefüllt ist.

⑧ Ölfilter und Ablassschraube auf Dichtigkeit kontrollieren. Fahrzeug wieder auf die Räder stellen.

Praxistip

Altöl richtig entsorgen

Das Altöl entsorgen Sie, zusammen mit Ölfilter und ölverschmutztem Putzlappen an der Altölsammelstelle. Adressen erfahren Sie bei der Gemeindeverwaltung oder Automobilclubs. Ansonsten bringen Sie das Altöl dorthin zurück, wo Sie das Motoröl gekauft haben. Verkaufsstellen sind verpflichtet, Altöl in der Menge zu entsorgen, wie sie frisches Öl verkaufen. Sollten Sie dort Schwierigkeiten bekommen, bewahren Sie als Kaufnachweis Ihre Ölquittung auf.

Kein Grund zur Sorge – Ölschwitzflecken

Überschaubare Ölschwitzflecken unter der Fiesta-Motorhaube sind kein ernsthafter Grund zur Sorge. Motoröl kann sich bei starken Temperaturschwankungen durch Dichtungsporen und an Gehäusedichtflächen vorbei einen Weg ins Freie suchen. Anders sieht die Sache aus, wenn Sie im Motorraum starke Ölspuren oder unter dem abgestellten Wagen Ölflecken feststellen. Gehen Sie solchen »Ölquellen« rasch auf den Grund: Ein undichter Motor »spiegelt« einen technischen Mangel, der sich schnell verschlimmern kann. Am besten Sie nehmen Ihren Motor nach einer Motorwäsche mit anschließender Probefahrt gründlich in Augenschein.

Schmiersystem

Störungs-beistand

Störung	Ursache	Abhilfe
A Öldruck-Kontroll-leuchte bleibt bei eingeschalteter Zündung dunkel	**1** Kontrollleuchte defekt	Auswechseln
	2 Steckverbindung korrodiert bzw. Kabelverbindung unterbrochen	Überprüfen und reinigen, ggf. Kabel instandsetzen
	3 Öldruckschalter defekt	Kontrollieren, ggf. auswechseln
B Öldruck-Kontroll-leuchte glimmt bei warmem Motor im Leerlauf und erlischt bei höheren Drehzahlen	Heißes und damit dünnflüssiges Öl	Evtl. auf Öl mit höherer Viskosität umsteigen
C Öldruck-Kontrollleuchte geht nur bei höheren Drehzahlen aus	Bypassventil in der Hauptstrom-leitung undicht	Öldruck überprüfen lassen, ggf. Ventil auswechseln lassen
D Öldruck-Kon-trollleuchte brennt nach Anspringen des Motors und geht auch beim Gasgeben nicht aus	**1** Zu wenig Öl im Motor	Ölstand prüfen, ggf. Öl nachfüllen
	2 Ölansaugsieb der Ölwanne zugesetzt bzw. Ölpumpe verschlissen	Überprüfen bzw. erneuern lassen
	3 Siehe A2 und 3	Nur weiterfahren, wenn Ursache geklärt ist

DAS KÜHLSYSTEM

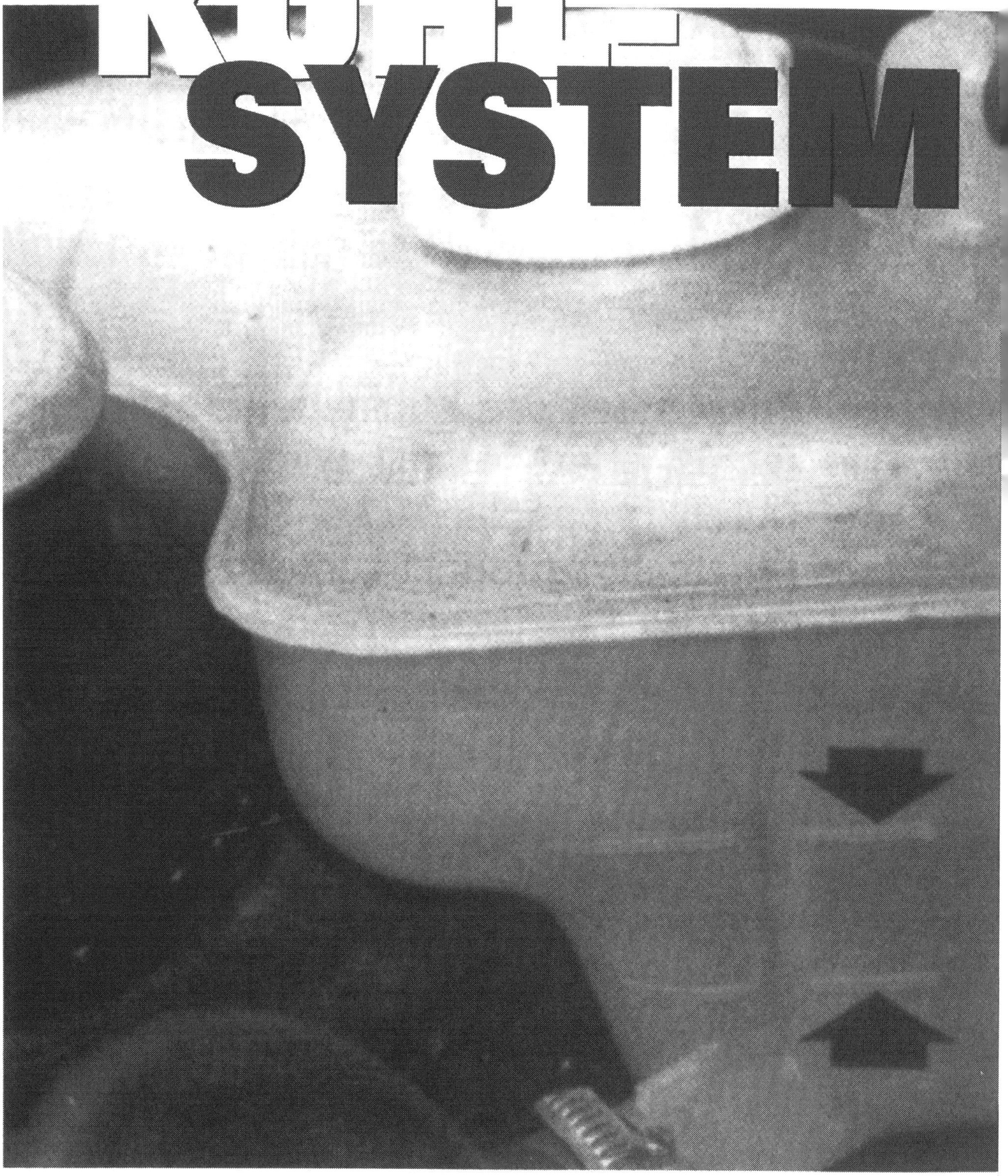

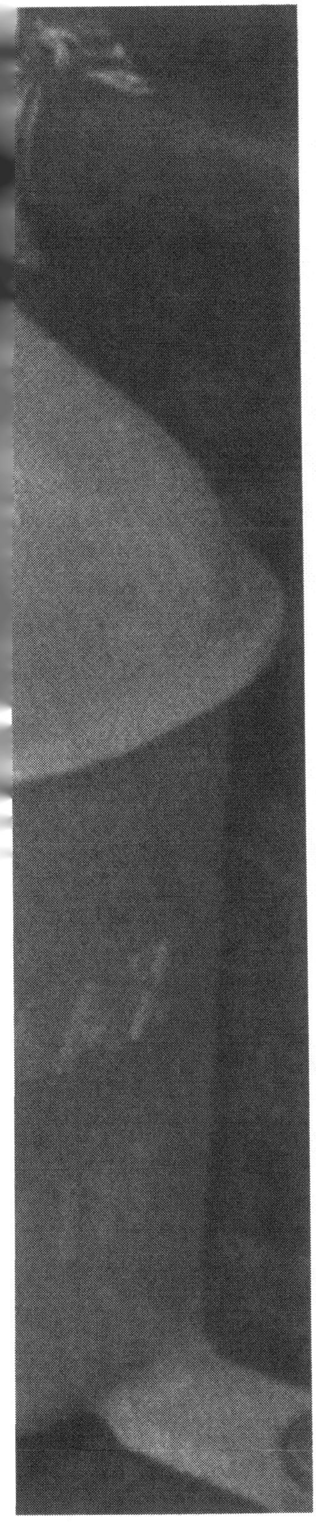

Gut zu erkennen: Der Kühlflüssigkeitsstand im transparenten Ausgleichsbehälter neben dem rechten Federbeindom. Wenn Sie häufig kleinere Mengen Wasser nachfüllen müssen, prüfen Sie das System auf Dichtigkeit und »spindeln« spätestens im Herbst den Frostschutzanteil.

Wartung

Reparatur

Unter normalen Betriebsbedingungen hält das Kühlsystem Ihren Fiesta stets im »gesunden« Temperaturbereich. Es besteht aus einer Reihe von Aggregaten: Kühler, Wasserpumpe, Kühlerventilator, Thermostat, Ausgleichbehälter und Kühlwasserleitungen, Schläuche sowie einem Netz aus kleinen, exakt definierten Wasserkanälen im Motorblock und Zylinderkopf. So entsteht ein Kühlflüssigkeitsmantel, der über den Kühler (Wärmetauscher) überschüssige Verbrennungswärme an die Atmosphäre abführt. Auf welchen Wegen das Kühlmittel freilich zirkuliert, hängt stark von der Motortemperatur ab.

Bei kaltem Motor – kleiner Kühlmittelkreislauf

Nach jedem Kaltstart pulsiert das Kühlmittel zunächst im kleinen Kühlkreislauf, er beschränkt sich auf den Motor und Heizungskühler. Der Thermostat hält in dieser Phase den Durchfluss zum Kühler solange geschlossen, bis der Motor die Betriebstemperatur erreicht hat. Das hat einen triftigen Grund. Denn die umlaufende Flüssigkeitsmenge ist im kleinen Kühlkreislauf geringer – der Motor wird zeitiger warm. Erst wenn die Kühlflüssigkeit ihre Betriebstemperatur erreicht hat, öffnet der Thermostat und lässt die heiße Kühlflüssigkeit nun dosiert von oben nach unten durch den Kühler strömen. Auf ihrem Weg durch die Kühllamellen vermischt sich die heiße mit kalter Kühlflüssigkeit aus dem Kühler. Die Kühllamellen des Kühlers sind vom Fahrtwind »umspült« und sorgen somit für einen noch effizienteren »Wärmeaustausch« an die Atmosphäre. Das vom Thermostaten koordinierte Zusammenspiel der Elemente Luft und Wasser bewahrt den Motor gleichermaßen vor einem Kälteschock und Hitzekollaps.

Bei warmem Motor – großer Kühlmittelkreislauf

Bei normaler Betriebstemperatur pulsiert die Kühlflüssigkeit aus dem in Fahrtrichtung rechten Kühlwasserkasten zur Wasserpumpe und wird dort in den Motorblock und Zylinderkopf transportiert. Die überwiegende Menge läuft über den geöffneten Thermostaten zurück in den linken Kühlwasserkasten, während die restliche Menge derweil den Wärmetauscher der Heizung passiert. Die nach unten im Kühler abfließende Flüssigkeit macht oben im Kühler heißer Flüssigkeit Platz. Sie wird beim Zug durch die Kühlerlamellen wieder abgekühlt, der Kreislauf ist geschlossen. Fällt während der Fahrt die Kühlflüssigkeitstemperatur unter die vorgeschriebene Betriebstemperatur ab, schließt der Thermostat, bis sich das Kühlmittel wieder genügend erwärmt hat.

Überdruck und Kühlerventilator

Das Kühlsystem steht bei laufendem Motor unter einem definierten Überdruck. Dadurch erhöht sich der Siedepunkt der Kühlflüssigkeit von 100°C auf rund 120°C. Die höhere Temperatur ermöglicht einen wirtschaftlicheren und damit kraftstoffsparenden Motorbetrieb. Wenn bei heißem Motor der Kühlmittel-Druck – je nach Motorversion – 0,85 – 1,2 bar übersteigt, öffnet ein Überdruckventil am Verschlussdeckel des Ausgleichsbehälters und entlässt den System-Überdruck an die Atmosphäre. Das bei abgekühlter Flüssigkeit entstehende Vakuum gleicht ein zweites, sogenanntes Vakuumventil im Verschlussdeckel aus – es lässt Außenluft in den Behälter einströmen. Speziell bei Stadtfahrten oder im Stop and Go Verkehr kommt es vor, dass die Kühlkapazität des Fahrtwinds allein nicht ausreicht, um den Motor vor Überhitzungsschäden zu bewahren. Für diesen Sonderfall besitzen alle Fiesta einen elektrisch angetriebenen Kühlerventilator direkt hinter dem Kühler. Dieses kleine Windkraftwerk aktiviert ein Thermoschalter bei rund 120° C. Der Ventilator schaltet automatisch wieder ab, wenn die normale Betriebstemperatur erreicht ist.

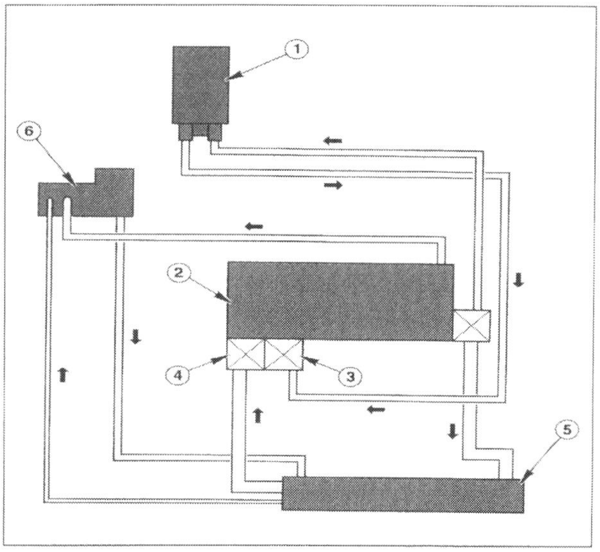

Schematische Darstellung des Motorkühlsystems: ❶ Wärmetauscher-Heizung. ❷ Motor. ❸ Thermostat. ❹ Wasserpumpe. ❺ Kühlerventilator. ❻ Kühlflüssigkeitsausgleichsbehälter.

Das Kühlmittel

Kühlflüssigkeit (Kühlmittel) besteht im Fiesta aus einer Mischung von Frost- und Korrosionsschutzmitteln sowie Wasser. Ford stellt die Kühlflüssigkeit werksseitig mit rund 50 % Kühlkonzentrat (ESDM-97B49-A) und 50 % Wasser ein. Das reicht allemal für einen zuverlässigen Schutz bis rund –30° C. Erst bei etwa –38° C beginnt die Flüssigkeit zu gelieren (Stockpunkt) – ein Wert, der in unseren Breitengraden meistens nur theoretische Bedeutung hat. Die meisten Kühlflüssigkeiten verlieren ihre Wirkung nach etwa vier Jahren und sollten dann erneuert werden. Zum Nachfüllen eignen sich handelsübliche Frostschutzmittel, die, anhand der Herstellerangaben, mit Wasser zu mischen sind. Doch Vorsicht bei Billigangeboten: Sie enthalten nicht immer wirkungsvollen Korrosionsschutz und können zudem Leichtmetalllegierungen im System angreifen. Sinnvollerweise verwenden Sie grundsätzlich nur solche Mittel, die den Ford Spezifikationen entsprechen.

Die Teile des Kühlsystems

Technik-lexikon

Wasserpumpe. In allen Fiesta-Motoren beschleunigt eine sogenannte Schleuderpumpe die Kühlflüssigkeit durchs System. Bei den OHV-Motoren übernimmt ein Keilriemen und bei den OHC-Aggregaten ein Mehrrillenriemen den Antrieb.

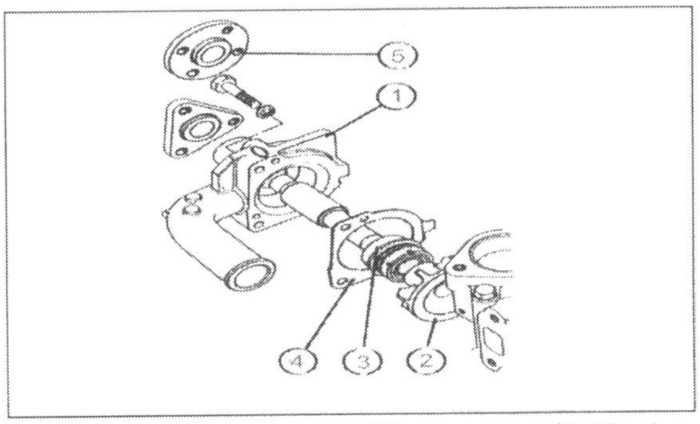

Schematische Darstellung der Wasserpumpe (Schleuderpumpe): ❶ Pumpengehäuse. ❷ Pumpenrad (Schleuderrad). ❸ Antriebswelle. ❹ Dichtung. ❺ Antriebsrad (Riementrieb).

Kühler: Besteht aus zwei Kunststoffwasserkästen und dünnwandigen Rohren. Beide Kästen stehen über eine Vielzahl dünnwandiger Röhrchen miteinander in Verbindung. Um die Oberfläche des Kühlers auf ein Vielfaches zu vergrößern, befinden sich zwischen den Röhrchen fein gefaltete Lamellen: Sie leiten die überschüssige Temperatur direkt an den Fahrtwind ab. Der Fiesta-Kühler ist am oberen und unteren Querträger befestigt.

Thermostat: Hält die Wassertemperatur im Motor konstant. Neue Thermostaten öffnen je nach Motorversion zwischen 85 – 90° C, ganz geöffnet sind sie zwischen 99 – 102° C. Bei gebrauchten Thermostaten ist eine Toleranz von +/- 3° C zulässig. Thermostate bestehen aus einem verschlossenen, mit Spezialwachs gefülltem Thermoelement (Zylinder), einer Druckfeder und einem Ventilteller. In dem Maße wie sich die Kühlflüssigkeit im Motor erwärmt, dehnt sich das Wachs im Thermoelement aus und hebt, gegen den Widerstand einer Druckfeder, den Ventilteller von seinem Sitz. Erst bei Betriebstemperatur ist das Ventil ganz geöffnet. Kühlt das Wasser ab, drückt die Feder gegen den Ventilteller und sperrt den Durchfluss entsprechend.

Ausgleichsbehälter: Ergänzt automatisch die umlaufende Kühlflüssigkeitsmenge im Kühlsystem. Überdruck lässt der Behälter aus einem Überdruckventil im Verschlussdeckel entweichen, Unterdruck gleicht ein zweites Ventil im Verschlussdeckel aus. Der transparente Kunststoffbehälter sitzt in Fahrtrichtung rechts im Motorraum.

Kühlsystem auf Dichtheit prüfen

Arbeits-schritte | 20.000 km 12 Monate

① Sind die Wasserschläuche am Kühler, Motor und zum Heizungskühler dicht? Leckagen erkennen Sie leicht an weißen Ablagerungen rund um die undichte Stelle.

② Harte, spröde oder rissige Schläuche sofort austauschen. Den tatsächlichen Zustand stellen Sie mit einer Sichtprobe oder durch Walken fest.

③ Sitzen alle Schlauchenden satt auf ihren Stutzen?

④ Sind alle Schlauchschellen fest? Falls nicht, können während der Fahrt und bei heißem Motor die Kühlwasserschläuche von den Anschlussstutzen rutschen. Korrodierte Schlauchschellen sollten Sie sofort auswechseln.

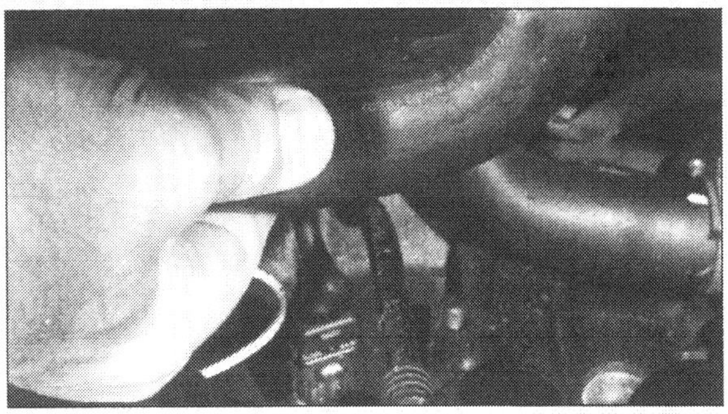

Drucksache: Walken Sie die betriebswarmen Kühlflüssigkeitsschläuche kräftig durch. Nur so entdecken Sie eventuelle Risse oder andere Beschädigungen.

Kühlflüssigkeit prüfen und nachfüllen

Arbeits-schritte | ständige Kontrolle

① Kühlmittelstand im Ausgleichbehälter bei kaltem Motor kontrollieren – Kühlsystem ist dann fast drucklos und die Kühlflüssigkeit hat ihre normale Ausdehnung erreicht.

② Bei kaltem Motor sollte der Pegel mindestens an der unteren Behältermarkierung stehen. Vorsicht: Bei warmem Motor dehnt sich das Kühlmittel automatisch aus. Im Behälter muss dann noch genügend Platz für die »überschüssige« Flüssigkeit sein. Lassen Sie sich also nicht von dem höheren Stand täuschen.

③ Zum Nachfüllen vorsichtig den Verschlussdeckel öffnen. Bei heißem Motor steht der Behälter unter Druck. Legen Sie darum vorher einen dicken Lappen über den Deckel. Sollten Sie den Deckel vorschnell öffnen, besteht Verbrühungsgefahr – die Kühlflüssigkeit sprudelt siedend heiß aus dem Behälter.

④ Ausgleichsbehälter nicht über die obere Markierung befüllen. Das Kühlmittel dehnt sich bei Erwärmung aus und entweicht aus dem System.

⑤ Kleinere Fehlmengen können Sie ruhig bei warmem Motor ergänzen.

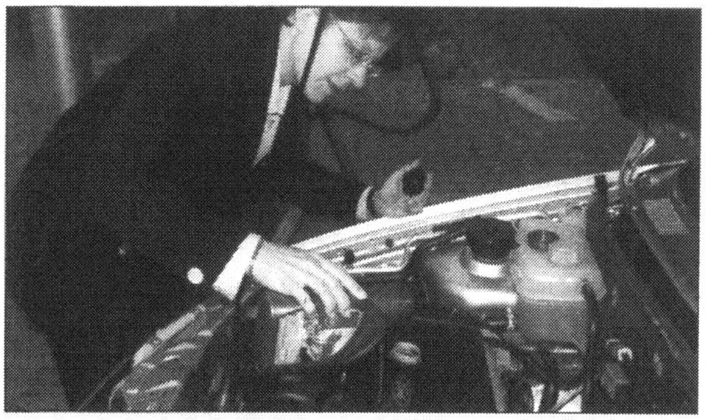

Nachschub: Sollte der Flüssigkeitsstand im Ausgleichsbehälter die »Min-Markierung« unterschreiten, ergänzen Sie das Reservoir mit vorgemischter Flüssigkeit. Achten Sie beim öffnen des Behälters auf Blasenbildung und Ölschlamm – eine defekte Zylinderkopfdichtung macht sich meistens so bemerkbar.

Alterungsbeständig – die Kühlflüssigkeit

Ford schreibt keinen regelmäßigen Kühlflüssigkeitswechsel vor. Das gilt allerdings nur, wenn die Spezifikationen (Original-Kühlflüssigkeit) und das Mischungsverhältnis stimmen. Sollte dennoch ein Wechsel anstehen, gehen Sie folgendermaßen vor.

Arbeitsschritte – alle 24 Monate

① Systemdruck am Verschlussdeckel des Ausgleichsbehälters entweichen lassen. Vorsicht bei heißem Motor: Verbrühungsgefahr.

② Sauberes Auffanggefäß unter den Kühler stellen und Schlauchschelle des unteren Kühlwasserschlauchs bzw. Ablassschraube am unteren Kühlerkasten öffnen.

③ Damit die Kühlflüssigkeit besser ablaufen kann, den Verschlussdeckel vom Ausgleichsbehälter nehmen. Kühlflüssigkeit ablassen und Auffanggefäß abdecken.

④ Unteren Kühlwasserschlauch montieren (ggf. neue Schlauchschelle verwenden). Ablassschraube festziehen.

⑤ Ausgleichsbehälter mit vorgeschriebenem Kühlmittel befüllen. Restmenge bis etwa zwei Millimeter unterhalb der oberen Markierung solange mit möglichst kalkarmem Leitungswasser ergänzen, bis keine Luftblasen mehr entweichen.

⑥ Motor starten und bei mittlerer Drehzahl laufen lassen, bis Thermostat geöffnet hat. Bei Bedarf Kühlflüssigkeitsstand mit Leitungswasser ergänzen. Das Niveau im Ausgleichsbehälter muss bei betriebswarmem Motor konstant bleiben.

⑦ Verschlussdeckel aufsetzen und Wagen zur Probe fahren. Ihr Fiesta entlüftet sich während der Probefahrt selbständig.

⑧ Nach der Probefahrt öffnen Sie vorsichtig den Verschlussdeckel des Ausgleichsbehälters und lassen den Motor bei mittlerer Drehzahl bis zum Einschalten des Kühlerventilators laufen.

⑨ Falls erforderlich ergänzen Sie nun bis zur oberen Markierung des Ausgleichsbehälters den Kühlflüssigkeitsstand mit Leitungswasser.

⑩ Deckel des Ausgleichsbehälters verschließen.

Damit trotzt der Fiesta Minusgraden – Frostschutz bis –30° C

In unseren Breitengraden reicht ein Frostschutz bis –30° C. Das entspricht, auf Basis des Ford-Konzentrats, etwa einer 50%igen Mischung. Haben Sie zwischenzeitlich den Flüssigkeitsstand jedoch ab und an mit Wasser ausgeglichen, reicht die Konzentration des Frostschutzmittels für kältere Temperaturen eventuell nicht mehr aus. Prüfen Sie die Mischung mit einer Frostschutzspindel. Als Faustregel gilt: Etwa 3/4 Liter Kühlkonzentrat erhöht den Kälteschutz um ca. 10° C. Im Zweifelsfall lassen Sie Ihren Ford-Händler die Kühlflüssigkeit neu einstellen.

Vorsicht: Unterschiedliche Frostschutzmittel beeinflussen den Korrosionsschutz und die Leichtmetallverträglichkeit. Im Zweifelsfall führt das bei Ihrem Fiesta zu aufwendigen Reparaturen. Wenn Sie die Spezifikation des alten Frostschutzmittels nicht mehr genau nachvollziehen können, wechseln Sie die Kühlflüssigkeit besser komplett.

Gesamtfüllmenge - Mischungsverhältnis (bis -30° C)

Motoren	Kühlkonzentrat	Wasser	Gesamtfüllmenge
(ab Modelljahr '96)	(Liter)	(Liter)	(Liter)
1,3i Endura-E 37/55	3,55	3,55	7,1
1,3i Endura-E 44/60	3,55	3,55	7,1
1,8D Endura-DE 44/60	4,65	4,65	9,3
1,25 Zetec-SE 55/75	3,0	3,0	6
1,4 Zetec-SE 66/90	3,0	3,0	6

Arbeits-schritte | ständige Kontrolle

① Systemdruck am Verschlussdeckel des Ausgleichsbehälters entweichen lassen. Vorsicht bei heißem Motor: Verbrühungsgefahr.

② Sauberes Auffanggefäß unter den Kühler stellen und Schlauchschelle des unteren Kühlwasserschlauchs bzw. Wasserablassschraube des Kühlers öffnen. Kühlwasserschlauch vom Stutzen ziehen.

③ Damit die Kühlflüssigkeit besser abläuft, vorher den Verschlussdeckel vom Ausgleichsbehälter nehmen. Etwa 1-2 Liter Kühlmittel ablassen, Auffanggefäß abdecken.

④ Unteren Kühlwasserschlauch montieren (ggf. neue Schlauchschelle verwenden). Ablassschraube festziehen.

⑤ Ausgleichsbehälter mit der benötigten Menge Kühlkonzentrat befüllen. Restmenge mit abgelassener Kühlflüssigkeit ergänzen und Ausgleichsbehälter verschließen.

Kontrolle: Um nachträglich das Mischverhältnis der Kühlflüssigkeit zu checken, benötigen Sie eine Frostschutzspindel (Hebemesser). Diese Geräte arbeiten entweder mit Zeigerinstrumenten oder (wie abgebildet) mit einem Tauchkolben.

Motor verliert Kühlflüssigkeit

Praxistip

Sollte Ihr Motor während der Fahrt größere Mengen an Kühlflüssigkeit verlieren, ergänzen Sie den Flüssigkeitsstand auf keinen Fall mit kaltem Wasser: Der heiße Motor kann dann einen Kälteschock bekommen, bei dem im Extremfall sogar der Motorblock reißen oder der Zylinderkopf verziehen kann. Im ersten Fall wandert der Motorblock vorzeitig auf den Schrott, ansonsten dichtet die Zylinderkopfdichtung nicht mehr sauber und Kühlmittel tritt sichtbar aus oder vermengt sich mit dem Motoröl zu einer zerstörerischen Emulsion. Geben Sie Ihrem Fiesta also genügend Zeit, bis der Motor abgekühlt ist und füllen dann erst Wasser nach. Auf jeden Fall lassen Sie einen Fachmann die Ursache für den Kühlmittelverlust überprüfen.

Kühlsystem

Störungsbeistand

Störung	Ursache	Abhilfe
A Temperatur-Warnleuchte brennt	**1** Keilriemen zu schwach gespannt oder gerissen (nur OHV-Ottomotoren)	Riemenspannung kontrollieren oder Riemen ersetzen
	2 Zu wenig Flüssigkeit im Kühlsystem	Wasser auffüllen, notfalls aus der Scheibenwaschanlage
	3 Anschlusskabel zur Warnlampe hat Masseschluss	Kabel am Temperaturgeber abziehen, Warnlampe muss verlöschen, sonst Masseschluss; Kabelverlauf kontrollieren
	4 Thermostat bleibt geschlossen (Kühler kalt)	Thermostat ausbauen und ohne weiterfahren, Wassertemperatur laufend prüfen. Evtl. Wagen abschleppen lassen
	5 Kühlerventilator schaltet nicht ein	Ventilatormotor defekt, erneuern. Temperaturfühler defekt, stromführendes Kabel am Fühler abziehen und direkt an Klemme des vom Fühler kommenden Kabels anschließen
	6 Überdruckventil im Verschlussdeckel des Ausgleichsbehälters defekt	Ventil prüfen (lassen), Deckeldichtung kontrollieren, ggf. Verschlussdeckel erneuern
	7 Masseschluss im Geber der Temperaturanzeige	Austauschen
	8 Kühler verstopft oder Lamellen zugesetzt	Kühler gründlich reinigen. Eventuell Werkstatt oder Kühlerbauer damit beauftragen
	9 Wasserpumpe defekt	Erneuern lassen
	10 Wasserschlauch geplatzt oder gerissen (Dampf aus dem Motorraum)	Leichte Risse mit Isolierband flicken. Alternative: Deckel des Ausgleichsbehälters abschrauben, zur nächsten Werkstatt fahren und neuen Schlauch kaufen
B Motor kommt nur langsam auf Temperatur. Schlechte Heizleistung	Thermostat schließt nicht völlig, dadurch ständig großer Kreislauf in Betrieb	Thermostat säubern, ggf. ersetzen

Thermostat

Störungsbeistand

Erkennungsmerkmal	Ursache/Auswirkungen
A Motorbetriebstemperatur wird nur langsam erreicht, Heizwirkung ungenügend	Thermostat klemmt – der Zufluss zum Kühler ist ständig geöffnet. Motor wird nicht richtig warm. Kurzfristig stellen sich keine Folgeschäden ein: Dennoch Thermostat baldmöglichst reinigen bzw. erneuern
B Temperatur-Warnleuchte brennt dauernd. Kühlmittelstand o.k. Kühler und oberer Kühlerschlauch bleiben kalt	Thermostat klemmt. Auf keinen Fall weiterfahren, sonst entstehen schwere Hitzeschäden am Motor. Thermostat erneuern

Leicht möglich – Thermostat ausbauen und prüfen

Thermostat nur bei abgekühltem Motor ausbauen. Einen geübten Hobbyschrauber stellt die Arbeit vor keine großen Probleme. Sollten Sie sich jedoch unsicher fühlen, vergeben Sie besser die Arbeit an Ihre Werkstatt. Wenn Sie sich fit fühlen, lassen Sie zuerst den Betriebsdruck aus dem Kühlsystem entweichen und legen die erforderlichen Ersatzteile parat. Sie benötigen einen Thermostat, die Deckeldichtung des Thermostatgehäuses sowie ein dauerelastisches und wärmebständiges Dichtmittel (z.B. DP 300 von Würth). Erneuern Sie die Dichtung grundsätzlich – das Kühlsystem steht ständig unter Druck. Auslaufendes Kühlmittel fangen Sie in einem sauberen Gefäß auf, Sie können es dann nach der Reparatur bedenkenlos wieder verwenden. Wenn Sie übrigens die Funktion des alten Thermostats prüfen möchten, erwärmen Sie Wasser in einem ausgemusterten Kochtopf und prüfen mit einem Einweckthermometer die Wassertemperatur. Auf dem Thermostatgehäuse können Sie die Regeltemperatur ablesen und mit der Wassertemperatur vergleichen. Wir raten Ihnen allerdings davon ab, sich weiter auf ein äußerlich »schmuddeliges« Thermostat zu verlassen.

Vorsicht: Ein klemmender Thermostat kann dem Fiestamotor einen Hitzekollaps bescheren: Das Kühlmittel beginnt dann zu kochen, die Kühlwirkung reicht nicht mehr aus. Tritt der »Kollaps« während der Fahrt auf, fahren Sie auf keinen Fall weiter. Um größere Schäden zu vermeiden, schleppen Sie den Wagen bis zur nächsten Werkstatt ab.

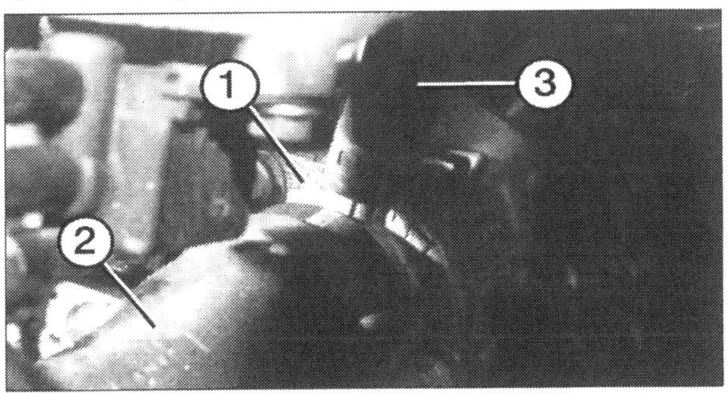

❶ Thermostatgehäuse mit Kühlerschlauchstutzen. ❷ Oberer Kühlerschlauch. ❸ Schlauch zum Kühlmittel-Ausgleichsbehälter.

Arbeitsschritte – ständige Kontrolle

① Verschluss des Ausgleichsbehälters öffnen, um Druck im Kühlsystem abzubauen. Vorsicht bei warmem Motor: Verbrühungsgefahr.

② Sauberen Auffangbehälter unter den Kühler stellen, unteren Kühlerschlauch abziehen bzw. Ablassschraube lösen. Etwa drei Liter Kühlflüssigkeit ablassen.

③ Schlauchschelle am Thermostatgehäuse lösen und Kühlwasserschlauch abziehen.

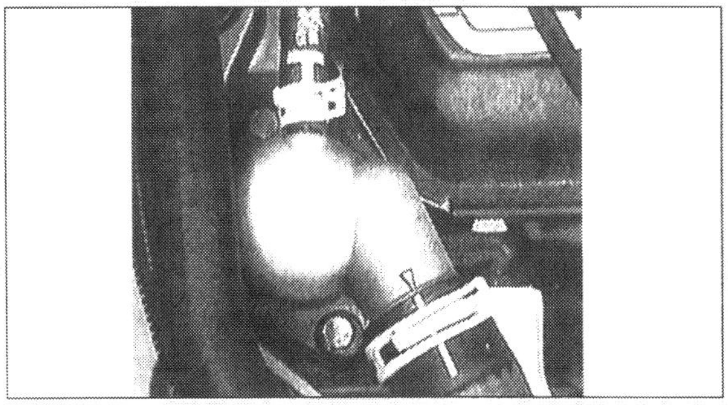

Thermostatgehäuse 1,3-l-Motor

④ Befestigungsschrauben des Thermostatgehäuses lösen, Gehäuse vorsichtig abnehmen, evtl. mit leichten Schlägen (Gummi- oder Plastikhammer) gegen das Gehäuse etwas nachhelfen.

⑤ Dichtflächen gründlich säubern, Thermostat in Gehäuse einlegen (der Pfeil auf dem Thermostatgehäuse zeigt in Richtung Kühler), neue Dichtung beidseitig dünn mit Dichtmittel (z. B. DP 300) bestreichen und auf dem Flansch fixieren.

⑥ Gehäusedeckel vorsichtig auflegen, etwas Dichtmittel zwischen Deckel und Gewindebolzen auftragen, Schrauben ansetzen und gleichmäßig festziehen.

⑦ Kühlwasserschlauch befestigen, abgelassene Kühlflüssigkeit auffüllen, evtl. ergänzen.

⑧ Motor bei mittleren Drehzahlen warm laufen lassen, alle Montagestellen ständig auf Dichtheit prüfen. Ausgleichsbehälter verschließen.

Geringe Unterschiede: Der prinzipielle Aufbau der Thermostaten ist bei allen Fiesta-Motorversionen nahezu gleich. Unterschiede bestehen lediglich bei den Regeltemperaturen.

Bringt den Motor zum »kochen« – defekter Kühlerventilator

Das Kühlsystem Ihres Fiesta verkraftet gleichermaßen längere Leerlaufpassagen wie stressige Passfahrten. Steigt die Temperatur dennoch auf den Siedepunkt, kann ein »streikender« Kühlerventilator die Ursache sein. Sie müssen sich deshalb nicht gleich abschleppen lassen: Lassen Sie den Motor abkühlen und fahren danach zügig die nächste Werkstatt an. Leerlauf und Schleichfahrt in hohen Gängen sollten Sie tunlichst vermeiden, Ihre vermeintliche Vorsicht erhitzt unnötig den Motor – den Kühler passiert dann zu wenig Fahrtwind.

Vorsicht: Bei gerade abgestelltem und heißgefahrenem Motor niemals mit den Händen in die Nähe des Lüfters kommen! Der Ventilator kann auch bei ausgeschalteter Zündung unvermittelt anlaufen.

Erste Hilfe – Thermoschalter überbrücken

Arbeitsschritte

① Kontrollieren Sie zuerst die Sicherung.

② Ziehen Sie den Stecker am Thermoschalter ab.

③ Bis zur endgültigen Reparatur klemmen Sie die Kabelbrücke gut fest. Und damit auch das abgeklemmte Kabel nicht in den Ventilatorflügel kommen kann, fixieren Sie sein Ende mit Klebeband am Windleitblech.

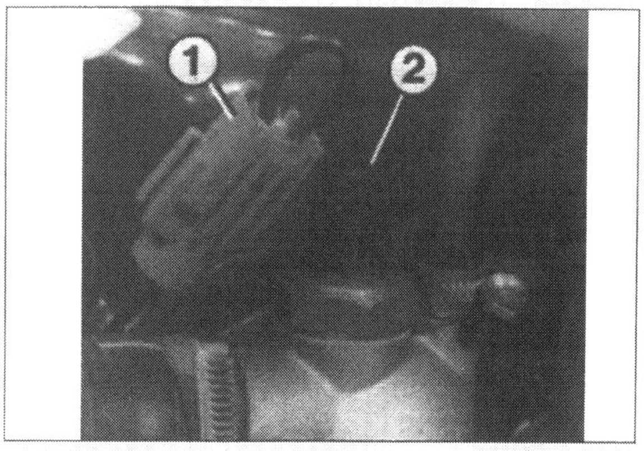

Um den Thermoschalter und Lüftermotor zu checken, trennen Sie die Steckverbindung ❶ vom Thermofühler ❷ ab und überbrücken Sie die beiden Steckbuchsen mit einem Kabelstück. Funktioniert der Lüfter, muß er jetzt einschalten. Sie können den Lüftermotor aber auch direkt von der Batterie mit Strom versorgen. Wenn er dann nicht reagiert, ist er defekt.

Kühlerventilator ausbauen

Arbeitsschritte

① Fahrzeug vorne standfest aufbocken. Batteriemassekabel (Klemme 31) abklemmen und Kabelstecker vom Ventilatormotor abziehen. Kabel von der Führung trennen.

② Untere Kühlerverkleidung demontieren.

③ Lüfter mit Halterung (Pfeile) zunächst etwas anheben und aus der Halterung drücken. Danach komplett nach unten aus dem Motorrraum herausziehen.

④ Lüfter demontieren (drei Muttern an der Luftführung).

⑤ Ventilatorflügel von der Achswelle des Lüftermotor demontieren. Vorher Stellung der Ventilatorflügel zur Achswelle markieren.

⑥ Neuen Motor in umgekehrter Reihenfolge installieren.

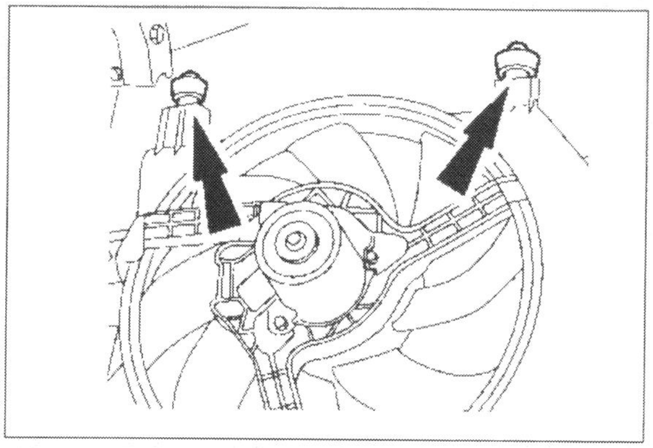

Kühlerventilatorbefestigung

Kühler demontieren

Arbeitsschritte

① Fahrzeug vorne standfest aufbocken. Batteriemassekabel (Klemme 31) abklemmen und Kabelstecker vom Ventilatormotor abziehen. Kabel von der Führung trennen.

② Untere Kühlerverkleidung demontieren.

③ Kühlflüssigkeit an Ablassschraube ablassen und auffangen. Kühlwasserschläuche vom Kühler (Schlauchschellen ganz lösen) abziehen, Kabelanschlüsse vom Lüftermotor abziehen.

④ An CTX-Version die Anschlüsse des integrierten Ölkühlers abschrauben (vorher reinigen) und mit Stopfen verschließen, ansonsten läuft zuviel Getriebeöl aus.

⑤ Kühler mit Rangierwagenheber abstützen (Zwischenunterlage nicht vergessen) und linken und rechten Kühlerhalter (Pfeile) abschrauben.

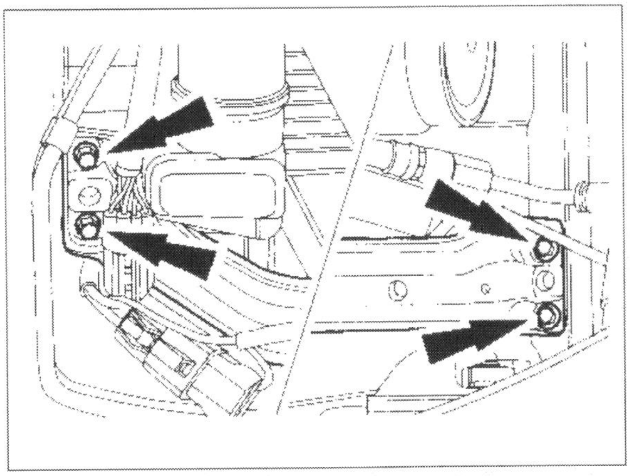

Kühlerhalter

⑥ Kühler komplett mit Lüfter nach unten aus dem Motorraum bugsieren.

⑦ Vor der Montage Gummitüllen am Kühler auf Beschädigung und Altersrisse prüfen. Gummiformteile leicht mit Vaseline einreiben.

⑧ Kühler komplett von unten einsetzen. Darauf achten, dass obere Haltenasen richtig sitzen.

⑨ Kühlerhalter mit 15 Nm festschrauben.

Endmontage in umgekehrter Reihenfolge beenden.

Kühlwasserschläuche auswechseln

Platzt an Ihrem Fiesta während der Fahrt ein Kühlwasserschlauch, dichten Sie zunächst die Leckstelle provisorisch mit Klebeband ab. Zur Sicherheit lösen Sie geringfügig den Verschlussdeckel: Der Betriebsdruck kann sich dann nicht aufbauen, so dass die Flickstelle bis zur endgültigen Reparatur hält. Achten Sie während der Fahrt stets auf die Motortemperaturanzeige und gehen keinerlei Temperaturrisiken ein. Als Ersatzteil kaufen Sie nur Originalschläuche, denn sie passen garantiert und verhärten nicht schon nach kurzer Zeit. Die Schlauchschellen sollten Sie gleichfalls gut inspizieren – korrodierte Schellen grundsätzlich erneuern.

Arbeitsschritte

① Kühlmittel ablassen und in sauberem Gefäß auffangen.

② Schlauchschellen lösen, Schläuche abziehen.

③ Festsitzende Schlauchenden mit einem Schraubendreher lockern. Das Werkzeug zwischen Schlauch und Stutzen schieben und vorsichtig vom jeweiligen Anschlussstutzen hebeln.

④ Neue Schläuche mit Vaseline ansetzen und weit genug auf die Stutzen schieben, damit sie später, während der Fahrt, nicht abrutschen können.

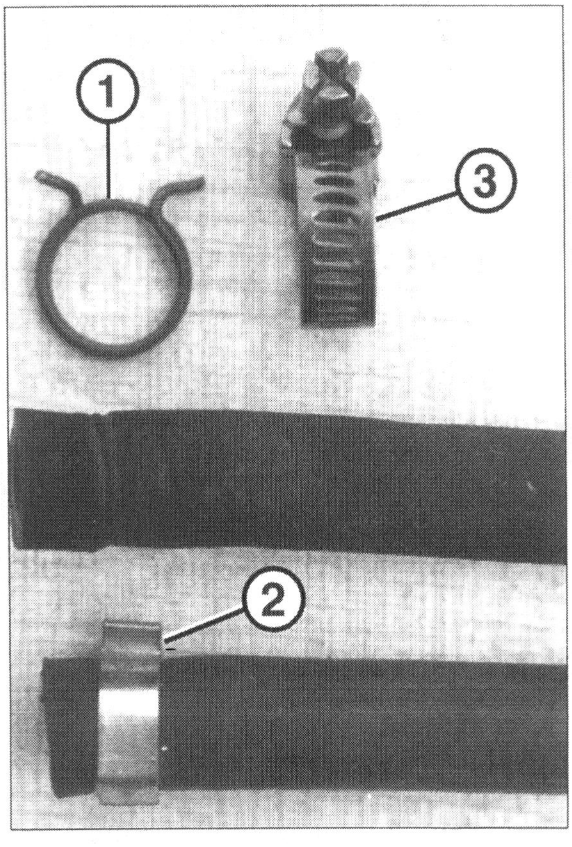

Nach der Demontage von Kühler- oder Kraftstoffschläuchen sollten Sie Klemmschlauchschellen ❶ und ❷ gegen Schraubschlauchschellen ❸ austauschen, die nicht so tief in den Schlauch einschneiden und ihre Klemmwirkung wesentlich besser dosieren und verteilen.

Der Luftfilter (Ansauggeräusch-dämpfer)

Um die Motorlebensdauer zu steigern, passiert die Ansaugluft – bevor sie sich mit Kraftstoff zu einem zündfähigen Gemisch verbindet – ein Filterelement. Es befindet sich im Luftfiltergehäuse (Ansauggeräuschdämpfer) und befreit die Ansaugluft gründlich von Schmutz- und Staubpartikeln. Der Ansauggeräuschdämpfer beherbergt nicht nur das Filterelement, sondern erfüllt im Ansaugtrakt eine weitere wichtige Aufgabe: Er beruhigt die unkontrolliert wirbelnde Frischluft zu einer pulsierenden Gassäule und minimiert gleichzeitig die Ansauggeräusche. Im Fiesta besteht der Ansauggeräuschdämpfer aus einem Kunststoffgehäuse und einem feinporigen, harmonikaartig gefalteten Luftfiltereinsatz.

Verlangt regelmäßige Wartung – der Luftfilter

Die Ansaugluft durchströmt das Luftfiltergehäuse von Außen nach Innen. Den Filtereinsatz (Filterelement) im Inneren dichten zwei Kunststoffringe zum Ansaugtrakt ab. Dementsprechend muss die gesamte Frischluftmenge auf ihrem Weg in den Motor den Filtereinsatz passieren, verschleißfördernde Schmutzpartikel »verfangen« sich dabei im Filterpapier. Größere Fremdkörper, zum Beispiel Insekten oder von der Straße aufgewirbelte Sandkörnchen, bleiben im Filtergehäuse zurück. Luftfilter und Filterelement können ihre Aufgabe freilich nur dann erfüllen, wenn sie regelmäßig überprüft werden. Ein verschmutzter Filtereinsatz »schnürt« dem Motor die Ansaugluft ab. Folge: Das Kraftstoff-/Luftgemisch gerät aus dem Gleichgewicht, die Abgase werden giftiger, die Motorleistung sinkt und der Kraftstoffverbrauch steigt.

Luftfiltereinsatz reinigen und auswechseln

Das Filterelement und – wo verbaut – auch den Schaumstoffölabscheider im Luftfilterkasten sollten Sie mindestens einmal im Jahr reinigen und spätestens nach zwei Jahren auswechseln. Neue Filtereinsätze bekommen Sie für Ihren Fiesta beim Vertragshändler oder im Zubehörhandel. Es muss übrigens nicht generell ein Originalersatzteil sein – doch achten Sie unbedingt auf Qualitätsware. Mitunter wechseln auf »Wühltischen« im Zubehörhandel auch minderwertige ausländische Produkte den Besitzer. Sie sparen im Moment vielleicht ein paar Mark, doch auf Dauer nimmt Ihnen der Motor den »Geiz« übel – er inhaliert mehr Schmutzpartikel und verschleißt dadurch zeitiger.

Arbeitsschritte

① Schlauchschellen (Pfeil) am Ansaugrohr und Luftmengenmesser öffnen. Beim Diesel lösen Sie die Schellen am Ansaugrohr und Luftfilterkasten.

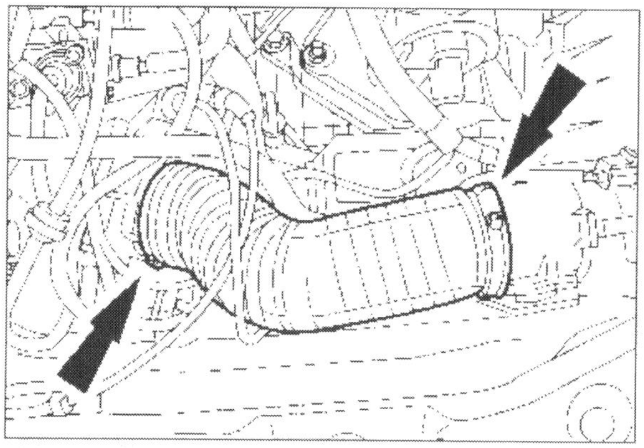

Ansaugschlauch

② Deckel losschrauben, anheben und Filterelement herausnehmen.

③ Vor dem Einsatz des neuen Filterelements Filtergehäuse und Deckel mit fusselfreiem Lappen reinigen bzw. mit Druckluft ausblasen. Falls verbaut reinigen Sie auch den Schaumstoffölabscheider ❶ im Filtergehäuse gründlich mit Waschbenzin. Achten Sie darauf, dass die Dichtungen des neuen Filtereinsatzes auf den Pressflächen des Filtergehäuses plan aufliegen.

Ölabscheider

Filterelement reinigen

Arbeits-schritte

① Papierfilter auf harter Unterlage vorsichtig ausklopfen. So entfernen Sie die gröberen Staubteilchen.

② Den feinen Staub mit Druckluft ausblasen.

- Mit der Düse nur von unten nach oben durch den Einsatz blasen. Andernfalls würden Sie den Staub noch fester in die Filterporen pressen.
- Papierfilter niemals in Flüssigkeiten reinigen. Die Filterporen verstopfen dann hoffnungslos. Folge: Motorleistung sinkt und die Abgaswerte verschlechtern sich dramatisch.

③ Bei der Montage des Filterelements immer darauf achten, dass die Kunststoffdichtringe sauber gegen das Gehäuseunterteil und den Gehäusedeckel abdichten.

Aktion Saubermann: Blasen Sie das Filterelement immer von unten nach oben aus. Wenn Sie Beschädigungen an der Filterfolie erkennen, den Einsatz grundsätzlich erneuern.

Thermostatisch gesteuert – die Ansaugluft-Vorwärmung

Fiesta Motoren sind mit einer Ansaugluft-Vorwärmung ausgestattet, die speziell in der kalten Jahreshälfte für einen gleichmäßigeren Motorlauf sorgt. Gesteuert von einem Ansaugluft-Temperaturfühler ❶ im Luftfilterkastenoberteil wird die vom Motor angesaugte Luft am heißen Auspuffkrümmer vorgewärmt. Das durch den Luftmassenmesser strömende Kraftstoff-/Luftgemisch bekommt dadurch eine homogenere Konsistenz.

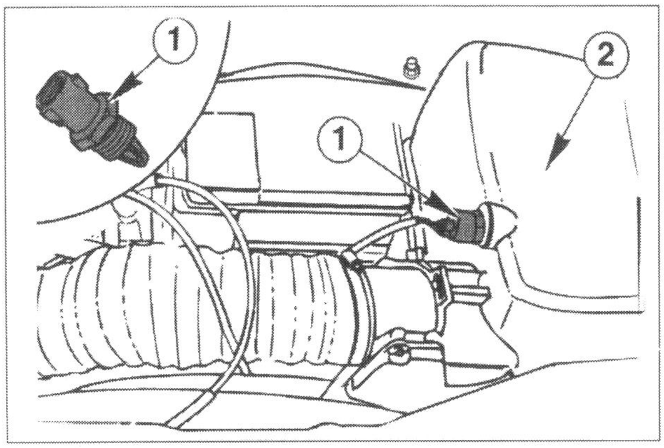

Ansauglufttemperatur-Sensor (IAT): Abhängig von der Ansauglufttemperatur beeinflusst der IAT-Sensor ❶ die Kraftstoffeinspritzmenge und die Leerlaufregelung der Endura- und Zetec-Motoren. Der Sensor sitzt unmittelbar im Gehäuse des Ansauggeräuschdämpfers ❷ an der vorderen linken Radlaufseite.

Symptome bei Störungen

Defekte an der Ansaugluft-Vorwärmung machen sich meist mit Leistungsverlust und erhöhtem Kraftstoffverbrauch bemerkbar. Ein schadhafter oder unsachgemäß befestigter Vorwärmschlauch kann übrigens die gleichen Symptome verursachen.

In der kalten Jahreszeit

- Nach dem Kaltstart schlechter Leerlauf in der Warmlaufphase.
- Generell schlechte Übergänge, Motor neigt zum Stottern.

In der warmen Jahreszeit

- Geringere Leistung, Höchstgeschwindigkeit wird nur zögerlich erreicht.
- Erhöhter Kraftstoffverbrauch.

Praxistip

So testen Sie den Thermostat

Der Thermostat reagiert auf Temperaturschwankungen. Sie prüfen seine Arbeitsweise, indem Sie den Fühler mit einem Fön anblasen. Das Klappenventil muss dann sehr schnell umschwenken. Als Gegenprobe halten Sie den Thermostat unter kaltes Leitungswasser: Das Klappenventil muss dann ebenso schnell wieder schließen. Falls nicht, Klappe auf Leichtgängigkeit prüfen, evtl. Thermostat erneuern.

DIE KRAFTSTOFF-EINSPRITZUNG

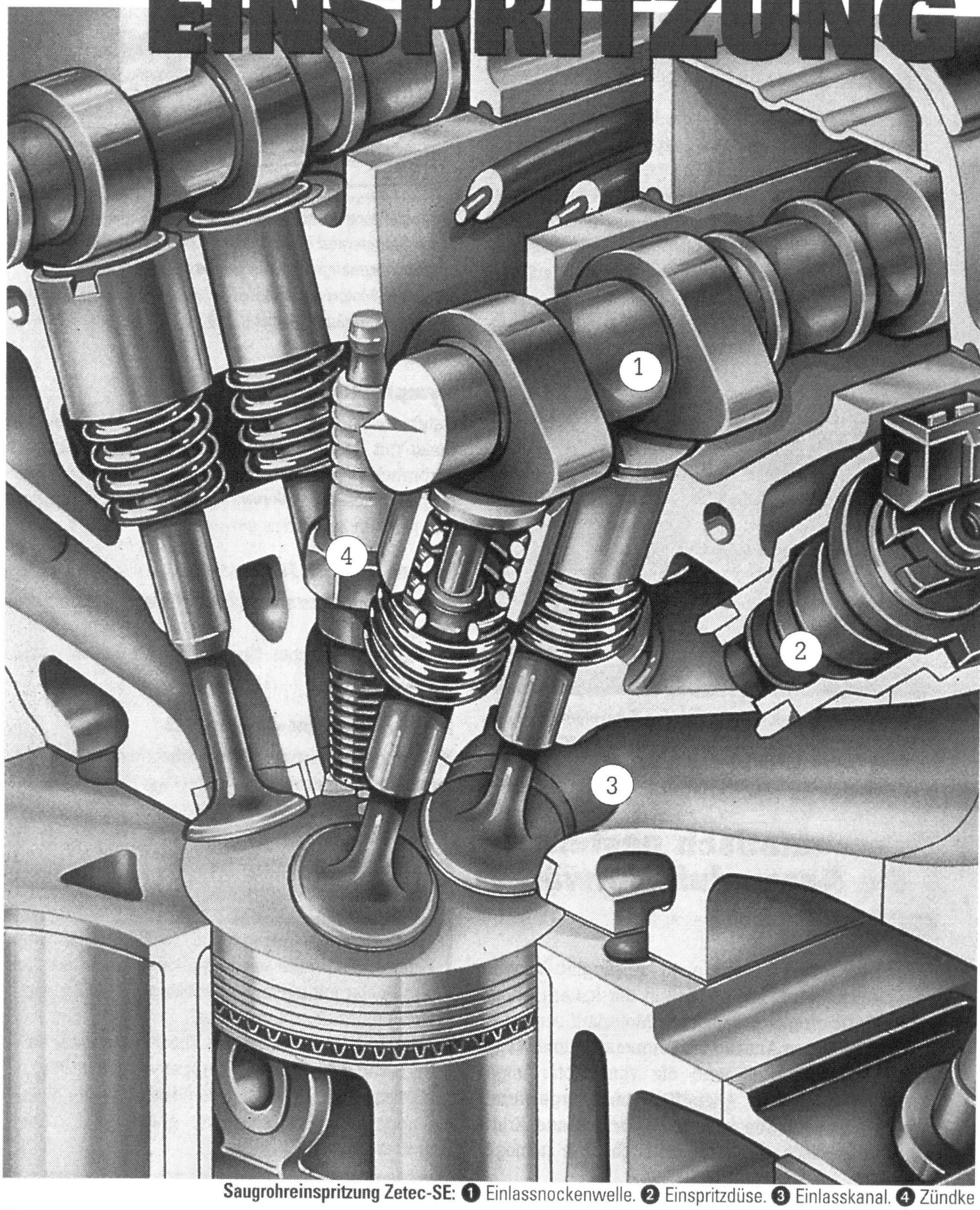

Saugrohreinspritzung Zetec-SE: ❶ Einlassnockenwelle. ❷ Einspritzdüse. ❸ Einlasskanal. ❹ Zündke

Wartung

Reparatur

Unter den Motorhauben moderner Autos haben Katalysatoren für frischen Wind in der Gemischaufbereitung gesorgt: Mit Erscheinen des geregelten Abgasfilters verschwanden herkömmliche Vergaser weitgehend in der Versenkung – elektronisch geregelte Kraftstoffeinspritzanlagen geben heutzutage den Ton im Ansaugtrakt von Otto-Motoren an. Der Fiesta macht da keine Ausnahme: Seit 1996 setzt Ford ausschließlich auf elektronisch gesteuerte Systeme, die per Vierlocheinspritzdüsen ein homogenes Kraftstoff- / Luftgemisch im Ansaugtrakt aufbereiten. Die Anlagen sind weitgehend wartungsfrei – etwaige Fehlfunktionen sind erfahrungsgemäß nur mit tiefgreifenden Fachkenntnissen und elektronischem Messequipment zu lokalisieren: Selbst engagierte Do-it-Yourselfer kann das »überfordern«, vertrauen Sie bei Störungen an der Einspritzanlage Ihren Fiesta darum besser Ihrem Händler oder einem Spezialisten an. Dennoch sollten Sie die Grundzüge der Gemischaufbereitung Ihres Fiesta kennen. Und sei es nur, um eventuell auftretende Unregelmäßigkeiten präziser einordnen zu können. Sie ersparen sich dadurch aufwendige Diagnoserechnungen: Denn je eindeutiger Sie den Reparaturauftrag formulieren können, um so kalkulierbarer wird die spätere Rechnung ausfallen. Exemplarisch für alle Fiesta Otto-Motoren gehen wir darum im folgenden Text detailliert auf das Gemischaufbereitungssystem des Ford Zetec-SE-Motors ein.

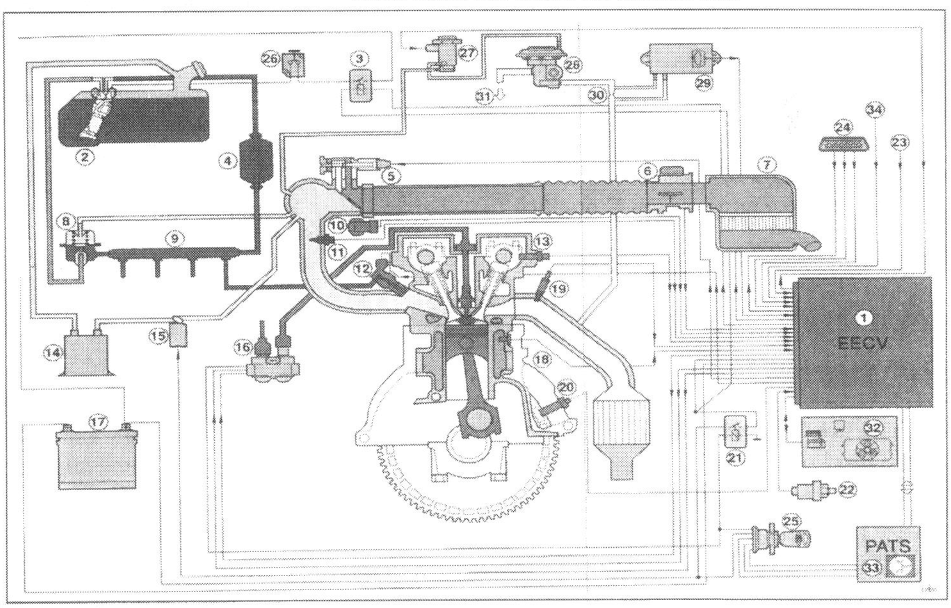

Netzplan – Die Motorregelung der Zetec-SE-Motoren
❶ EEC V-Modul. ❷ Intank-Kraftstoffpumpe. ❸ Kraftstoffpumpen-Relais (FPR). ❹ Kraftstofffilter. ❺ Leerlaufregelventil (IAC). ❻ Luftmassenmesser (MAF). ❼ Ansauggeräuschdämpfer. ❽ Kraftstoffdruckregler. ❾ Kraftstoffverteilerrohr. ❿ Drosselklappenpositions-Sensor (TP). ⓫ Ansaugluft-temperatur-Sensor (IAT). ⓬ Einspritzventil. ⓭ Nockenwellenpositions-Sensor (TP). ⓮ Aktivkohlefilter. ⓯ Magnetventil-EAVAP-Aktivkohlefilter-Reinigung. ⓰ elektronische Zündspule (EI). ⓱ Batterie. ⓲ Kühlmitteltemperatur-Sensor (ECT), ⓳ Lambda-Sonde (HO2S). ⓴ Kurbelwellenpositions-Sensor (CKP). ㉑ Stromversorgungs-Relais. ㉒ Lenkhilfedruckschalter (PSP). ㉓ Kupplung-Klimaanlage. ㉔ Diagnoseanschluss (DLC). ㉕ Zündschloss. ㉖ Sicherheitsschalter (IFS). ㉗ EGR-Unterdruckregler (EVR). ㉘ EGR-Ventil. ㉙ elektronischer Differenzdruckwandler (DPFE-Sensor). ㉚ Differenzdruckmessstelle. ㉛ Verbindung zum Ansaugkrümmer. ㉜ AC/Kühlerlüfterschaltung. ㉝ Wegfahrsperre (PATS). ㉞ Servicestecker-Oktananpassung (OAI).

Auf einen Blick – das Management der EEC-V-Einspritzanlage

Kraftstoffsystem

- Sequentielle Kraftstoffeinspritzung (SF1)
- Vierloch-Einspritzventile

Luftansaugsystem

- Luftmengenmesser (MAF-Sensor); arbeitet nach dem Hitzdraht-Prinzip

Zündsystem

- Integriertes elektronisches Zündsystem (EI) (EDIS-Modul im EEC-V-PCM integriert)

Sicherheitssystem

- mechanischer Schalter an der Seitenwand vor der Fahrertür

Abgasregelung

- im Hosenrohr verbauter, geregelter Katalysator (TWC); direkt am Abgaskrümmer angeflanscht
- im Abgaskrümmer verbaute, beheizte Lambda-Sonde (HO2S)
- Abgasrückführung (EGR)
- Kraftstoffverdunstungs-System (EVAP)

Diagnosemöglichkeiten

- zentraler Diagnoseanschluss (DLC); hinter seitlicher Fußraumverkleidung der linken A-Säule
- Diagnose mit FDS 2000 und zwischengeschalteter Kommunikationsprozessor-Einheit (CPU)

Im Überblick – die EEC-V-Module

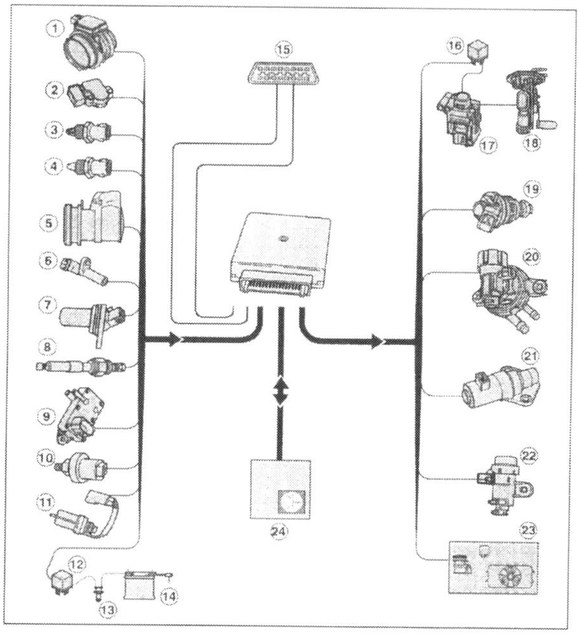

❶ Luftmassenmesser (MAF). ❷ Drosselklappenpositions-Sensor (TP). ❸ Ansauglufttemperatur-Sensor (IAT). ❹ Kühlflüssigkeitstemperatur-Sensor (ECT). ❺ Kupplung-Klimaanlagenkompressor (nur in Verb. mit Klimaanlage). ❻ Kurbelwellenpositions-Sensor (CKP). ❼ Nockenwellenpositions-Sensor (CMP). ❽ Lambdasonde (H02S), ❾ elektronischer Differenzdruckwandler. ❿ Lenkhilfe-Druckschalter (PSP). ⓫ Geschwindigkeits-Sensor (VSS). ⓬ Spannungsversorgungs-Relais. ⓭ Zündschloss. ⓮ Batterie. ⓯ Diagnoseanschluss (DLC). ⓰ Kraftstoffpumpen-Relais (FPR). ⓱ Sicherheitsschalter. ⓲ Kraftstoffpumpe (FP). ⓳ Einspritzventil. ⓴ Magnetventil (EVAP). ㉑ Leerlaufregelventil (IAC). ㉒ EGR-Unterdruckregler (EVR). ㉓ AC-/Kühlerlüfterschaltung. ㉔ Wegfahrsperre (PATS).

Im Detail – das Management der EEC-V-Einspritzanlage

EEC-V-PCM-Steuergerät: Die »Regiezentrale« des elektronischen Motormanagements. Der Bordrechner verwertet ständig aktuelles »Datenmaterial« aus den unterschiedlichsten Motorkennfeldern (Drehzahl, Saugrohrdruck, Ansaugluft-, Kühlflüssigkeitstemperatur, etc.) und vergleicht sie mit einem fest installierten Datenpool. Nach dem Datenvergleich ermittelt und berechnet das Steuergerät unter anderem die Öffnungsdauer der elektromagnetisch betätigten Einspritzventile, die Kraftstoffmenge und das Kraftstoff-Luft-Gemisch. Das EEC-V-PCM ist, ohne Austausch des PCM, re-programmierbar. Ein wichtiges Kriterium für den Fall, wenn zu einem späteren Zeitpunkt Kalibrierungen mit modifizierten Strategien eingesetzt werden. Vorteil: Unter Assistenz des mobilen Ford Diagnosegeräts »FDS 2000« kann der EEPROM leicht gelöscht und mit den neuesten Motorregelungsprogrammen »gefüttert« werden. Das betreffende Servicemodul hat der EEC-V-PCM ab Werk »an Bord«.

Sicherheitsschalter Kraftstoffeinspritzanlage: Sitzt bei allen Fiesta (außer Diesel) in der Seitenwand vor der Fahrertür. Der Schalter unterbricht die Kraftstoffzufuhr bei einem Unfall oder bei starken Erschütterungen.

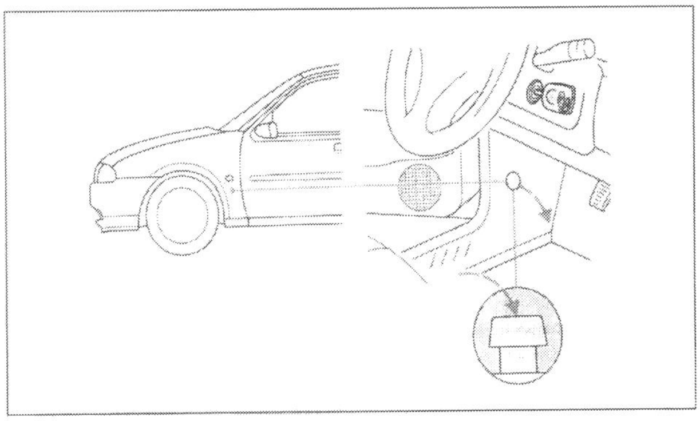

Einbauort – Sicherheitsschalter-Kraftstoffeinspritzanlage

Luftmengenmesser (MAF-Sensor): Sitzt vor dem Drosselklappengehäuse – zwischen Ansauggeräuschdämpfer und Ansaugschlauch – im Motorraum. Der Hitzdraht-MAF-Sensor arbeitet nach dem »Konstant-Übertemperaturprinzip«. Damit die Temperaturdifferenz zur vorbeiströmenden Ansaugluft ständig auf gleichem Level bleibt, wird er fortlaufend aufgeheizt. Der Bordrechner ermittelt aus der unterschiedlichen Heizenergie die tatsächliche »Dichte« der angesaugten Frischluft. Die Signale des MAF-Sensors beeinflussen

- die Kraftstoffeinspritzmenge,
- den Zündzeitpunkt,
- das Leerlaufregelventil (IAC),
- das Kraftstoffverdunstungs-System (EVAP),
- das Unterdruckregelsystem (EGR) und
- die Lambda-Regelung.

Drosselklappenpositionssensor (TP-Sensor): Sitzt direkt am Drosselklappengehäuse. Arbeitet nach dem Potentiometer-Prinzip. Die Signale des TP-Sensors beeinflussen

- die Kraftstoffeinspritzmenge,
- die Leerlaufregelung und Schubabschaltung,
- den Zündzeitpunkt und
- das Unterdruckregelsystem (EGR).

Ansauglufttemperatursensor (IAT-Sensor): Sitzt direkt im Kunststoffgehäuse des Ansauggeräuschdämpfers. Die Signale des IAT-Sensors gelten als Korrekturgröße für

- die Kraftstoffeinspritzmenge und
- die Leerlaufregelung.

Kühlmitteltemperatursensor (ECT-Sensor): Sitzt getriebeseitig direkt im Zylinderkopf. Seine Signale beeinflussen

- die Kraftstoffeinspritzmenge,
- die Leerlaufregelung und Schubabschaltung,
- den Zündzeitpunkt,
- das EGR-System und
- das Kraftstoffverdunstungs-System mit Aktivkohlefilter (EVAP).

Kurbelwellenpositionssensor (CKP-Sensor): Sitzt bei allen Fiesta-Motoren am Getriebeflansch des Motorblocks. Der Sensor erfasst induktiv die winkelgenaue Position der Kurbelwelle sowie die momentane Motordrehzahl. Seine Messdaten beeinflussen

- die Kraftstoffeinspritzmenge und den Einspritzzeitpunkt,
- den Zündzeitpunkt,
- die Leerlaufregelung und
- das EGR-System.

Der Ausfall des CKP-Sensors legt das gesamte Motormanagement lahm: Der Motor stirbt ab und lässt sich – bis zum Austausch des Sensors – nicht mehr starten.

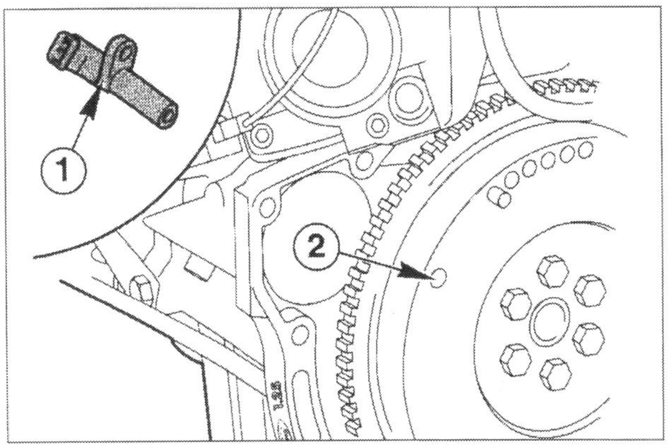

❶ CKP-Sensor. ❷ Impulssektor Schwungrad

Nockenwellenpositionssensor (CMP-Sensor): Sitzt im Zylinderkopf vor dem ersten Nocken der Auslassnockenwelle. Der Sensor arbeitet nach dem Induktiv-Prinzip. Er steuert

- die sequentielle Kraftstoffeinspritzung.

Sein Signal dient dem EEC-V-PCM zur Erkennung des 1. Zylinders. Als Bezugsmarke dient ein Impulsnocken der Auslassnockenwelle.

Lambda-Sonde (HO2S): Sitzt unmittelbar im Abgaskrümmer. Sie übermittelt dem Steuergerät den aktuellen Restsauerstoffgehalt der Abgase. Um die Ansprechzeit auf ein Minimum (ca. 3 Sekunden) zu reduzieren, bekommt die Sonde nach jedem Kaltstart zusätzlich elektrische Energie zugeführt. Das Lambdasignal beeinflusst

- die Kraftstoffeinspritzmenge und
- die Funktion des Kraftstoffverdunstungs-Systems (EVAP).

Die Lambda-Sonde hat starken Einfluss auf die Funktion und Lebensdauer des Katalysators. Um einwandfrei zu arbeiten, ist sie auf den ständigen Wechsel von leicht angefettetem und abgemagertem Gemisch angewiesen.

Elektronischer Differenzdruckwandlersensor (DPFE): Sitzt an einem Halter, zusammen mit dem EGR-Magnetvetil (EVR), dem EVAP-Magnetventil und dem DPFE-Sensor, an der Motorraumspritzwand. Der DPFE-Sensor beeinflusst

- die zurückgeführte Abgasmenge und
- den elektronischen Unterdruckregler (EVR).

Lenkhilfe-Druckschalter (PSP): Sitzt in der Druckleitung der hydraulischen Servolenkung (rechts im Motorraum). Im Ruhezustand ist der Schalter geschlossen, er öffnet erst bei einem spezifizierten Druck im Hydrauliksystem. Sein Signal verwertet das EEC V-PCM Steuergerät, um bei Bedarf die Leerlaufdrehzahl anzuheben. Der PSP-Schalter beeinflusst

- den Leerlauf (Leerlaufregelventil),
- die Kraftstoffeinspritzmenge und
- den Zündzeitpunkt.

Geschwindigkeitssensor (VSS): Sitzt direkt im Getriebegehäuse. Der VSS-Sensor arbeitet nach dem Hall-Prinzip. Seine Signale beeinflussen

- die Leerlaufanhebung bei rollendem Fahrzeug und
- die Schubabschaltung bei Bergabfahrten.

Getriebe-Neutralstellungsschalter (NDS): Sitzt fest verschraubt im Getriebegehäuse der stufenlosen CTX-Automatik. Die NDS-Signale begrenzen die

- maximale Motordrehzahl im Stand auf 4000 min^{-1}.

Der NDS hat die Aufgabe eines Drehzahlbegrenzers.

Unauffällige Helfer – die Stellglieder und PCM-Ausgänge der EEC-V-Einspritzanlage

Leerlaufregelventil (IAC): Fest verschraubt unter den Ansaugrohren.

EGR-Unterdruckregler (EVR): Sitzt an einem Halter der Motorraumspritzwand. Als Magnetventil reagiert das EGR-Ventil auf ein Taktsignal des EEC-V-PCM. Es gibt für das EGR-Ventil den Steuerunterdruck frei.

Magnetventil (EVAP): Sitzt an einem Halter der Motorraumspritzwand. Verwertet temperatur- und lastabhängige Taktsignale des EEC-V-PCM. Sobald das Ventil öffnet gelangen Kraftstoffdämpfe aus dem Aktivkohlebehälter in den Ansaugtrakt.

Einspritzventile: Die Vierloch-Einspritzventile mit seitlichem Kraftstoffzulauf sind in einem gemeinsamen Kraftstoffverteilerrohr untergebracht.

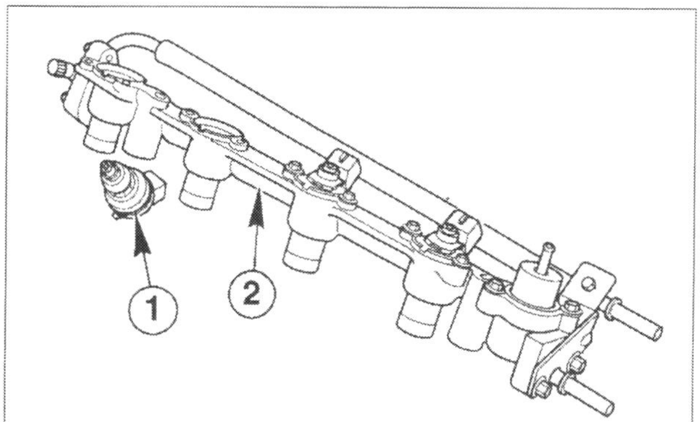

Kraftstoffverteilerrohr mit Einspritzventilen
Gemeinsam montiert: Die Vierloch-Einspritzventile ❶ der Fiesta Otto-Motoren sitzen in einem gemeinsamen Kraftstoffverteilerrohr ❷.

Sauber ist zeitgemäß – die Abgasrückführung der Zetec-SE-Motoren

Das EGR-System der Zetec-SE-Motoren arbeitet temperatur- und zeitabhängig im Teillastbereich. Beim Start und während der Warmlaufphase spielt die Kühl-

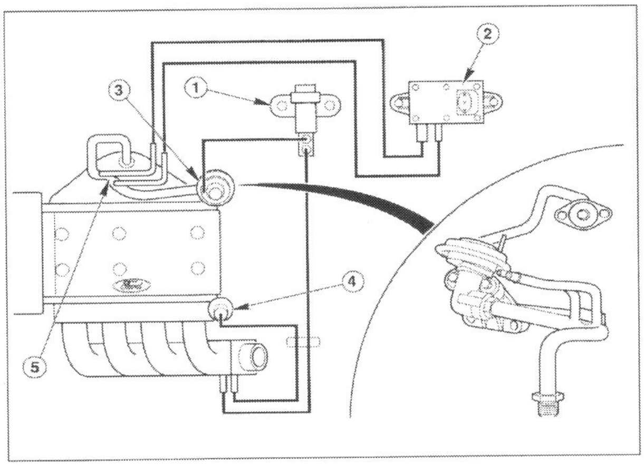

Das EGR-System

❶ EGR-Unterdruckregler (EVR). ❷ elektronischer Differenzdruckwandler (DPFE). ❸ EGR-Ventil. ❹ Kraftstoffdruckregler. ❺ Differenzdrucksektion.

mitteltemperatur eine wichtige Rolle. Der DPFE-Sensor nimmt die ermittelte Abgasdruck-Differenz auf und ermittelt daraus den tatsächlichen Druckabfall. Sein Spannungssignal geht an das EEC-V-PCM, von wo es in modifizierter Form direkt an den EGR-Unterdruckregler (EVR) gelangt. Der EVR letztlich steuert das EGR-Ventil, das somit eine genau bemessene Abgasmenge in den Ansaugkrümmer hinter die Drosselklappe »umleitet«.

Immer im Bilde – Diagnose- und Kommunikationseinrichtungen an der EEC-V-Einspritzanlage

Diagnoseanschluss (DLC): Sitzt bei Links- und Rechtslenker-Modellen im unteren Bereich der linken A-Säule ❶ hinter der seitlichen Fußraumverkleidung. Der Zugang ist bei geöffneter Klappe möglich.

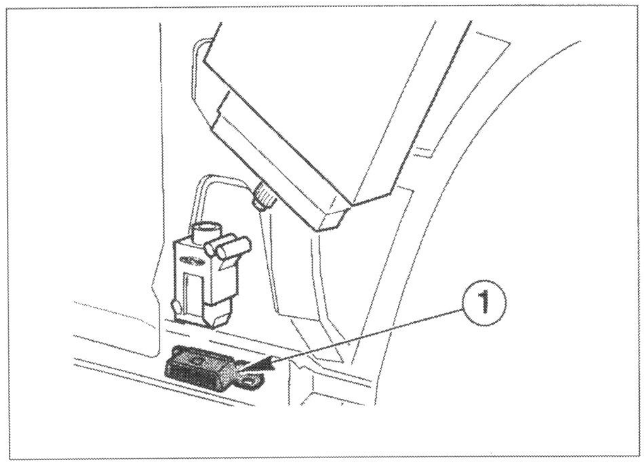

»Datentankstelle«: DLC-Modul

Kommunikations-Prozessor-Einheit (CPU): Setzt die Computersprache des EEC-V-PCM in eine dem Ford Diagnosegerät FDS 2000 verständliche Sprache um.

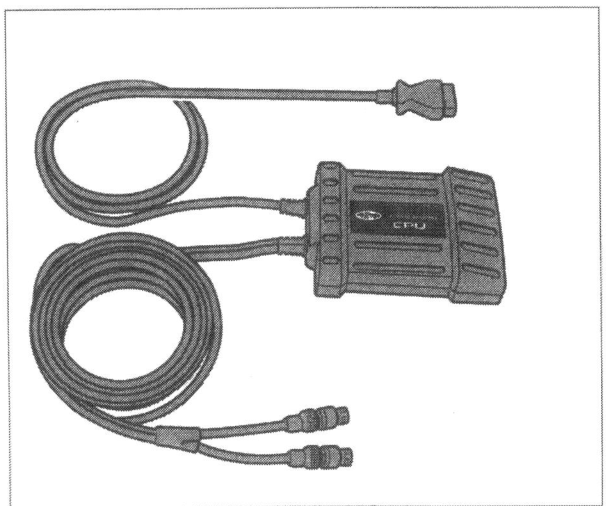

»Dolmetscher«: CPU-Modul

Kraftstoffeinspritzung

Störungsbeistand

Störung	Ursache	Abhilfe
A Kalter Motor springt nicht oder schlecht an	**1** Versorgungsrelais defekt	Überprüfen, ggf. austauschen lassen
	2 Kraftstoffpumpe fördert nicht oder ungenügend	Benzin im Tank? Pumpenanschlüsse überprüfen. Evtl. Pumpe aus Tank demontieren, Fördermenge messen lassen
	3 Druckregler defekt	Systemdruck messen lassen
	4 Unterdrucksystem undicht	Sämtliche Schlauchleitungen überprüfen
	5 Kühlmitteltemperatursensor defekt	Prüfen lassen
	6 Drosselklappen-Potentiometer defekt	Prüfen lassen
	7 Zündanlage defekt	Zündsystem überprüfen lassen
	8 Drehzahlgeber defekt oder Kabelverbindung unterbrochen	Überprüfen, ggf. auswechseln lassen
	9 Steuergerät defekt	Überprüfen lassen
	10 Ansaugsystem undicht (zieht Nebenluft)	Sämtliche Schlauchleitungen überprüfen
B Warmer Motor springt nicht oder schlecht an	**1** Siehe A1 – 10	
	2 Absolutdruckgeber defekt	Überprüfen lassen
	3 Einspritzventile undicht	Überprüfen lassen
C Motor springt an, stirbt aber wieder ab	**1** Drosselklappen-Stellmotor arbeitet nicht	Stellmotor überprüfen, bzw. austauschen lassen
	2 Siehe A6	
	3 Lambda-Sonde defekt	Funktion prüfen, ggf. ersetzen lassen
D Kalter Motor schüttelt im Leerlauf	**1** Siehe A5	
	2 Siehe C1	
E Warmer Motor schüttelt im Leerlauf	Siehe C1	
F Leerlauf fällt beim Einschalten starker Stromverbraucher bzw. beim vollen Einschlag der Servolenkung ab	Siehe C1	
G Motor hat Aussetzer	**1** Kraftstofffilter verstopft	Filter auswechseln
	2 Siehe A2 und 7	
	3 Siehe B2	
	4 Siehe C3	
H Schwankende Drehzahlen bei 2000–4000/min	Siehe A6 und 10	

Fortsetzung Kraftstoffeinspritzung

Störungsbeistand

Störung	Ursache	Abhilfe
I Motor stottert, setzt aus	Siehe A3 und 7	
J Motorleistung ungenügend	1 Siehe A2, 4 und 6	
	2 Drosselklappe geht nicht in Vollgasstellung	Gaszug einstellen lassen
K Kraftstoffverbrauch zu hoch	1 Siehe A6 und 8	
L Motor springt grundsätzlich nicht an	1 Siehe A1–10	
	2 Siehe B1–3	
	3 Sicherheitsschalter Kraftstoffeinspritzanlage unterbricht Kraftstoffzufuhr (nach Unfall, starken Erschütterungen, Undichtigkeiten in der Kraftstoffzufuhr vom Tank bis zu den E.-düsen).	Verschlussstopfen in linker Seitenwandabdeckung (Fußraum) enfernen. Herausgesprungenen Einschaltknopf eindrücken. Zündschlüssel in Position stellen, Kraftstoffpumpe muss dann hörbar laufen. Falls nicht, Systemundichtigkeiten beseitigen (lassen)

Eingeschränkt möglich - Selbsthilfe an der Einspritzanlage

Wie in der Einleitung zu diesem Kapitel bereits ausgeführt, die meisten Arbeiten an der Einspritzanlage sollten Sie einem Profi anvertrauen. Er verfügt über spezielle typgebundene Prüfgeräte und das entsprechende Know-how. Bei Fehlern im elektronischen Motormanagement zum Beispiel müssen, um Defekte einwandfrei zu lokalisieren, diverse Tests in einer ganz bestimmten Reihenfolge ablaufen: Nur so lassen sich Schäden an den elektronischen Bauteilen und Folgeschäden mit aufwendigen Reparaturen verhindern. Normales Heimwerkerwissen und »Hobbywerkzeuge« reichen erfahrungsgemäß nicht aus, um der Fiesta-Kraftstoffeinspritzanlage solide beizukommen. In der Praxis treten Störungen hier freilich auch äußerst selten auf.

Ab und an sinnvoll - Sichtprüfung der Einspritzanlage

Überprüfen Sie ab und an folgende Schläuche und ihre Befestigungen auf korrekten Sitz und Ermüdungsrisse:

1 Unterdruckschlauch zum Absolutdruckfühler.

2 Unterdruckschlauch des Bremskraftverstärkers.

3 Sind die Schläuche der Motordurchlüftung in gutem Zustand? Oder sind sie verstopft, verschmutzt oder aufgequollen?

4 Sind die Kraftstoffleitungen dicht?

5 Anschlüsse und Dichtheit des Druckreglers kontrollieren.

6 Kraftstoffrücklaufleitung vom Druckregler kontrollieren.

7 Falls Sie die Kabelstecker bei Arbeiten unter der Motorhaube lösen mussten, kann das zu »Kontaktschwäche« führen. Behandeln Sie die Kontakte

zunächst mit Kontaktspray. Lediglich im »Notfall« sollten Sie die Kontaktzungen mit viel Gefühl nachbiegen.

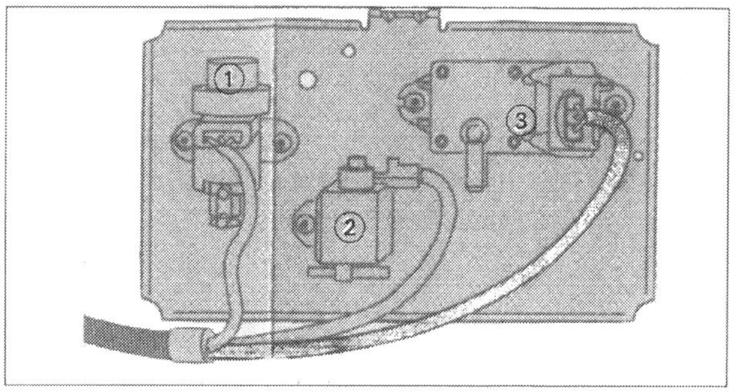

Auf einen Blick: Rechts neben dem Sicherungskasten sind auf einem gemeinamen Halter das EVR- ❶ und EVAP-Ventil ❷ sowie der DPFE-Sensor ❸ untergebracht. Werfen Sie ab und an einen kritischen Blick auf die Anschlüsse.

Provoziert den Rechner – Nebenluft

Undichte Stellen im Ansaugsystem schleusen unkontrolliert Nebenluft ein. Das stört die »Recherche« des Steuergeräts und provoziert den Rechner zu falschen Ergebnissen, beispielsweise bei der Gemischaufbereitung: Die Einspritzdüsen versorgen den Motor dann mit zu wenig Kraftstoff – das Gemisch magert unkontrolliert ab. Am deutlichsten erkennen Sie die Fehlfunktion an der »sägenden« Leerlaufdrehzahl. Bei voller Belastung neigen zu mager laufende Motoren mitunter auch zum leichten Klingeln.

Arbeitsschritte

① Unterdruckschläuche auf Risse und festen Sitz prüfen. Alle Schläuche kontrollieren, die an der Einspritzeinheit oder am Ansaugkrümmer angeschlossen sind (Absolutdrucksensor, Bremskraftverstärker, Kraftstoff-Verdunstungsanlage, etc.).

② Motor warmfahren, anschließend mit Leerlaufdrehzahl laufen lassen; Motorhaube öffnen; Stecker zur Lambda-Sonde lösen.

③ Sprühen Sie die Einspritzanlage an sämtlichen Schlauchverbindungen und Flanschdichtungen nacheinander mit einem handelsüblichen Kaltstart-Spray ein: dort wo sich beim Besprühen die Motordrehzahl ändert, liegt eine Leckage vor.

Leerlaufdrehzahl prüfen

Die Leerlaufdrehzahl wird laufend über den Leerlaufstellmotor, je nach eingeschaltetem Verbraucher (z.B. Scheinwerfer, Klimaanlage oder Servolenkung), vom Steuergerät justiert. Die Fiesta Otto-Motoren sind werksseitig auf 900 min^{-1} programmiert. Der Diesel lässt seine Kurbelwelle mit rund 850 min^{-1} rotieren. Zur vorbeugenden Kontrolle benötigen Sie einen genauen Drehzahlmesser. Werkstätten verwenden dazu einen Motortester. Wenn die Drehzahl nicht den Werksangaben entspricht, lässt sie sich nicht isoliert justieren: Experten suchen die Fehlfunktion dann im gesamten Motormanagement. Es sei denn, die Batterie war abgeklemmt: Bordrechner in Otto-Motoren benötigen danach eine »gewisse« Fahrzeit um das Motormanagement erneut in »Form« zu bringen – in dieser Phase kann es beispielsweise auch zu erhöhten Leerlaufschwankungen kommen.

Systematisch einkreisen – Leerlaufschwankungen

Falls die Batterie abgeklemmt war, lassen Sie dem Bordrechner etwa acht Kilometer Zeit um alle Komponenten mit Basisdaten zu programmieren. Andernfalls gehen Sie folgendermaßen vor.

Arbeitsschritte

① Kontrollieren Sie zunächst den Zustand der Luftschläuche.

② Ist der Gaszug richtig verlegt? Ist er schwergängig oder klemmt er?

③ Prüfen Sie, ob alle elektrischen Anschlüsse einwandfrei sitzen. Sie dürfen nicht korrodiert sein. Für weitere Kontrollen verwendet die Werkstatt einen speziell auf das Steuergerät abgestimmten Motortester.

④ Fehlender Druck im Kraftstoffsystem kann auch Leerlauf-Drehzahlschwankungen verursachen. Hier muss die Werkstatt einen Drucktest durchführen.

Leerlaufstellmotor prüfen

Arbeits-schritte

① Motor im Leerlauf drehen lassen.

② Möglichst viele Stromverbraucher einschalten. Wenn Ihr Fiesta mit Servolenkung ausgestattet ist: Lenkung voll einschlagen.

③ Die Leerlaufdrehzahl darf kurzfristig absinken, muss sich dann aber auf den vorgeschriebenen Wert regulieren.

④ Sobald Sie die Steckverbindung am Stellmotor abziehen, muss der Motor ausgehen.

⑤ Falls nicht, Leerlaufstellmotor erneuern.

Einspritzventile prüfen

Arbeits-schritte

① Ein defektes Einspritzventil lässt sich unter Umständen schon durch bloßes Fühlen mit der Hand ausfindig machen. Das Ventil vibriert bei laufendem Motor nicht – im Gegensatz zu den anderen. Den Test sollten Sie jedoch bei kaltem Motor machen.

② Zur Kontrolle der Spannung Stecker eines Einspritzventils abziehen, LED-Spannungsprüfer (keine Prüflampe) am Stecker anschließen.

③ Motor starten. Die Leuchtdioden im Spannungsprüfer müssen flackern, sonst fehlt die Versorgungsspannung. Eventuell hat auch das Steuergerät einen Defekt. Das können Sie jedoch nur in der Werkstatt feststellen lassen.

④ Zur Messung des Widerstands Stecker am Einspritzventil abziehen, Multimeter an den beiden Kontakten des Ventils anschliessen. Bei 20°C muss der Widerstandswert bei 14,5 ± 1 Ohm liegen.

⑤ Bei stark abweichenden Werten Ventil ersetzen.

⑥ Kraftstoffverteilerrohr samt Einspritzventilen ausbauen.

⑦ Stecker von den Einspritzventilen abziehen. Die Kraftstoffleitungen bleiben angeschlossen.

⑧ Zündung mehrmals aus- und einschalten, damit die Kraftstoffpumpe anläuft und das Kraftstoffsystem Druck aufbauen kann.

Tropfprobe – an jedem Einspritzventil vornehmen

⑨ Einspritzventile nacheinander genau inspizieren: An jedem Ventil darf jeweils nur ein Tropfen austreten - tropft mehr ab, Ventil austauschen.

⑩ Wenn Sie den Spritzstrahl prüfen möchten, müssen Sie das gesamte Kraftstoffverteilerrohr demontieren. Die Kraftstoffleitungen bleiben bei allen Ventilen angeschlossen. Ziehen Sie – bis auf das jeweils zu prüfende Ventil – von allen Ventilen die Stecker ab und stellen ein Gefäß unter das zu prüfende Ventil.

⑪ Zündung einschalten – das Ventil muss den Kraftstoff kegelförmig abspritzen.

⑫ Prüfung an jedem Ventil wiederholen.

Der direkte »Draht« zur Drosselklappe - Gaszug

Die Verbindung zwischen Gaspedal und Drosselklappe ist der Gaszug. An sich ein eher unauffälliges Bauteil, doch wenn der Gaszug im Motorraum nicht einwandfrei verlegt ist, kann er durchaus nerven. Beispielsweise dann, wenn er sich nur widerwillig bewegen lässt und dadurch das Gaspedal schwergängig wird: Im Extremfall heult dann der Motor bei jedem Schaltvorgang auf, die Rückzugfeder kann dann die Drosselklappe nicht schnell genug schließen. Wenn Ihnen diese Symptome nicht fremd sind, verfolgen Sie die verschlungenen Wege des Gaszugs und spendieren ihm ab und an ein paar Tröpfchen Schmieröl – erst recht nach einer Motorwäsche.

Gaszug ersetzen Endura-E:

Arbeits-schritte

① Gaszug am Gaspedal aushängen und ausclipsen ❸.

② Gaszug mit Einstellhülse am Widerlager ❷ lösen.

③ Gaszug am Drosselklappenhebel ❶ aushängen.

④ Führungstülle aus Stirnwand lösen und Gaszug vom Motorraum her aus der Stirnwand ziehen.

⑤ Bei der Montage darauf achten, dass die Führungstülle korrekt in der Stirnwand sitzt und die Aussenhülle nicht beschädigt oder gar geknickt wird.

⑥ Endmontage in umgekehrter Reihenfolge beenden.

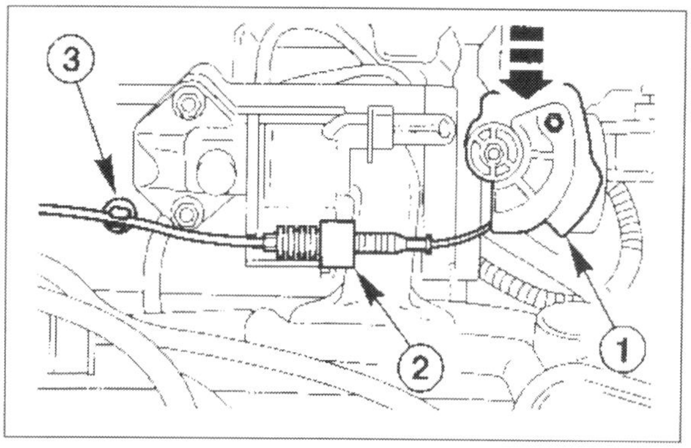

Gaszug aushängen (Endura E)

Zetec:

Arbeits-schritte

① Grundsätzlich wie bei Endura beschrieben vorgehen.

② Klammer ❶ am Einstellsegment herausziehen.

③ Nippel am Widerlager ❷ aushängen und mit Drehbewegung (Pfeil) ausrasten.

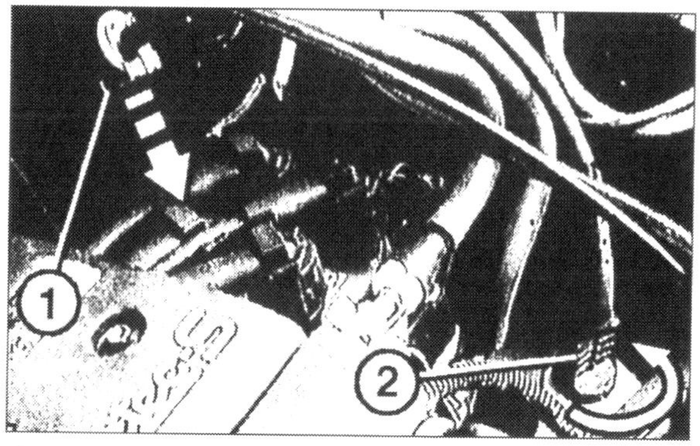

Gaszug aushängen (Zetec)

Gaszug einstellen

Arbeits-schritte

① Gaspedal von einem Helfer ganz niedertreten lassen.

② Einstellsegment am Widerlager der Einspritzeinheit bzw. Drosselklappengehäuse lösen.

③ Einstellhülse der Außenhülle so weit aus dem Widerlager herausziehen, bis die Drosselklappe in Vollgasstellung ist.

④ Sicherungsklammer in dieser Hülsenstellung fixieren.

⑤ Gaspedal loslassen und prüfen, ob der Gaszug die Drosselklappe in Leerlaufstellung ganz freigibt: Gaszug muss entspannt sein. Sitzt er zu locker oder zu fest, Einstellung wiederholen und erneut kontrollieren.

Die Diesel-Einspritzanlage des Fiesta 1,8D

Im Gegensatz zu Otto-Motoren arbeiten Kraftstoffeinspritzanlagen in Dieselaggregaten mit höheren Systemdrücken. So entlassen die Einspritzdüsen im Fiesta D den Kraftstoff erst mit rund 140 bar in die Wirbelkammern. Pauschal liegen die Einspritzdrücke bei Dieselmotoren mit indirekter Einspritzung etwa 100fach über den Drücken in Otto-Motoren mit Saugrohreinspritzung. Um entsprechend hohe Systemdrücke zu realisieren, unterscheiden sich Einspritzpumpen und deren Regelperipherie in Diesel-Motoren grundsätzlich von den »Ottoausgaben« Unter der Motorhaube des Fiesta Diesel portioniert eine sogenannte Verteiler-Einspritzpumpe den Dieselvorrat aus dem Tank in die Wirbelkammern der einzelnen Zylinder. Beim Diesel gelangt der Kraftstoff in gleich langen und druckstabilen Einspritzleitungen zu den Einspritzdüsen.

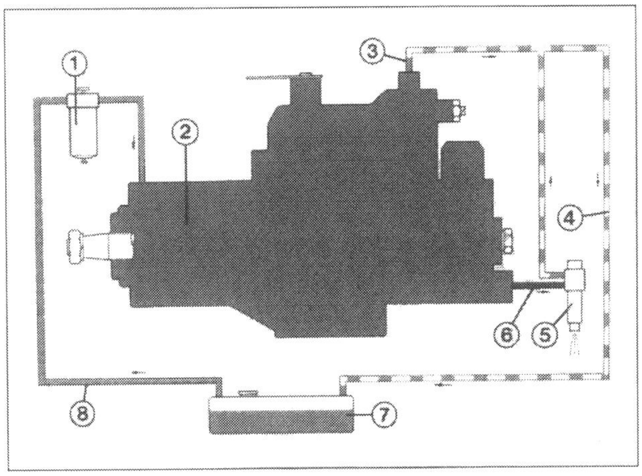

Der Kraftstofffluss bei der Diesel-Einspritzung ist hier schematisch dargestellt: Vom Tank ❼ gelangt Krafttstoff durch die Zuleitung ❽ in den Kraftstofffilter ❶. Der gereinigte Dieselkraftstoff wird dann in die Einspritzpumpe ❷ gesaugt. Der Überschuss läuft durch die dünne Rücklaufbohrung ❸ in die Rücklaufleitung ❹. Über die Einspritzleitung ❻ gelangt Kraftstoff unter hohem Druck in die Einspritzdüse ❺. Eine kleine Kraftstoffmenge, die sich an der Düsennadel vorbeimogelt und nicht eingespritzt wird, läuft ebenfalls über den Rücklauf zurück in den Tank.

Läuft in den Tank zurück – überschüssiger Kraftstoff

Bezogen auf die Vollastmenge wird ständig mehr Kraftstoff gefördert als benötigt, das »Zuviel« gelangt über die Rücklaufleitung zum Tank zurück. Auch die Düsen spritzen nicht den gesamten angelieferten Kraftstoff in die Wirbelkammern ein: Die überschüssige Menge dient auch dazu, die beweglichen Teile der Einspritzpumpe und Einspritzdüsen zu schmieren. Für den Rücktransport des überschüssigen Kraftstoffs sind die Einspritzdüsen eigens mit Rücklaufstutzen versehen und über Schläuche (Leckölleitungen) untereinander verbunden. Von der in Fahrtrichtung gesehen rechten Einspritzdüse (Zylinder 1) läuft der Kraftstoff über die Rücklaufleitung zum Tank zurück. Ein Rücklaufstutzen der Einspritzdüse des vierten Zylinders ist prinzipbedingt mit einem Verschlussstopfen abgedichtet.

Der Förderweg – so gelangt der Kraftstoff an die Einspritzdüse

Eine Kraftstoffpumpe fördert in einem abgeschlossenen Leitungssystem (Vor- und Rücklaufleitung) das Dieselöl aus dem Tank über einen Kraftstofffilter bis zur Einspritzpumpe. Die Pumpe, es handelt sich um eine Flügelzellenpumpe, sitzt in einer runden Bohrung direkt im E.-Pumpengehäuse. Da es sich bei der Kraftstoffpumpe um eine Saug- und Druckpumpe handelt, transportiert die gleiche Pumpe das Dieselöl auch in den eigentlichen Druckbereich der Verteiler-Einspritzpumpe.

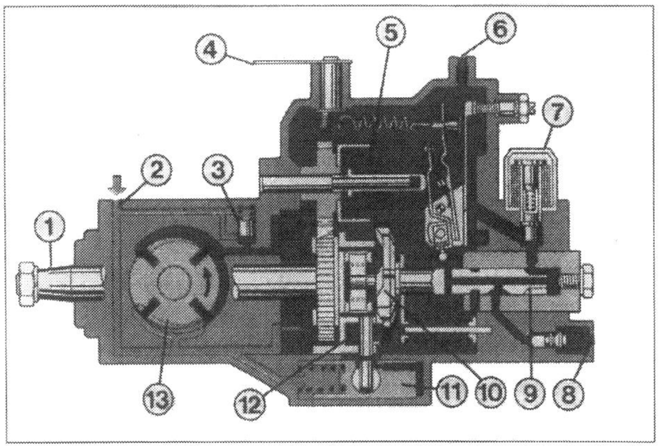

Die Einspritzpumpe im Schnitt: ❶ Antriebswelle. ❷ Kraftstoffzulauf. ❸ Überdruckventil der Pumpe. ❹ Gashebel. ❺ Fliehkraftregler. ❻ Rücklaufbohrung. ❼ Absteller. ❽ Kraftstoffleitung zu den Einspritzdüsen. ❾ Verteilerkolben. ❿ Hubscheibe. ⓫ Spritzversteller (hier zur besseren Darstellung um 90° gedreht). ⓬ Rollenring. ⓭ Flügelzellen-Kraftstoffpumpe (ebenfalls um 90° gedreht). Dunkel dargestellt ist der Kraftstoff in der Einspritzpumpe. Je dunkler die Färbung, um so höher der Druck.

Legt die Fördermenge fest – der Verteilerkolben

Im Druckbereich befindet sich der sogenannte Verteilerkolben, das Kernstück der Anlage. In seiner Funktionsweise ähnelt er dem Zündverteiler des Benzinmotors. Die technischen Besonderheiten des Verteilerkolbens sind eine Vielzahl von Bohrungen und Aussparungen, mit denen er durchzogen ist. Dieses spezielle Layout prädestiniert den Verteilerkolben gleichermaßen für zwei Funktionen: Er öffnet den Kraftstoffweg in den Druckbereich und spritzt das Dieselöl durch die Einspritzdüsen in die Wirbelkammern des

Zylinderkopfs ab. Der Verteilerkolben dreht sich während des Betriebs mit halber Motordrehzahl. Er ist mit einer Scheibe (Hubscheibe) verbunden, die mit vier Höckern (Nocken) versehen ist. Diese Scheibe läuft gegen ein festes Gegenlager, dem Rollenring. Sobald die Nocken der Hubscheibe in Kontakt zum Rollenring treten, wird die Hubscheibe samt Verteilerkolben nach vorn gedrückt. Das geschieht exakt zu dem Zeitpunkt, an dem sich eine weitere Bohrung im Kolben mit dem Auslasskanal zu einer Einspritzdüse deckt. Der Kraftstoff strömt dann in Richtung desjenigen Zylinders, der sich gerade im Verdichtungstakt befindet. Die Vorwärtsbewegung des Verteilerkolbens verringert gleichzeitig das Volumen vor dem Kolben: Der ohnehin schon unter Druck stehende Dieselkraftstoff wird jetzt zusätzlich noch weiter »unter Druck gesetzt« und hebt die Düsennadel der Einspritzdüse von ihrem Sitz. Der weiterdrehende Verteilerkolben läuft vom Rollenring ab, aus der Füllbohrung fließt jetzt Kraftstoff nach – die Ration für den nächsten Zylinder.

Der Verteilerkolben in Funktion

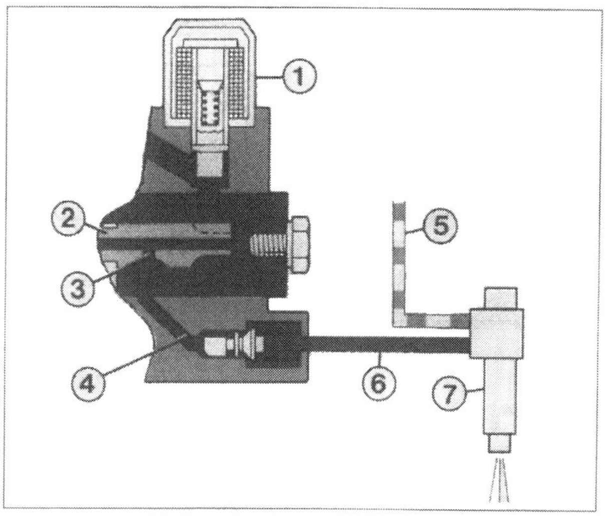

Durch die Drehung des Verteilerkolbens ❶ kommt die Füllbohrung ❸ unter dem Steuerschlitz ❹ – das ist eine Aussparung im Verteilerkolben – zu stehen. Der Kraftsstoff, der von der Flügelzellenpumpe unter Druck gesetzt wurde, fließt jetzt in den sogenannten Hochdruckraum ❻ vor dem Verteilerkolben ein und füllt den Raum vollständig. Die Füllung ist somit beendet. Wie es nun weitergeht, steht im nebenstehenden Bildtext.

Die weiteren Zahlen bedeuten:

❷ Absteller. ❺ Rücklaufleitung zum Tank. ❼ Einspritzdüse.

Unterbricht den Kraftstofffluss – der Magnetabsteller

Unmittelbar bevor das Dieselöl in die Füllbohrung des Verteilerkolbens strömt, passiert es ein elektrisches Magnetventil – den Absteller. Solange das Magnetventil unter Spannung steht, kann der Kraftstoff den Absteller ungehindert passieren, bei Spannungsabfall schließt das Ventil, der Motor »stirbt« ab.

Erfasst die Motordrehzahl – der Fliehkraftregler

Um die verschiedenen Betriebszustände eines Dieselmotors zu erfassen und so die Möglichkeit zu schaffen, die jeweils richtige Einspritzmenge bereitzustellen, sind Verteiler-Einspritzpumpen mit einem Fliehkraftregler bestückt. Seine Gewichte folgen dem Gesetz der Schwerkraft: Je nach Motordrehzahl wandern sie mehr oder weniger nach außen. Auf ihrem Weg wirken die Gewichte auf den Hebelmechanismus eines

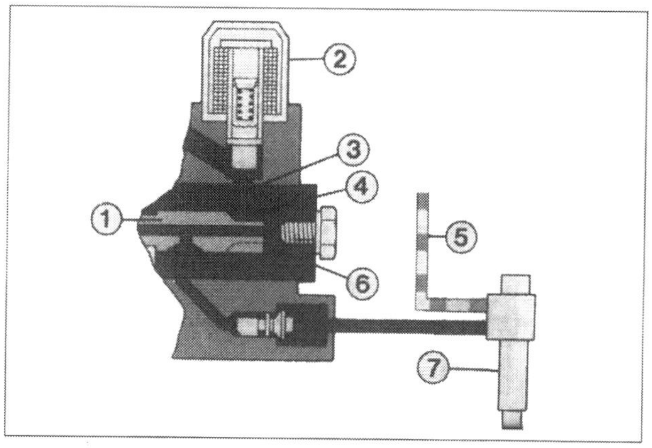

Nach Füllende dreht sich der Verteilerkolben ❷ weiter. Die Füllbohrung ist nun vom Kolben verschlossen. Weiter hinten in der Einspritzpumpe laufen nun die Höcker der Hubscheibe (siehe Zeichnung S. 97 rechts) auf die Rollen des Rollenrings auf. Der Verteilerkolben, der starr mit der Hubscheibe verbunden ist, bewegt sich deshalb nach vorn. Der Druck im Hochdruckraum erhöht sich über das normale Druckniveau in der Einspritzpumpe hinaus. In diesem Augenblick kommt der Verteilerkanal ❸ durch die gleichzeitige Drehung des Kolbens so zu stehen, dass er sich mit dem Auslasskanal ❹ deckt. Über die Einspritzleitung ❻ gelangt nun der unter hohem Druck stehende Kraftstoff zur Einspritzdüse ❼. Eine gewisse Restmenge läuft über die Rücklaufleitung ❺ wieder zurück zum Tank. Der Absteller ❶ muss natürlich geöffnet haben, sonst gelangt erst gar kein Kraftstoff in den Hochdruckraum.

Regelschiebers ein, der eine Bohrung im Verteilerkolben öffnet oder schließt und somit immer nur die »passende« Kraftstoffmenge in den Druckbereich abgibt, der zuviel geförderte Rest fließt in den Tank zurück. Erhöht sich die Motordrehzahl – im Verhältnis zur Gaspedalstellung – öffnet der Regler die Bohrung, und die Drehzahl fällt wieder ab. Zum Start ist die »Abregelbohrung« ganz geschlossen. Der Motor bekommt jetzt solange die volle Kraftstoffmenge, bis die Leerlaufdrehzahl erreicht ist. Wie beschrieben, läuft das Regelprinzip in allen Lastbereichen des Dieselmotors nach dem gleichen Schema ab: Der Fliehkraftregler »vergleicht« über eine sinnreiche Mechanik stets die Kurbelwellendrehzahl mit der Gaspedalstellung. Der Fliehkraftregler begrenzt gleichfalls die maximale Drehzahl. Sie beträgt im Fiesta D 5350 min^{-1} (+ 50 min^{-1}).

Verschließt die Förderleitung: Sobald der Motor abgestellt wird, verschließt der Magnetabsteller ❶, auch Motor-Stoppschalter genannt, die Dieselförderleitung. Wenn Sie, beispielsweise zur Kontrolle der Steuerzeiten, den Motor per Anlasser durchdrehen möchten, ziehen Sie vorher unbedingt den Steckverbinder ❷ ab, andernfalls könnte der Motor unbeabsichtigt anspringen.

Regelt den Einspritzzeitpunkt – der Spritzversteller

Mit zunehmender Motordrehzahl hat der Kraftstoff immer »weniger Zeit« sauber zu verbrennen. Ein Fall für den Spritzversteller, er verlegt den Einspritzzeitpunkt vor und erreicht damit einen ähnlichen Effekt, wie der Zündversteller an Otto-Motoren. Der Spritzversteller sitzt direkt im Gehäuse der Einspritzpumpe.

Macht kalte Diesel munter – die Kaltstarteinrichtung

Die Kaltstarteinrichtung erfüllt den gleichen Zweck wie die Startautomatik an Otto-Motoren: Beide Systeme helfen kalten Motoren auf die Sprünge. Damit sind freilich die Gemeinsamkeiten schon erschöpft. Zwar macht die Kaltstarteinrichtung ihren Einsatz auch von den herrschenden Temperaturen abhängig, doch sie verringert nicht etwa die Luftzufuhr in die Zylinder, sondern verstellt kurzerhand den Einspritzzeitpunkt in Richtung »früh«. Somit hat der zerstäubte Kraftstoff mehr Zeit, um sich an der komprimierten Luft und den glühenden Vorglühkerzen in den Wirbelkammern zu entzünden – der Motor springt »williger und runder« an. Außerdem hebt die Kaltstarteinrichtung die Leerlaufdrehzahl geringfügig an: Die Kurbelwelle des Selbstzünders rotiert in dieser Phase mit etwa 1100 min^{-1}. Über die Zeitdauer entscheidet letztendlich ein Temperaturschalter zwischen Einspritzpumpe und Kühler.

Zerstäuben das Dieselöl – die Einspritzdüsen

Die Einspritzdüsen sind schließlich die letzte Station der Diesel-Einspritzanlage. Sie zerstäuben den Kraftstoff unter hohem Druck in die Wirbelkammern der einzelnen Zylinder. Erst wenn der Systemdruck 143 bar übersteigt, liften federbelastete Düsennadeln von ihrem Sitz und entlassen den Kraftstoff dann aus dem Einspritzsystem. Die hohe Federkraft, die auf die Düsennadeln wirkt verhindert, dass der Verbrennungsdruck in das Kraftstoffsystem zurückschlägt. Das im Kraftstoffsystem kursierende Dieselöl übernimmt gleichzeitig auch die erforderliche Schmierung und Kühlung aller beweglichen Teile. Da nie die gesamte Kraftstoffmenge eingespritzt wird, fließt der überschüssige Kraftstoff – wie eingangs erwähnt – über eine Rücklaufleitung zurück in den Tank. Die Sollzeit zwischen Einspritzbeginn und Zündung beträgt ganze 0,002 Sekunden. Verständlich, dass bereits die geringste Fehlfunktion, etwa eine hängengebliebene Düsennadel, den physikalisch ausgewogenen Verbrennungsverlauf in Schieflage bringt. Schwarzrauch bzw. laute »Nagelgeräusche« sind untrügliche und unüberhörbare Zeichen für eine aus dem Gleichtritt geratene Kraftstoffeinspritzanlage.

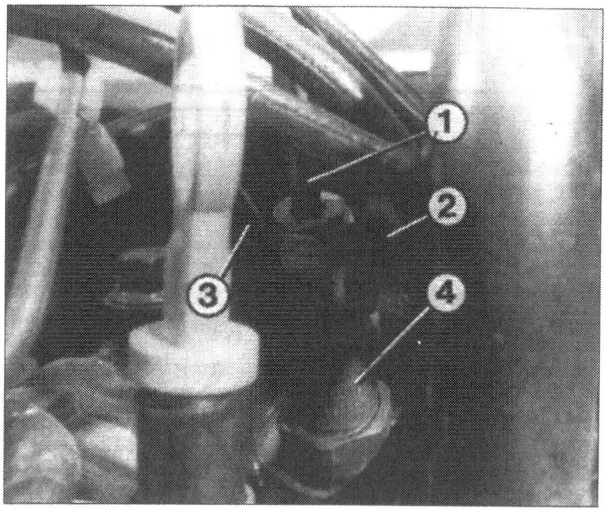

Einspritzdüse in eingebautem Zustand.
❶ Einspritz-Druckleitung. ❷ Verschlussstopfen auf dem freien Rücklaufstutzen (nur Düse von Zylinder 4). ❸ Rücklaufleitung. ❹ Einspritzdüsengehäuse.

Ein Fall für den Experten – Reparaturen und Korrekturen an der Diesel-Einspritzanlage

Eine einzelne, defekte Einspritzdüse können versierte Do-it-Yourselfer durchaus in Eigenregie überführen. Lassen Sie dazu den Motor im Leerlauf »brummen« und lösen bei allen Düsen der Reihe nach kurzzeitig die Überwurfmutter der Einspritzleitung. Bleibt bei einer Düse, trotzt gelöster Leitung die Drehzahl konstant, ist die Düse oder ein Ventil des betreffenden Zylinders defekt. Schadhafte Einspritzdüsen erkennen Sie unter anderem noch an folgenden Symptomen:

- regelmäßig defekte Glühkerzen
- ständiger Schwarzrauch aus dem Auspuff
- erhöhter Verbrauch
- häufig überhitzter Motor
- harte Verbrennungsgeräusche (lautes Dieselnageln)
- Leistungsabfall

Sollten Sie an Ihrem Fiesta Diesel die genannten Unregelmäßigkeiten feststellen, suchen Sie eine Fachwerkstatt auf und schildern dem Experten vor Ort Ihre Probleme. Er kann dann geeignete Gegenmaßnahmen einleiten.

Einspritzdüsen zerlegen?

Ohne speziellen Düsenprüfer lässt sich die Funktion einer Dieseleinspritzdüse nur oberflächlich beurteilen. Sie können allenfalls äußere Beschädigungen oder starke Verschmutzungen lokalisieren. Der eigentliche Verschleiß findet freilich im Düseninnern, an der Düsennadel, dem Düsengehäuse und der Druckfeder statt. Dort haben Sie wenig Korrekturmöglichkeiten, es sei denn Sie verfügen über einen Düsenprüfer, mit dem Sie die Düse »abdrücken«, das »Strahlbild« erkennen und den Abspritzdruck korrigieren können. In der Mehrzahl aller Fälle ist es besser, die Düsen komplett auszutauschen. Sollten Sie dennoch eine Düse zerlegen, lassen Sie ihre Innereien nicht über einen längeren Zeitraum »offen« auf der Werkbank liegen: Die mit hoher Präzision bearbeiteten Oberflächen der Düsennadel und des Düsengehäuses reagieren äußerst empfindlich auf Staub oder Flugrost. Das Anzugsdrehmoment zwischen Düsenober- und -unterteil beträgt 70 Nm.

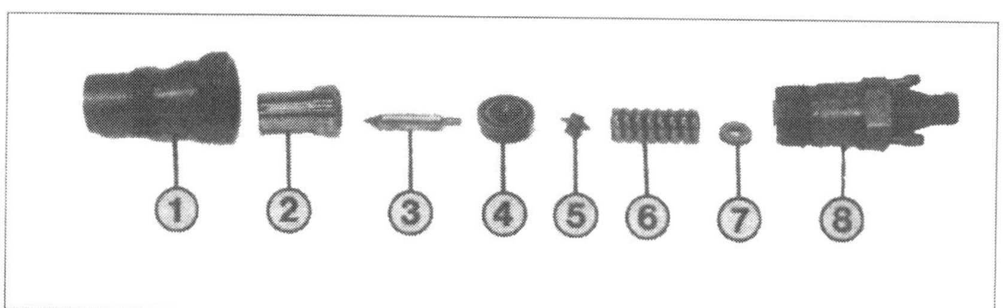

Die Einspritzdüse im Detail

Um die Einspritzdüse zu zerlegen, das Oberteil ❽ vom Düsengehäuse ❶ abschrauben. Die folgenden Teile kommen Ihnen dann entgegen:
❷ Düsenkörper. ❸ Düsennadel. ❹ Düsenhalter-Einsatz. ❺ Druckbolzen. ❻ Düsenfeder. ❼ Einstellscheibe.

Sichtprüfung an der Diesel-Einspritzanlage

Arbeitsschritte

① Einspritzleitungen auf Dichtheit prüfen.

② Rücklaufleitungen auf Dichtheit prüfen.

③ Deckeldichtung des Pumpenverteilergehäuses auf Dichtheit prüfen.

④ Kraftstofffilter auf Verunreinigungen prüfen (regelmäßig nach spätestens 45 000 Kilometer wechseln.

⑤ Verschlusskappe an der vierten Einspritzdüse auf Dichtheit prüfen.

⑥ Kraftstoffzu- und -rücklaufleitung auf Dichtheit prüfen.

⑦ Dichtring des Drosselhebels (»Gas«-Hebel) an der Einspritzpumpe auf Dichtheit prüfen.

Gaszug einstellen

Arbeitsschritte

① Gaspedal von einem Helfer ganz niedertreten lassen.

② »Gashebel« mit Einstellschraube an den Vollastanschlag anlegen.

③ Kontrolle: Gaspedal erneut voll durchtreten, der »Gashebel« muss dann spannungsfrei am Anschlag anliegen.

Diese Schrauben dienen der Leerlauf-Einstellung: ❶ Kaltleerlauf-Einstellschraube. ❷ Leerlauf-Einstellschraube. ❸ Anschlagschraube für den Leerlaufauffang. Auf keinen Fall dürfen Sie die Anschlagschraube für die Höchstdrehzahl ❺ und die Reglerschraube ❹ für die Enddrehzahl verstellen – hier lässt selbst die Werkstatt nur den Spezialisten ran.

Gaszug ersetzen

Arbeitsschritte

① Gaszug am Gaspedal aushängen.

② Gaszug am »Gashebel« der Einspritzpumpe aushängen und durch gleichzeitiges Niederdrücken der vier Halteklammern Widerlager aus dem Widerlagerbügel drücken.

③ Gaszug durch Spritzwand in den Motorraum ziehen.

④ Gaszug wie vor beschrieben einstellen.

⑤ Bei der Montage darauf achten, dass die Führungstülle korrekt in der Stirnwand sitzt und die Außenhülle nicht beschädigt oder gar geknickt wird.

Luftfiltereinsatz erneuern

Die Aufgabe und Funktion des Luftfilters haben wir im vorherigen Kapitel bereits beschrieben – was dem Ottomotor recht, ist dem Dieselmotor billig – ab und an ein neuer Luftfiltereinsatz.

Arbeitsschritte

① Ansaugluftschlauch demontieren.

② Spannklammern am Ansauggeräuschdämpfer lösen, Deckel abnehmen.

③ Luftfiltereinsatz aus Gehäuseunterteil herausnehmen.

④ Bei der Montage darauf achten, dass Dichtlippen des Einsatzes richtig in der Ausbuchtung liegen.

⑤ Spannklammern spannen, sie müssen hörbar einrasten.

⑥ Ansaugluftschlauch montieren. Schlauch darf nicht auf Spannung stehen; Verbindung zwischen Schlauch und Krümmer müssen luftdicht angezogen sein.

Diesel-Kraftstoffeinspritzung

Störungsbeistand

Störung	Ursache	Abhilfe
A Motor springt schlecht oder gar nicht an	**1** Tank leer	Auftanken
	2 Tankbelüftung verstopft	Tankverschluss langsam öffnen (auf Zischgeräusche achten). Verschluss und Belüftung reinigen
	3 Zu kurzzeitig vorgeglüht	Vorglühen bis Kontrolleuchte erlischt
	4 Temperaturschalter der Kaltstartanlage defekt	Temperaturschalter überprüfen, evtl. erneuern
	5 Vorglühanlage defekt	Spannung prüfen. Glühkerzen auf Funktion überprüfen. Schadhafte Teile erneuern
	6 Elektromagnetischer Absteller lose, defekt oder ohne Spannung	Absteller auf Funktion überprüfen
	7 Luft im Kraftstoffsystem	System über Anlasser solange entlüften, bis Kraftstoff an Düse 1 gefördert wird
	8 Kraftstoffversorgung ausgefallen. Prüfung: Einspritzleitungen an den Düsen öffnen und überprüfen ob geringe Kraftstoffmengen austreten	Überprüfen ob Kraftstoffleitungen geknickt, verstopft oder undicht sind. Kraftstofffilter reinigen, bzw. erneuern. Im Winter ob Diesel paraffiniert ist, evtl. Winterdiesel nachtanken
	9 Einspritzleitungen nach Demontage verkehrt verlegt	Anschlüsse überprüfen: links oben am Pumpenverteilergehäuse Zyl. 1; links unten, Zyl. 3; rechts unten, Zyl. 4; rechts oben, Zyl. 2
	10 Einspritzdüse(n) defekt	Prüfen und instand setzen bzw. erneuern lassen
	11 Förderbeginn der E.-pumpe verstellt	E.-Pumpe einstellen lassen. Förderbeginn prüfen lassen
	12 E.-pumpe defekt	Austauschpumpe montieren (lassen)
	13 Kompressionsdruck zu gering	Kompressionsdruck prüfen (lassen)
B Warmer Motor hat schlechten »sägenden« Leerlauf	**1** Leerlaufdrehzahl falsch eingestellt	Prüfen und einstellen (lassen)
	2 Gaszug schwergängig oder falsch eingestellt	Richtig einstellen, bzw. gängig machen
	3 Kraftstoffschlauch zwischen Filter und E.-pumpe lose	Anschlüsse festziehen, evtl. Dichtungen erneuern
	4 Unterdruckschläuche an EGR-Einrichtung defekt	Überprüfen, ggf. austauschen
	5 Hintere E.-pumpenbefestigung lose oder gebrochen	Befestigen oder erneuern
	6 Siehe A2, 7–9, 12	
C Falsche Leerlaufdrehzahl bei Betriebstemperatur	**1** Siehe A7, 10, 11	
	2 Siehe B1	
D Starker Schwarz-, Weiß- oder Blaurauch aus dem Auspuff	**1** Motor nicht auf Betriebstemperatur	Warm fahren
	2 Extrem untertourige Fahrweise	Gänge höher ausdrehen; zeitiger herunter schalten
	3 Luftfilter verdreckt	Element aublasen bzw. erneuern
	4 Kraftstofffilter verschmutzt	Auswechseln

Fortsetzung Diesel-Kraftstoffeinspritzung

Störungs-beistand

Störung	Ursache	Abhilfe
	5 Höchstdrehzahl falsch eingestellt	Korrigieren lassen
	6 Filter im EGR-Regelventil verstopft	Reinigen bzw. auswechseln lassen
	7 Einspritzdüsen tropfen	Prüfen bzw. erneuern lassen
	8 Düsennadel hängt oder gebrochen	Prüfen bzw. erneuern lassen
	9 Einspritzdruck zu gering	Prüfen bzw. erneuern lassen
	10 Falsche Düsen eingebaut	Wechseln lassen
	11 Siehe A10, 12, 14	Überprüfen ob Kraftstoffleitungen geknickt
E Schlechte Leistung, zu geringe Höchstgeschwindigkeit	**1** Gaszug falsch eingestellt	Gaszug einstellen
	2 Gas- bzw. Fahrhebel an der E.-pumpe lose	Befestigen
	3 Höchstdrehzahl wird nicht erreicht	Drehzahlregler prüfen bzw. einstellen lassen
	4 Einspritzleitungen an den Anschlüssen verkröpft	Leitungen demontieren und prüfen. Leitungen nacharbeiten bzw. erneuern
	5 Falsche Einspritzleitungen montiert	Leitungen prüfen lassen (müssen mit E.-Pumpe korrespondieren)
	6 Hitzeschilde unter den Einspritzdüsen defekt	Überprüfen ggf. erneuern
	7 Einspritzdüsen falsch eingestellt	Abspritzdruck einstellen lassen
	8 Siehe A7, 8, 10, 12–14	
	9 Siehe D3, 4, 6–10	
F Kraftstoffverbrauch zu hoch	**1** Motor noch nicht eingelaufen	Einfahrhinweise beachten und danach erneut messen
	2 Kraftstoffanlage undicht	Ab Tank Sichtprüfung aller Versorgungsleitungen; sämtliche Schläuche, Schlauchanschlüsse, Kraftstofffilter und E.-Pumpe auf Dichtheit prüfen bzw. abdichten
	3 Rücklaufleitung (Leckölleitung) verstopft	Leitung vom Tank aus in Richtung Einspritzdüsen Schritt für Schritt mit Druckluft ausblasen
	4 Leerlauf- bzw. Höchstdrehzahl zu hoch	Prüfen bzw. einstellen lassen
	5 Siehe A11, 14	
	6 Siehe D4, 6–10	
G Motor hat während der Fahrt Aussetzer (»Fehlzündungen«)	**1** Einspritzdüsen gelockert bzw. defekt	Prüfen ob Einspritzdüsen »gasdicht« im Zylinderkopf verschraubt sind
	2 Zylinderkopfdichtung durchgebrannt (prüfen ob Motoröl im Kühlwasser oder bei laufendem Motor Gasblasen in der Kühlflüssigkeit aufsteigen)	Prüfen und erneuern lassen
	3 Ventilspiel zu gering; Ventil durchgebrannt	Kompressionsdruckmessung bzw. Druckverlusttest durchführen lassen. Ventilspiel prüfen, evtl. Ventil erneuern und andere einschleifen lassen
	4 Siehe A13, 14	
H Motor kann nicht abgestellt werden	Elektronischer Absteller defekt	Absteller prüfen, ggf. ersetzen lassen

DIE ZÜNDANLAGE

Wartung

Reparatur

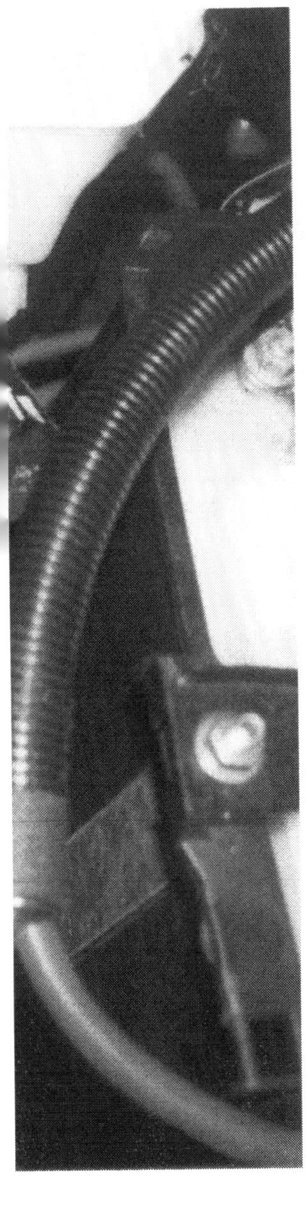

Sensorisch gesteuert: Die Zündanlage des Fiesta ist ein elektronisches Hochleistungsmodul das 12 Volt Bordspannung auf über 30000 Volt Zündspannung transferiert. Die Hochspannung gelangt »Winkelgrad genau« in der Reihenfolge 1 – 3 – 4 – 2 (Endura-E: 1 – 2 – 4 – 3) in Hochleistungszündkabeln an die Zündkerzenstecker. Bei Arbeiten an elektronischen Zündanlagen ist äußerste Vorsicht geboten – die Hochspannungsspitzen können lebensgefährlich sein.

Otto-Motoren älterer Bauart waren konsequent auf die Leistungsfähigkeit der Zündanlage – bestehend aus Zündspule, Zündverteiler, Kondensator, Verteilerfinger, Unterbrecherkontakten und Hochspannungszündkabeln, zugeschnitten: Herkömmliche Anlagen lieferten ihren Zündfunken ab. Im oberen Drehzahlbereich etwas früher, ansonsten kurz vor dem oberen Totpunkt des Kolbens, der gerade Frischgas verdichtete. Anders gesagt: Die Motorperipherie, allen voran Komponenten der Gemischaufbereitung, hatte sich auf das statische Leistungsvermögen der Zündanlage einzustellen – Zündanlagen »spendierten« ihre Funken mit der Flexibilität einer Zündholzschachtel. Im Zeitalter des elektronischen Motormanagements hat sich das grundlegend geändert. Hinter den Kulissen und für ungeschulte Augen völlig unsichtbar, gehen elektronische Zündanlagen äußerst flexible Verbindungen – zum Beispiel mit den Komponenten der Gemischaufbereitung – ein (siehe Kapitel »Fiesta-Motorenprogramm«). Für den Do-it-Yourselfer, besonders ambitionierte Schrauber sind gleichfalls angesprochen, hat das zur Folge, dass fest ins Motormanagement integrierte Zündanlagen kaum noch Ansatzpunkte zum

»sinnvollen Heimwerken« liefern. Unter der Motorhaube der aktuellen Fiesta führen sogenannte »Blackboxes« Regie – sie lassen sich allenfalls noch mit Expertenwissen und hochsensiblen Testprogrammen »in die Karten schauen«. Dennoch, der Zündanlage fällt nach wie vor die primäre Aufgabe zu, angesaugte Frischgase zum richtigen Zeitpunkt in den Brennräumen zu entflammen. Denn die optimale Leistung liefert ein Motor nur dann, wenn sein Kraftstoff-/Luftgemisch zum richtigen Zeitpunkt zündet. Läuft der Motor Ihres Fiesta zum Beispiel mit 6000 Umdrehungen in der Minute, springen an jeder Zündkerze pro Sekunde rund 100 Zündfunken über.

Damit es kräftig »funken« kann – das elektronische Steuergerät

Für die richtige Koordination des Zündfunkens zeichnet das elektronische Steuergerät verantwortlich. In seinem Speicher sind unter anderem theoretische Grunddaten unterschiedlicher Zündzeitpunkte abgelegt. Um die graue Theorie nun bestmöglich an die Praxis zu adaptieren, ist das Steuergerät jedoch auf aktuelle Informationen der Motorperipherie angewiesen. Diese gilt es ständig mit dem »Festplattenwissen« zu vergleichen. Die Blackbox kommuniziert vor jedem einzelnen Gaswechsel mit der Einspritzanlage, mit der Lamdasonde, mit dem Drehzahlsensor sowie mit diversen Temperatur- und Luftmengenmessern unter der Fiesta-Motorhaube.

Zündfolge: Die Zündfolge ergibt sich automatisch aus der Steckfolge der Hochleistungszündkabel auf dem »Verteilerdeckel«.

Belastungsabhängig – der optimale Zündzeitpunkt

Je nach Belastungszustand (Leerlauf, Teillast, Vollast) und Frischluftqualität verbrennt das Gemisch in den Brennräumen mit unterschiedlicher Geschwindigkeit. Um die Kraftstoffenergie dennoch bestmöglich zu nutzen, verändert das Steuergerät den Zündzeitpunkt entsprechend dem Belastungszustand für jeden einzelnen Zylinder. Der beste Augenblick ist jeweils dann, wenn das Kraftstoff-/Luftgemisch im Moment der höchsten Verdichtung gezündet wird. Beim Viertaktmotor ist das der Augenblick, in dem der Kolben von der Aufwärtsbewegung des Kompressionshubs in die Abwärtsbewegung des Arbeitstakts übergehen will.

Zeitlich versetzt – Zündung und Verbrennung

Allerdings liegt der Zündzeitpunkt nicht exakt auf dem oberen Totpunkt (OT). Denn das Gemisch benötigt bis zur Zündung rund eine dreitausendstel Sekunde. Demzufolge bekommt der Zündfunken noch während der Aufwärtsbewegung des Kolbens »grünes Licht«. Der höchste Verbrennungsdruck dagegen setzt ein, wenn der Kolben OT gerade überschritten hat. Da das Kraftstoff/Luft-Gemisch zum Entflammen stets die gleiche Zeit benötigt, wandert der Zündzeitpunkt mit steigender Motordrehzahl weiter vor OT.

Die Zündspule

Um Funken an der Zündkerze zu produzieren, muss an ihren Elektroden eine Hochspannung überschlagen. Je nach Zündanlage beträgt die Überschlagspannung über 30000 Volt. Um diesen Wert zu erreichen, wird die bescheidene Bordspannung von 12 Volt in der Zündspule zunächst einmal transformiert.

Funkenfabrik – die Zündspule

Die Zündspule besteht aus einer Primärwicklung mit wenigen Windungen (ca. 100) aus dickem Kupferdraht (ca. 0,6 mm²). Die Sekundärwicklung dagegen besteht aus einigen tausend Windungen dünnen Kupferdrahts (ca. 0,1mm²). Übereinanderliegend umschließen beide Windungen einen lamellierten Eisenkern. Vom Steuergerät über das integrierte Zündleistungsmodul getaktet, bekommt die Primärwicklung Strom von der Batte-

Technik-lexikon

Unsichtbare Helfer (allgemein)

Druckgeber: Über einen Schlauch mit dem Ansaugkrümmer verbunden, liefert er dem Steuergerät Informationen über den Unterdruck im Saugrohr. Der Sensor ist ein druckempfindlicher Kristallchip, er reagiert mit Änderungen seines elektrischen Widerstands auf den jeweiligen Unterdruck. Aus diesen Werten, sowie den Informationen über die jeweilige Drehzahl, erkennt das Steuergerät den aktuellen Betriebszustand.

Klopfsensor: Meldet dem Steuergerät, wenn der Zündvorgang zu früh einsetzt. In diesem Fall kommt es zu einer unkontrollierten Verbrennung – der Kolben »muss« gegen den Druck des bereits gezündeten Gemischs anarbeiten. Das führt zu Überhitzungserscheinungen an Kolben, Ventilen, Zündkerzen und der Zylinderkopfdichtung. Schlimmstenfalls kann das zu kapitalen Lager- und Kolbenschäden führen. Eine unkontrollierte Verbrennung lässt sich relativ früh an einem metallischen »Klingeln« des Motors erkennen. In den Klopfsensor ist ein Piezokeramikteil eingesetzt, das mechanische Kräfte wie Zug und Druck in elektrische Spannung umsetzt. Bei normaler Verbrennung meldet der Klopfsensor dem Steuergerät ein gleichmäßiges Schwingungsbild aller Zylinder. Bei einer unkontrollierten Verbrennung dagegen wird besagtes Bild ungleichmäßig. Das Steuergerät lokalisiert den »unkorrekten« Zylinder und nimmt den Zündzeitpunkt solange zurück, bis die Verbrennung wieder normal abläuft.

Drehzahlgeber: Induktionsgeber, der über das Steuergerät den Strom zur Zündspule ein- und ausschaltet. Im Geber sind Magnet und Spule untergebracht. Das Gegenstück bilden spezielle Impulsstege an der Motorschwungscheibe. Immer wenn ein Steg an dem Geber vorbeiläuft, ändert sich das Magnetfeld des Dauermagneten – in der Spule wird Spannung erzeugt. Das Steuergerät verwertet dieses Spannungssignal als Information zur Motordrehzahl. Um nun die Stellung der Kurbelwelle als plausibles OT-Signal der einzelnen Zylinder zu erfassen, sind an der Schwungscheibe für die Zylinder 1 und 4 vor ihrem jeweiligen OT als Bezugsmarke zwei Impulsstege ausgespart. Diese Markierungen dienen dem Steuergerät als Information der Zündfolge für die Zylinder 1 – 4.

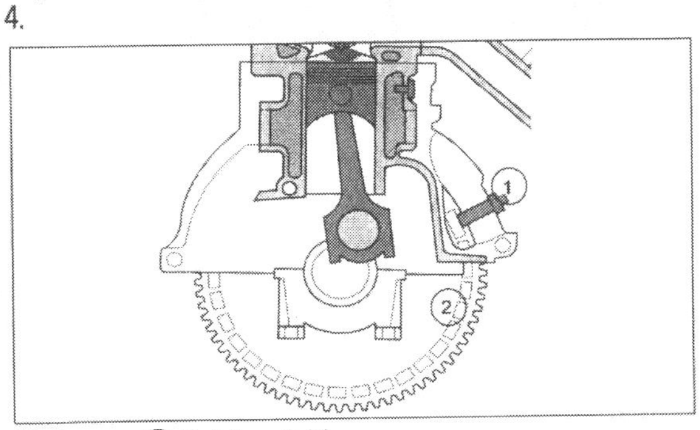

❶ Sensor. ❷ Sektionsfelder.

rie (Niederspannung). Dadurch entsteht ein Magnetfeld das die Sekundärwicklung transferiert. Unterbricht das Steuergerät diesen Stromkreis, bricht für Bruchteile von Sekunden das Magnetfeld schlagartig zusammen. Dabei entsteht eine Spannung bis zu 400 Volt, die in der Sekundärwicklung einen Hochspannungs-Stromstoß (Induktion) von mehr als 30 000 Volt erzeugt, der zu den Zündkerzen abfliesst. Fiesta ab Modelljahr '96 verfügen über eine elektronische Zündanlage mit zwei Zündspulen (EI), die jeden Zündfunken in der Arbeitsreihenfolge 1- 3 – 4 – 2 (Endura-E: 1 – 2 – 4 – 3) verteilt.

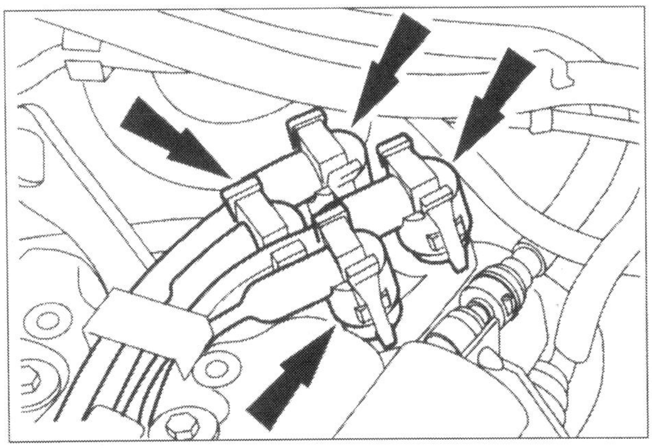

Funkenquelle: Mit einer herkömmlichen Zündspule hat die elektronische »Funkenfabrik« des Fiesta wenig gemein. Sensoren, Transistoren und Dioden verteilen in einem »Kästchen« die Zündfunken auf die einzelnen Zylinder. Bei den Zetec-SE-Motoren sitzt die »Zündspule« unterhalb der Motorabdeckung und bei den Endura-Versionen an der Motorblock-Rückseite. Um die Zündkabel abzuklemmen, müssen die Rastzungen an den Steckern zusammen gedrückt werden.

Hochtemperaturbeständig – die Zündkerzen

Zündkerzen haben die Aufgabe, das Kraftstoff-/Luftgemisch im Brennraum zu entzünden. Dabei entstehen Temperaturen von rund 2500 Grad und Drücke bis zur 60 bar. Damit der Funke zuverlässig zwischen den Zündkerzenelektroden überspringt, ist der Anschlussbolzen der Kerze von einem keramischen Isolator umgeben. Mittelelektrode und Anschlussbolzen stecken ausserdem in einer elektrisch leitenden Glasschmelze, die für die Verankerung dieser Teile und die Abdichtung gegenüber dem Brennraum sorgt. Ist die erforderliche Zündspannung erreicht, schlägt die Span-

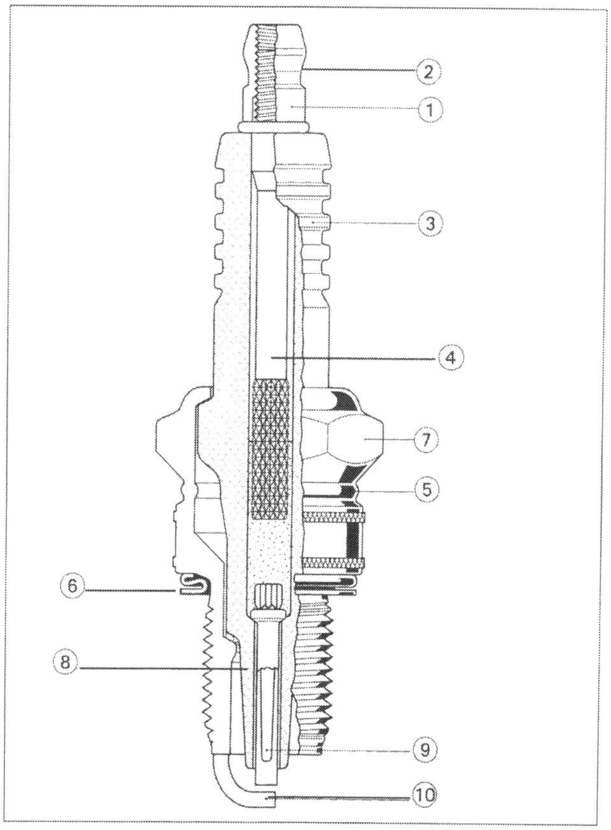

Die wichtigsten Teile der Zündkerze. Für eine einwandfreie Verbrennung muss die Zündkerze in Ordnung sein. ❶ und ❷ Zündkabelanschlussmutter mit Gewinde. ❸ Keramikisolator mit Kriechstrombarriere. ❹ Anschlussbolzen. ❺ Stauch- und Warmschrumpfzone. ❻ Dichtring. ❼ Zündkerzenkörper. ❽ Isolatorfuß. ❾ Mittelelektrode. ❿ Masseelektrode.

nung als Funken von der Mittelelektrode zur Masseelektrode über. Die Energie reicht, um die Frischgase im Brennraum zu entzünden.

Variabel – der Wärmewert

Damit eine Zündkerze zuverlässig arbeitet, muss sie nach dem Motorstart schnell ihre Selbstreinigungstemperatur erreichen. Sie liegt etwa bei 400° C. Sonst setzen sich Verbrennungsrückstände am Isolatorfuß fest. Bei Vollast darf die Temperatur etwa 800° C nicht überschreiten. Allerdings sind die Arbeitsbedingungen für Zündkerzen nicht in allen Motoren gleich. Erst der Wärmewert entscheidet, ob Zündkerze und Triebwerk zueinander passen. Verwenden Sie zum Beispiel eine Zündkerze mit zu geringem Wärmewert, kann sich der Isolatorfuß stark erhitzen. Das hätte unkontrollierte Glühzündungen zur Folge, die den Motor sogar zerstören können. Wählen Sie dagegen eine Zündkerze mit zu hohem Wärmewert, erreicht diese nicht die erforderliche Selbstreinigungstemperatur – der Isolatorfuß verschmutzt.

Vergrößert sich automatisch – der Elektrodenabstand

Neben dem richtigen Wärmewert (siehe Tabelle »Die Zündkerzen für den Fiesta«) müssen Kerzen auch den richtigen Elektrodenabstand aufweisen, er beträgt beim Fiesta 1,3 Millimeter. Mit zunehmender Laufzeit der Zündkerzen vergrößert sich jedoch der Abstand: Die hohe Überschlagsspannung löst regelmäßig kleine Metallpartikel von den Elektroden ab. Größere Elektrodenabstände erfordern eine höhere Zündspannung. Folge: Es kann zu Zündaussetzern kommen, eventuell springt der Motor dann nicht mehr an.
Beim Tausch der Zündkerzen darauf achten, dass Sie nur Kerzen mit dem vorgeschriebenen Wärmewert und dem richtigen Kerzengewinde montieren.

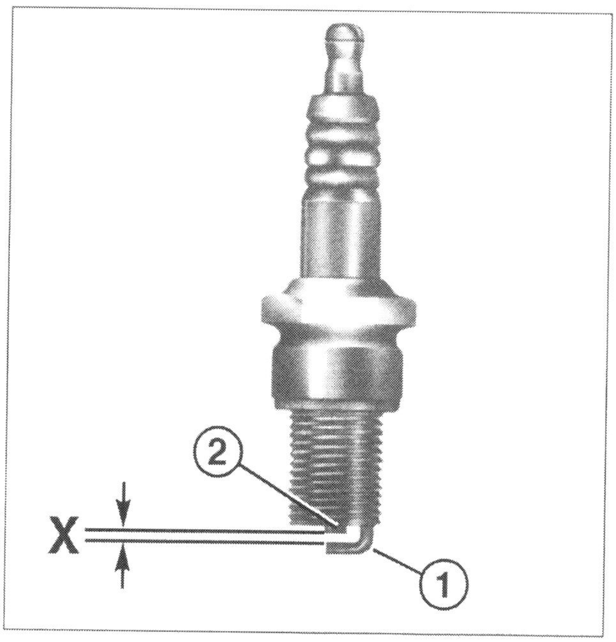

Sie können den Abstand der Elektroden selbst einstellen. Dazu brauchen Sie allerdings eine spezielle Fühlerblattlehre und einen Spezialeinsteller, mit dem sich die äußere Elektrode biegen läßt. Beide Werkzeuge erhalten Sie zum Beispiel bei den Kerzenherstellern. Gemessen wird der Abstand zwischen Masseelektrode ❶ und Mittelelektrode ❷.

Die Zündkerzen für den Fiesta

Motor	Zündkerzen-Spezifikation
1,3i Endura-E (37 kW/50 PS)	Motorcraft AGRF 22 C1
1,3i Endura-E 44 kw/60PS)	Motorcraft AGRF 22 C1
1,25i Zetec-SE /55 kW/75 PS)	Motorcraft AGRF 22 PP
1,4i Zetec-SE (66 kW/90 PS)	Motorcraft AGRF 22 PP

Gefahrenhinweis: Arbeiten an der Zündanlage

Der Gesetzgeber stuft die Zündanlage als gefährliche Anlage ein. Bei allen Arbeiten an der Zündung müssen Sie darum besondere Sicherheitsvorkehrungen beachten. Herzschrittmacher können bei Arbeiten an der Zündanlage aus dem »Tritt« geraten. Um sicher zu gehen, dass Sie sich keiner Gefahr aussetzen, überlassen Sie Arbeiten an der elektronischen Zündanlage besser Ihrer Ford Werkstatt. Doch auch bei Wartungsarbeiten sollten Sie besondere Vorsicht walten lassen.

- Berühren Sie bei eingeschalteter Zündung auf keinen Fall die spannungsführenden Teile von Primär- und Sekundärstromkreis – Lebensgefahr.
- Schalten Sie bei allen Wartungsarbeiten und Reparaturen stets die Zündung aus. Das gilt gleichermaßen für den Zündkerzenwechsel wie für das An- bzw. Abklemmen elektrischer Leitungen oder den Anschluss von Prüfgeräten.
- Bei eingeschalteter Zündung genügt eine Fahrzeugerschütterung, um einen Hochspannungsimpuls auszulösen. Sie begeben sich bei Arbeiten im Motorraum dann in Lebensgefahr, darüber hinaus können elementare Bauteile der Zündanlage zerstört werden.
- Wenn Sie elektrische Schweißarbeiten an Ihrem Fiesta durchführen, klemmen Sie beide Batteriepole ab.

Technik-lexikon: Was sagt das Kerzengesicht

Die Zündkerzen sind gewissermaßen die Kronzeugen der Verbrennung. Am Zustand der Kerzenelektroden (»Kerzengesicht«) erkennen Sie, ob der Motor optimal arbeitet. Achten Sie bei der Kontrolle der ausgebauten Zündkerzen auf diese Punkte:

Isolatorspitze hellgrau bis grau gefärbt: Gut eingestelltes Kraftstoff-/Luftgemisch – der Motor läuft wirtschaftlich.
Isolatorspitze weißlich gefärbt: Zu mageres Kraftstoff-/Luftgemisch - CO-Gehalt prüfen; eventuell falscher Zündzeitpunkt; Steuergerät defekt.
Schwarze rußartige Ablagerungen: Zündkerze erreicht nicht ihre Selbstreinigungstemperatur (häufiger Kurzstreckenverkehr), falscher Wärmewert, Kraftstoff-/Luftgemisch zu fett, CO-Gehalt zu hoch.
Ölschicht über Elektroden: Kolbenringe, Ventilführungen oder Abdichtungen der Ventilschäfte schadhaft. Möglicherweise haben Sie auch Motoröl oder Kraftstoff mit Zusätzen verwendet. Tauschen Sie die Zündkerzen aus, wechseln Sie Öl und Kraftstoffmarke und prüfen dann erneut den Zustand der Kerzen.

Alle 45 000 Kilometer - Zündkerzen ausbauen, prüfen und wechseln

Ford schreibt im Wartungsplan alle 45 000 Kilometer einen Zündkerzenwechsel vor – kein Problem mehr für moderne Kerzen. Springt Ihr Fiesta mit alten Zündkerzen dennoch nur unwillig an oder ruckelt nach dem Start, kann dies durchaus an den Zündkerzen liegen: Zum Beispiel an unsichtbaren Rissen im Keramikisolator, die sich bei Kaltstarts mit kondensierendem Kraftstoff füllen. Zündfunken gehen grundsätzlich den Weg des geringsten Widerstands und der führt dann eben nicht mehr über die Kerzenelektroden. Wenn Sie Ihren Zündkerzen also misstrauen, spendieren Sie Ihrem Motor zur Sicherheit einen neuen Satz. Wechseln Sie Kerzen nur bei kaltem Motor und mit einem speziellen Zündkerzenschlüssel oder einer Kerzennuss.

Arbeitsschritte

① Zündkerzenstecker von den Kerzen abziehen.

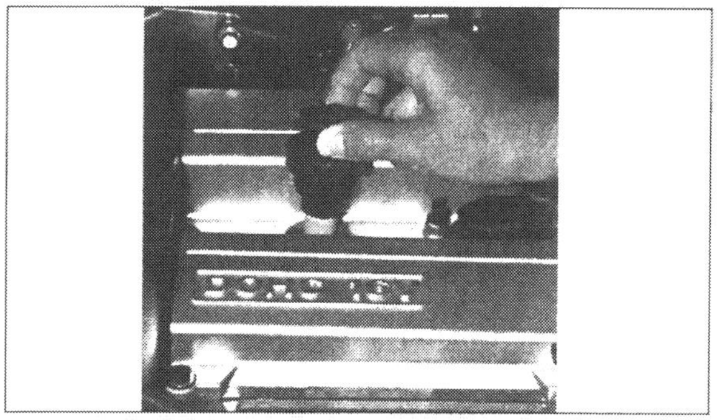

Gut abgeschirmt: Geschützt vor Staub und Feuchtigkeit sitzen die Zündkerzen beim Zetec-Motor unter einer »Zierblende« oberhalb des Ventildeckels (Endura-E – siehe Bild). Seien Sie vorsichtig bei der Montage – mit normalem Heimwerkerwerkzeug »köpfen« Sie schnell den Isolator. Benutzen Sie darum besser einen speziellen Zündkerzenschlüssel um die Kerzen zu wechseln.

② Zündkerzen etwa drei Umdrehungen lösen und Kerzenlöcher sorgfältig mit Druckluft ausblasen. So vermeiden Sie, dass beim Ausbau Schmutz in die Bohrungen und damit in die Zylinder gelangt.

③ Zündkerzen mit dem Kerzenschlüssel herausdrehen und außerhalb des Motorraums in der Reihenfolge der Zylinder ablegen.

④ Gewinde der neuen Zündkerzen vor der Montage leicht mit Kupferfettpaste einreiben und handfest in die Kerzenlöcher eindrehen (nicht verkanten), dann mit dem Zündkerzenschlüssel noch eine Vierteldrehung (90 Grad) anziehen. Dies entspricht etwa dem vorgeschriebenen Anzugsdrehmoment (25 Nm).

⑤ Verwenden Sie gebrauchte Zündkerzen, reinigen Sie vor der Montage das Kerzengewinde gründlich mit einer Messingbürste. Ansonsten Montage wie bei Neukerzen, jedoch Kerzenschlüssel nur um rund 15 Grad drehen (Dichtring an gebrauchten Kerzen ist bereits gepresst).

Korrigiert vorübergehend den Zündzeitpunkt – Oktanzahlstecker

Wenn Sie im Notfall oder aus Unachtsamkeit Ihren Fiesta nicht mit dem erforderlichen Kraftstoff (Euro-Super 95 Oktan) betanken konnten, werden Sie spätestens zwei bis drei Kilometer nach dem Tankstopp daran erinnert: Unter der Motorhaube Ihres Fiesta »klingelt« es unüberhörbar. Kein Grund zu verzweifeln, doch auf Dauer bekommt dem auf »Schonkost« gesetzten Motor das »Klingelwasser« nicht. Halten Sie darum schnellstens an, um den Zündzeitpunkt zu korrigieren. Ihr Fiesta besitzt dafür eigens einen Oktanzahl-Servicestecker an der linken Seitenwand im Motorraum. Entriegeln Sie den Stecker und trennen die Verbindung. Der Motor hat nach dem Eingriff etwas weniger Leistung, nimmt ansonsten aber keinen Schaden. Nach dem nächsten Tankstopp vergessen Sie bitte nicht, den Servicestecker wieder umzustellen.

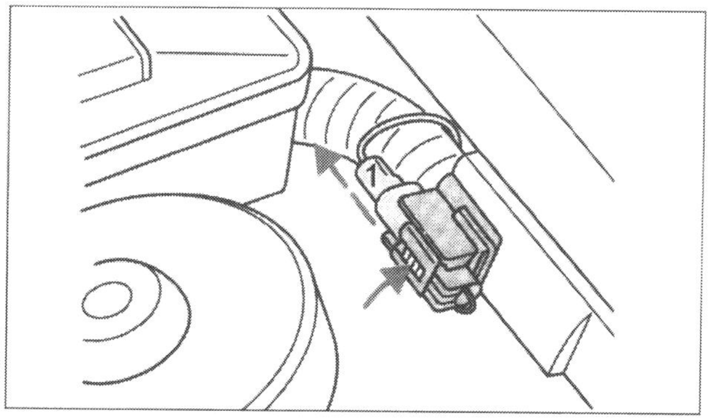

Oktanzahlanpassung: Sollten Sie »falsch« getankt haben, können Sie mit dem Servicestecker ❶ an der linken Seitenwand im Motorraum den Oktanzahlbedarf herabsetzen. Trennen Sie die Steckverbindung und füllen bereits bei halbvollem Tank Super-Plus nach. Beim nächsten Tanken darf's dann wieder Euro-Super sein. Denken Sie auch an den Servicestecker – er kann wieder montiert werden.

Praxistip: Zündkerze sitzt fest

Um eine festsitzende Zündkerze zu lösen, wenden Sie bitte keine Gewalt an: Im Zylinderkopf (Leichtmetall) könnte sonst das Kerzengewinde ausreißen. Fahren Sie in diesem Fall den Motor warm und versuchen dann, die Kerze auszudrehen. Vorsicht – am heißen Motor können Sie sich schnell die Hände verbrennen. Darum warten Sie mit der Montage so lange, bis der Motor abgekühlt ist. Unsere Empfehlung hat auch einen technischen Hintergrund: Kalte Zündkerzen in ein heißes Triebwerk eingesetzt, sitzen später fest wie eingeschweißt. Zündkerzen lassen sich übrigens beim nächsten Wechsel besser demontieren, wenn Sie vor der Montage die Gewindegänge sparsam mit hochtemperaturfestem Kupferfett bestreichen.

Motor und Zündanlage

Störungsbeistand

Störung	Ursache	Abhilfe
A Motor springt schlecht oder gar nicht an	**1** Zündspule oder Zündkerzen feucht bzw. verschmutzt, daher kein Zündfunken	Trocknen bzw. reinigen, ggf. mit Zündspray behandeln
	2 Steckverbindungen locker bzw. oxidiert	Kontrollieren, ggf. erneuern (lassen)
	3 Zündkerzen nass (nach häufigen Startversuchen)	Ausbauen und trocknen
	4 Drehzahl-/Positionssensor lose – zu großer Abstand zu Schwungscheibe	Festziehen
	5 Drehzahl-/Positionssensor defekt; Kabel hat Masse oder ist unterbrochen	Erneuern lassen; Kabel kontrollieren bzw. erneuern
	6 Zündspule defekt	Austauschen
	7 Leistungsmodul bzw. Steuergerät defekt	Kontrollieren lassen und ggf. austauschen
B Motor läuft unrund, hat Zündaussetzer	**1** Zündkerze defekt	Austauschen
	2 Zündkabel unterbrochen	Leitung ersetzen
	3 Siehe A1–7	
C Motor hat keine Leistung	**1** Ansaugsystem zieht Nebenluft	Überprüfen (lassen)
	2 Kühlmittel, Ansaugluft-Temperatursensor defekt oder Stecker sitzt nicht korrekt	Steckverbindungen kontrollieren, Sensor ggf. ersetzen lassen
	3 Siehe A4–7	

Dieser Störungsbeistand setzt voraus, dass der Motor mechanisch in Ordnung ist und die Kraftstoffversorgung sowie die Einspritzanlage einwandfrei funktionieren.

Zündung abklemmen

Arbeitsschritte

① Stromversorgung zum Zündmodul unterbrechen.

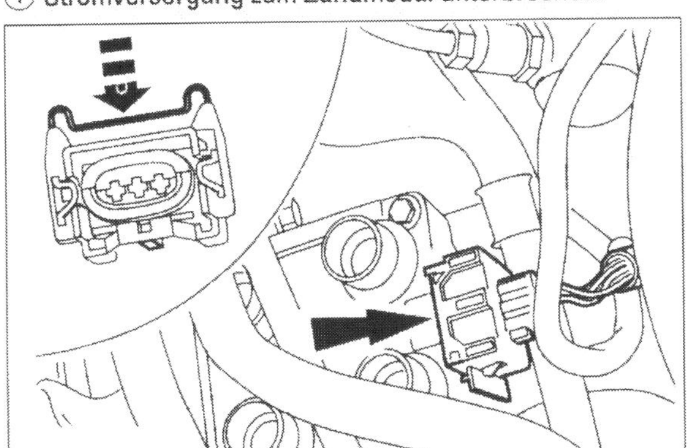

Schnell erledigt: Zur Demontage des Mehrfachsteckers einfach den Spannbügel (Pfeil) eindrücken.

Zündmodul und Kabel – darauf sollten Sie achten

- Sind die Kabelanschlüsse und Mehrfachstecker fest mit der Zündspule und dem Steuergerät verbunden? Lockere Zündkabel können durch Erwärmung der eingeschlossenen Luft geringfügig in den Kontaktbuchsen abheben und dadurch zu Zündaussetzern (Stottern) führen. Lose Zündkabel an den Kerzen können Kriechströme und unkontrollierte Funkenüberschläge verursachen.
- Kontrollieren Sie das Zündspulengehäuse auf Risse oder von überschlagenden Funken verursachte Brandspuren.
- Haben die Klemmen guten Kontakt zu den Kerzensteckern? Sie dürfen nicht oxidiert sein.
- Prüfen Sie die Zündkabel, die Isolation darf nicht an- oder durchgescheuert sein. Kabel mit Scheuer- oder

Schmorstellen umgehend ersetzen. An einem defekten Kabel kann der Zündfunke schon vor der Zündkerze überspringen (Weg des geringsten Widerstands!) – Sie hören das an Knack- oder Knattergeräuschen im Motorraum.

- Entfernen Sie Streusalz- und Kalkablagerungen von den Zündkabeln.

Mit Multimeter zu prüfen – Drehzahlgeber

Mit einer Widerstandsmessung (Multimeter, siehe auch Kapitel »Die Fahrzeugelektrik«) testen Sie die Funktion des Drehzahlgebers. Um sicher zu sein, dass der Abstand des Sensors zum Schwungrad stimmt, kontrollieren Sie vor der Messung, ob der Drehzahlsensor fest verschraubt ist.

Arbeitsschritte

① Zur elektrischen Kontrolle den Stecker am Drehzahlsensor abziehen.

② Den Widerstand an den beiden Steckkontakten messen.

③ Das Multimeter muss 200 ± 50 W gemessen anzeigen.

Mit einem »zweiten« Mann kein Problem – Druckgeber prüfen

Arbeitsschritte

① Schlauch vom Druckgeber abziehen und mit Fingerspitze verschließen.

② Motor von einem Helfer starten lassen und auf mittlere Drehzahl (ca. 2000 min^{-1}) bringen.

③ Bei gleichmäßiger Drehzahl den Schlauch wieder am Geber anschließen.

④ Da am Geber nun wieder Unterdruck anliegt, muss die Zündzeitpunktverstellung des Steuergeräts arbeiten. Bei gleicher Gaspedalstellung dreht der Motor merklich höher.

⑤ Bleibt die Drehzahl jedoch konstant, deutet das auf einen undichten Unterdruckschlauch oder defekten Druckgeber hin. Der Motor quittiert dies mit verminderter Leistung und schlechteren Abgaswerten.

Teamwork – Zündstrom prüfen

Arbeitsschritte

① Einen beliebigen Kerzenstecker abziehen und Zündkerze herausschrauben.

② Stecker wieder auf die demontierte Zündkerze stecken und mit einwandfreiem Massekontakt auf dem Motorblock ablegen. Vorsicht beim Starten, Kerze darf nicht abrutschen.

③ Motor von einem Helfer starten lassen.

④ Springen kräftige Funken an der Kerzenelektrode über, ist Zündstrom vorhanden.

⑤ Springen keine Funken über, zunächst eine Sichtprüfung der Zündanlage vornehmen. Bleibt die Kontrolle ergebnislos, inspizieren Sie die Stromversorgung der Zündanlage.

Stromversorgung an herkömmlichen Zündanlagen prüfen

Für die Arbeit brauchen Sie ein Multimeter (siehe Kapitel »Die Fahrzeugelektrik«). Beachten Sie, dass Mess- und Prüfgeräte nur bei ausgeschalteter Zündung an- und abgeklemmt werden dürfen.

Arbeitsschritte

① Die Zündspule erhält ihren Primärstrom an Klemme 15/+. Über die Primärwicklungen gelangt die Spannung von Klemme 4 zum Leistungsmodul im Steuergerät. Die Zündspannung von circa 30 000 Volt (30 kV) fließt von der Zündspule über das Hochspannungszündkabel (4) direkt in den Verteiler und wird dort an die jeweiligen Zylinder »verteilt«.

② Zur Spannungsmessung das Multimeter zwischen Klemme 15/+ und Masse anschließen. Die Stromversorgung durch die Batterie ist in Ordnung, wenn eine Dauerspannung von mindestens 11,5 Volt anliegt. Liegt der gemessene Wert darunter oder messen Sie keine Spannung, kann dies folgende Ursachen haben:

- Die Batterie zu schwach geladen.

- Das Steuerkabel zum Zündschloss ist unterbrochen.
- Das Zündschloss ist defekt (in der Regel arbeitet dann auch der Anlasser nicht).
- Die Verbindung zwischen Zündschloss und Mehrfachstecker des Steuergeräts ist unterbrochen.

Mit Multimeter schnell erledigt – Widerstand an der Zündspule messen

Eine verlässliche Messung setzt ein funktionierendes Motormanagement voraus. Auch die Hochspannungszündanlagen der 96er Modelle lassen sich mit einem Multimeter im Prüfmodus (Widerstand Ω) checken.

Arbeitsschritte

① Zündung ausschalten.

② Zündkabel am Zündmodul abklemmen.

Primärwiderstand prüfen:

③ Mehrfachstecker abziehen.

④ Ohmmeter nacheinander an Klemme ❶ und ❷ sowie ❸ und ❷ anschließen.

Sollmesswerte:

Beide Messwerte sollten zwischen 0, 4 – 0, 6 W liegen. Andernfalls Zündmodul erneuern.

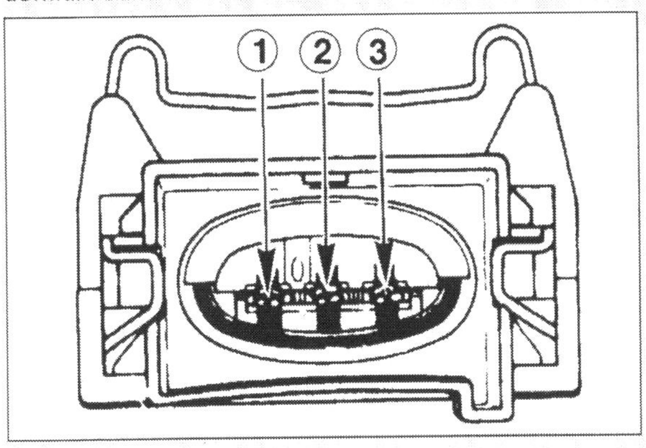

Anschlüsse im Mehrfachstecker

Nicht messbar – Sekundärwiderstand

Bei älteren Fiesta-Motoren können Sie an der Zündspule noch den Widerstand an Primär- und Sekundärwicklung messen. Liegen die gemessenen Werte unter den Sollwerten oder zeigt das Messgerät den Wert »unendlich«, ist ein Austausch der Zündspule fällig. Die Messung sollten Sie möglichst bei Raumtemperatur (20 Grad) durchführen. Vor der Arbeit Zündung ausschalten und alle Leitungen an der Zündspule abziehen oder abklemmen. Den Widerstand messen Sie zwischen den Klemmen 15/+ und 1/-Masse sowie an den Klemmen 1/- und 4. Ein Windungsschluss lässt sich mit diesen Messungen allerdings nicht diagnostizieren. Stellen Sie bei der Messung große Toleranzen fest, muss die Zündspule erneuert werden.

Zündmodul demontieren

Arbeitsschritte

① Massekabel der Batterie abklemmen.

② Kabelanschlüsse am Zündmodul abziehen.

③ Befestigungsschrauben lösen und Zündmodul vom Halter abnehmen.

④ Neues Zündmodul montieren und Anschlüsse mit ca. 6 Nm anziehen.

⑤ Kabelstecker seitlich einrasten.

⑥ Zündkabel in Zündfolge aufs Modul aufstecken.

⑦ Anschlüsse auf festen Sitz prüfen.

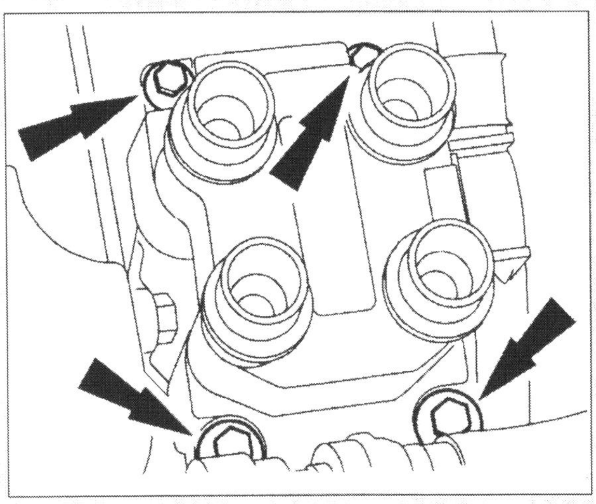

Servicefreundlich: Die Befestigung des Zündmoduls direkt am Motor.

DIE KRAFTSTO VERSORGU

Mit moderaten Verbräuchen ist der Ford Fiesta an der Tanksäule ein seltener Gast. Modelle mit Ottomotor benötigen Super-Kraftsto

der Fiesta D fährt an der Dieselsäule vor.

Wartung

Reparatur

Der Kraftstofftank Ihres Fiesta liegt im hinteren Wagenteil unter dem Bodenblech. Bei allen Modellen fasst er 42 Liter. Tankgeber (Kraftstoff-Vorratsanzeige) und eine Intank Kraftstoffpumpe sind bei den Benzinversionen eine Einheit. Die Förderpumpe des Fiesta-D sitzt direkt in der Einspritzpumpe am Motorblock. In allen Modellen werden die Kraftstoffvor- und -rücklaufleitung oben am Tankgeber aus dem Tank geführt. Der Tank besitzt keine Ablassschraube. Folglich muss, vor Arbeiten am Kraftstoffbehälter, der Tankinhalt per Handpumpe über die Einfüllöffnung abgepumpt werden.

Ausgeklügelt – das Belüftungssystem

Eine elektrische Saug-/Druckpumpe (Förderpumpe) transportiert im Fiesta den Kraftstoff über ein Leitungssystem vom Tank zum Motor. In der Vorlaufleitung zur Einspritzanlage befindet sich ein Kraftstofffilter, in dem Verunreinigungen und Kondenswasser aus dem Tank separiert werden. Bei allen Fiesta mit Ottomotor sitzt der Filter unter der Bodengruppe in Nähe des rechten Hinterrads. Die Dieselversion reinigt den Kraftstoff dagegen unter der Motorhaube: Der Filter sitzt seitlich am Motor. Die Tankbe- und -entlüftung münden im Fiesta grundsätzlich im Benzineinfüllstutzen. Beim Betanken entweicht hier die überschüssige Luft aus dem Kraftstoffbehälter, wohingegen sie während der Fahrt – entsprechend der verbrauchten Kraftstoffmenge – über den gleichen Weg aus der Atmosphäre ergänzt wird. Auf diese Weise kann sich im System weder ein Über- noch ein Unterdruck bilden. Aus Gründen der Umweltentlastung führt die Entlüftungsleitung des Kraftstofftanks nicht geradewegs ins Freie. Ihr ist vielmehr ein Aktivkohlefilter zwischengeschaltet, der Kraftstoffdämpfe bindet und während der Fahrt dem Motor zur Verbrennung zuführt.

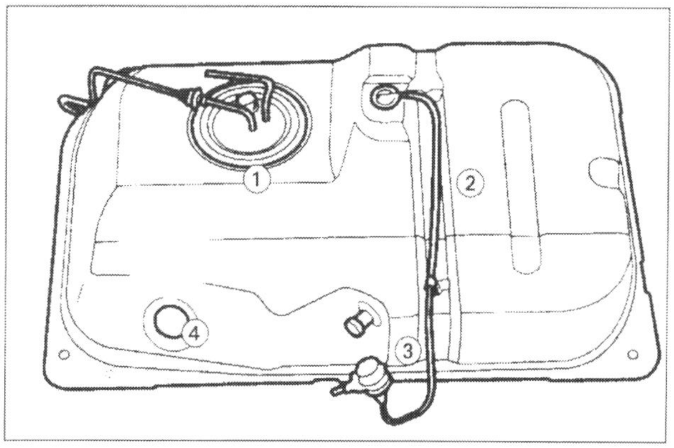

❶ Tankgeber mit Intank-Kraftstoffpumpe. ❷ Tankentlüftung. ❸ Überlauf. ❹ Einfüllöffnung.

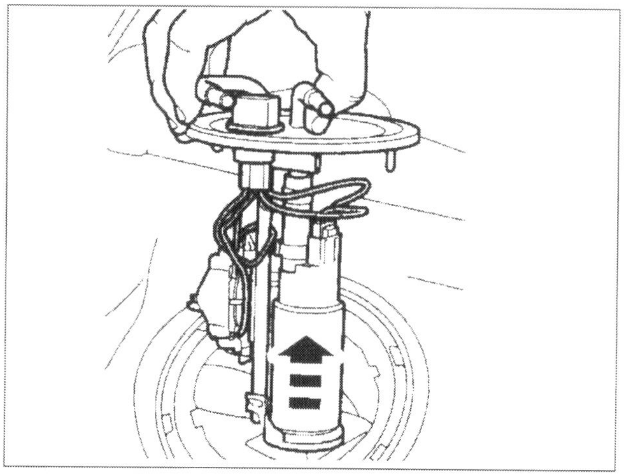

Intank-Kraftstoffpumpe (Zetec-SE, Endura-E).

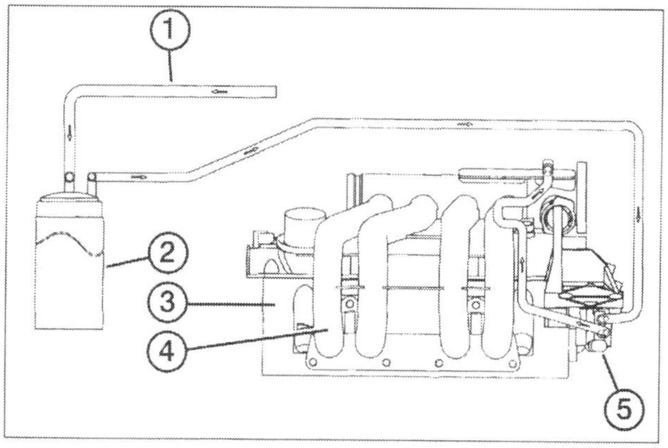

Das Absorbtionssystem der Kraftstoffdämpfe.
❶ Entlüftungsleitung vom Kraftstofftank. ❷ Aktivkohlefilter. ❸ Zylinderkopf. ❹ Ansaugkrümmer. ❺ Magnetventil zur Steuerung des Systems.

Die wichtigsten Bauteile der Kraftstoffversorgung

Kraftstoffpumpe: Im Ford Fiesta eine elastisch aufgehängte Tauchpumpe, direkt im Tank montiert (Intank-Kraftstoffpumpe). Die Pumpe wird elektrisch gespeist und ist mit dem Geber der Kraftstoffanzeige in einem Bauteil zusammengefasst. Ein Überdruckventil im Pumpengehäuse lässt zuviel geförderten Kraftstoff und Gase zurück in den Kraftstoffvorratsbehälter entweichen. Das Ventil sichert zugleich auch den Systemdruck bei ausgeschalteter Zündung.

Kraftstofffilter: Filtert flüssige und feste Ballaststoffe aus dem Kraftstoff. Grundsätzlich vor der Einspritzanlage montiert.

Aktivkohlefilter: Bindet Kraftstoffdämpfe in der Entlüftungsleitung. Je nach Lastzustand des Motors öffnet das Steuergerät per Magnetventil einen Unterdruckschlauch zum Ansaugkrümmer – die Kraftstoffdämpfe werden zwangsläufig aus dem Aktivkohlefilter abgesaugt und den Frischgasen beigemischt. Im Motorraum montiert.

Der Kraftstoff

Die Otto-Motoren des Ford Fiesta verbrennen Euro Super (ROZ 95). Sie können aber auch mit Super Plus (ROZ 98) betankt werden. Super Plus kann durchaus dann Sinn machen, wenn Sie Ihrem Ford im Urlaub, bei voller Belastung und hohen Außentemperaturen, längere Strecken abverlangen. Der Verbrauch Ihres Fiesta kann mit Super Plus anstelle von Euro Super sogar geringfügig sinken. Noch mehr Einfluss auf den Verbrauch haben Sie im übrigen mit Ihrem »eigenen«Gasfuß.

Mit wenig Gas »dahin rollen« – so sparen Sie Kraftstoff

Beschleunigen Sie stets zügig, schalten jedoch möglichst früh in den nächst höheren Gang. Haben Sie die gewünschte Geschwindigkeit erreicht, versuchen Sie Ihren Fiesta immer im höchstmöglichen Gang und wenig »Gas« dahin rollen zu lassen. Drehen Sie den Motor lediglich beim Überholen oder Einspuren in den fließenden Verkehr höher aus. Außerdem sollten Sie auch kurze Tankstopps vor Eisenbahnschranken, Baustellenampeln oder im Stau mit »stummem« Motor überbrücken: Das rechnet sich bereits ab 5 bis 7 Sekunden – und die Umwelt profitiert auch davon.

Umgang mit Kraftstoff

Gefahrenhinweis

Beim Umgang mit Kraftstoff ist immer Vorsicht geboten. Nehmen Sie daher Wartungsarbeiten und Reparaturen an der Kraftstoffanlage nicht auf die leichte Schulter. Vor allem beim Entleeren des Kraftstoffbehälters müssen Sie mit äußerster Vorsicht ans Werk gehen. Beachten Sie folgende Sicherheitsmaßnahmen:

- Zuerst das Minuskabel zur Batterie abklemmen und Batteriepol zuverlässig abisolieren.
- Kraftstoffbehälter nur im Freien entleeren. Dazu brauchen Sie eine kraftstoffresistente Handpumpe (z. B. Balgen-Schlauchpumpe). Auf keinen Fall versuchen, den Kraftstoff aus der oberen Tanköffnung (Flansch der Kraftstoff-Vorratsanzeige) auszugießen oder mit einem Schlauch per Mund abzusaugen – Vergiftungsgefahr durch Kraftstoffzusätze!
- Generell CO_2-Pulver- oder Schaumlöscher der Brandklasse B in greifbarer Nähe bereitstellen.
- Kraftstoffbehälter nie über einer Grube entleeren: Die entweichenden Gase sind schwerer als Luft und würden in der Grube für mehrere Stunden ein hochexplosives Gemisch bilden. Folge: Akute Explosionsgefahr und gesundheitliche Schäden durch Einatmen der Dämpfe.
- Stellen Sie sicher, dass sich während der Arbeit mit Kraftstoff keine eingeschalteten elektrischen Geräte, offenen Flammen, Wärme- und Funkenquellen im Raum befinden.
- Kraftstoff darf nur in verschließbare, klar beschriftete Gefäße umgefüllt werden. Dazu gibt's spezielle Behälter mit Flammschutz und Druckausgleichsverschluss.
- Im entleerten Kraftstofftank sammeln sich Restgase. Daher ist erhöhte Vorsicht geboten – Explosionsgefahr.

Kraftstoff – Begriffe und Normen

Technik-lexikon

Normalbenzin/Superbenzin. Fast identisch bei Reinheitsgrad, Verdampfungsverhalten (wichtig für Entzündbarkeit) und Energiebilanz (Heizwert je Kilogramm Kraftstoff). Entscheidender Unterschied: Die Klopffestigkeit liegt bei Super höher als bei Normalbenzin.

Diesel: Perfekt auf die physikalischen Eigenschaften des »Selbstzünders« zugeschnitten. Durch die große Zündwilligkeit des Dieselkraftstoffs und das extrem hohe Verdichtungsverhältnis in Dieselmotoren läuft die Verbrennung kontrolliert in Sekundenbruchteilen ab. Für Otto-Motoren wäre Dieselöl freilich »pures Gift«– ihre Zündkerzen würden binnen kürzester Zeit verrußen.

Sommer- / Winterdiesel: Sommerdiesel nach DIN 51 601 kommt zwischen Frühjahr und Herbst ohne Fließverbesserer an die Zapfsäule. Er würde daher schon bei geringen Minustemperaturen paraffinieren und die Kraftstoffleitungen samt Filter zusetzen. Deshalb kommt hierzulande in der Übergangszeit bereits Dieselkraftstoff mit einem geringen Anteil an Fließverbesserern auf den Markt. Er bleibt bis etwa –10° C. filtergängig. Winterdiesel behält seine Fließfähigkeit laut DIN-Norm bis –12° C., in der Praxis können Sie dem »Saft« jedoch Minustemperaturen bis etwa 22° C. zutrauen.

Klopffestigkeit: Je höher der Kompressionsdruck um so besser der thermische Wirkungsgrad des Motors. Doch wenn der Kraftstoff nicht der geforderten Qualität entspricht, kommt es leichter zu Selbstentzündungen – der Motor klopft. Superkraftstoff widersteht höheren Verbrennungsdrücken als Normalbenzin, er neigt weniger schnell zur unkontrollierten Selbstentzündung. Haben Sie Ihren Fiesta aus Versehen mit Normalbenzin betankt, wird er Ihnen, wenn Sie aus niedrigen Drehzahlen heraus voll beschleunigen, den Fehler mit lautem Klingeln quittieren. Sollte das der Fall sein, entriegeln Sie den Stecker der Oktanzahlanpassung (siehe Seite 110) und gehen fortan etwas sensibler mit dem Gaspedal um. Verlangen Sie dem Triebwerk nur mittlere Drehzahlen ab und mischen die Füllung möglichst schnell mit Super-Plus auf.

Oktanzahl: Steht für die Klopffestigkeit des Kraftstoffs. An der Zapfsäule finden Sie in der Regel die Bezeichnung »ROZ« (Research-Oktanzahl), seltener die Spezifikation »MOZ« (Motor-Oktanzahl). Die Oktanwerte für die Mindestanforderungen an bleifreien Kraftstoff wurden in Deutschland früher vom Deutschen Institut für Normung (DIN) nach DIN 51 607 festgeschrieben. Heute gilt die Euro-Norm EN 228.

Cetanzahl: Eine reine, im Labor ermittelte, Verhältniszahl. Steht für die Zündwilligkeit eines Kraftstoffs. Dem sehr zündwilligen Cetan wird die Zahl 100 zugeordnet, dem extrem zündunwilligen Vergleichskraftstoff Methylnaphtalin dagegen eine 0. Die Cetanzahl gibt an, wieviel Volumenprozent Cetan ein Gemisch mit Methylnaphtalin enthalten müsste, um die gleiche Zündwilligkeit wie der zu messende Kraftstoff zu haben. Beim Diesel soll sie 45 betragen.

Tankbe- und -entlüftung kontrollieren

Arbeitsschritte

① Motor warmfahren (Betriebstemperatur), dann mit Leerlaufdrehzahl laufen lassen.

② Den vom Aktivkohlefilter kommenden Unterdruckschlauch am Magnetventil abziehen.

③ Am Ventilanschluss prüfen, ob Unterdruck anliegt. Falls nicht, Magnetventil auf Funktion prüfen.

④ Dazu Batterie (Massekabel) abklemmen, Stecker vom Magnetventil abziehen.

⑤ Schläuche vom Magnetventil abziehen, Ventil abnehmen. Zur Montage vorher Anschlüsse kennzeichnen.

⑥ Merke: Nur ein defektes Ventil können Sie durchblasen.

Kraftstofffilter ersetzen (Ottomotor)

Arbeitsschritte

① Batterie (Massekabel) abklemmen.

② Fahrzeug hinten standsicher aufbocken.

③ Auffangbehälter unter den Kraftstofffilter (in Nähe des rechten Hinterrads, rechts neben Tank) stellen.

④ Leitungsanschlüsse mit Lappen umwickeln.

⑤ Damit der Druck langsam abfällt, Leitungen vorsichtig abziehen. Klammern der Schnellverschlüsse mit Fingern zusammendrücken.

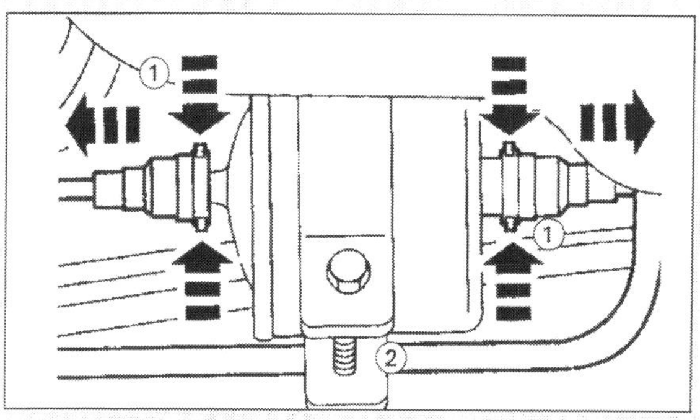

❶ Kraftstoffleitungen mit Schnellkupplungen. ❷ Halteschelle.

⑥ Klemmschraube lösen und Filter aus der Halterung ziehen. Den alten Filter entleeren und als Sondermüll entsorgen.

⑦ Bei der Montage des neuen Filters auf Durchflussrichtung (Gehäusepfeil) achten.

⑧ Anschlüsse reinigen, Leitungen richtig ansetzen.

⑨ Batterie anklemmen und Zündung etwa 30 Sekunden einschalten, um den Systemdruck aufzubauen.

⑩ Leitungsanschlüsse sorgfältig auf Undichtigkeiten überprüfen.

⑪ Wagen ablassen.

Kraftstofffilter ersetzen (Dieselmotor)

Arbeitsschritte

① Batterie (Massekabel) abklemmen.

② Auffangbehälter unter den Dieselfilter stellen. Evtl. Ablassstutzen mit Schlauch verlängern.

③ Ablassschraube von Hand öffnen und Filter vollständig entleeren. Sollte der Filter nicht leerlaufen, Rücklaufschlauch oben am Filtergehäuse abziehen.

④ Leitungskupplungen mit Lappen unterlegen – Kupplungen öffnen, auslaufendes Dieselöl auffangen.

⑤ Klemmschraube lösen und Filter aus der Halterung ziehen. Den alten Filter als Sondermüll entsorgen.

⑥ Neuen Dieselfilter randvoll mit Diesel füllen – festschrauben.

⑦ Kraftstoffleitungen aufschieben. Vor- und Rücklaufleitung nicht vertauschen – auf Kennzeichnung achten.

⑧ Auffangbehälter entfernen.

⑨ Batterie anklemmen und Motor starten. Filterelement und Anschlüsse auf Dichtigkeit prüfen.

Kraftstofffilter entwässern (Diesel)

Dieselöl hat die unangenehme Eigenart Kondenswasser zu binden und flockige Schmutzpartikel zu führen. Deshalb sollten Sie den Dieselfilter von Zeit zu Zeit (ca. alle 10 000 km) entwässern.

Arbeitsschritte

① Auffangbehälter unter den Dieselfilter stellen. Evtl. Ablassstutzen mit Schlauch verlängern.

② Ablassschraube von Hand öffnen und Filter solange entleeren, bis reines Dieselöl ausläuft.

③ Ablassschraube gut verschließen.

④ Auffangbehälter entfernen.

⑤ Motor starten und etwas Gas geben. Nach etwa 60 Sekunden muss der Systemvordruck aufgebaut sein und der Motor im Stand »rund« laufen.

⑥ Filter auf Dichtigkeit prüfen.

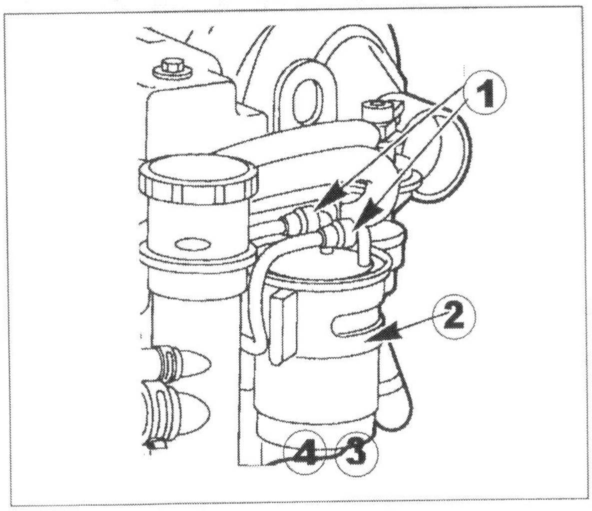

❶ Kraftstoffschläuche. ❷ Klemmschraube Filtergehäuse. ❸ Ablassstutzen. ❹ Ablassschraube.

Tank entleeren ohne Handpumpe

Der Fiesta-Tank besitzt keine Ablassschraube. Da die Kraftstoffsaugleitung und der Rücklauf an der Tankoberseite sitzen, können Sie den Kraftstoff nicht einfach auslaufen lassen. Sollten Sie keine Handpumpe (Schlauch-Balgenpumpe) haben, geht's eventuell auch wie beschrieben.

Arbeitsschritte

① Fiesta möglichst hoch aufbocken.

② Einen Schlauch, evtl. ein Stück vom Gartenschlauch zweckentfremden, über den Einfüllstutzen bis auf den Tankboden »absenken«.

③ Obere Schlauchöffnung hoch halten und dicht mit dem Finger verschließen. Ihr Auffanggefäß muss genügend weit unterhalb des Tankbodenniveaus stehen. Verschlossenes Schlauchende jetzt ein Stück aus dem Tank ziehen und ins Gefäß halten. Finger schnell wegziehen: Wenn das Schlauchende im Tank noch im Benzin »steht«, fließt der Kraftstoff jetzt mit Fallgeschwindigkeit aus dem Tank. Falls nicht, Vorgang wiederholen. Achtung: Ansaugen von Kraftstoff mit dem Mund gefährdet Ihre Gesundheit.

④ Ist der Tank nicht voll genug, hilft Ihnen der »Falltrick« nicht unmittelbar weiter – wir empfehlen dann eine geeignete Handpumpe.

Leitungen und Schläuche ausbauen (allgemein)

Vorsicht: Das Kraftstoffsystem steht bei Einspritzanlagen auch bei stehendem Motor noch längere Zeit unter Druck. Deshalb beim Lösen der Kraftstoffleitung bzw. beim Trennen einer Schnellkupplung einen Lappen bereithalten, damit kein Kraftstoff herausspritzen kann.

Arbeitsschritte

① Schnellkupplungen bzw. Schraubanschlüsse trennen.

② Bei Quetschklemmen mit einem feinen Schraubendreher unter die Schelle fahren und diese durch seitliches Hebeln lockern.

③ Schlauch unter Drehbewegungen abziehen. Ist dies nicht möglich, kleinen Gabelschlüssel hinter dem Schlauchende ansetzen und Schlauch damit abdrücken.

④ Zum Anschluss der Schläuche am besten Schraubschellen, bzw. bei Schraubflanschen neue Kupferdichtungen verwenden.

Fehlersuche an der Kraftstoffpumpe

Die elektrische Kraftstoffpumpe versorgt ein Relais mit Spannung. Die Pumpe fördert Kraftstoff ab der Startphase und solange der Motor läuft. Ein zweites Relais tritt in Aktion, wenn der Motor bei eingeschalteter Zündung stillsteht (Steuergerät empfängt keine Drehzahlimpulse mehr). Das Relais unterbricht über eine Sicherheitsschaltung im Motor-Steuergerät die Stromzufuhr. So kann zum Beispiel nach einem Unfall kein Benzin auslaufen. Die Prüfung der Kraftstoffpumpe ist eine Arbeit für die Werkstatt. Wenn Sie einen Defekt an diesem Bauteil vermuten, sollten Sie sich auf folgende Fehlersuche beschränken.

Arbeitsschritte

① Zündung abklemmen.

② Kraftstoff-Druckleitung am Verteilerrohr lösen – Lappen gegen herausspritzendes Benzin bereithalten.

③ Schon bei stehendem Motor müsste etwas Benzin austreten, da das Kraftstoffsystem unter Druck steht.

④ Bleibt der Anschluss trocken, kurz die Zündung einschalten (Anlasser nicht betätigen!).

⑤ Sollte die Pumpe nicht anlaufen, Sicherung bzw. Sicherheitsrelais überprüfen.

⑥ Kommt weiterhin kein Benzin, Pumpenrelais prüfen.

⑦ Spätestens jetzt muss die Kraftstoffpumpe anlaufen.

⑧ Ansonsten bauen Sie die Abdeckung unter der Rücksitzbank aus und »traktieren«das Pumpengehäuse mit leichten Hammerschlägen – mitunter hilft das.

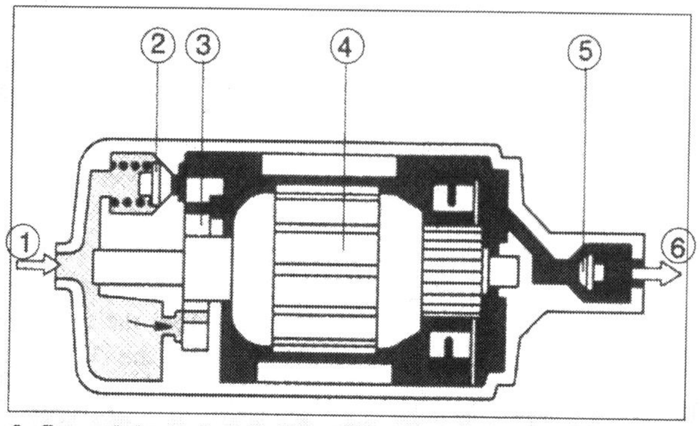

Aufbau elektrischer Rollenzellenpumpe.
❶ Saugseite. ❷ Überdruckventil. ❸ Filtergehäuse. ❹ Laderegler. ❺ Rückschlagventil. ❻ Druckseite.

⑨ Bei der Gelegenheit prüfen Sie selbstverständlich auch den festen Sitz der Kabelstecker an der Pumpe.

⑩ Läuft die Pumpe jetzt immer noch nicht, mit einem Dioden-Spannungsprüfer (normale Prüflampe könnte am Steuergerät Schaden anrichten) Spannung prüfen. Nicht vergessen – Zündung einschalten.

⑪ Liegt Spannung an, dürfte die Pumpe defekt sein oder ein Kabel ist unterbrochen.

⑫ Arbeitet die Pumpe, jedoch an der Druckleitung kommt kein Kraftstoff an, ist der Kraftstofffilter oder die Kraftstoffleitung verstopft, die Leitung evtl. sogar geknickt.

⑬ Läuft die Pumpe trotz aller Bemühungen nicht, bleibt Ihnen die Demontage nicht erspart. Die Reparaturchancen sind nur gering, bauen Sie besser eine neue Pumpe ein.

Kraftstoffpumpe ausbauen (Ottomotor)

Arbeitsschritte

① Batteriemassekabel abklemmen.

② Rückbank nach vorne klappen, Schutzabdeckung vom Karosserieboden abbauen.

③ Mehrfachstecker von der Kraftstoffpumpe abziehen.

④ Tank und angrenzende Bereiche reinigen.

⑤ Kraftstoffvor- und -rücklaufleitung abbauen.

⑥ Hartholzkeil am Sicherungsring ansetzen und mit dosierten Hammerschlägen losdrehen. Fordwerkstätten benutzen einen Spezialsteckschlüssel.

⑦ Tankgeber-Pumpeneinheit vorsichtig aus der Tanköffnung ziehen.

⑧ Vor Montage der Pumpe alle Dichtflächen gründlich reinigen.

⑨ Beschädigte Dichtungen grundsätzlich erneuern.

⑩ Tankgeber-Pumpeneinheit genau zu den Markierungen am Tank ausrichten.

⑪ Vor Ansetzen des Sicherungsrings nochmals korrekten Sitz der Dichtung kontrollieren.

⑫ Batterie anschließen und Pumpe ca. 30 Sekunden über Zündung laufen lassen. Soviel Zeit braucht's ungefähr, bis sich der Kraftstoffdruck im System aufbaut.

⑬ Leitungsanschlüsse auf Undichtigkeiten überprüfen.

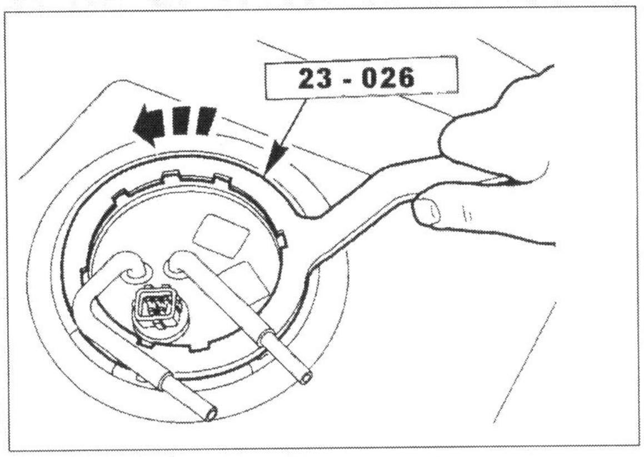

Vorteilhaft: Ford-Spezialwerkzeug 23–026 zum demontieren der Intank-Kraftstoffpumpe. Ohne Spezialschlüssel bleibt nur der »Griff« zur Wasserpumpenzange oder zu Hammer und Dorn.

DIE AUSPUFFAN
DIE ABGASENTG

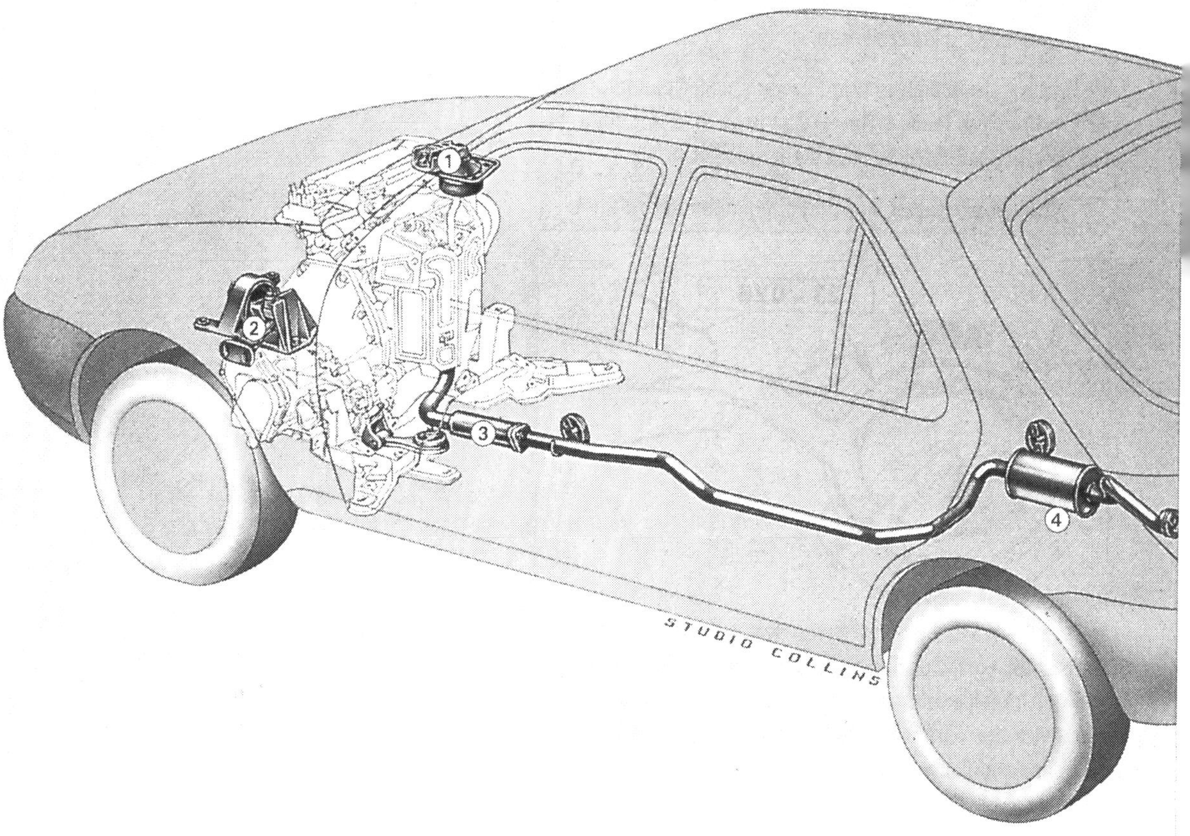

An fünf Gummihaltern aufgehängt: Der zweiteilige Auspuff des Fiesta. ❶ Lambda-Sonde im Auspuffkrümmer. ❷ Katalysator am Auspuffkrümmer. ❸ flexibles Zwischenstück zum Auspuff. ❹ Reflexionsschalldämpfer. ❺ Endschalldämpfer.

LAGE
FTUNG

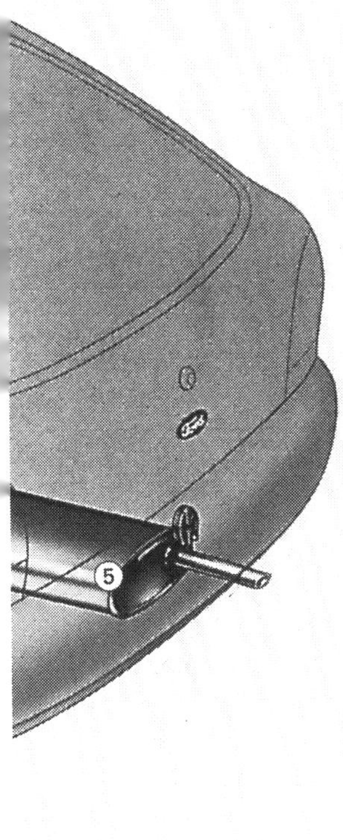

Wartung

Reparatur

Die Auspuffanlage

Auspuffanlagen hatten ursprünglich nur die Aufgabe, Verbrennungsgeräusche des Motors zu reduzieren und die Abgase »geführt« in die Atmosphäre zu entlassen. In den achtziger Jahren bekam der Auspuff hierzulande dann noch einen weiteren »Job«: Seither eliminieren Katalysatoren bis zu 90 Prozent der im Abgas befindlichen Schadstoffe. Der Fiesta ist ab Werk mit einer zweiteiligen Auspuffanlage ausgestattet. Sie besteht im vorderen Teil aus dem geregelten Dreiwegekatalysator (Diesel mit Oxidationskat) und einem flexiblen Zwischenstück. Daran anschließend strömen die Abgase durch einen einflutigen Reflexions- und Hauptschalldämpfer ins Freie. Wärmeschutzbleche im Bereich des Katalysators und der Schalldämpfer verhindern zu starke Hitzeabstrahlung an die Bodengruppe.

Gut für rund 70 000 Kilometer – Fiesta-Auspuff

Natürlich hängt die Auspufflebensdauer stark von den Einsatzbedingungen Ihres Fahrzeugs ab. Sind Sie überwiegend im Stadtverkehr oder auf kurzen Strecken unterwegs, setzen sich in seinem Innern wesentlich mehr Kondensat, Ruß und aggressive Säuren ab, als im Langstreckenbetrieb mit voll durchgewärmter Auspuffanlage. Doch in der Regel hält der Auspuff eines Fiesta rund 70000 Kilometer.

- Der vordere Auspuffbereich mit Kat und flexiblem Zwischenstück widersteht dem Rost erfolgreicher als die übrige Anlage. Grund: Die Abgase haben dort noch Temperaturen zwischen 800 und 1000°C, so dass Spritzwasser und Kondensate schnellstens verdampfen können.

- Auf ihrem Weg durch den Reflexions- und Endschalldämpfer bis hin zum Auspuffendrohr kühlen die Abgase zunehmend aus. Sie gelangen, je nach Arbeitsverfahren (Otto, Diesel) mit etwa 150 – 300°C in die Atmosphäre. Im Endschalldämpfer sammelt sich daher das meiste Kondensat. Eine Mixtur aus Verbrennungsrückständen und aggressiven Säuren zersetzt folglich den Schalldämpfer von innen nach außen.
- Sobald kaltes Spritzwasser den heißen Auspuff unter dem Wagenboden ständig »duscht«, treten starke Temperaturschwankungen auf. Sie belasten auf Langstreckenfahrten besonders den vorderen Teil der Auspuffanlage. Das kann, trotzt des flexiblen Zwischenstücks, zu glatten »Rohrbrüchen« oder feinen Haarrissen führen.
- Spritz- und Salzwasser fördern den Rostfraß von außen. Doch Steinschläge oder andere äußere Einflüsse, etwa Aufsetzen auf hartem Untergrund, setzen dem Auspuff gleichermaßen zu. So auch schädliche Schwingungsfrequenzen, die ein sprödes oder gerissenes Aufhängungsgummi verursachen können.

Tipps für die Arbeit an der Auspuffanlage

Oxydierte Bleche lassen sich nicht dauerhaft schweißen. Der Reparaturerfolg an einer durchgerosteten Auspuffanlage ist daher meist nur von kurzer Dauer. Auspuffkitt und Bandagen halten zwar länger, aber das angefressene Blech bricht erfahrungsgemäß bald neben der Reparaturstelle. Bei Auspuffanlagen mit mehr als einem Schalldämpfer ist es häufig die Regel, dass sich, nur wenige Monate nach dem Austausch des ersten, auch der zweite Schalldämpfer »verabschiedet«. Werkstätten wechseln die Auspuffanlage deshalb in der Regel komplett. Dennoch: Prüfen Sie den Zustand der Anlage genau und entscheiden danach, ob Sie einzelne Teile oder die komplette Anlage ersetzen möchten.

Arbeitsschritte

① Wagen absolut rüttelsicher und eben aufbocken. Denn bei der Demontage müssen Sie heftig an den Rohren drehen oder zerren (Kippgefahr).

② Sollten sich festgerostete Verschraubungen nicht lösen, versuchen Sie es mit Überdrehen – meistens reißen die Schrauben dann ab. Zur Montage verwenden Sie grundsätzlich neue Schrauben, Federringe, Muttern und Dichtungen.

③ Haltegummis zur Sicherheit ebenfalls erneuern.

④ Haben Sie den Auspuff früher bereits teilweise erneuert, können Sie die Steckverbindungen der Rohrenden am besten in erhitztem Zustand trennen. Die Werkstatt nimmt dafür einen Schweißbrenner. Ein Propangasbrenner für Heimwerker tut's in der Regel jedoch auch. Tragen Sie bei dieser Arbeit unbedingt feste Arbeitshandschuhe und halten einen Feuerlöscher griffbereit. Praxistipp: Bevor Sie den Brenner zünden, versuchen Sie es zunächst mit Rostlösemitteln.

⑤ Trennen Sie die Rohre dann mit kräftigen Drehbewegungen, unterstützt von leichten Hammerschlägen.

⑥ Hilft das nicht, sägen Sie die Rohrverbindung des defekten Schalldämpfers knapp 10 Zentimeter hinter der Verbindungsstelle ab. Den Rest des Rohrs mit der Metallsäge in Längsrichtung aufsägen und mit einem kräftigen Schraubendreher aufhebeln.

⑦ Auspuffverschraubungen lassen sich leichter lösen, wenn Sie die Gewinde vor der Montage mit hitzefestem Kupferfett einstreichen. Das gilt auch für überlappende Rohrverbindungen.

Auspuffanlage kontrollieren

Die Auspuffanlage ist mit dem Auspuffkrümmer fest verschraubt. Am Fahrzeugboden hängt sie freischwingend in Gummistegschlaufen.

Arbeitsschritte

① Gummistegschlaufen auf Brüchigkeit, Einrisse oder sonstige Schäden überprüfen und bei Bedarf ersetzen. Zur

Kontrolle den Auspuff an den Gummischlaufen hin- und herbewegen.

② Verschraubungen am Krümmerflansch auf festen Sitz überprüfen.

③ Starten Sie den Motor und halten das Auspuffendrohr mit einem Lappen zu. Schon nach kurzer Zeit muss der Motor ausgehen. Hören Sie zischelnde Geräusche oder läuft der Motor weiter, ist die Anlage undicht.

④ Laute Verbrennungsgeräusche und Knallen im Schiebebetrieb weisen meistens auf einen defekten Auspuff hin.

⑤ Klopfen Sie Schalldämpfer und Rohre rundum gründlich mit leichten Hammerschlägen ab. An Schalldämpfern auch die Stirnseiten nicht vergessen und nicht zu zaghaft hämmern. Auf gesundem Blech klingen die Schläge hell, morsches Blech erkennen Sie am dumpfen Klopfgeräusch.

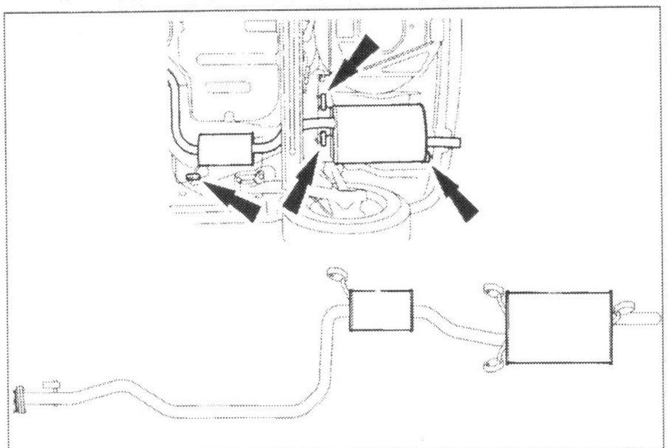

Schwingungsbrüche: Elastische Gummihalter geben dem Auspuff genügend »Spielraum« um störende Vibrationsfrequenzen vom Motor und Aufbau zu eliminieren. Achten Sie daher nach der Montage eines neuen Auspuffs, speziell nach der Montage eines Reperaturstücks, auf die erforderliche Flexibilität der Anlage.

Auspuffanlage inklusive Katalysator auswechseln

Unsere Anleitung beschreibt den Ausbau der kompletten Auspuffanlage von vorne nach hinten. Wenn Sie nur einzelne Teile auswechseln, berücksichtigen Sie eben nur den entsprechenden Reparaturabschnitt. Denken Sie beim Ersatzteilkauf daran, dass Sie Schrauben, selbstsichernde Muttern, eingebrannte Dichtungen und spröde Haltegummis generell mit Neuteilen ersetzen.

Arbeitsschritte

① Fahrzeug rüttelsicher aufbocken.

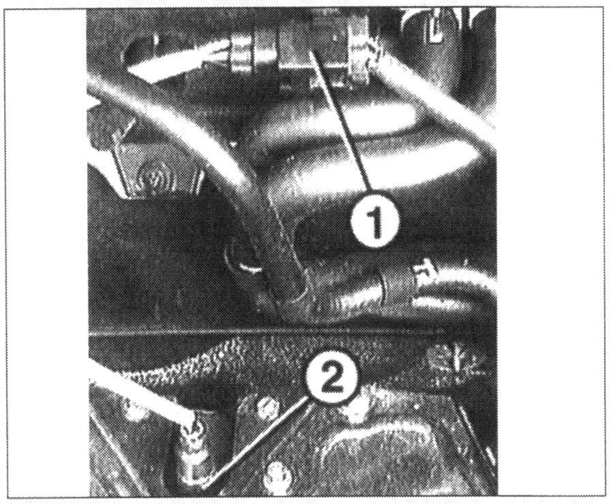

Isolation prüfen: Wenn Sie die Steckverbindung ❶ zur Lambda-Sonde ❷ lösen, begutachten Sie automatisch den Anschlusskabelbaum. Oftmals ist die Isolation um die beiden Kabel spröde oder die Anschlüsse zur Lambdasonde brüchig geworden. Bis zum Ausfall der Sonde und des Katalysators ist es dann nur noch eine Frage der Zeit. Schadhafte Anschlüsse dürfen Sie übrigens nicht instandsetzen, erneuern Sie die Sonde also besser komplett.

② Vorbeugend Kabelanschlüsse zur Lambda-Sonde (außer Diesel) inspizieren.

③ Vorderes Auspuffrohr am Auspuffkrümmer lösen und vorsichtig absenken.

④ Bei geteilten oder Reparaturanlagen die Auspuffanlage anheben und aus den Gummischlaufen aushängen. Kompletten Auspuff unter dem Wagenboden hervorziehen.

⑤ Vorderes und hinteres Auspuffstück trennen.

⑥ Auspuffstücke neben dem Auto auf dem Boden locker vormontieren. Neue Dichtungen und Schiebestücke mit hitzebeständiger Kupferpaste einreiben.

⑦ Auspuffanlage unter das Fahrzeug schieben und in neue Gummihalterungen einhängen.

⑧ Vorderes Auspuffrohr am Krümmerflansch festziehen.

⑨ Übrige Anlage genau ausrichten. Gummihalter dürfen nur leicht unter Spannung stehen.

⑩ Anlage kräftig am Endrohr hin- und herbewegen. Auspuff muss freigängig sein (mindestens 25 Millimeter Abstand zur Bodengruppe und zu den Hitzeschutzblechen).

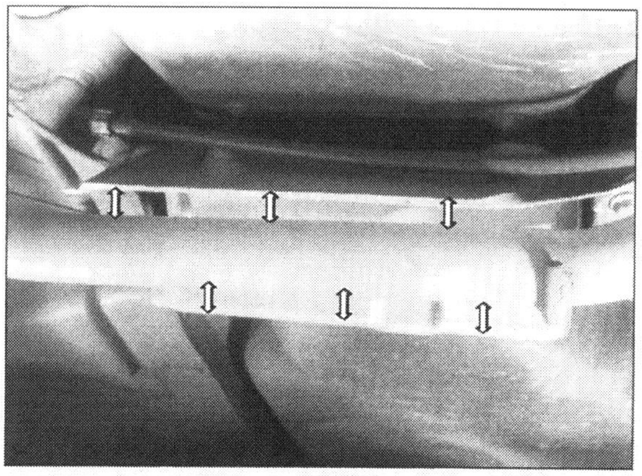

Wichtig: Besonders beim Hitzeschutzschild unter dem Kraftstofftank muss der gleichmäßige Abstand (Pfeile) zum Auspuffrohr stimmen.

⑪ Auspuff am vorderen Flansch und Schellen (Reparaturkit) endgültig festziehen.

⑫ Fahrzeug auf Räder stellen.

⑬ Probefahrt durchführen – Auspuff muss richtig heiß werden.

⑭ Anschließend alle Befestigungen kontrollieren und Anlage auf Dichtheit prüfen (siehe: Zustand der Auspuffanlage kontrollieren).

Die Abgasentgiftung

Kraftstoff besteht im wesentlichen aus den Elementen Kohlenstoff und Wasserstoff. Bei der Verbrennung im Motor verbindet sich Kohlenstoff mit Sauerstoff aus der Luft zu Kohlendioxid (CO_2), der Wasserstoff (H) geht mit Sauerstoff (O_2) eine Verbindung zu Wasser (H_2O) ein. Aus einem Liter Kraftstoff entsteht rund 0,9 Liter Wasser. Es entweicht als »unsichtbarer« Wasserdampf aus dem Auspuff. Im Winter können Sie nach dem Kaltstart jedoch oft weiße Auspuffwolken beobachten – ein Indiz für kondensiertes Wasser.

Fiesta mit geregeltem Dreiwege-Kat – Diesel mit Oxydationskatalysator

In Deutschland angebotene Fiesta-Modelle mit Ottomotor fahren schon seit Jahren ausnahmslos mit einem geregelten Dreiwegekatalysator: Dieselvarianten mit Endura-DE Motor haben einen Oxidationskatalysator an Bord. Der geregelte Katalysator verringert im Betrieb den Kohlenmonoxidanteil um etwa 85 Prozent, den der Kohlenwasserstoffe um 80 und die Stickoxidanteile um rund 70 Prozent. Oxidationskatalysatoren haben auf den NO_x-Ausstoß keinen Einfluss. Mit zunehmender Laufleistung verliert jeder Kat jedoch an Wirkung. Die Bezeichnung »geregelt« weist darauf hin, dass die Abgasemissionen während des Betriebs aktiv gemessen (Lambda-Sonde) und im Bereich des gesetzlich vorgegebenen Minimums justiert werden.

Misst den Sauerstoff im Abgas – Lambda-Sonde

Die Lambda-Sonde (HO_2S) sitzt beim Fiesta direkt im Abgaskrümmer. Um die Reaktionszeit des »Gift-Schnüfflers« zu verkürzen, wird sie zusätzlich elektrisch beheizt. Lambda-Sonden analysieren fortlaufend den Restsauerstoffanteil im Abgas. Ihre »Erkenntnisse« sind Basisdaten für das elektronische Motormanagement: Abhängig von den Messwerten regelt das Steuergerät die Zusammensetzung (fett, mager) des Kraftstoff-Luft-Gemischs. Das geschieht in rasch wechselnder Folge: Luftüberschuss zur Verbrennung der Kohlenwasserstoffe, Luftmangel zur Verringerung der Stickoxide. Die »geregelten« Abgase passieren den Katalysator, der sie – wie beschrieben – in Kohlendioxid, Wasserdampf und Stickstoff umwandelt.

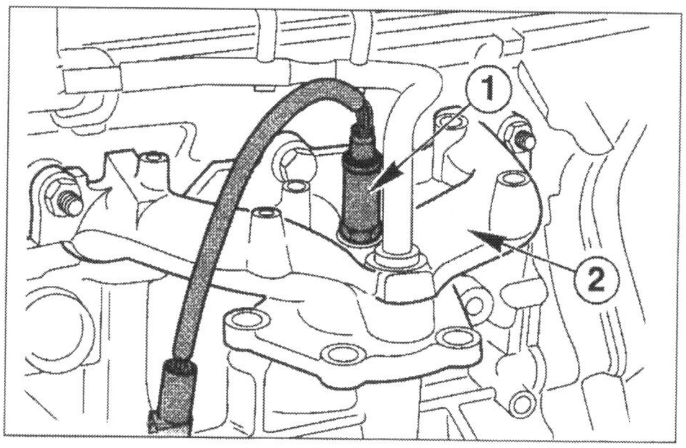

Um die Abgasnormen mit der gebotenen Technik sicher einzuhalten, sitzt in allen Fiesta-Varianten (ausser Diesel) die Lambda-Sonde ❶ genau dort, wo die Abgase besonders heiss sind: direkt im Auspuffkrümmer ❷. Lambda-Sonden benötigen nämlich eine gewisse Betriebstemperatur, bevor sie zuverlässig arbeiten. Um die Ansprechzeit der Sonde extrem zu verkürzen, wird sie direkt nach dem Kaltstart noch zusätzlich beheizt.

Arbeitstemperaturen des Katalysators

Damit Katalysator und Lambda-Sonde funktionieren, müssen sie erst einmal auf Betriebstemperatur kommen (Katalysator: ca. 300°C.). Den Job erledigen heiße

Abgase in rund 25 – 80 Sekunden. Auf zu große Hitze reagieren beide Bauteile jedoch sehr empfindlich. Zum Beispiel dann, wenn sich unverbrannte Gemischrückstände im heißen Katalysator entzünden (Fehlzündungen), können die Temperaturen im Innern gefährlich ansteigen. Temperaturen oberhalb 900°C lassen Katalysatoren vorzeitig altern, ab 1200°C wird er gar zerstört. Die Lambda-Sonde hält maximal 1400°C aus, darüber zerbröselt ihr Keramikkörper.

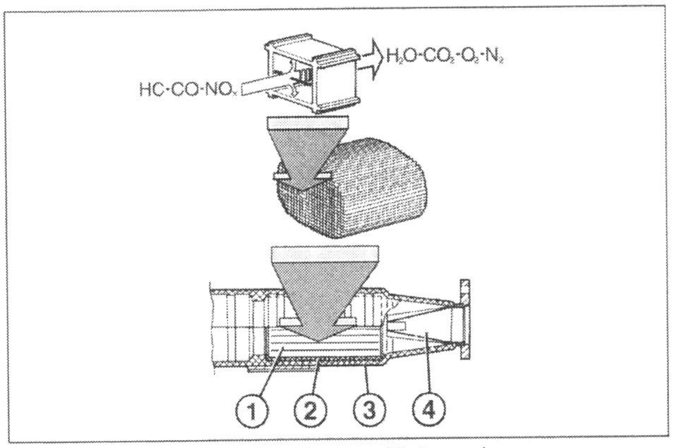

Oxidationsvorgang im Katalysator (Schema).
Der Kat besteht aus der Wabenstruktur des Keramikträgers ❶, der in einem elastischen, schwingungsdämpfenden Metallgewebe ❷ eingebettet ist. Dieses Paket ist von einem hochtemperaturfesten Edelstahlgehäuse ❸ umgeben. Damit die einströmenden Auspuffgase die Katalysatorwaben gleichmäßig durchströmen, ist davor ein Trichtersieb ❹ angeordnet.

Praxistip

Umgang mit dem Kat

- Wenn Ihr Fiesta wegen einer leeren Batterie nicht startet, verzichten Sie aufs Anrollenlassen, Anschieben oder Anschleppen. Dabei kann nämlich zuviel unverbrannter Kraftstoff in den Katalysator gelangen, was ihn auf Dauer schädigt.
- Zündaussetzer oder Fehlzündungen deuten auf Unregelmäßigkeiten an der Zündanlage hin. Gehen Sie schnellstens den Symptomen nach, bzw. lassen einen Fachmann an Ihren Fiesta.
- Wenn Sie Unterbodenschutz auftragen, den Katalysator vorher gut »einpacken«, sonst besteht danach akute Brandgefahr.
- Kontrollieren Sie gelegentlich den Hitzeschutz über dem Katalysator auf Beschädigungen. Fahrzeug dazu auf ebener Fläche sicher aufbocken.
- Ein undichter Auspuff (verbrannte Dichtung, Hitzeriss, etc.) vor der Lambda-Sonde führt zu verfälschten Messwerten (erhöhter Sauerstoffanteil). Das elektronische Motormanagement reichert das Gemisch folglich an. Sie bezahlen den Irrtum der Elektronik mit überhöhtem Kraftstoffverbrauch und vorzeitig alterndem Katalysator.

Technik-lexikon

Begriffe rund ums Abgas

Kohlenmonoxid (CO): Wird bei der Abgasuntersuchung gemessen. Exakte Steuerung der Kraftstoffeinspritzmenge, eine homogene Gemischverwirbelung im Ansaugtrakt und Verbrennungsraum sowie der richtige Zündzeitpunkt sind die Grundvoraussetzungen für geringe CO-Konzentration im Abgas. Kohlenmonoxidanteil niemals in geschlossenen Räumen messen – Erstickungsgefahr. In der Luft vermischt sich Kohlenmonoxid mit Sauerstoff zum ungefährlichen Kohlendioxid (CO_2). CO_2 hat wesentlichen Anteil am Treibhauseffekt.

Kohlenwasserstoffe (HC): Werden an »kalten« Stellen und engen Winkeln im Brennraum nur unvollkommen verbrannt. Der HC-Anteil ist abhängig von der Motorkonstruktion (unveränderliche Größe): Zu fettes oder zu mageres Gemisch erhöhen jedoch den HC-Anteil der Abgase. Zusammen mit Stickoxiden (NO_x) sind Kohlenwasserstoffe für den Smog (schwer auflösbare Abgaskonzentrationen in der Atmosphäre) verantwortlich.

Stickoxide (NO_x): Ihr Anteil steigt bei hohen Verbrennungstemperaturen. Beispielsweise in Motoren, die für geringen CO- und HC-Ausstoss (reduziert Kraftstoffverbrauch) ausgelegt sind. Bei starker Konzentration kann NO_x die Atmungsorgane reizen. In Verbindung mit Wasser bildet sich Salpetersäure (saurer Regen).

Schwefeldioxid (SO_2): Bildet sich aufgrund des Schwefelgehalts im Kraftstoff überwiegend bei der Verbrennung von Diesel. Unter Einwirkung von Licht entsteht Schwefelsäure oder schwefelige Säure. Beide Verbindungen tragen zum sauren Regen bei. Das derzeitige Verkehrsaufkommen beeinflusst das Entstehen schwefeliger Säuren mit rund 3%.

Typische Dieselabgasgiftstoffe: Bedingt durch seine Arbeitsweise stößt der Diesel nur geringe Mengen CO und HC aus. Trotz höherer Verdichtung emittiert der Diesel auch weniger Stickoxide als ein Ottomotor. Dem Diesel werden zurecht freilich andere, problematische Verbrennungsrückstände nachgesagt. Ruß ist zum Beispiel ein typischer Bestandteil der Dieselabgase. Ruß besteht aus unverbrannten Kohlenstoffen und Asche. Rußpartikel sind atemgängig und stehen im Ruf krebserregend zu sein. Schwefeldioxid entsteht bei der Verbrennung von Diesel gleichfalls in höheren Konzentrationen als beim Benziner.

Abgassonderuntersuchung (ASU): Seit Dezember 1993 Pflicht für alle PKW. Autos die älter als 30 Jahre sind, können von der ASU befreit werden. An Neuwagen ist die ASU-Plakette drei Jahre gültig, danach sind zweijährige Kontrollen Pflicht. Die ASU führen Reparaturwerkstätten mit entsprechender Ausrüstung sowie DEKRA und TÜV aus. Die Auspuffanlage muss intakt sein, ins Ansaugsystem darf keine Nebenluft eintreten. Lassen Sie Ihren Fiesta regelmäßig in der Vertragswerkstatt warten, wird die ASU automatisch erledigt.

DIE KRAFTÜ TRAGUN

Das Fiesta iB5-Getriebe im Schnitt:
❶ Getriebe-Eingangswelle. ❷ Getriebe-Hauptwelle. ❸ Radantriebswelle. ❹ Mittelschalthebel. ❺ Schaltgestänge. ❻ Gehäuse-Ausgleichsgetriebe (Differenzial). ❼ Tellerrad. ❽ Schaltgabel. ❾ Rückwärtsgang-Zwischenrad. ❿ Kupplungsglocke.

BER-
G

Wartung

Reparatur

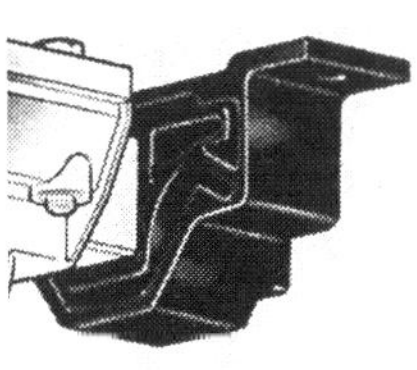

In diesem Kapitel erfahren Sie, wie die Motorleistung an die Vorderräder Ihres Ford Fiesta kommt. Das Kraftübertragungssystem besteht aus Getriebe, Kupplung und Achsantrieb. Damit sämtliche Komponenten perfekt zusammenwirken können, verbindet sie ein fein abgestimmtes System aus Gelenken, Wellen und Zahnrädern. Wieviel Kraft tatsächlich an den Rädern ansteht, hängt von der Motorisierung und natürlich stark davon ab, was Sie Ihrem Auto gerade abverlangen. Dazu kommt, dass jeder Motor seine Leistung nur in einem begrenzten Drehzahlband abliefert. Damit Ihr Fiesta beim Beschleunigen und Bergfahren immer ausreichend Zugkraft entwickelt, unterstützt ihn dabei ein vollsynchronisiertes Fünfganggetriebe mit passend übersetzten Gangrädern. In Kombination mit dem 1,25i Zetec-Motor bietet Ford auch eine stufenlose Getriebeautomatik (CTX) an.

Übersetzungen für die Zugkraft

Beim Anfahren zum Beispiel benötigen die Antriebsräder ein großes Drehmoment. Doch »niedrig drehende« Motoren stellen aus dem Stand nur ein geringes Drehmoment zur Verfügung. Mit einer »Übersetzung ins Langsame« erleichtert der erste Gang darum dem Motor zügig hoch zudrehen und das Auto in Fahrt zu bringen. Bei eingelegtem vierten – und fünften Gang verhält es sich genau umgekehrt: In beiden Gängen wird eine »Übersetzung ins Schnellere« wirksam. Im Vergleich zur Drehzahl der Antriebsräder dreht der Motor in diesen Gängen gemächlicher hoch. Anders ausgedrückt: Das Getriebe variiert die Motordrehzahl zur gewünschten Drehzahl an den Antriebsrädern.

»Trennt« während der Schaltvorgänge den Motor vom Getriebe – die Kupplung

Bei jedem Anfahr- oder Schaltvorgang wird der Kraftfluss vom Motor zum Getriebe kurzzeitig unterbrochen. In Fahrzeugen mit Schaltgetriebe fällt der Kupplung diese Aufgabe zu. Sie ermöglicht ruckfreies Anfahren und weiche Gangwechsel, indem sie die unterschiedlichen Drehzahlen der Kurbel- und Getriebeantriebswelle ausgleicht. Etwas aufwendiger ist die Technik im Fiesta mit stufenloser CTX-Automatik. Hier schaltet sich ein hydraulischer Drehmomentwandler in die »Gangwechsel« ein. Anstelle der Kupplung synchronisiert er die vorübergehenden Drehzahlunterschiede besonders komfortabel. Im CTX-Fiesta können Sie während der Fahrt getrost den Griff zum Schalthebel vergessen – die Automatik erledigt das für Sie.

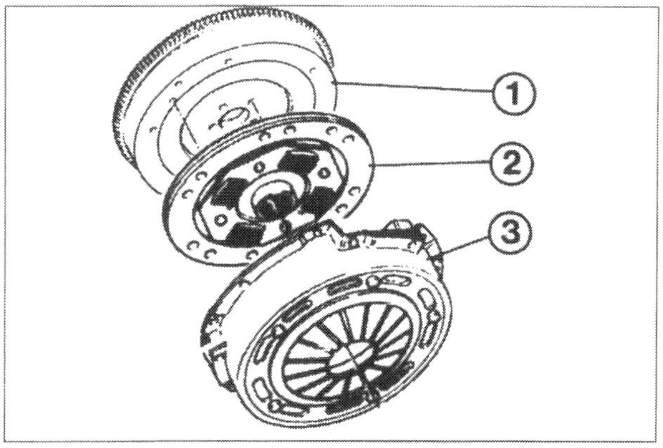

Eine funktionsfähige Kupplung besteht aus der Motor-Schwungscheibe ❶, der Kupplungsscheibe (Mitnehmerscheibe ❷ und der Kupplungsdruckplatte (Kupplungsautomat) ❸. Die Kupplungsdruckplatte arbeitet bei allen Fiesta-Modellen mit einer Membranfeder.

Aufgabe des Achsantriebs

Der Achsantrieb ist die letzte Instanz, die das vom Motor produzierte Drehmoment auf dem Weg zu den Antriebsrädern passiert. Seine Aufgabe besteht darin, die vom Getriebe kommenden Drehzahlen »ins Langsamere« zu übersetzen, das Drehmoment also zu vergrößern und gleichmäßig an die Antriebsräder zu verteilen.

Die Kupplung

In allen Fiesta-Modellen mit Schaltgetriebe arbeitet eine Einscheiben-Trockenkupplung – eine gleichermaßen einfache und zweckmäßige Konstruktion. Fürs Do-it-Yourself hat die Einscheiben-Trockenkupplung freilich den Nachteil, dass Verschleißteile wie das Kupplungsausrücklager und die Mitnehmerscheibe nicht ohne weiteres zugänglich sind. Dazu muss das Getriebe vom Motor getrennt und ausgebaut werden. Eine Arbeit, die solides Know-how und Spezialwerkzeuge erfordert. Den Austausch der Kupplung sollten Sie darum besser einer Fachwerkstatt überlassen.

Die wichtigsten Teile der Kupplung

Motorschwungscheibe. Drehfest mit der Kurbelwelle verschraubt.

Kupplungsscheibe (Mitnehmerscheibe). Sitzt axial verschiebbar und verdrehfest auf der Getriebeeingangswelle. Auf beiden Seiten einer »Stahlscheibe« sind Reibbeläge aufgenietet. Die Scheibe des Ford Fiesta hat einen Außendurchmesser von 180 Millimetern (Fiesta 1,8 D – 210 Millimeter).

Kupplungsdruckplatte (Kupplungsautomat). Drehfest mit der Motorschwungscheibe verschraubt. Presst die schwimmend gelagerte Kupplungsscheibe über eine Tellerfeder gegen die Schwungscheibe.

Ausrücklager. (Bei allen Fiesta-Modellen ab Modelljahr '96 direkt in den zentralen Kupplungsnehmerzylinder integriert.) Sitzt axial verschiebbar auf Ausrückwelle. Überträgt die vom Kupplungspedal erzeugte Druckkraft auf Tellerfeder der Kupplungsdruckplatte. Kupplungsdruckplatte wird dadurch entlastet – Mitnehmerscheibe verliert Anpressdruck an Motorschwungscheibe.

Nachstellautomatik. Ab Modelljahr '96 reguliert in allen Fiesta-Modellen eine hydraulisch betätigte Kupplung das vorgeschriebene Kupplungspedalspiel automatisch. Lästige Nachstellarbeiten entfallen. – Sobald die Kupplung in Ihrem Fiesta rutscht, können Sie davon ausgehen, dass ein Austausch ansteht oder »nur« das Vordruckventil der Kupplungshydraulik klemmt.

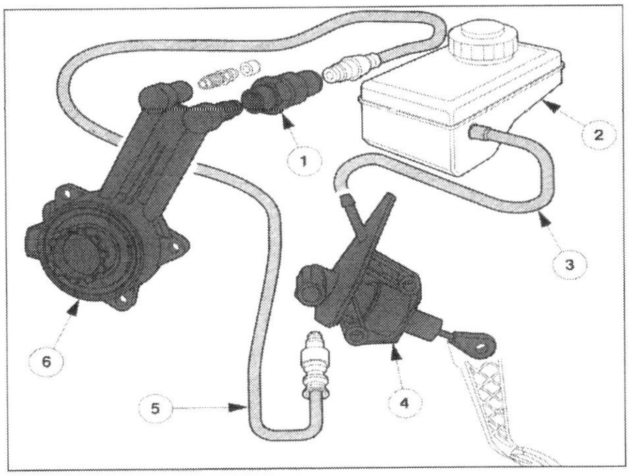

❶ Vordruckventil. ❷ Bremsflüssigkeitsvorratsbehälter. ❸ Fülleitung. ❹ Kupplungsgeberzylinder. ❺ Druckleitung ❻ mit Ausrücklager kombinierter Kupplungsnehmerzylinder (bei allen Fiesta ab Modelljahr '96).

So funktioniert die Kupplung

Technik-lexikon

Kupplungsspiel. Solange das Kupplungspedal unbelastet ist, hält das Ausrücklager Distanz zur Tellerfeder der Kupplungsdruckplatte. Mit zunehmender Laufleistung wird das Kupplungsspiel, analog zum Verschleiß an der Kupplungsscheibe, geringer: Die Tellerfeder der Druckplatte nähert sich dem Ausrücklager. Sobald das Lager ohne Spiel an der Tellerfeder anliegt, entlastet es die Druckplatte. Automatisch verringert sich dadurch der Anpressdruck der Mitnehmerscheibe gegen die Anlageflächen von Schwungscheibe und Druckplatte. Wird das Spiel nicht korrigiert, leitet die Kupplung das Motordrehmoment nicht mehr schlupffrei ins Getriebe weiter – die Kupplung rutscht durch.
Auskuppeln. Wenn Sie das Kupplungspedal treten, überwindet das Ausrücklager die Federkraft der Tellerfeder. Die Druckplatte wird entlastet und bei völlig durchgetretenem Pedal zurückgezogen. Die Mitnehmerscheibe läuft frei zwischen Druckplatte und Schwungscheibe.
Einkuppeln. Die entlastete Tellerfeder der Druckplatte drückt die Mitnehmerscheibe gegen das Motorschwungrad. In dieser Phase schleifen die Reibbeläge der Kupplungsscheibe kurzzeitig auf der Schwungscheibe und der Kupplungsdruckplatte. Bei ausgekuppeltem Kupplungspedal wird der Anpressdruck des Kupplungsautomaten so groß, dass die Mitnehmerscheibe zum Stillstand kommt und die Verbindung zwischen Schwungscheibe und Druckplatte schlüssig wird. Die Motorleistung wird nun vollständig in das Getriebe übertragen.

Kupplung prüfen

Eine schleifende Kupplung macht sich zuerst bemerkbar, wenn Sie Ihr Fahrzeug im höchsten Gang beschleunigen oder im Gebirge unterwegs sind. Der Motor dreht dann hoch, ohne dass die Fahrgeschwindigkeit entsprechend zunimmt. Die folgende Prüfmethode zeigt Ihnen, ob die Kupplung noch funktioniert. Führen Sie diesen Test jedoch nur gelegentlich durch, denn Ihre Kupplung kommt gehörig ins »schwitzen«. Bevor Sie »loslegen«, ziehen Sie die Handbremse fest an.

Arbeits-schritte

① Handbremse anziehen und Motor starten. Treten Sie die Kupplung, legen den 3. Gang ein und versuchen anzufahren.

② Bei einwandfreier Kupplung würgt der Motor bereits im ersten Viertel des zurückkommenden Kupplungspedals ab.

③ Läuft der Motor dennoch weiter, ist die Kupplung verschlissen.

Trennt die Kupplung richtig?

Wenn kratzende oder krachende Geräusche beim Heraufschalten hörbar werden, trennt meistens die Kupplung nicht mehr richtig. Machen Sie dann die Rückwärtsgangprobe. Mit diesem Test schließen Sie übrigens auch mögliche Getriebeschäden aus.

Arbeits-schritte

① Motor mit Leerlaufdrehzahl laufen lassen.

② Kupplungspedal voll durchtreten, etwa drei Sekunden warten, dann Rückwärtsgang einlegen. Wenn Sie jetzt das gleiche kratzende Geräusch hören, trennt die Kupplung unsauber.

③ Funktion der Nachstellautomatik checken.

Praxistip
Die Kupplungsmörder

Der zweifelhafte Ruf des Kupplungsmörders eilt jenen Automobilisten voraus, die ihr Gefährt mit »heulendem Motor« und schleifender Kupplung gemächlich in Fahrt bringen. Mit ihrem »steifen« Kupplungsfuß inszenieren besagte Kupplungsmörder regelmäßig ein »heißes« Drama zwischen den Reibbelägen der Kupplungsscheibe, der Druckplatte und der Schwungscheibe: Denn dort entstehen Temperaturen, die der Kupplungsscheibe und der Druckplatte schnell den Garaus bereiten. Gleiches passiert, wenn der Kupplungsfuß während der Fahrt ständig auf dem Kupplungspedal ruht und eine kraftschlüssige Verbindung verhindert. Eine weitere Unsitte von Kupplungsmördern: Das Auto vor einer roten Ampel oder an Steigungen mit eingelegtem ersten Gang, Kupplungs- und Gaspedal in der Waage zu halten. Das schadet nicht nur der Kupplung sondern auf Dauer auch dem Ausrücklager sowie den Passlagern der Kurbelwelle. Wenn Sie nicht mit Kupplungsmördern sympathisieren, kuppeln Sie vor roten Ampeln generell aus und legen den ersten Gang erst dann ein, wenn die Ampel auf Gelb schaltet. Während der Fahrt »parkt« Ihr Kupplungsfuß dann auch neben und nicht auf dem Kupplungspedal. Es sei denn, Sie wechseln gerade den Gang.

Praxistip
Fahren mit undichter Kupplungshydraulik

Für den Fall, dass sich unterwegs die Kupplungshydraulik Ihres Fiesta »ungefragt« verabschiedet (Kupplungsgeber-/Nehmerzylinder undicht, Schlauch geplatzt, Luft im Hydrauliksystem), geben wir Ihnen ein paar Tips, wie Sie ein nahes Ziel oder die nächste Werkstatt auch ohne Kupplung erreichen können. Etwas Geduld und feinfühliger Umgang mit dem Gaspedal und Schalthebel vorausgesetzt, »überlisten« Sie das Getriebe Ihres Fiesta nämlich auch ohne Kupplung.

Anfahren ohne Kupplung. Motor aus. 1. Gang einlegen, danach Anlasser betätigen. Ihr Fiesta »ruckelt« los, sobald der Motor läuft etwas Gas geben. Wenn Sie während der Fahrt nicht schalten möchten, können Sie in der Ebene auch sofort im 2. Gang anfahren.

Hochschalten ohne zu kuppeln. 1. Gang nur knapp über Leerlaufdrehzahl hinausdrehen (ca. 1000/min). Gas etwas zurücknehmen, Schalthebel über Leerlaufstellung sachte »vor« den 2. Gang ziehen. Wenn der Gang klemmt, ein wenig Gas geben, Gaspedal loslassen und den Schalthebel vorsichtig in den 2. Gang ziehen. Bei synchroner Drehzahl von Motor und Getriebe rutscht der Gang fast von selbst hinein.

- Sollten Sie zu lange gewartet haben, müssen Sie ein wenig Gas geben, damit sich die Fahrstufe ohne knirschende Zahnräder einlegen lässt.
- War das erfolglos, halten Sie nochmals an und versuchen Ihr »Glück« erneut.
- Alle weiteren Gänge schalten Sie auf die gleiche Weise hoch. Am leichtesten geht dies bei niedrigen Geschwindigkeiten: In den 3. Gang bei 30 km/h, in den 4. bei 40 km/h und in den 5. bei 50 km/h.

Herunterschalten ohne zu kuppeln. Klappt am besten bei geringen Motordrehzahlen und Geschwindigkeiten.

- Zuerst Fuß vom Gas und Gang herausnehmen.
- Behutsam Gas geben, um die Motordrehzahl leicht zu erhöhen. Schalthebel gleichzeitig »vor« den kleineren Gang drücken. Bei richtiger Motordrehzahl rutscht der Gang fast ohne Nachdruck hinein. Verfahren Sie in allen Gängen nach dem gleichen Schema.

Kupplung

Störungs-beistand

Störung	Ursache	Abhilfe
A Kupplung rutscht	**1** Nachstellautomatik defekt; Systemvordruck (1 bar) zu hoch (Vordruckventil klemmt)	Ggf. zentralen Kupplungsnehmerzylinder mit Ausrücklager ersetzen; Vordruckventil erneuern
	2 Kupplungsbeläge verschlissen	Mitnehmerscheibe erneuern lassen
	3 Anpressdruck der Kupplung zu gering	Kupplungsdruckplatte erneuern lassen. Mitnehmerscheibe gleich mit erneuern lassen
	4 Kupplungsbelag verölt	Radialwellendichtring an Kurbel- oder Getriebeeingangswelle undicht. Verschlissenen Dichtring erneuern lassen
	5 Kupplung wurde überhitzt	Motorschwungscheibe prüfen, ggf. planschleifen, Kupplung komplett erneuern lassen
B Kupplung trennt nicht	**1** Siehe A1	
	2 Kupplungsgeber- oder Kupplungsnehmerzylinder defekt	Defekten Zylinder auswechseln lassen
	3 Luft im Hydrauliksystem	Flüssigkeit ergänzen; Kupplung entlüften lassen
	4 Mitnehmerscheibe klemmt auf Getriebewelle	Kerbverzahnung gründlich reinigen und leicht einfetten
	5 Mitnehmerscheibe hat Schlag	Mitnehmerscheibe ersetzen lassen
	6 Mitnehmerscheibe verzogen oder Belag gebrochen	Mitnehmerscheibe ersetzen lassen
	7 Belag nach langer Standzeit an Schwungscheibe festgerostet	Anfahren, wie unter »Fahren ohne zu kuppeln« beschrieben. Kupplungspedal dauernd durchgetreten halten. Gaspedal ruckartig durchtreten und loslassen, um die Kupplung loszubrechen. Andernfalls schadhafte Teile wechseln lassen
C Kupplungspedal trennt nicht und rutscht gleichzeitig durch	Kupplungsautomat defekt	Auswechseln lassen
D Kupplung rupft	**1** Siehe A3	
	2 Motor- oder Getriebeaufhängung locker oder defekt	Motor- oder Getriebeaufhängung festziehen bzw. ersetzen
	3 Unebenheiten auf Schwungscheibe oder Druckplatte	Defektes Teil ersetzen lassen
	4 Falsche Beläge. Torsionsdämpfer verschlissen	Mitnehmerscheibe erneuern lassen
E Kupplungsgeräusche	**1** Unwucht der Kupplungsdruckplatte bzw. Mitnehmerscheibe	Defektes Teil ersetzen lassen
	2 Torsionsdämpferfeder defekt	Mitnehmerscheibe ersetzen lassen
	3 Ausrücklager defekt	Zentralen Nehmerzylinder mit integriertem Ausrücklager ersetzen lassen
	4 Verbindungselemente im Kupplungsautomat verschlissen	Kupplungsautomat erneuern lassen

Das Fünfgang-Schaltgetriebe

Fiesta-Modelle mit manueller Schaltung besitzen ein Fünfganggetriebe. Seine Vorwärtsgänge sind voll synchronisiert, die ersten drei Gänge sogar mit einer Doppelsynchronisation. Entsprechend der Motorcharakteristik sind die Übersetzungsverhältnisse unterschiedlich ausgelegt. Lediglich die CTX-Automatik »organisiert« passende Übersetzungsverhältnisse stufenlos zwischen zwei im Durchmesser variablen Kegelradpaaren. Erfahrungsgemäß sind Fiesta-Getriebe ausgesprochen robust und störunanfällig. Sollte bei Ihnen dennoch die Ausnahme von der Regel eintreten, überlassen Sie die Reparatur besser einer Fachwerkstatt: Es sei denn, Sie verfügen über das erforderliche Spezialwerkzeug und den nötigen Sachverstand. Falls nicht, kein Grund zu falscher Scham: Selbst Fachwerkstätten lassen reparaturbedürftige Getriebe in der Regel direkt beim Hersteller überholen oder wechseln sie gleich gegen Ford-Tauschaggregate aus.

Mechanisches Fünfgang-Schaltgetriebe (iB5): Zur besseren Schaltbarkeit sind die Gänge 1–3 ab Modelljahr '96 mit doppelten Synchronringen ❶ ausgeführt.

So funktioniert das Schaltgetriebe

Technik-lexikon

Die Motorleistung gelangt über die Kupplung auf die Antriebswelle (Eingangswelle) des Schaltgetriebes. Auf dieser Welle sitzen fünf schrägverzahnte Zahnräder (plus eines für den Rückwärtsgang). Alle Gangräder finden ihr passendes Pendant auf der Abtriebswelle, sie sind in ständigem Kontakt. Die Zahnräder beider Wellen rotieren auf stiftartigen Rollen (Nadeln) – es besteht keine starre Verbindung zwischen Welle und Rad.

Zahnräder und Wellen

Bis die Zahnräder Verbindung zu ihren Gegenparts aufnehmen, rotieren sie frei. Erst wenn ein Gang eingelegt wird, ist das betreffende Zahnradpaar kraftschlüssig miteinander verbunden. Der Ganghebel wirkt auf eine Schaltgabel, die den Kraftschluss der Gangräder über eine Schiebemuffe einleitet. Damit die Zahnräder während des Schaltvorgangs schnell zueinander finden, bringen Synchronringe die Getriebewellen auf die gleiche Drehzahl: Sie »bremsen« dazu in einem Anlaufkonus der Schiebemuffe die schnellere Welle solange ab, bis die Zahnflanken der Gangräder geräuschlos ineinander gleiten.

Vorwärtsgänge und Rückwärtsgang

Die ersten drei Gänge Ihres Fiesta transferieren die Motordrehzahl ins Langsamere. In der vierten Fahrstufe arbeitet Ihr Fiesta bereits im Übersetzungsverhältnis 0,95 : 1, die Antriebsräder drehen also »schneller« als der Motor. Experten reden von einem lang übersetzten Gang, der die bewusst defensive Leistungscharakteristik der Ford Motoren unterstützt. Im fünften Gang (Übersetzungsverhältnis 0,76 : 1) geht die Schere der Drehzahldifferenz zwischen Motor und Antrieb noch weiter auf: Das schont den Motor und senkt, vornehmlich auf Langstrecken, den Kraftstoffverbrauch. In allen Vorwärtsgängen sind zwei Zahnräder im Spiel. Lediglich der Rückwärtsgang bemüht drei Zahnräder. Das dritte Zahnrad, auch Zwischenrad genannt, sitzt auf einer separaten Welle und »greift« immer dann ein, wenn es gilt, zur Rückwärtsfahrt eine Drehrichtungsänderung der Abtriebswelle zu bewirken.

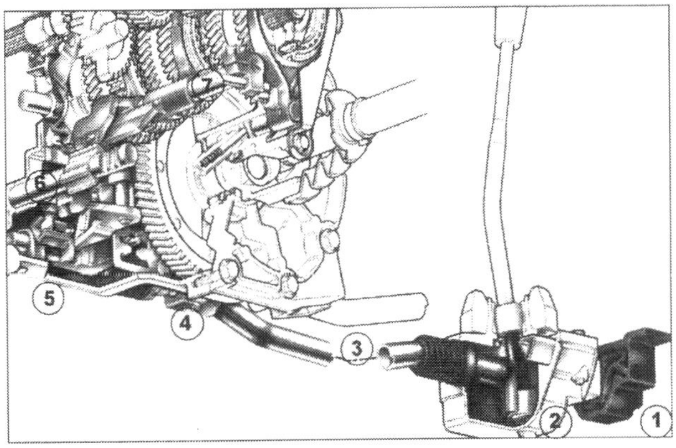

❶ Drehmomentstütze. ❷ Schalthebelgehäuse. ❸ Schaltgestänge. ❹ Klemmschelle. ❺ Schaltkulisse. ❻ Schaltstangen im Getriebe. ❼ Schaltstange mit Schaltmuffe.

Schaltgestänge einstellen

Wenn die Gänge bei Ihrem Fiesta haken oder nicht richtig einrasten, ist bei Neuwagen in der Regel das Schaltgestänge falsch justiert (Garantiefall für die Werkstatt), bei älteren Modellen kann zudem das Schaltgestänge Verschleißspuren aufweisen. In beiden Fällen lässt sich ohne großen Aufwand Abhilfe schaffen. Überprüfen Sie vor Arbeitsbeginn, ob das Schaltgestänge nicht verbogen und die Lagerstellen nicht übermäßig ausgeschlagen sind.

Arbeitsschritte

① 4. Gang einlegen.

② Wagen aufbocken.

③ Klemmschraube an der Getriebeschaltwelle unter dem Wagen lösen und Schaltstange von der Schaltwelle abziehen.

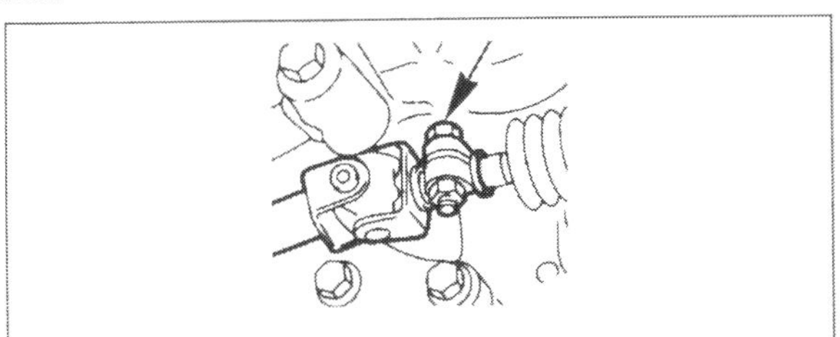

Klemmschraube an der Getriebeschaltwelle.

④ Um die Schaltkulisse auf Mittelstellung zu fixieren, Getriebeschaltwelle ❶ mit passendem Dorn ❷ vor- und zurückschieben.

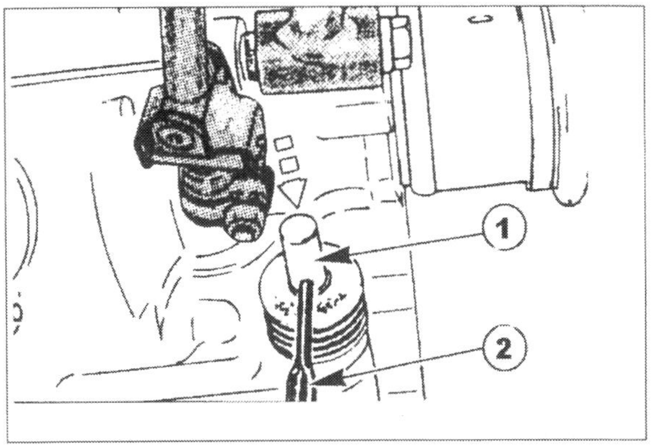

❶ Getriebeschaltwelle. ❷ Dorn.

⑤ Schaltwelle in dieser Stellung ganz in das Getriebe schieben (Pfeil).

⑥ Schaltstange wieder auf Getriebeschaltwelle schieben. Vorher die Klemmflächen fettfrei waschen.

⑦ Mittelschalthebel in »4.Gang« einlegen und 9 Millimeter Dorn oder Bohrer von unten in Schaltgehäuse und Schalthebel stecken.

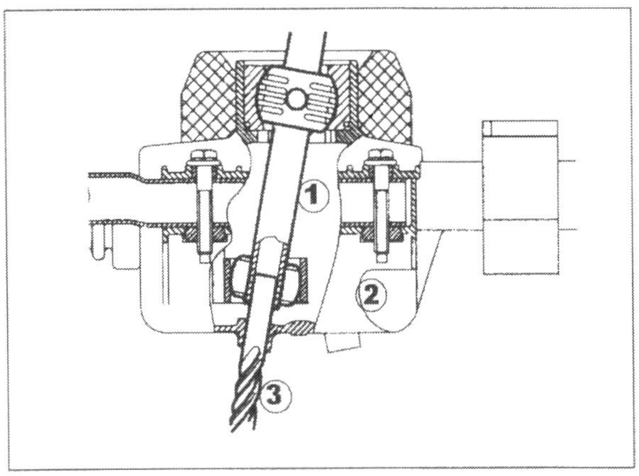

❶ Mittelschalthebel. ❷ Schaltgehäuse. ❸ 9 mm ∅ Bohrer bzw. Dorn.

⑧ Klemmstück mit 25 Nm auf Getriebeschaltwelle festziehen. Schaltwelle darf sich nicht verdrehen.

⑨ Arretierung aus Schaltgehäuse ziehen.

⑩ Gänge zur Probe durchschalten. Einstellung evtl. wiederholen.

Getriebeölstand kontrollieren

Die mechanischen Schaltgetriebe des Ford Fiesta (iB5-Fünfgangschaltgetriebe) sind mit einer Dauerfüllung versorgt. Lediglich die CTX-Getriebeautomaten bekommen alle 45000 Kilometer neues Getriebeöl inklusive Ölfilter. Der Ölwechsel, ohne Profiequipment, ist jedoch eine umständliche Angelegenheit, überlassen Sie das besser einer Fachwerkstatt. In mechanischen Schaltgetrieben halten moderne Getriebeöle locker ein »Getriebeleben« lang. Denn – anders als z.B. im Motor – sind die Öle hier keinem großen Verschleiß ausgesetzt. Solange Ihr Fiesta Getriebe also keine großen Ölmengen absondert, vergessen Sie den Wartungshinweis getrost. Andernfalls sollten Sie den Ölstand ab und an prüfen und das Getriebe möglichst schnell abdichten. Zu den regelmäßigen Wartungsaufgaben gehört allerdings die Ölstandskontrolle in CTX-Getrieben.

Getriebeöl – die Herstellerspezifikation

Mechanische Schaltgetriebe »laufen« mit synthetischem 75W90 Mehrbereichsöl (CTX-Version WSD-M2-C199A). Ihr Ford-Händler hat die entsprechenden Qualitäten am Lager. Das Fünfganggetriebe bekommt zur Erstbefüllung 2,8 – und die CTX-Automatik 4,3 Liter.

Arbeitsschritte

① Fiesta auf ebener Fläche waagrecht und rüttelsicher aufbocken.

② Unteren Motorschutz demontieren.

③ Öleinfüllschraube mit Inbusschlüssel aus dem Getriebegehäuse schrauben. Läuft dabei schon etwas Getriebeöl aus der Bohrung, drehen Sie die Schraube getrost wieder fest. Falls Ihnen kein Öl »entgegen« läuft, kontrollieren Sie den Ölstand mit Ihrem kleinen Finger oder einem abgebogenen Draht durch die Einfüllöffnung: Der Ölpegel sollte 10 – 15 Millimeter unterhalb der Öffnung stehen.

④ Ist der Ölstand o.k., Einfüllschraube einschrauben und festziehen.

Getriebeöl einfüllen

Arbeitsschritte

① Für Do-it-Yourselfer ist das Einfüllen des zähflüssigen Getriebeöls eine Geduldsprobe. Ihre Werkstatt nutzt dazu eine spezielle Saugdruckpumpe. Bei größerem Ölmangel (mehr als 20 Millimeter von Unterkante Einfüllöffnung) oder für einen Ölwechsel das vorgeschriebene Getriebeöl mit Hilfe von Trichter und Schlauch oder einer Ölspritzkanne bis maximal 10 Millimeter unter Einfüllöffnung auffüllen.

② Einfüllschraube einschrauben und festziehen.

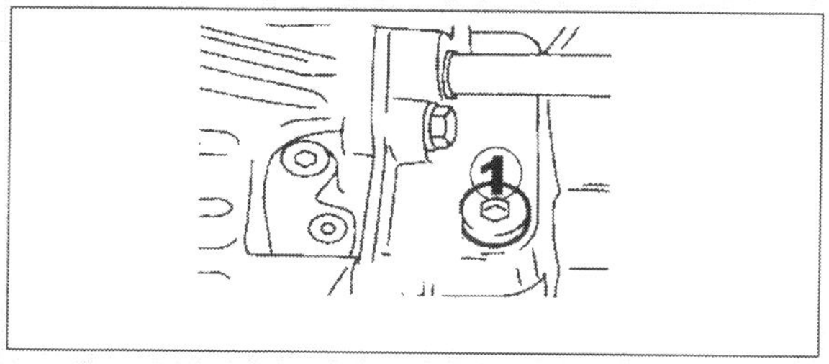

Einfüllschraube ❶

Getriebegeräusche – Praxistip

Heul- oder Mahlgeräusche aus dem Getriebe signalisieren fast immer verschlissene Gangräder oder Lager. Beim Ford Fiesta treten Getriebegeräusche überwiegend an Fahrzeugen auf, die bereits mit einer hohen Laufleistung »gesegnet« sind. Bevor Sie sich mit einer aufwendigen Reparatur abfinden, kontrollieren Sie allerdings zunächst den Getriebeölstand.

- Heul- oder Mahlgeräusche in nur einer Fahrstufe deuten erfahrungsgemäß auf verschlissene Gangräder oder Gangradlager hin.
- Heulgeräusche in allen Gängen deuten auf Verschleißspuren im Achsantrieb oder den Getriebelagern hin.
- Kratzgeräusche während der Schaltvorgänge sind ein sicheres Indiz für verschlissene Synchronringe. Besonders beansprucht sind die Synchronringe des 2. und 3. Gangrads.

Die stufenlose CTX-Automatik

Die Fiesta CTX-Automatik (Continously Variable Transaxle) ist im Kompaktwagensegment ein »seltener« Fall: Denn im Gegensatz zu den meisten anderen Kompaktwagen arbeitet die Ford-Schaltbox mit stufenlosen Übersetzungsverhältnissen. Fiesta CTX-Fahrer können, beispielsweise bei zügigen Überholvorgängen, den Griff zum Schalthebel »wirklich« getrost vergessen – die CTX-Automatik erledigt das hervorragend.

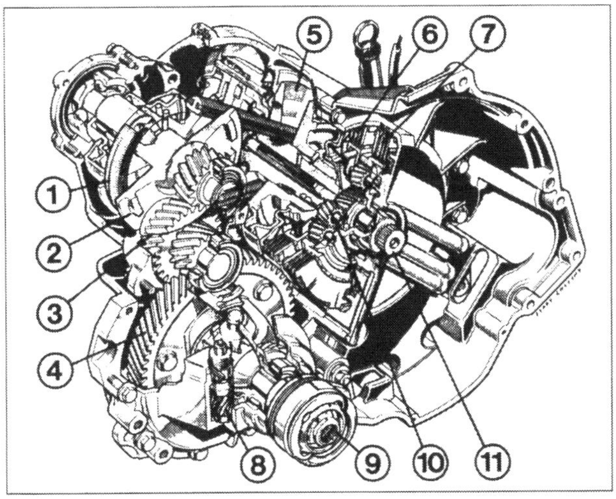

Die Schnittzeichnung des CTX-Automatikgetriebes zeigt:
❶ Stahlschubgliederband. ❷ Sekundär-Kegelscheibenpaar. ❸ Untersetzungsgetriebe. ❹ Ausgleichsgetriebe. ❺ Primär-Kegelscheibenpaar. ❻ Vorwärtsgang-Kupplung. ❼ Rückwärtsgang-Kupplung. ❽ Tachoantrieb. ❾ Achsantrieb. ❿ Planetengetriebe. ⓫ Motor-Antriebswelle.

CTX-Getriebe – wie die Automatik arbeitet

Das hervorzuhebende Merkmal des Ford-CTX-Getriebes ist sein hydraulisch gesteuertes High-Tech-Stahlgliederband: Es überträgt die Motorkraft zwischen zwei axial verstellbaren Kegelscheiben nicht durch Zug, sondern durch Schub. Das Schubgliederband besteht aus hunderten hochfester Stahlglieder mit extrem verschleißfester Oberfläche. Diese »High-Tech-Transmission« verbindet die Getriebeeingangswelle (Primärwelle) mit der Getriebeausgangswelle (Sekundärwelle), sie läuft dabei in paarweise angeordneten, kegelförmigen Scheiben (Schubgliederband-Kegelscheiben). Die Scheiben werden, je nach Fahrsituation und Leistungsanforderung, hydraulisch zusammengedrückt oder gespreizt. Entsprechend den Druckverhältnissen »fällt« das Schubgliederband, beispielsweise während des Anfahrvorgangs, tiefer in das Kegelscheibenpaar der Primärwelle. Sein Radius wird dadurch an der Primärwelle kleiner, entsprechend klettert das Gliederband auf dem Kegelscheibenpaar der Sekundärwelle nach »oben« – der Radius wird demzufolge größer.

CTX-Getriebe – so variiert das Übersetzungsverhältnis

- Kleiner Gliederband-Radius an den Primär-Kegelscheiben und großer Gliederband-Radius an den Sekundär-Kegelscheiben ergeben eine kurze Übersetzung für zügiges Anfahren.
- Großer Gliederband-Radius an den Primär-Kegelscheiben und kleiner Gliederband-Radius an den Sekundär-Kegelscheiben ergeben eine lange Übersetzung für drehzahlschonende Autobahnfahrt.
- Zwischen diesen beiden Extremübersetzungen sind unendlich viele Übersetzungsverhältnisse möglich. Dabei wählt die hydraulische Steuereinheit des CTX-Getriebes das Übersetzungsverhältnis automatisch so, dass der Motor stets den bestmöglichen Wirkungsgrad nutzt.
- Die Drehmomentübertragung beim Anfahren realisiert eine hydraulisch gesteuerte Mehrscheibenkupplung. Sie erzeugt, wie bei jeder herkömmlichen Getriebe-Automatik eine Kriechneigung. Sobald der Motor auf Drehzahlen kommt, schließt die Kupplung, der weitere Antrieb findet dann schlupffrei im Kegelscheibensystem statt.
- Für Vor- und Rückwärtsfahrt ist zwischen der Motorschwungscheibe und dem Kegelscheibensystem ein einstufiges Planetengetriebe angeordnet. Es bestimmt, je nach Wählhebelstellung, die Fahrtrichtung.
- Bei Vorwärtsfahrt ist die »Vorwärtskupplung« kraftschlüssig mit dem Planetengetriebe und der Primärwelle verbunden. So dreht sich das Planetengetriebe ohne mechanische Verluste als komplette Einheit mit.
- Bei Rückwärtsfahrt ist die »Rückwärtskupplung« kraftschlüssig und hält das Hohlrad des Planetengetriebes am Getriebegehäuse fest. Dadurch drehen die Planetenräder das auf der Primär-Kegelscheibenwelle sitzende Sonnenrad in Rückwärtsdrehrichtung.

Besonderheiten im Umgang mit dem CTX-Fiesta

Praxistip

Starten Sie nach einer Reparatur niemals den Motor mit unbefülltem Getriebe – das Schubgliederband und die Kegelräder laufen dann trocken. Sollte die Batterie Ihres Automatik-Fiesta leer sein, können Sie den Wagen nicht einfach anschieben oder anschleppen: Die hydraulische Kupplung stellt bei stehendem Motor keine Verbindung zwischen Motor und Getriebe her. Abhilfe: Sie haben immer ein Starthilfekabel-Set an Bord und bitten einen anderen Autofahrer um Starthilfe.

Abschleppen – vorher Wählhebel auf »N« stellen

Sollten Sie Ihren CTX-Fiesta abschleppen müssen, muss der Wählhebel unbedingt in Stellung »N« stehen und Ihr Vordermann darf nicht mehr als 50 km/h und höchstens 50 Kilometer weit fahren. Andernfalls kann das Getriebe Schaden nehmen, so auch, wenn beispielsweise nach einer Getriebereparatur der Ölstand noch nicht ergänzt bzw. neues Öl aufgefüllt wurde.

Ölstand im CTX-Automatikgetriebe kontrollieren

Das Automatikgetriebe ist ab Werk mit einem speziellen Synthetiköl (WSD-M2-C199A) befüllt. ATF-Öle anderer Spezifikation können in der stufenlosen Fiesta-Automatik einen Totalschaden »provozieren«. Lassen Sie sich daher kein anderes Öl »andrehen«. Auch ein »vergessener« Ölwechsel, zu wenig – oder zu viel Öl können Probleme bereiten. Sie sollten daher regelmäßig das Öl kontrollieren, jedoch Wartungsarbeiten am CTX-Getriebe sinnvollerweise Ihrem Ford-Händler überlassen.

Arbeitsschritte

① Getriebeöl warm fahren (ca. 10 Kilometer).

② Fiesta auf ebener Fläche waagrecht abstellen. Handbremse anziehen, Getriebewahlhebel auf Stellung »N« bringen.

③ Motorhaube öffnen. Motor läuft mit Leerlaufdrehzahl.

④ Getriebeölpeilstab (in Fahrtrichtung rechts neben der Batterie) ziehen und Ölstand ablesen.

Getriebeölpeilstab (Pfeil).

⑤ Ölstand muss zwischen »Min« und »Max« stehen. Andernfalls Motor abstellen und Ölstand durch Messstaböffnung ergänzen. Passenden Trichter oder Ölkännchen verwenden. Auf keinen Fall zuviel Öl einfüllen (Automatikschäden). Maximale Nachfüllmenge zwischen »Min« und »Max« – ca. 280 cm^3.

⑥ Motor starten und im Leerlauf etwa zwei Minuten laufen lassen. Währenddessen Getriebe im Stand einige Male »durch schalten«, danach erneut Ölstand bei laufendem Motor prüfen.

Spätestens nach 45 000 Kilometer wechseln – Getriebeöl und Ölfilter im CTX-Automatikgetriebe

Im normalen Fahrbetrieb sieht der Ford-Wartungsplan einen Wechsel des synthetischen ATF-Getriebeöls inklusive Ölfilter nach 45 000 Kilometern vor. Sollten Sie jedoch bei der regelmäßigen Ölstandskontrolle schwarz verfärbtes oder verbrannt riechendes Öl (tritt verstärkt im Gespannbetrieb oder extremem »stopp and go« Betrieb auf) bemerken, verkürzen Sie besser das Wechselintervall. Sollten Sie den Wechsel partout selbst erledigen wollen, vergessen Sie auf keinen Fall den Ölfilter. Denn er hat im Laufe seines »Lebens« unzählig viele, kleine Verschleißpartikel von den Oberflächen der Kegelräder und des Schubgliederbands »aufgesammelt«. Seien Sie daher »vorgewarnt«: Was Sie am Getriebeölfilter sparen, investieren Sie hernach in aufwendige »Getriebeinnereien«. Wir möchten Ihnen hier beileibe nicht »das Schrauben« vergraulen, doch dort wo wir relativ sicher sein können, dass Do-it-Yourself teure Reparaturen nach sich zieht oder eventuell sogar mit Sicherheitsrisiken behaftet ist, raten wir Ihnen deutlich ab. Zumal Ihr Fiesta genügend sinnvollere Möglichkeiten bietet, mit Selbsthilfe Geld zu sparen.

CTX-Automatikgetriebe

Störungsbeistand

Störung	Ursache	Abhilfe
A Parksperre hält auf abschüssiger Fahrbahn nicht	1 Wählhebel falsch eingestellt	In Ford-Werkstatt einstellen lassen
	2 Getriebe defekt	Ford-Werkstatt mit Reparatur oder Austausch beauftragen. Einstellen (lassen)
B Motor startet in allen Wählhebelstellungen	1 Siehe A1	
	2 Schalter der Startsperre defekt	Schalter prüfen (Anschlüsse) bzw. erneuern
C Fahrzeug fährt während des Startvorgangs in »N« oder »P« vor- oder rückwärts	1 Siehe A1	
D Fahrzeug startet weder in »D« noch in »N« (Elektrik o.k.)	1 Siehe A1	
	2 Siehe B2	
E Getriebefunktion korrespondiert nicht mit Wählhebelstellung	1 Siehe A1	
F Harter Schaltruck beim Verschieben des Wahlhebels	1 Motorleerlauf zu hoch eingestellt 2 Getriebeölstand nicht korrekt	Justrieren lassen Überprüfen, ggf. Öl nachfüllen und undichte Stelle abdichten
	3 Kurvenscheibenzug schwergängig	Bewegliche Teile schmieren
	4 Kurvenscheibenzug falsch eingestellt	Zugverlauf kontrollieren. Justieren lassen
G Beim Anfahren unrunder Motorlauf und schlechte Beschleunigung (Motorgrund- und Gaszugeinstellung o.k.)	1 Siehe F3 und F4	
H Bei langsamer Fahrt mit wenig Gas verzögerte Übersetzungsveränderungen	1 Siehe F3 und F4	
I Getriebe hängt beim Anfahren und während der Fahrt im niedrigen Übersetzungsbereich; Wählhebelstellung »D«	1 Siehe A1	
	2 Siehe F3, F4	
	3 Wählhebelzug schwergängig	Bewegliche Teile schmieren; Zugverlauf kontrollieren

CTX-Automatikgetriebe

Störungsbeistand

Störung	Ursache	Abhilfe
J Verzögerte Ansprache bei Kick-Down-Befehl	**1** Siehe F4	
K Hoher Kraftaufwand beim Schalten	**1** Siehe A2	
L Nach dem Ausrollen kein Anfahren in niedriger Übersetzung möglich	**1** Siehe F3, F4	
M Ungenügende Motorbremswirkung in Wählhebelposition »L«	**1** Siehe F4	
N »Kriecheffekt« in Position »D«	**1** Siehe F1	
O Motor stirbt nach Abbremsen im stehenden Fahrzeug ab	**1** Leerlaufdrehzahl zu gering; Gemisch zu mager eingestellt	Leerlaufdrehzahl bzw. Gemisch korrigieren (lassen)

Der Achsantrieb

Das Getriebe und der Achsantrieb mitsamt Differenzial sitzen beim Fiesta in einem gemeinsamen Gehäuse. Die vom Motor ans Getriebe geleitete Kraft gelangt über ein kleines und ein großes Zahnrad (Achsantriebsrad) an den Achsantrieb. Das Achsantriebsrad ist mit dem Differenzialgehäuse verschraubt. Die Antriebswellen stellen letztendlich die kraftschlüssige Verbindung zwischen Achsantrieb und Radnabe her.

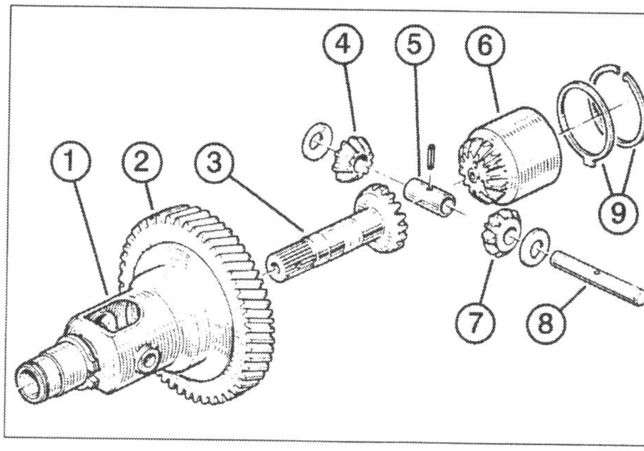

Der Achsantrieb des Getriebes.
❶ Differenzialgehäuse. ❷ Tellerrad. ❸ Getriebeausgangswelle. ❹ und ❼ Satelliten-Kegelräder. ❺ Distanzhülse. ❻ Planetenrad. ❽ Satellitenachse. ❾ Distanz- und Sicherungsring.

Achsantrieb und Antriebswellen

Achsantrieb. Zusammen mit dem Ausgleichsgetriebe (Differenzial) und dem Schaltgetriebe bzw. der CTX-Automatik in einem Gehäuse verbaut. Im Differenzialkorb befinden sich vier ineinandergreifende Kegelräder, von denen zwei mit den Antriebswellen verbunden sind.

Geradeausfahrt. Die Vorderräder rollen mit dem Achsantrieb synchron. Das Differenzial rotiert mit gleicher Drehzahl, die Kegelräder im Differenzialkorb stehen still.

Kurvenfahrt. Das kurvenäußere Rad legt einen längeren Weg zurück als das innere (Drehzahldifferenz). Wenn die Drehzahldifferenz nicht ausgeglichen wird, würde der Fiesta stark untersteuern und die Kurve mit durch-

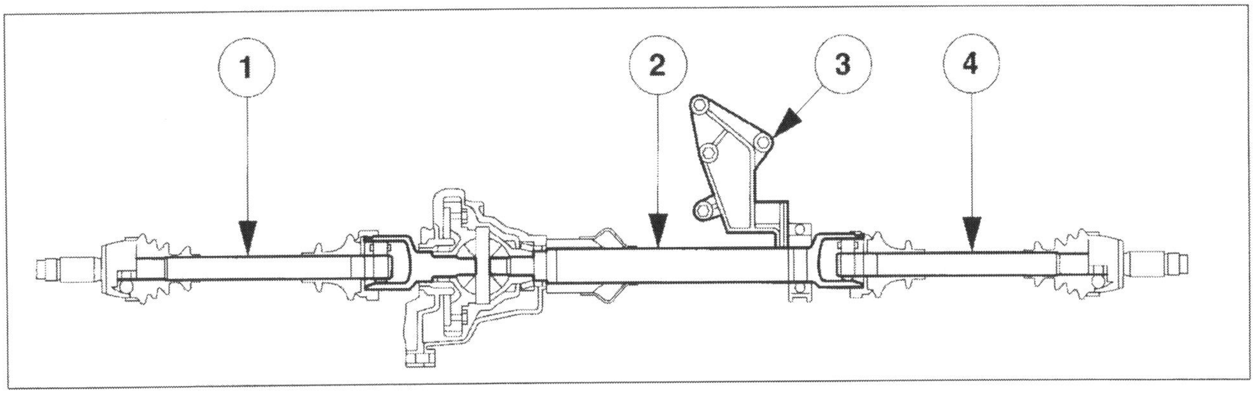

❶ Antriebswelle links. ❷ Zwischenwelle mit Lager. ❸ Gusshalter. ❹ Antriebswelle rechts.

drehendem inneren Vorderrad nehmen. Die Kegelräder im Differenzialkorb sorgen für den nötigen Ausgleich: Das höher drehende Kegelrad der äußeren Antriebswelle wirkt über die beiden Zwischenkegelräder »bremsend« auf das Kegelrad der kurveninneren Antriebswelle ein. Die gewollte Drehzahldifferenz neutralisiert die Wegunterschiede zwischen den beiden Vorderrädern.

Kraftübertragung auf Räder (vom Ausgleichsgetriebe). Obwohl das Getriebegehäuse des Fiesta zur Fahrzeugmittelachse versetzt montiert ist, sind die beiden Antriebswellen gleich lang. Die rechte Antriebswelle wird vom Getriebeausgangsflansch über eine Zwischenwelle angetrieben.

Gleichlaufgelenk. Gleichlaufgelenke ermöglichen eine komfortable Drehmomentübertragung auf die Antriebsräder. Da sie, anders als Kardangelenke, wenig Verschleißteile haben, zeichnet sie eine lange Lebenserwartung aus. Gleichlaufgelenke übertragen kaum Antriebseinflüsse ins Lenkrad. Im Fiesta haben sie auf der Getriebeseite jeweils ein sogenanntes Verschiebegelenk, zur Radseite hin sind sie mit dem Achsstummel verschweißt.

Stümpfe der Antriebswellen. Laufen auf der Radseite in zwei Kugellagern des Lenk-Schwenklagers. Im Gegensatz zur Kerbverzahnung der Radnabenseite hat die Kerbverzahnung der Getriebeseite einen leichten Drall, was Klackgeräusche beim Anfahren vermeidet.

Praxistip

Wenn die Antriebswelle Geräusche macht

Die Lebensdauer der Antriebswellen hängt natürlich auch von der Fahrweise ab. Vermeiden Sie Sprintstarts mit eingeschlagenen Vorderrädern und Anfahren mit durchdrehenden Antriebsrädern. Geräusche, die auf einen Defekt hinweisen, können plötzlich auftreten, dann aber wieder für mehrere Tage verschwinden.

- Rhythmische Schlag- oder Knack-knack-knack-Geräusche beim Gasgeben und im Schiebebetrieb (können sich beim Lenkeinschlag verändern) verraten ein defektes Gelenk an der Radseite.
- Gleiches gilt für flatterndes Lenkrad während Kurvenfahrt.
- Knackgeräusch beim Anfahren mit eingeschlagenen Rädern kann einen Defekt an der Antriebswelle bedeuten. Achtung: Radlagerschäden zeigen häufig die gleichen Symptome.

Manschetten der Antriebswellen prüfen

Arbeitsschritte

① Vorderwagen auf ebener Fläche mit frei hängenden Rädern aufbocken.

② Lenkrad jeweils nach links und rechts bis zum Anschlag drehen. »kurvenäußeres« Rad von Hand drehen und dabei äußere Manschetten auf feine Risse und spröde Stellen kontrollieren. Dringen Schmutz und Feuchtigkeit ein, dauert es nur kurze Zeit, bis das Gelenk hinüber ist. Zur Kontrolle der inneren Manschetten legen Sie sich unter den Vorderwagen. Ein Assistent dreht dann langsam an den Rädern.

③ Sitz der Haltebänder prüfen.

④ Fettspuren an der Manschette sind ein Alarmsignal – fehlt Schmiermittel, kann das Gelenk zerstören. Die Gelenke sind ab Werk mit je 40 Gramm speziellem MoS2-Fett befüllt (SM-1C75-A; SQH-1C9004-A).

⑤ Beschädigte Manschetten sofort ersetzen. Antriebswelle aus dem jeweiligen Antriebsgelenk ausbauen.

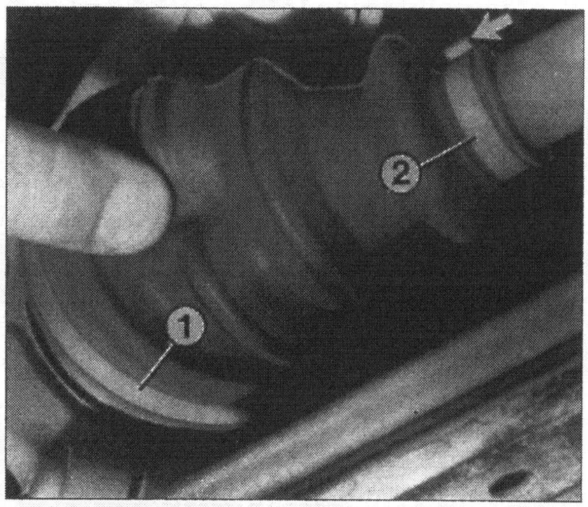

Bei der Kontrolle der Antriebswellen-Schutzmanschetten muss auch der feste Sitz des äußeren ❶ und inneren Schlauchbinders ❷ überprüft werden. Mit einem Seitenschneider werden die Lochbandklemmen gespannt (Pfeil). Dazu eine Ausbuchtung in Form eines plattgedrückten »O« in das Spannband biegen, und mit dem Seitenschneider mit Gefühl so zudrücken, dass die Manschette nicht abgequetscht wird. Die Antriebswelle muss am Manschettensitz peinlich sauber sein.

Antriebswelle ausbauen

Um die rechte Gelenkwelle demontieren zu können, muss vorab die linke Gelenkwelle demontiert werden.

Arbeitsschritte

① Handbremse anziehen. Radmuttern an Vorderrädern lösen.

② Vorderwagen standfest auf ebenem Untergrund aufbocken. Vorderrad abnehmen.

③ Bremszange komplett mit Bremssattel ausbauen und so im Radhaus aufhängen, dass der Bremsschlauch spannungsfrei und nicht in sich verdreht ist.

④ Antriebswelle vom Getriebeflansch trennen. Öffnungen im Getriebe mit sauberem Lappen verschließen – andernfalls Öl ablassen.

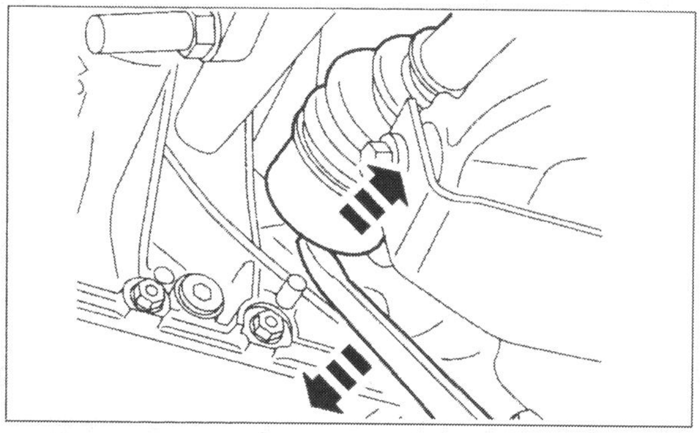

Gelenkwelle links mit Montierhebel aus dem Getriebeflansch drücken.

⑤ Nabenmutter mit U-Scheibe abnehmen.

⑥ Kugelgelenk der Spurstange vom Lenk-Schwenklager abdrücken.

⑦ Untere Federbeinhalterung vom Lenk-Schwenklager abbauen.

⑧ Achszapfen mit stabilem Abzieher Radnabe drücken.

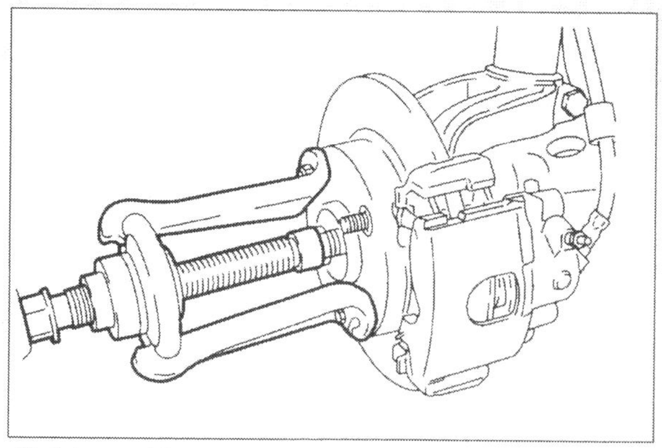

Abzieher auf Radnabe montiert.

Bei der Demontage nicht überdehnen – die Gelenke

⑨ Lenk-Schwenklager nach außen ziehen und dabei die Gelenkwelle vorsichtig aus dem Getriebe bzw. der Radnabe nehmen.

⑩ Bei der Demontage unnötige Belastungen der Gelenke durch Überdehnung vermeiden (Beugungswinkel der Gelenke nicht gewaltsam überschreiten). Gelenkmanschetten nicht beschädigen.

⑪ Neue oder AT-Wellen werden mit Schutzkäfigen geliefert. Käfige erst nach der Montage entfernen. Dabei auf keinen Fall z.B. mit einem Schraubendreher zu Werke gehen – die Gefahr, dass die Manschette beschädigt wird, ist zu groß.

⑫ Beim Einbau das Gewinde der Achswelle mit Fett einstreichen.

⑬ Welle in Lagergehäuse des Lenk-Schwenklagers und Getriebe einlegen.

⑭ Radnabe auf Keilverzahnung des Achswellenstumpfs drücken und eventuell mit Aufzieher (Ford-Werkzeug 14-022) bis zum Anschlag auf Welle ziehen.

⑮ Unterlegscheibe auf Nabe setzen und neue Mutter handfest beidrehen.

⑯ Bremse komplett montieren.

⑰ Wenn Sie vor der Montage das Getriebeöl abgelassen haben, füllen Sie jetzt den Ölstand auf.

⑱ Welle getriebeseitig mit neuem Sicherungsring einrasten. Dazu kräftigen Druck aufs Rad geben.

⑲ Rad montieren und Fahrzeug abbocken.Gelenkschutzkäfige auseinanderdrücken und abnehmen.

⑳ Radnabenmutter bei getretener Bremse mit 205 – 235 Nm festziehen.

Antriebsgelenkmanschette wechseln

Die Gelenkmanschetten sind mittlerweile so ausgelegt, dass sie der Lebensdauer von Antriebswellen in nichts nachstehen. Dennoch sind sie gegen äußere Beschädigungen nicht immun. Der Fachhandel bietet demzufolge Reparatur-Kits, die versierte Hobbyschrauber relativ unproblematisch montieren können.

Arbeitsschritte

① Antriebswelle – wie beschrieben – ausbauen.

② Spannbänder an der undichten Manschette abnehmen. Defekte Manschette zur Wellenmitte hin verschieben.

③ Überschüssiges Fett vom Antriebsgelenk entfernen.

④ Sicherungsring öffnen (aufdrücken) und Wellenschaft aus dem Gelenk ziehen.

⑤ Manschette von der Antriebswelle ziehen.

⑥ Falls innere Manschette zerstört, Spannbänder öffnen – Manschette von Welle ziehen.

⑦ Vor Montage der neuen Manschette Gelenk mit neuem Fett (im Reparatur-Kit enthalten) füllen.

⑧ Wellenschaft in das Gelenk drücken – Sicherungsring muss hörbar einrasten.

⑨ Neue Manschette vorsichtig über das Gelenk schieben und grob fixieren. Die Antriebswelle muss am Manschettensitz »peinlich« sauber sein.

⑩ Neue Spannbänder (im Reparatur-Kit enthalten) ansetzen und von Hand so vorspannen, dass Haken im nächstliegenden Loch einrastet.

⑪ Beim Spannen der Bänder – vornehmlich auf der Radnabenseite – darauf achten, dass die Spannschlaufe nicht zu weit von der Welle absteht. Sonst könnte es bei drehender Welle zu Berührungen mit der Umgebung kommen – Spannbänder lockern sich, Fett gelangt nach Außen.

Praxistip

»Massieren« Sie das Fett gut ein

Bevor Sie die Spannbänder endgültig fixieren, massieren Sie das neue Fett gut ein. Kneten Sie dazu den Faltenbalg und schwenken dabei auch vorsichtig das Gelenk: Das Fett verteilt sich dann gleichmäßig in der Manschette und im Gelenk. Liften Sie abschließend mit einem kleinen Schraubendreher den Manschettensitz kurz an und drücken die Manschette etwas zusammen. Die überschüssige Luft im Inneren des Faltenbalgs kann so entweichen. Achten sie darauf, dass die Manschette ohne Quetschfalten auf der Antriebswelle sitzt.

DAS FAHR-WERK

Komfortabel und sicher: Das Fahrwerk des Fiesta steht auf technisch hohem Niveau. Die Vorderräder führen McPherson-Federbeine und L-förmige Querlenker, die hintere Verbundlenkerachse mit spurkorrigierenden Lagerpunkten stützen Federbeine gegen den Aufbau ab.

Wartung

Reparatur

Für die Fahreigenschaften und den Fahrkomfort zeichnet das Fahrwerk Ihres Ford Fiesta verantwortlich. Nach den Vorstellungen der Ford-Ingenieure soll es auf allen Oberflächen und bei allen Bewegungen die Räder präzise führen: Freilich kein einfacher Job für die Räder Ihres Fiesta, denn sie müssen sich während der Fahrt nicht nur drehen, sondern auch Auf- und Abwärtsbewegungen ausführen – keine Fahrbahnoberfläche ist völlig eben. Auch beim Bremsen, Beschleunigen und bei Kurvenfahrt entstehen erhebliche Kräfte, die auf das Fahrwerk einwirken. Das klappt nur, wenn alle Komponenten exakt aufeinander abgestimmt sind. Zum Fahrwerk gehören die Federung und Dämpfung, die Radaufhängung an Vorder- und Hinterachse, die Lenkung sowie die Räder und Reifen. Die Bremsen, ebenfalls Bestandteil des Fahrwerks, stellen wir Ihnen in einem gesonderten Kapitel vor.

Eine Wissenschaft für sich – die Fahrwerksauslegung

Gut ausgelegte Radaufhängungen sind auch im Computerzeitalter eine Wissenschaft für sich: Die Räder sollen ständig in genau definierten Winkeln zur Fahrzeugachse stehen. Doch fahren Sie mit Ihrem Fiesta zum Beispiel über eine Bodenwelle oder mit hohem Tempo durch eine Kurve, verändert sich zwangsläufig die Radgeometrie. Den Kontakt zur Fahrbahn dürfen die Räder freilich nie verlieren, sie können dann keine Brems- und Lenkkräfte mehr übertragen. Damit die Räder auf dem Boden bleiben, sind sie gegen die Karosserie abgefedert. Die Federung nimmt Stöße auf und folgt den Unebenheiten der Straße. Das unerwünschte Nachschwingen der Federn unterdrücken Stoßdämpfer. Eigentlich müssten sie Schwingungsdämpfer heißen, da sie keine Stöße dämpfen, sondern lediglich die Eigenschwingungen der Federn abschwächen.

Zusammengehörig – Lenkung und Fahrsicherheit

Fahrverhalten und Fahrsicherheit sind unter anderem davon abhängig, dass die Räder sicher in die gewünschte Richtung lenken. Beides soll möglichst feinfühlig und zielgenau passieren. Das Ansprechverhalten der Lenkung ist darum genau auf die Achsen und die Lenkgeometrie abgestimmt.

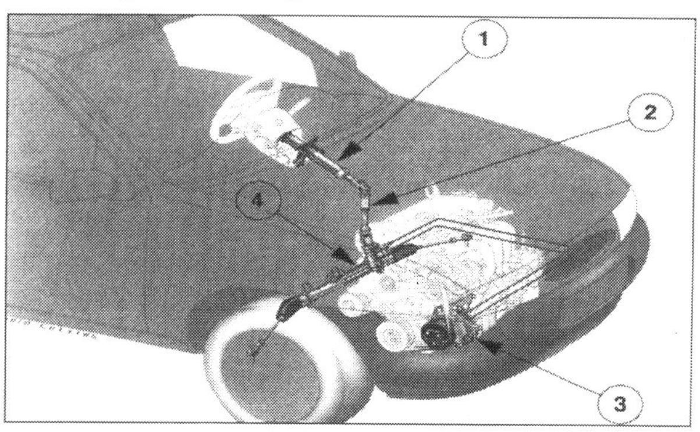

Servolenkung: ❶ Obere Lenkssäule. ❷ Untere Lenksäule. ❸ Lenkhilfepumpe. ❹ Lenkgetriebe.

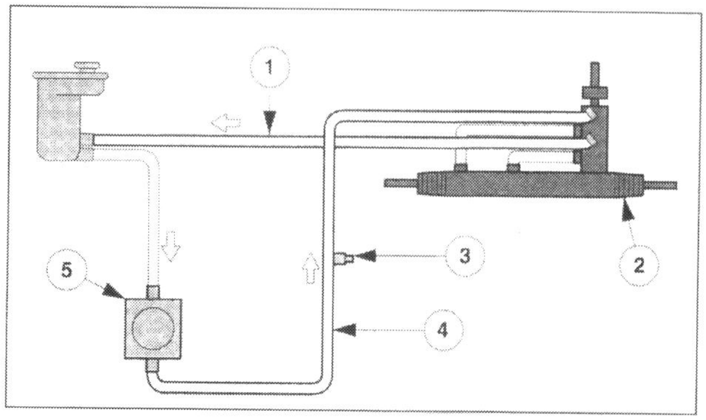

Funktionsschema PAS: ❶ Hydaulikrücklaufleitung. ❷ Lenkgetriebe mit Zahnstange. ❸ Lenkhilfe-Systemdruckschalter (ausser Diesel). ❹ Hydraulikölhochdruckleitung. ❺ Lenkhilfepumpe.

Das Fahrwerk des Ford Fiesta ist ein gutes Beispiel dafür, dass moderne Kompaktwagen keine großen Abstriche an Komfort und Fahrsicherheit voraussetzen. Vorne arbeiten McPherson-Federbeine, die Hinterräder federn gleichfalls mit Federbeinen ab. Sie werden von einer Verbundlenkerachse mit spurkorrigierend fixierten Längslenkern geführt.

Die Fiesta-Vorderachse

Einzelradaufhängung: Nach dem System McPherson (1949 zum Patent angemeldet). Kompakte Einheit aus Stoßdämpfer, Feder und schwenkbarem Radnabenteil (Radführung).

Federbein: Besteht aus Schraubenfeder und Teleskopstoßdämpfer, der innerhalb der Federwindungen arbeitet. Innere Anschläge im Federbein begrenzen das Ausfedern nach unten. Bei hartem Durchfedern – etwa in einem Schlagloch – tritt der Anschlagbegrenzer in Aktion. Er verhindert, dass die Feder blockiert und der Stoßdämpfer abrupt zerstört wird.

Federbeindom (im Kotflügel): Nimmt das Federbein auf. Oben als Gummilager (Stützlager) ausgebildet, das sich, geführt durch einen Zentrierring, an je einer oberen und unteren Tellerscheibe abstützt. Im Stützlager ist die Kolbenstange des Federbeins verschraubt.

Lenk-Schwenklager: Hält das untere Ende des Federbeins mit zwei Klemmschrauben. Ist über ein Kugelgelenk mit einem Querlenker aus Sphäroguss verbunden. Der Querlenker sitzt beweglich im Achsträger und nimmt die Seitenkräfte auf.

Querstabilisator: Drehbar am Fahrzeugboden befestigt. Jeweils mit einem Querlenker verbunden. Er minimiert bei Kurvenfahrt die Seitenneigung der Karosserie.

Zahnstangenlenkung: Am Achsträger hinter dem Motor befestigt. Zweiteilige Lenkspindel wirkt direkt auf die Zahnstange an deren Enden jeweils die rechte und linke Spurstange verschraubt ist. Die Lenkbewegungen werden auf die Lenkhebel des Lenk-Schwenklagers und damit auf die Räder übertragen.

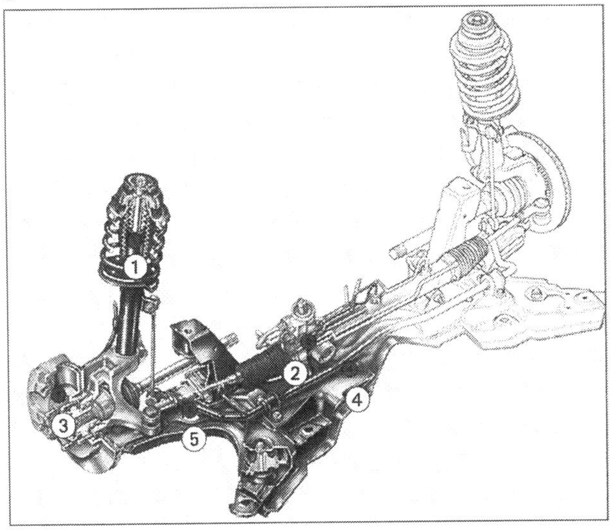

Vorderachskonstruktion des Fiesta überzeugt mit ausgezeichneter Lenkelastizität.
Gutes Federungsverhalten realisieren McPherson-Federbeine ❶; eine kompakte Zahnstangenlenkung ❷ leitet Kurskorrekturen feinfühlig ein; ausreichend dimensionierte Scheibenbremsen ❸ sind der Motorleistung stets gewachsen; ein Querstabilisator ❹ verbessert das Handling in Kurven; L-förmige Qerlenker ❺ »führen« die Vorderräder in Längs- und Seitenrichtung.

Technik-lexikon – Begriffe der Lenkgeometrie

Vorspur. Vorderräder stehen vorn enger zusammen als hinten (rollen aufeinander zu). Das gleicht die Reibung zwischen Rad und Straße aus, die das linke Rad nach links und das rechte nach rechts drücken will. Die Vorspur verhindert Flattern der Räder und Radieren der Reifen. Bei der Fahrt durch eine Kurve schwenkt das kurveninnere Rad zur Unterstützung der Lenkbewegung und der Lenkkräfte stärker ein als das kurvenäußere – die Vorspur geht in Nachspur über (Räder stehen hinten enger zusammen als vorn).

Sturz: Radneigung zu einer Senkrechten. Vermindert Fahrbahnstöße in die Lenkung, reduziert Lenkkräfte und Reibung der Räder auf der Fahrbahn. Die Vorderräder des Fiesta haben positiven Sturz – sie stehen oben im Radkasten geringfügig weiter auseinander als unten am Boden.

Spreizung: Neigung der Lenkungsdrehachse zu einer Senkrechten. Denkt man sich eine Linie dieser Achse zum Boden und misst den Abstand zur Mittellinie durch das Rad (Mittelpunkt der Reifenaufstandsfläche), erhält man den Lenkrollradius. Um die Störkräfte in der Lenkung zu verringern, soll der Lenkrollradius möglichst klein sein. Zusammen mit dem Nachlauf bewirkt die Spreizung außerdem, dass sich das Fahrzeug bei eingeschlagenen Rädern etwas anhebt. Lässt man das Lenkrad los, stellen sich die Räder selbst in die Mittelstellung zurück (Rückstellmoment).

Nachlauf: Abstand (in Fahrtrichtung) zwischen der gedachten Verlängerungslinie der Lenkdrehachse zum Boden und dem Mittelpunkt der Reifenaufstandsfläche. Durch den Nachlauf werden die Räder gezogen (nicht geschoben). Gezogene Räder neigen dazu, sich von selbst geradeaus zu stellen und diese Stellung stabil beizubehalten (Teewageneffekt).

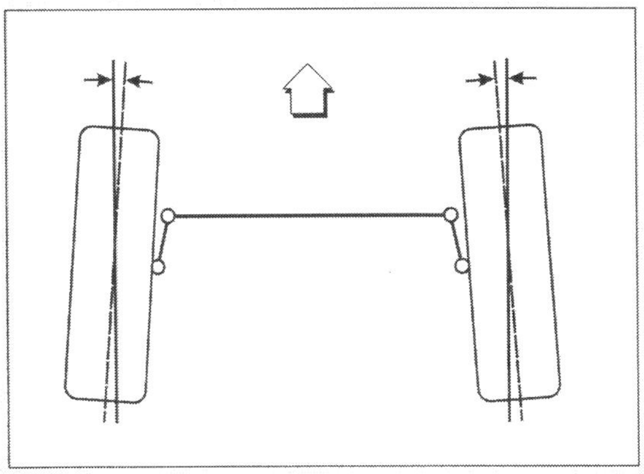

Das Schema der Vorspur.

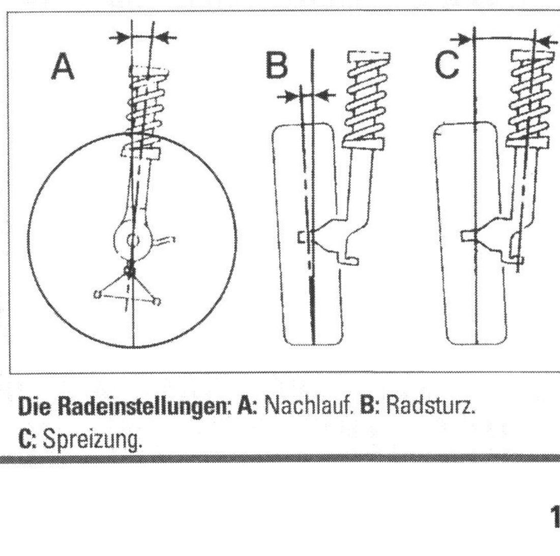

Die Radeinstellungen: A: Nachlauf. **B:** Radsturz. **C:** Spreizung.

Die Fiesta-Hinterachse

Verbundlenkerachse: V-förmiger Achskörper mit verschweißten Längslenkern und spurkorrigierender Geometrie. Die vorderen »Augen« der Längslenker sind beweglich in je einem Lagerblock gelagert. Die Lagerblöcke sind direkt am Unterboden befestigt. Zur »elastischen« Achsführung fixieren die Längslenkeraugen ein Führungsbolzen und eine Silentbuchse.
Federung: Teleskopstoßdämpfer mit Schraubenfedern sitzen nahe bei den Rädern auf den Längslenkern vor den Achsstummeln. Dämpfer und Feder stützen sich in einem Federbeindom nach oben gegen die Karosserie ab.

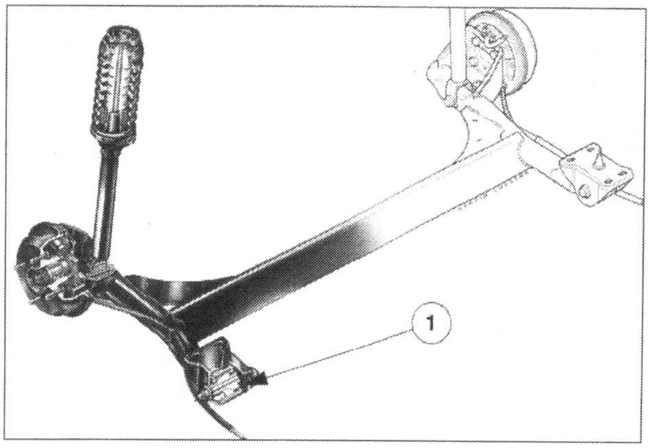

Verbundlenker-Hinterachse mit V-förmigem, nach unten geöffneten Achskörper und angeschweißten Längslenkern.
❶ Hinterachslager mit spurkorrigierenden Eigenschaften.

Gefahrenhinweis

Do it yourself an Fahrwerk und Lenkung

Arbeiten an Fahrwerk und Lenkung setzen Erfahrung und oft auch Spezialwerkzeuge sowie optische- oder elektronische Messgeräte voraus. Überlassen Sie Arbeiten an Fahrwerk oder Lenkung im Zweifelsfall besser Ihrer Werkstatt. Fehlerhaft ausgeführte Reparaturen gefährden Sie und andere Verkehrsteilnehmer. Beschädigte Teile der Radaufhängung sind grundsätzlich nicht zu richten oder zu schweißen – sie müssen generell durch Neu- oder brauchbare Secondhand Teile ersetzt werden. Nach grundlegenden Fahrwerks- oder Lenkungsarbeiten muss der Wagen optisch vermessen werden.

Handling-Faktor – die Vorderachsgeometrie

Die richtige Stellung der Vorderräder ist mit entscheidend ob Ihr Fiesta auf ebener Strecke und in Kurven ruhig und sicher auf der Straße liegt. Schon ein deftiger Kontakt zum Bordstein kann die Geometrie der Vorderradaufhängung empfindlich durcheinander bringen. Verschlissene Gelenke und Gummilager oder unsachgemäße Reparaturen wirken sich gleichfalls negativ auf das Fahrverhalten aus. Die optische Fahrwerksprüfung ist grundsätzlich Werkstattsache, die Profis dort besitzen einen speziellen Achsmessstand. Einer verstellten Vorderachsgeometrie können Sie während der Fahrt freilich selbst auf die Schliche kommen. Dazu müssen beide Vorderreifen vom gleichen Hersteller stammen, eine vergleichbare Profiltiefe und den vorgeschriebenen Luftdruck aufweisen. Trifft das zu, achten Sie auf folgende Symptome:

- Ein schräg sitzendes Lenkrad deutet auf eine verstellte Vorderachsgeometrie hin. Achten Sie also grundsätzlich darauf, ob Ihre Lenkradspeichen bei Geradeausfahrt symmetrisch stehen.
- Stehen in Geradeausstellung des Lenkrads auch die Vorderräder Ihres Fiesta symmetrisch zueinander?
- Läuft der Wagen auf ebener Fahrbahn »freihändig« geradeaus? Oder zieht er in eine Richtung?
- »Kommt« das Lenkrad am Kurvenausgang selbsttätig in Geradeausstellung zurück?
- Nutzen sich die Vorderreifen gleichmäßig ab? Oder erkennen Sie unterschiedliche Verschleißspuren an den Kanten?

Stoßdämpfer prüfen – grundsätzlich nach zwei verschlissenen Reifensätzen

Stoßdämpfer werden im Laufe ihres Arbeitslebens »schlapp«: Nach etwa zwei verschlissenen Reifensätzen haben die Dämpfer in der Regel etwa noch 50 Prozent ihrer ursprünglichen Wirkung – sie sind reif für den Austausch. Da die Wirkung langsam und nicht abrupt nachlässt, stellen sich die meisten Autofahrer jedoch unbewusst auf das verschlechterte Fahrverhalten ein. In Extremsituationen kann das jedoch zu bösen Überraschungen führen. Lassen Sie Stoßdämpfer darum einmal im Jahr auf dem Prüfstand eines Automobilclubs bzw. von TÜV oder Dekra kontrollieren. Die Schaukelmethode, bei der Sie Ihr Auto an den Kotflügeln aufschaukeln um sein Nachschwingverhalten zu »testen«, ist wenig aufschlussreich. Denn auf diesem Weg entlarven Sie allenfalls einen total verschlissenen Stoßdämpfer. Einige Anzeichen, die auf nachlassende Dämpferwirkung hinweisen, gibt es dennoch. Achten Sie bei Ihrem Fiesta auf folgende Symptome:

- Flattert die Lenkung? In diesem Fall »tanzen« die Räder über dem Boden oder sind falsch ausgewuchtet.
- Schwingt Ihr Fiesta nach Bodenwellen kräftig nach?
- Wie verhält sich Ihr Auto in Kurven? Wirkt es schwammig? Wankt es gar jeder Unebenheit hinterher?
- Nutzen die Reifen ungleichmäßig ab (partiell ausgewaschene Lauffläche)?
- Stellen Sie am Stoßdämpfergehäuse starke Ölspuren fest? Geringe Schwitzspuren sind durchaus normal.

Regelmäßig prüfen – Lenkungsspiel

Das Lenkungsspiel Ihres Fiesta lässt sich korrigieren. Zumindest dann, wenn es sich um normalen Verschleiß und nicht um einen Defekt handelt. Überlassen Sie die Einstellung jedoch Ihrer Werkstatt – die Profis vor Ort haben das dazu erforderliche Messwerkzeug parat. Wann es soweit ist, können Sie selbst auf einer ebenen Stein- oder Asphaltfläche überprüfen.

Arbeitsschritte

① Räder geradeaus stellen.

② Greifen Sie durchs geöffnete Seitenfenster und drehen das Lenkrad ruckartig hin und her.

③ Achten Sie dabei aufs linke Vorderrad, besser noch auf das Felgenhorn, es muss sich rhythmisch mitbewegen. Der elastische Reifen kann die Bewegungen geringfügig »bremsen«.

④ Stellen Sie um die Geradeausstellung kein Spiel fest, bei stärkerem Lenkeinschlag jedoch ein Klemmen, ist die Zahnstange verschlissen. Das gesamte Lenkgetriebe muss dann ausgetauscht werden.

Schutzmanschetten der Zahnstange kontrollieren

Die aus dem Lenkgetriebegehäuse austretende Zahnstange schützt links und rechts je eine Gummimanschette. Beide Manschetten müssen staubtrocken sein. Feuchte Manschetten sollten Sie unmittelbar ersetzen: Denn eindringender Schmutz oder Feuchtigkeit verwandeln das Fett im Lenkgetriebe in kürzester Zeit zu einer Schleifpaste, die ständig am Lenkritzel und der Zahnstange nagt.

Technik-lexikon

So arbeitet der Stoßdämpfer

Ihr Fiesta steht auf sogenannten Zweirohrdämpfern. Sie bestehen aus einem Arbeitszylinder, in dem ein mit einer Kolbenstange versehener Arbeitskolben auf- und abgleitet. Den Arbeitszylinder umgibt ein zweiter Zylinder, der als Vorratsraum für das Hydrauliköl dient.

Druckstufe: Der Kolben bewegt sich nach unten und presst auf seinem Weg Hydrauliköl durch ein Ventil in den Raum über dem Kolben. Die Auslegung des Ventils bestimmt den Widerstand (Raddämpfung), den der Arbeitskolben zu überwinden hat.

Zugstufe: Die entlastete Feder führt den Arbeitskolben zurück in seine Ausgangsstellung. Dabei gelangt das oberhalb des Kolbens verdrängte Öl über ein Bodenventil zurück in den Vorratsraum. Das Ventil bestimmt den Widerstand (Raddämpfung), den der Arbeitskolben zu überwinden hat.

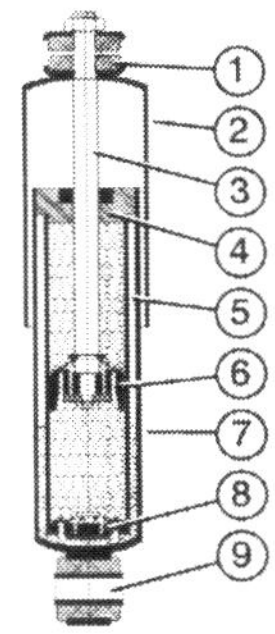

Zweirohr-Stoßdämpfer (Querschnitt).
❶ Obere Befestigung mit elastischem Gummilager. ❷ Schutzrohr. ❸ Kolbenstange. ❹ Kolbenstangenführung mit Dichtung. ❺ Arbeitszylinder. ❻ Ventilkolben mit Ventilfederscheiben. ❼ Außenrohr. ❽ Bodenventil mit Rückschlagventil und Ventilfederscheiben. ❾ Untere Befestigung.

Arbeits-schritte

① Leuchten Sie die Faltenbälge mit einer Taschenlampe ab.

② Schlagen Sie die Lenkung voll nach rechts und links ein; ziehen Sie dann den Faltenbalg Stück um Stück auseinander, um Risse in den Falten zu erkennen.

③ Spannbänder ❶, ❷ müssen auf beiden Manschetten fest sitzen.

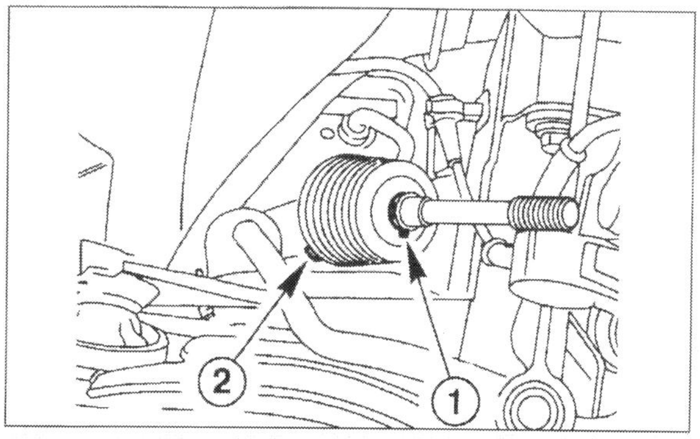

Die Lenkmanschetten sind oberhalb des Achsträgers relativ gut gegen äußere Beschädigungen geschützt. »Gönnen« Sie ihnen dennoch bei demontiertem Spritzschutz ab und an einen Blick und kontrollieren gleichzeitig die Spannbänder ❶, ❷ auf festen Sitz.

Spurstangenköpfe und Manschetten prüfen

Rechts und links zwischen der Spurstange und dem Spurstangenhebel des Lenk-Schwenklagers sitzen die Spurstangenköpfe. Den stählernen Kugelkopf umhüllt jeweils selbstschmierender Kunststoff – eine mit Spezialfett gefüllte Manschette schützt ihn vor Schmutz und Feuchtigkeit. Spurstangenköpfe mit defekter Manschette oder zuviel Spiel müssen Sie umgehend ersetzen.

Arbeits-schritte

① Kontrollieren Sie die Manschetten der Spurstangenköpfe auf äußere Beschädigungen (z. B. Risse).

② Prüfen Sie das Gelenkspiel. Sinnvollerweise machen Sie das über einer Grube.

③ Lassen Sie einen Helfer das Lenkrad mehrmals kurz nach links und rechts drehen. Sie können dann mit der Hand fühlen, ob die Spurstangengelenke Luft haben.

Querlenkerlager kontrollieren

Die beiden Lager und das Kugelgelenk der vorderen Querlenker sind wartungsfrei. Das äußere Kugelgelenk sitzt in einer Kunststoffschale mit Fett-Dauerfüllung. Dennoch sollten Sie die Querlenker regelmäßig inspizieren und mit einem Montierhebel das Spiel »abdrücken«: Eindringender Schmutz und Feuchtigkeit hinterlassen ihre Spuren, sie wirken wie Schleifpaste. Folge: Die Gelenke schlagen aus und die Lager können korrodieren.

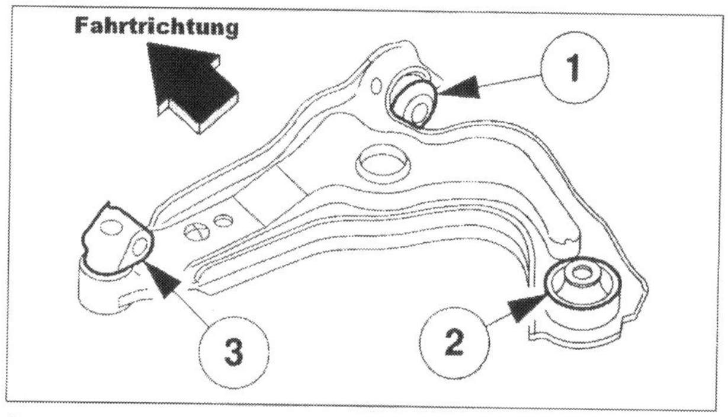

Dauerhaft wartungsfrei: Die Lager der vorderen Querlenker. ❶ vorderes Lager – horizontal angeordnet und mit progressiver Spurkorrektur. ❷ hinteres Lager – vertikal angeordnet. ❸äußeres Kugelgelenk.

Arbeits-schritte

① Lenkung jeweils voll einschlagen.

② Kugelgelenke rechts und links optisch auf Beschädigungen prüfen. Dabei einen Montierhebel ansetzen und das Spiel prüfen.

③ Die beiden Lager auf die gleiche Weise inspizieren. Denken Sie daran, dass die Lager von Haus aus eine gewisse Elastizität haben. Sobald sich der Montierhebel allerdings »widerstandslos« schwenken lässt, sind die Lager verschlissen.

Versierte Do-it-Yourselfer werden, mit dem erforderlichen Equipment ausgerüstet, jetzt zur Selbsthilfe greifen wollen. Wir raten Ihnen dennoch davon ab, denn die Arbeit ist nicht allein mit dem Tausch eines Lagers oder Kugelgelenks beendet: Stattdessen müssen Sie den kompletten Querlenker demontieren und die Vorderachse, nach beendeter Reparatur, optisch neu vermessen lassen. In der Fachwerkstatt sind Sie damit besser aufgehoben.

Radlagerspiel prüfen

Die Vorderräder des Fiesta laufen mit wartungsfreien Doppelkugellagern, an der Hinterachse sind es wartungsfreie Kegelrollenlager. Die Radlager an der Hinterachse unterliegen keinem großen Verschleiß. Vorausgesetzt sie sind richtig eingestellt, drehen sie sich länger als 150000 Kilometer. Die stärker beanspruchten vorderen Radlager halten häufig nicht so lange. Die Radlager sind mit der Montage eingestellt, bei Schäden sind sie komplett zu tauschen. Sie machen sich dann unüberhörbar mit lauten Laufgeräuschen bemerkbar. Mahlgeräusche in Rechtskurven deuten auf ein defektes Radlager links vorne hin, Geräusche in Linkskurven verraten das rechte Radlager. Überlassen Sie den Austausch besser Ihrer Werkstatt – Lager, Laufringe, Nabe und Lenk-Schwenklager sind in sehr engen Toleranzen gefertigt. Die fachgerechte Montage setzt Spezialwerkzeuge voraus.

Arbeits-schritte

① Wagen auf Stein- oder Asphaltfläche abstellen. Greifen Sie das Rad im oberen Radlauf und versuchen Sie es rhythmisch quer zur Fahrzeuglängsachse zu bewegen. Einwandfreie Lager verkraften das lautlos und ohne Spiel.

② Wenn Sie an den vorderen Radlagern Spiel bemerken: Helfer Bremse treten lassen und Kontrolle wiederholen. Ist dann immer noch Spiel vorhanden, haben Sie es mit einem defekten Achsgelenk zu tun.

Querlenker demontieren

Verformte oder verbogene Querlenker dürfen Sie nicht richten. Der Querlenker muss dann komplett ausgewechselt werden. Sind die Lagerbuchsen verschlissen, reicht es erfahrungsgemäß die Lager zu wechseln. Überlassen Sie das besser Ihrer Werkstatt (siehe Querlenkerlager kontrollieren), dies ist eine Arbeit für den Mechaniker. Damit die Lagerbuchsen genau fluchten und tatsächlich auch ihren definierten Abstand zueinander haben, verwenden Profis ein spezielles Einziehwerkzeug bzw. eine hydraulische Presse.

Arbeits-schritte

① Wagen auf ebener Fläche rüttelsicher aufbocken, Vorderrad abbauen.

② Sicherungsschraube am Kugelgelenk des Querlenkers vom Lenk-Schwenklager abschrauben.

③ Kugelkopf aus dem Lenk-Schwenklager ziehen. Das geht am besten mit einem Abzieher.

④ Zwei Schrauben am Achsträger herausdrehen.

⑤ Querlenker nach unten schwenken und vom Achsträger abnehmen.

Querlenker montieren

Arbeits-schritte

① Zur Montage grundsätzlich neue, selbstsichernde Muttern verwenden.

② Querlenker am Achsträger einsetzen und beide Schrauben mit den Muttern nach außen einsetzen. Muttern dann lose vorziehen.

③ Schaft des Kugelgelenks in die Klemmvorrichtung des Lenk-Schwenklagers einsetzen. Dabei die Kunststoffscheibe nicht vergessen! Klemmschraube mit 50 Nm festziehen (Drehmonentschlüssel). Schrauben anschließend um 90° weiterdrehen.

④ Um die Befestigungsschrauben am Achsträger festzuziehen, müssen Sie vorab das Rad montieren und den Wagen absenken. Die Gummilagerungen bekommen dann ihre richtige Vorspannung, und Sie können die Schrauben mit dem vorgeschriebenen Drehmoment von 50 Nm festziehen (Drehmomentschlüssel). Schrauben anschließend um 90° weiterdrehen.

⑤ Vorderachse optisch vermessen (lassen).

Federbein demontieren

Bevor Sie das Federbein demontieren, muss das Lenk-Schwenklager ausgebaut werden (siehe Lenk-Schwenklager auswechseln).

Arbeits-schritte

① Wagen sicher auf ebener Fläche aufbocken, Vorderrad abbauen.

② Bremsschlauchhalter vom Federbein demontieren.

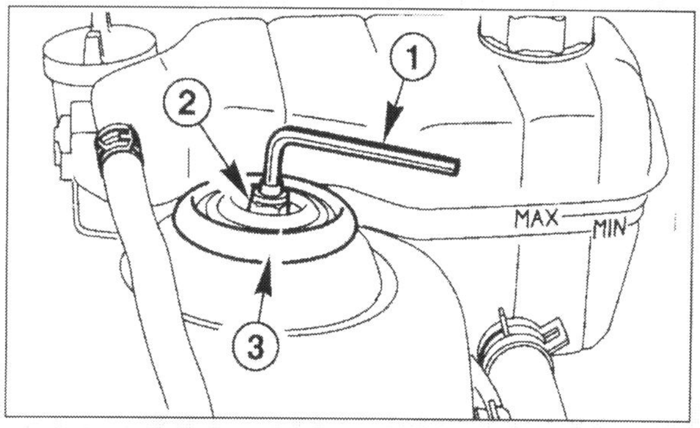

❶ Inbusschlüssel SW6. ❷ Befestigungsmutter SW 19. ❸Schwingungsdämpfer.

③ Obere Befestigung des Federbeins mit einem SW 19 Ringschlüssel lösen. Beim Lösen der Mutter die Kolbenstange mit einem Innensechskantschlüssel (SW 6) gegen halten. Befestigungsschraube am Federbeindom ausschrauben. Federbein dazu abstützen.

④ Evtl. Kugelgelenk der Stabilisatorverbindungsstange vom Federbein demontieren.

⑤ Bremssattel demontieren (siehe Kapitel »Die Bremsanlage«) und mit Draht im Radlauf fixieren.

⑥ Wenn kein Spezialwerkzeug greifbar, geeigneten Winkelschraubendreher in die Nut des Lenk-Schwenklagers einsetzen und um 90° nach unten drehen. Federbein vom Lenk-Schwenklager trennen. Darauf achten, dass die Antriebsgelenkmanschette nicht verletzt wird.

⑦ Schwenklager und Antriebswelle mit Draht sichern.

⑧ Obere Befestigungsmutter mitsamt Tellerscheibe abnehmen. Federbein aus dem Radausschnitt manövrieren.

⑨ Bei der Montage muss das Federbein zentrisch im Federdom sitzen.

⑩ Obere Befestigungsschraube erst dann festziehen, wenn das Lenkschwenklager mit dem Federbein in seiner Lage fixiert ist.

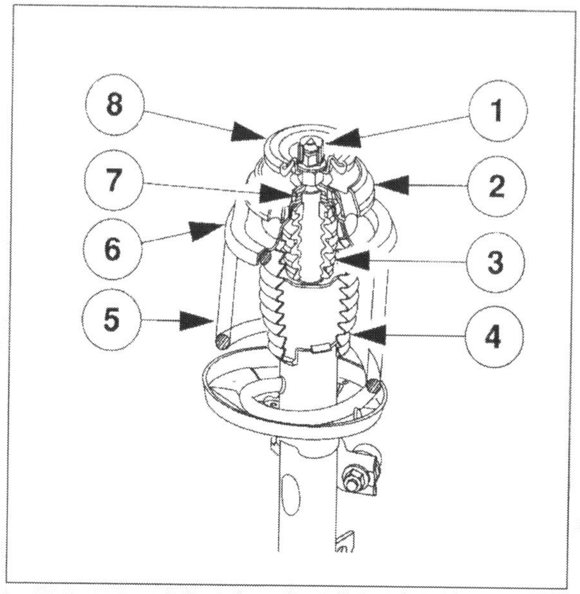

❶ Schutzkappe. ❷ Aufnahme. ❸ Anschlaggummi. ❹ Schutzbalg. ❺ Feder. ❻ Federaufnahme. ❼ Lage. ❽ Halterung.

Spurstangenköpfe erneuern

Die Spurstangenköpfe sind jeweils links und rechts mit den Spurstangen verschraubt. Vorteil: Bei defekten Spurstangenköpfen müssen Sie nicht die komplette Spurstange austauschen.

Arbeits-schritte

① Wagen sicher auf ebener Fläche aufbocken, Vorderrad abbauen.

② Selbstsichernde Mutter des Spurstangenkopfs am Lenkhebel des Lenk-Schwenklagers lösen.

③ Spurstangenkopf mit einem Klauenabzieher aus dem Lenkhebel drücken, dann Mutter ganz abdrehen.

④ Klemmutter am Spurstangenkopf lösen und das Endstück von der Spurstange abschrauben. Zählen Sie exakt die Gewindegänge des Spurstangenkopfs außerhalb der Spurstange (Umdrehungen beim Ausbau zählen). Neuen Kopf mit gleicher Einbaulänge montieren – Sie ersparen sich dann eine neue Spureinstellung.

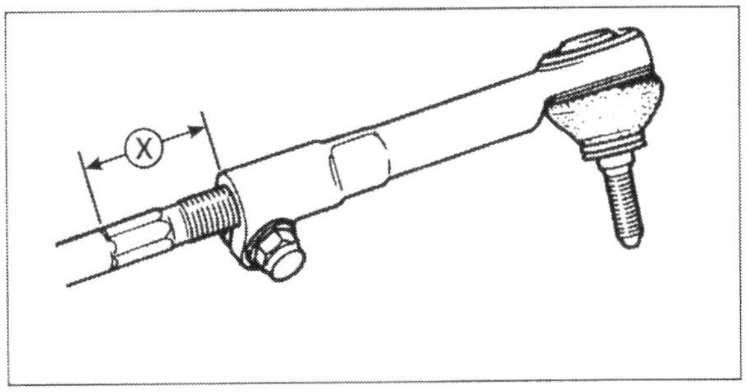

Mit etwas »Glück« können Sie sich nach dem Spurstangenkopfwechsel das Spureinstellen ersparen. Notieren Sie vor der Demontage das Einschraubmaß »X« und übertragen es auf den neuen Spurstangenkopf. Wenn der Wagen nach der Reparatur nicht »schief zieht, können Sie von einer Vermessung absehen.

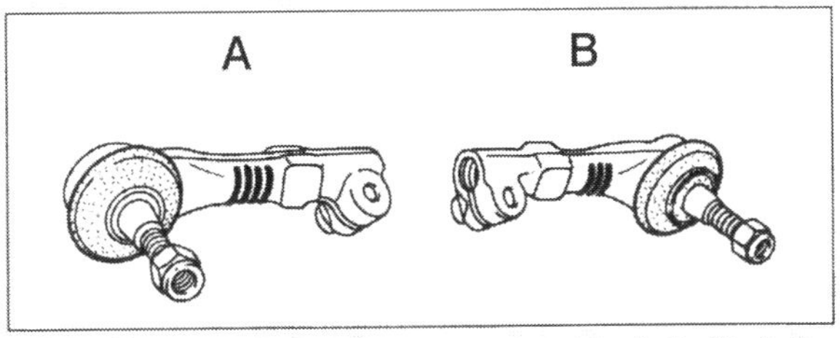

Die Spurstangenköpfe sind unterschiedlich. Falls Sie keine Markierung erkennen können, zeichnen Sie die Köpfe (A, B) vor der Demontage an.

Lenkgetriebe-Manschetten auswechseln

Arbeitsschritte

① Spurstangenendstücke ausbauen. Beim Ausdrehen exakt die Gewindegänge zählen (siehe »Spurstangenköpfe auswechseln«).

② Spannbänder an den Manschetten lösen und abziehen.

③ Manschette abziehen.

④ Vor der Montage Spurstange reinigen und leicht einfetten.

⑤ Manschette vorsichtig auf die Spurstange schieben. Achten Sie darauf, dass die Manschette nicht verdreht und richtig in den Nuten der Spurstange sowie des Lenkgehäuses sitzt. Ansonsten tritt Fett aus oder die Manschette kann reißen.

⑥ Manschette mit Spannband sichern.

⑦ Spurstangenendstücke montieren. Neue, selbstsichernde Mutter mit 35 Nm anziehen.

⑧ Vorspur und Lenkradstellung kontrollieren, falls erforderlich in der Werkstatt einstellen (lassen).

Lenk-Schwenklager erneuern

Arbeitsschritte

① Radnabenmutter und Radschrauben bei getretener Fusssbremse lösen.

② Wagen auf ebener Fläche sicher aufbocken, Vorderrad demontieren.

③ ABS-Radsensor vom Federbeinhalter demontieren (siehe Pfeil).

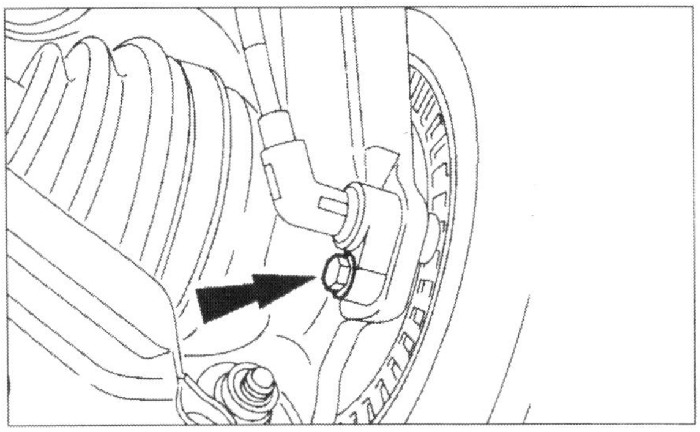

ABS-Sensor.

④ Bremssattel demontieren (siehe Kapitel »Die Bremsanlage«) und mit Draht im Radlauf fixieren.

⑤ Sicherungsschrauben der Bremsscheibe lösen und Scheibe von Radnabe ziehen. Festsitzende Scheiben mit gezielten Hammerschlägen (Kunststoffhammer) lockern. Ansonsten mit einem Abzieher nachhelfen.

⑥ Spurstangenköpfe ausbauen.

⑦ Unteren Federbeinklemmhalter (siehe Pfeil) lösen.

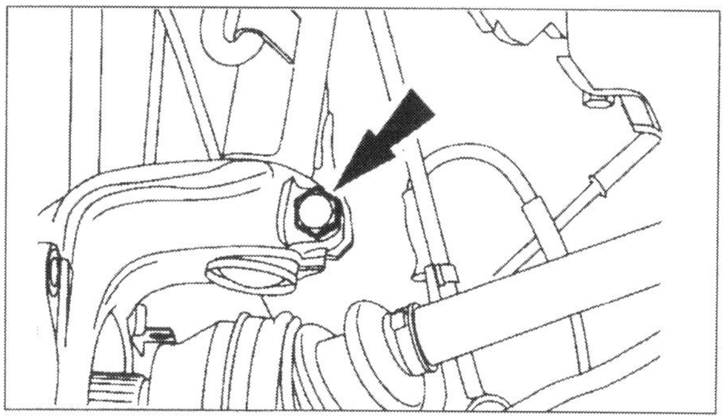

Federbeinklemmhalter.

⑧ Kugelgelenk aus Lenk-Schwenklager drücken. Klemmschraube (siehe Pfeil) vorher ausbauen. Gummimanschette mit Lappen vor Beschädigungen schützen.

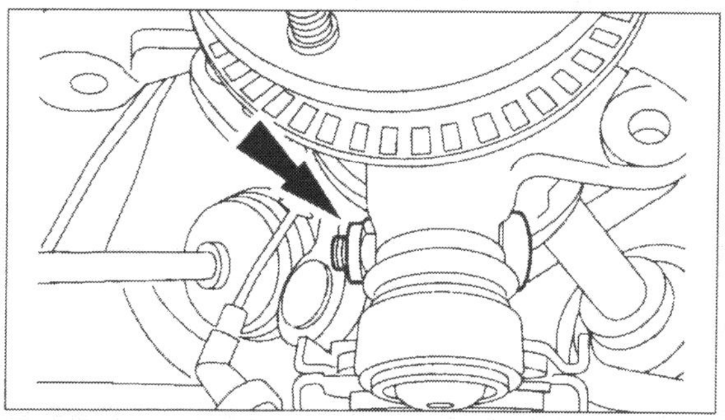

Kugelgelenk.

⑨ Federbein vom Lenk-Schwenklager trennen.

⑩ Gelöste Radnabenmutter abschrauben und Lenk-Schwenklager mit Abzieher von der Antriebswelle ziehen. Wichtig: Die Gelenkwelle darf sich dabei nicht aus dem inneren Gleichlaufgelenk »schieben«

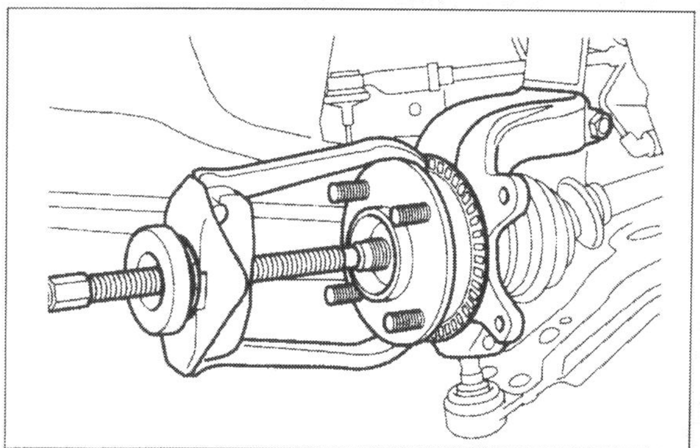

Abzieher auf Radnabe.

⑪ Achswelle gegen Durchhängen abstützen oder mit Draht im Radlauf »aufhängen«.

⑫ Lenk-Schwenklager komplett mit Radlager abnehmen.

Lenk-Schwenklager Montage

Arbeitsschritte

① Lenk-Schwenklager am Federbein aufschieben und ausrichten.

② Lenk-Schwenklager auf Gelenkwelle schieben. Sobald die ersten Gewindegänge frei sind, mit neuer Achsmutter vorziehen.

③ Kugelgelenk von unten bis zum Anschlag in Lenk-Schwenklager drücken.

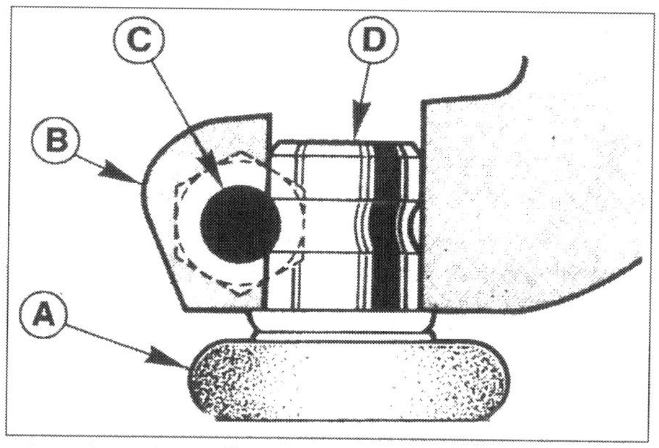

Montage Querlenkerkugelgelenk in Lenkschwenklage: Ⓐ Gummimanschette.Ⓑ Lenk-Schwenklager. Ⓒ Klemmbolzen (grundsätzlich von vorne einsetzen, neue Bolzenmutter mit 50 Nm anziehen); Ⓓ Kugelgelenkzapfen mit Nut.

Montage in umgekehrter Ausbaureihenfolge vornehmen. Bei der Montage die neue Achsmutter mit 270 Nm festziehen. Freigängigkeit aller Bremskomponenten sicherstellen. Neue Klemmschraube verwenden und mit 85 Nm festziehen.

④ ABS-Radsensor montieren (Spaltmaß zum Zahnring beachten: 1 ± 0,7 mm) und mit 10 Nm festziehen.

⑤ Fahrzeug auf die Räder stellen. Fußbremse treten und Radnabenmutter mit 250 Nm festziehen. Radschrauben

Radlager erneuern

Die Kugellager in den Vorderradnaben des Fiesta laufen von Haus aus mit sehr geringen Einbautoleranzen. Eine spätere Korrektur des Lagerspiels ist überflüssig. Bedingt durch die exakten Passungen sind bei der Montage diverse Spezialwerkzeuge äußerst wichtig. Überlassen Sie den Radlagertausch an den Vorderrädern daher besser Ihrer Werkstatt.

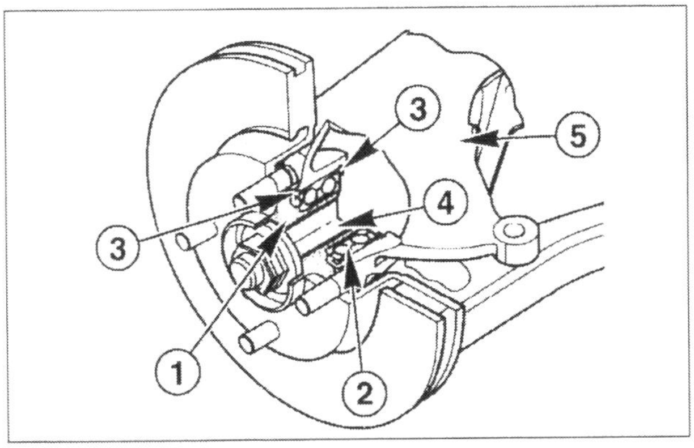

❶ Radnabe. ❷ Radlager. ❸ Sicherungsring. ❹ Antriebswellenstumpf. ❺ Lenkschwenklager.

Arbeits-schritte

① Lenk-Schwenklager wie beschrieben demontieren.

② Radnabe in einen Schraubstock mit Schutzbacken spannen.

③ Radlager mit einem speziellen Abzieher aus Lenk-Schwenklager ziehen.

④ Schwenklager gründlich mit Waschbenzin reinigen und mit Druckluft trocknen.

⑤ Zur Lagermontage Schwenklager auf einem geeigneten Holzklotz abstützen. Vor der Montage das neue Lager mit Vereisungsspray »schrumpfen«, auf Lenk-Schwenklager auflegen und vorsichtig mit ein paar exakt plazierten Hammerschlägen »ansetzen«. Lager dann zwischen den Schraubstockbacken mit einen genau passenden Einpresswerkzeug bis zum Anschlag einpressen. Die Arbeit muss zügig von der Hand gehen, denn die »Schrumpfwirkung« des Vereisungssprays lässt schnell nach. Das Lager verkantet dann im Lenk-Schwenklager. »Damit ist die nächste Reparatur unwiderruflich vorprogrammiert«. Beim Einpressen dürfen Sie auf keinen Fall den inneren Lagerring belasten.

⑥ Montage des Lenk-Schwenklagers wie beschrieben vornehmen.

⑦ Fiesta auf die Räder stellen und Radnabenmutter mit 250 Nm festziehen. Radschrauben festziehen.

Fiesta mit ABS: Bei allen Arbeiten unbedingt darauf achten, das ABS-Impulsrad nicht zu beschädigen. Ansonsten sind Störungen im ABS-System vorprogrammiert.

Federbein hinten demontieren

Montierte Schraubenfedern stehen unter einem großen Druck, in der Regel sind sie etwa vierfach vorgespannt. Also benötigen Sie für die Arbeit eine spezielle Spannvorrichtung (Ford-Werkzeug Nr. 14-018) oder mindestens zwei handelsübliche Federspanner. Andernfalls »wird« es Ihnen passieren, dass sich die Feder während des Lösevorgangs entspannt und ihre frei werdende Kraft dabei explosionsartig vernichtet. Glück für Sie, wenn Sie das unverletzt überstehen! Bei der Montage neuer Federn achten Sie bitte unbedingt auf die richtige Federrate für Ihr Fiesta Modell, sie sollten Federn an einer Achse zudem immer paarweise wechseln.

Arbeits-schritte

① Wagen sicher auf ebener Fläche aufbocken und Räder demontieren.

② Untere Federbeinbefestigung lösen.

③ Obere Federbeinschrauben am Dom lösen.

④ Federbein vorsichtig aus Radkasten heben.

⑤ Zum Zerlegen des kompletten Federbeins gelten die gleichen Empfehlungen wie an der Vorderachse.

⑥ Bei der Montage Stoßdämpfer zunächst oben befestigen.

⑦ Federbein unten in Längslenker setzen, Befestigungsschraube handfest vorziehen.

⑧ Fahrzeug auf die Räder stellen und sämtliche Schraubverbindungen festziehen.

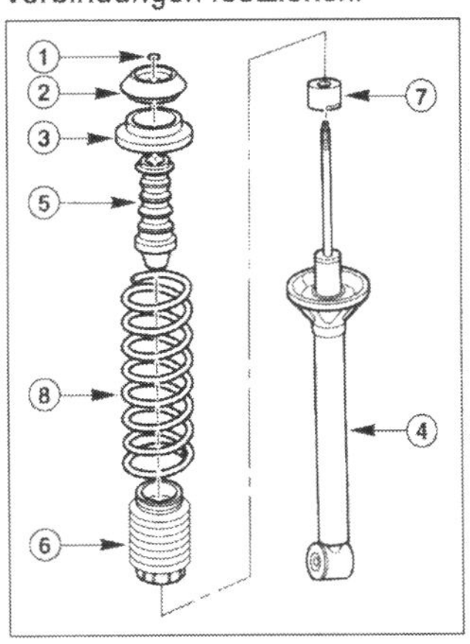

Hinteres Federbein im Detail: ❶ Haltering der oberen Federbefestigung. ❷ Gummi-Resonanzunterlage. ❸ oberer Federteller. ❹ Stoßdämpfer. ❺ Anschlagpuffer. ❻ Schutzmanschette. ❼ Staubschutzdichtung. ❽ Feder.

Hinteres Radlager erneuern

Arbeits-schritte

① Wagen sicher auf ebener Fläche aufbocken. Radschrauben lockern, Rad demontieren.

② Handbremseinstellmutter am Hanbremshebel lösen. Dazu vorher Manschette ausclipsen und nach oben auf den Hebel schieben.

③ Automatische Bremsbackennachstellvorrichtung zurückstellen.

④ Fettkappe vorsichtig von Radnabe abhebeln.

⑤ Radnabenmutter lösen (Schlüssel grundsätzlich waagerecht ansetzen), Nabe mit Bremstrommel abziehen.

⑥ Radialwellendichtring mit stabilem Schraubenzieher aus Nabeninnenseite aushebeln (bei der Montage grundsätzlich neuen Dichtring verwenden).

⑦ Lagerlaufringe mit Hammer und passendem Dorn aus der Nabe treiben.

⑧ Hinteres Lager mit zwei stabilen Schraubendrehern vom Achsstummel »hebeln«.

⑨ Radnabe reinigen und neue Lagerlaufringe vorsichtig bis zum Anschlag eintreiben. Ringe dürfen nicht verkanten.

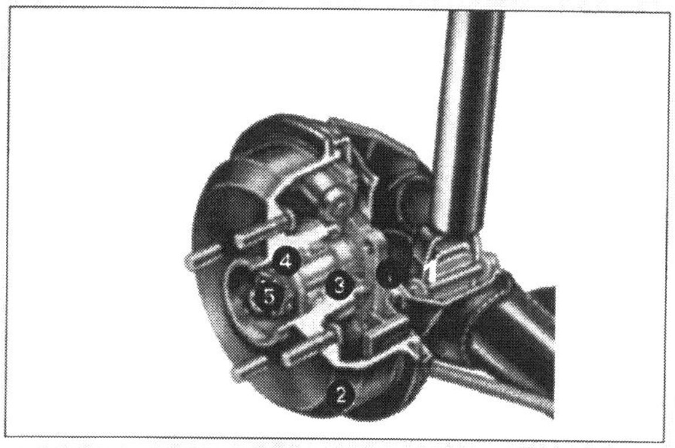

❶ Federbeinbefestigung. ❷ Bremstrommel. ❸ innerer Lagerring. ❹ äußerer Lagerring. ❺ Befestigungsmutter.

⑩ Neue Kegelrollenlager mit Lithiumfett (z. B. LM-320) füllen. Fettkappe säubern und zur Hälfte mit neuem Fett füllen.

⑪ Neuen Radialwellendichtring mit Dorn bis zum Anschlag vorsichtig in die Nabe treiben. Ringdichtlippe muss in Richtung Lager zeigen. Dichtlippe gleichfalls mit Lithiumfett bestreichen.

⑫ Hinteres Lager in Lagerring legen und gemeinsam mit Radnabe auf Achsstummel drücken. Evtl. mit leichten Hammerschlägen etwas »nachhelfen« (Holz- oder Hartgummiunterlage vor die Nabe legen).

⑬ Vorderes Lager auf Achsstummel schieben und in Lagerring fixieren.

⑭ Neue Nabenmutter mit 250 – 290 Nm festziehen. Die Radlager müssen nicht eingestellt werden: Laufringe, Nabe und Achsstummel sind in so engen Toleranzen gefertigt, dass sie sich beim Anziehen der Nabenmutter automatisch auf das vorgeschriebene Radlagerspiel »setzen«.

⑮ Fettkappe in Radnabe treiben.

⑯ Bremspedal solange treten (nicht bis zum Bodenblech), bis Gegendruck vorhanden ist.

⑰ Handbremse einstellen.

Lenkrad demontieren

Ab Modelljahr '96 hat der Fiesta einen Lenkrad-Airbag an Bord. Bei diesen Modellen sollten Sie die Lenkraddemontage besser Ihrer Werkstatt überlassen, denn bei unsachgemäßer Behandlung kann der Airbag in Millisekunden auslösen. Der Airbag darf übrigens nicht in Eigenregie zerlegt werden. Bei älteren Modellen ist die Lenkraddemontage in Eigenregie durchaus möglich.

Arbeits-schritte

① Masseband von der Batterie abklemmen und Minuspol abdecken.

② Mindestens 2 Minuten warten, bis sich der Kondensator entladen hat. (Sie vermeiden damit, dass sich der Airbag, bzw. der Gurtstraffer unbeabsichtigt selbst auslöst.)

③ Obere Lenksäulenverkleidung mit zwei Schrauben ❶ demontieren.

④ Untere Lenksäulenverkleidung mit drei Schrauben ❷ demontieren.

⑤ Die beiden Airbag-Befestigungsschrauben (Pfeile) an der Rückseite des Lenkrads demontieren. Lenkrad jeweils so drehen, dass Schrauben zugänglich sind.

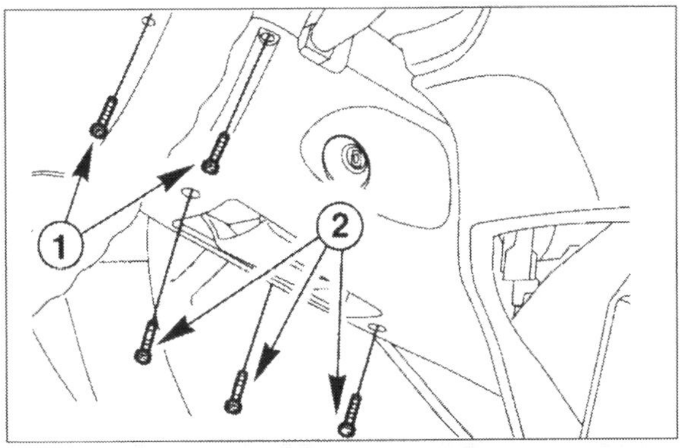

Lenksäulenverkleidung-Befestigungsschrauben.

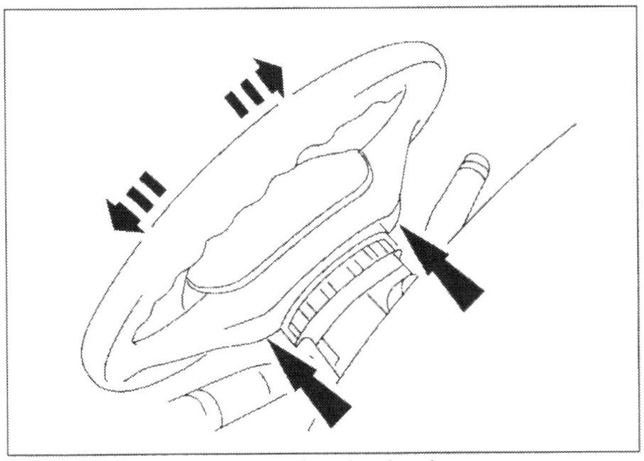

Airbag-Befestigung hinter dem Lenkrad.

⑥ Airbageinheit etwas vom Lenkrad abziehen und die beiden oberen Clips ausdrücken. Airbagstecker abziehen.

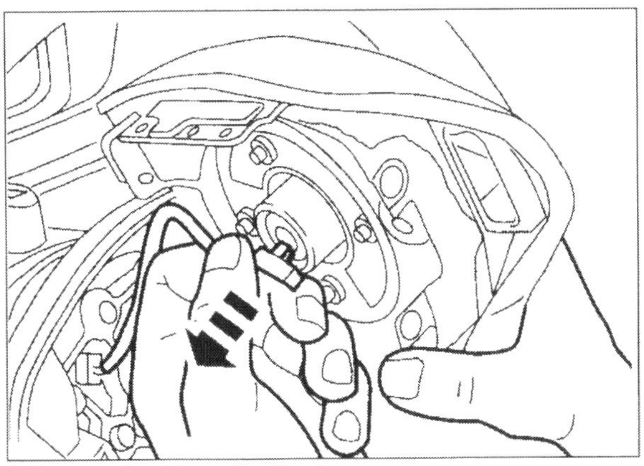

Airbagstecker hinter Pralltopf

⑦ Airbageinheit vorsichtig vom Lenkrad nehmen und an geschützter Stelle ablegen.

⑧ Lenkrad und Räder in Geradeausstellung bringen. Am besten »rollen« Sie den Wagen ein paar Meter geradeaus und markieren dann die Lenkradstellung mit Kreide an der Lenkspindel.

⑩ Funktionseinheit der Wegfahrsperre (PATS) am Zündschloss demontieren.

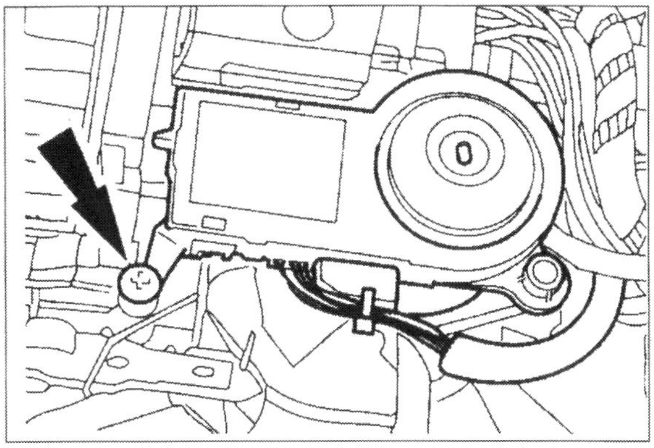

PATS-Einheit am Zündschloss.

⑪ Airbag-Steckverbindung ❶ trennen und Lenkradbefestigungsmutter ❷ lösen. Dabei Lenkrad am Kranz festhalten.

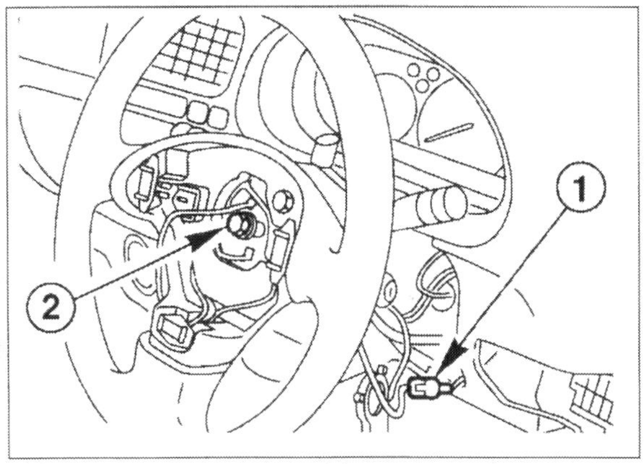

Airbag-Steckverbindung, Lenkradbefestigungsmutter.

⑫ Lenkradbefestigungsmutter von Lenkspindel abdrehen (Lenkrad noch nicht abnehmen).

⑬ Zündschlüssel von »0« in Stellung »I« drehen. Lenkrad mit »ruckelnden« Bewegungen abziehen. Zündschlüssel in Stellung »0«

⑭ Montage in umgekehrter Reihenfolge vornehmen. Lenkradbefestigungsmutter mit 45 Nm anziehen.

Blinkerrückstellung defekt – erneuern

Das Lenkrad zunächst wie in »Lenkrad demontieren« beschrieben ausbauen.

Arbeitsschritte

① Demontiertes Lenkrad auf Arbeitsplatte ablegen.

② Wickelfeder freilegen. Stecker ❶ abziehen (möglichst nicht am Verbindungskabel ziehen) und drei Haltelaschen ❷ aus der Befestigungsöffnung clipsen.

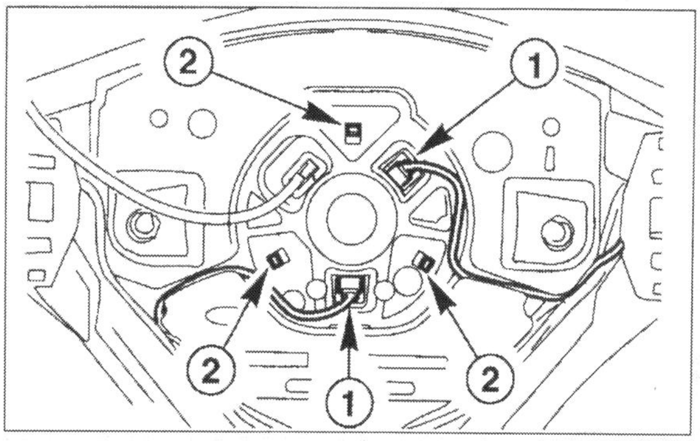

Wickelfeder und Steckverbindungen sowie Haltelaschen in Lenkradnabe.

③ Wickelfeder aus Lenkradnabe ziehen.

④ Die neue Wickelfeder müssen Sie vor der Montage zentrieren. Drücken sie dazu die Sicherungszunge ❶ herunter und halten sie fest. Jetzt drehen Sie den inneren Rotor solange gegen den äußeren Rotor nach links (Pfeil, ❷), bis er festsitzt. Dann den inneren Rotor etwa 3 $^3/_4$ Umdrehungen nach rechts (Pfeil, ❸) drehen. Rotor festhalten und Sicherungszunge loslassen. Achten sie darauf, dass der innere Rotor in dieser Stellung einrastet.

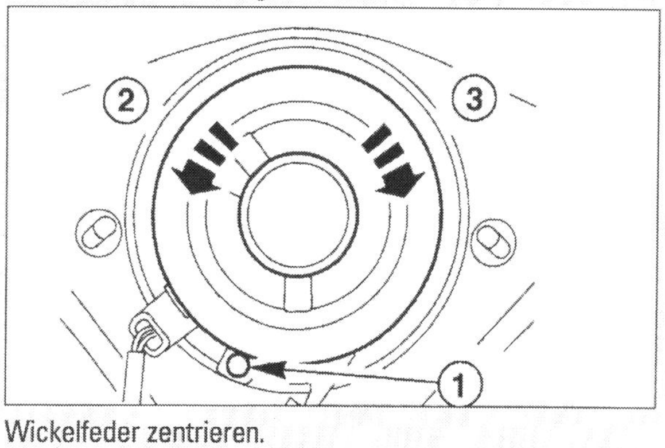

Wickelfeder zentrieren.

⑤ Zentrierte Wickelfeder in Nabe einsetzen und in Haltelaschen einrasten lassen.

⑥ Stecker aufschieben und Lenkrad - wie vorher angezeichnet – auf Lenksäule drücken. Achten Sie unbedingt darauf, dass die Haltezungen der Wickelfeder über dem Schließstift des Lenradschlosses einrasten. Lenkradschloss einrasten lassen und Mutter mit 45 - 55 Nm festziehen.

Praxistip

Airbaig – grundsätzlich ein Fall für die Werkstatt

Schon bei Transport und Lagerung des Airbags sind strenge Sicherheitsvorschriften zu beachten: Der Gasgenerator, der mit seiner Festbrennstoff-Füllung beim Crash für das blitzschnelle Aufblasen des Prallsacks sorgt, unterliegt den Bestimmungen des Sprengstoffgesetzes. Ford lässt daher bei der Montage im Werk nur speziell geschulte Fachkräfte ans Fließband – in den Werkstätten werden Mechaniker für Airbag-Arbeiten extra qualifiziert. Wir raten Ihnen daher dringend von Arbeiten an der Airbag-Peripherie ab. Der Umgang mit dem Airbag ist in jedem Fall ein Job für die Werkstatt.

Die Servolenkung

Ab Modelljahr ' 96 können alle Fiesta-Modelle mit einer hydraulischen Servolenkung ausgestattet werden. Sie unterstützt die Lenkarbeit entsprechend der Belastung. Je langsamer Sie fahren, desto größer ist die Unterstützung der Lenkhilfe, bei höheren Geschwindigkeiten arbeitet die Lenkung dagegen direkter. Bis auf kleinere Wartungsarbeiten (Hydrauliksystem auf Dichtheit prüfen, Hydrauliköl auffüllen, etc.) sollten Sie Reparaturen an der Servolenkung Ihres Fiesta besser der Fachwerkstatt überlassen.

Praktisch – progressive Lenkunterstützung

Beim Einparken und Rangieren beispielsweise tritt die Lenkhilfe voll in Aktion, ab etwa 10 km/h nimmt die Servounterstützung der hydraulischen Lenkhilfe dagegen kontinuierlich ab. Das macht in der Praxis durchaus Sinn, denn in höheren Geschwindigkeitsbereichen nehmen die tatsächlich aufzuwendenden Lenkkräfte deutlich ab.

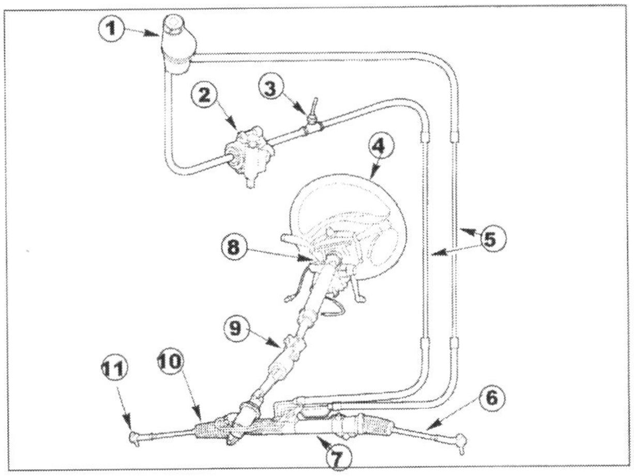

Die Fiesta Servolenkung im Detail: ❶ Hydrauliköl-Vorratsbehälter. ❷ Hydraulikölpumpe. ❸ Druckschalter. ❹ Lenkrad. ❺ Kühler. ❻ linke Spurstange. ❼ Zahnstangenlenkgetriebe. ❽ Lenksäule. ❾ Kardangelenk. ❿ Staubschutzmanschette. ⓫ rechte Spurstange.

Reifen und Felgen

Die Reifen leisten einen wichtigen Beitrag zur aktiven Sicherheit Ihres Fiesta: Die Karkasse, die Gummimischung und das Computer berechnete Reifenprofil machen moderne Radialreifen zu High-Tech-Produkten. Auf einer je Rad etwa postkartengroßen Aufstandsfläche tragen sie Ihren Fiesta über »Stock und Stein«, fangen sie kleinere Fahrbahnstöße ab und übertragen sämtliche Antriebs-, Brems- und Fliehkräfte. Bei normaler Belastung halten Radialreifen auf Ihrem Fiesta etwa 20 000 – 40 000 Kilometer auf der Vorder- und rund 35 000 – 60 000 Kilometer auf der nicht angetriebenen Hinterachse. Wenn Sie freilich Ihren Fiesta überwiegend auf Kurzstrecken bewegen, sollten Sie seine Pneus – unabhängig von der Restprofiltiefe – nach spätestens sieben bis acht Jahren wechseln. In dieser Zeit haben Schmutz, chemische Umwelteinflüsse, interne Alterungsprozesse und nicht zuletzt die Sonne den Reifen Ihres Ford dermaßen zugesetzt, dass sie Ihren Job nicht mehr sicher erledigen können. Trauen Sie übrigens auch keinem neu aussehenden »alten« Ersatzrad, die neuwertige Optik ist nur Fassade – darunter sieht's gefährlich alt aus.

Ab Werk zwei Versionen – die Fiesta-Felgen

Ford rüstet alle Fiesta mit zwei Felgengrundtypen aus: Je nach Ausführung und Modell kommen Stahlblech- oder Leichtmetallfelgen zum Einsatz. Seit Modelljahr '96 variieren die Stahlblechfelgen in der Größe zwischen 5 J x 13" bis $5^{1}/_{2}$ J x 14". Leichtmetallfelgen werden für alle Typen ab Werk in den gleichen Größen geliefert. Unsere Tabelle listet die Größen auf, die Ford für die verschiedenen Modelle ab Werk oder als Sonderausstattung vorsieht. Welche Reifengrößen und Felgen für Ihren Fiesta generell zugelassen sind, steht in den Kfz-Papieren. Wenn Sie Ihren Fiesta darüber hinaus auf andere Räder stellen möchten, müssen zugelassene Produkte eine Allgemeine Betriebserlaubnis (ABE) mit entsprechender Prüfnummer vorweisen. Sollten die Formate nicht in den Kfz-Papieren berücksichtigt sein, erkundigen Sie sich vor der Montage bei Ford oder einem TÜV-/DEKRA-Sachverständigen nach der Eignung. Felgen und Reifen, die ab Werk nicht eingetragen sind, müssen Sie in Ihren Kfz- Papieren (Brief und Schein) per Teilgutachten vom TÜV/DEKRA eintragen lassen.

Reifen und Felgen des Fiesta

Modell	Reifengröße	Felgengröße
Focus	155/70 R 13	5 J x 13
Focus 1,8 D *,**	165/70 R 13	$5^{1}/_{2}$ J x 14
Flair *,***	165/70 R 13	$5^{1}/_{2}$ J x 14
Fun *,**	165/70 R 13	$5^{1}/_{2}$ J x 14
Ghia *,**	165/70 R 13	$5^{1}/_{2}$ J x 14
Fun ***	185/55 R 14	$5^{1}/_{2}$ J x 14
Ghia ***	185/55 R 14	$5^{1}/_{2}$ J x 14

* auf Wunsch Leichtmetallfelgen $5^{1}/_{2}$ J x 14, ** auf Wunsch mit 185/55 R 14 Stahgürtelreifen, ***in Verbindung mit 1,4 Zetec Motor

Technik-lexikon: Die Felgen

Die Grösse einer Felge wird, entsprechend der Normvorschrift, stets in Zoll angegeben. Die Bezeichnung 5 J x 13 zum Beispiel bezeichnet eine Tiefbettfelge mit einer Breite von fünf Zoll und einem Durchmesser von 13 Zoll. Der Buchstabe »J« steht für die Form des Felgenhorns. Das Besondere der Tiefbettfelge: Damit die Reifen besser sitzen, befindet sich an der Felgenschulter eine rundumlaufende Erhöhung (Hump). Sie verhindert, dass bei schneller Kurvenfahrt der Reifenwulst von der Felgenschulter ins Tiefbett gedrückt wird.

Die wichtigsten Reifendaten

Auf den Reifenflanken sind eine Reihe von Ziffern und Buchstaben eingeprägt, die Fachleuten als verschlüsselte »Visitenkarte« dient. Die meisten Autofahrer interessiert ohnehin nur das Reifenformat. 155/70 R 13 bedeutet zum Beispiel, dass der Reifenquerschnitt eine Breite von 155 Millimetern aufweist. Die zweite Zahl bestimmt das Verhältnis von Höhe und Breite des Reifens. Im Beispiel beträgt es 70 Prozent. Je kleiner dieses Verhältnis, um so flacher und breiter ist der Reifen. Der Buchstabe »R« steht für Radialbauweise (Gürtelreifen) und die Zahl hinter der Kombination dokumentiert den Felgendurchmesser in Zoll.

Synonym für die Höchstgeschwindigkeit – der Großbuchstabe hinter der letzten Ziffer

Der Großbuchstabe hinter der letzten Ziffer auf der Reifenflanke verrät die zulässige Höchstgeschwindig-

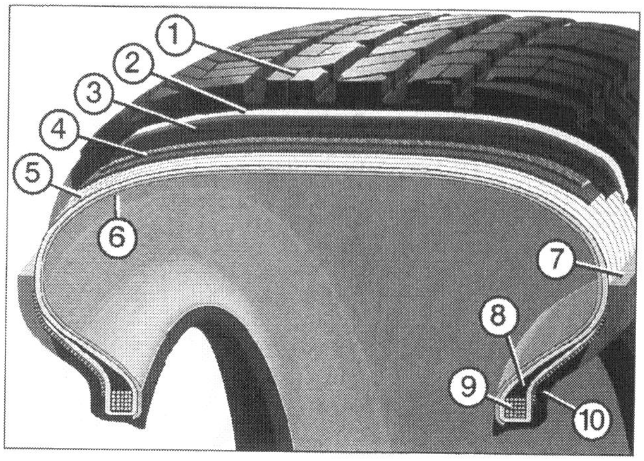

Das vielschichtige Innenleben eines PKW-Reifens.
❶ Laufstreifen: Profil und Mischung beeinflussen die Eigenschaften, ❷ Base: Senkt den Rollwiderstand, ❸ Nylon-Spulbandagen: Erhöhen Hochgeschwindigkeitstauglichkeit, ❹ Stahlcord-Gürtellagen: Steigern die Fahrstabilität, ❺ Karkasse: Form- und Festigkeitsträger des Reifens, ❻ Innenseele: Gasdichte Innenschicht ersetzt den Schlauch, ❼ Seitenteil: Schützt Karkasse vor Beschädigungen, ❽ Kernprofil: Unterstützt Lenk- und Fahrpräzision, ❾ Kern: Sorgt für festen Sitz auf der Felge, ❿ Wulstverstärker: Für präzises Lenkverhalten und hohe Fahrstabilität.

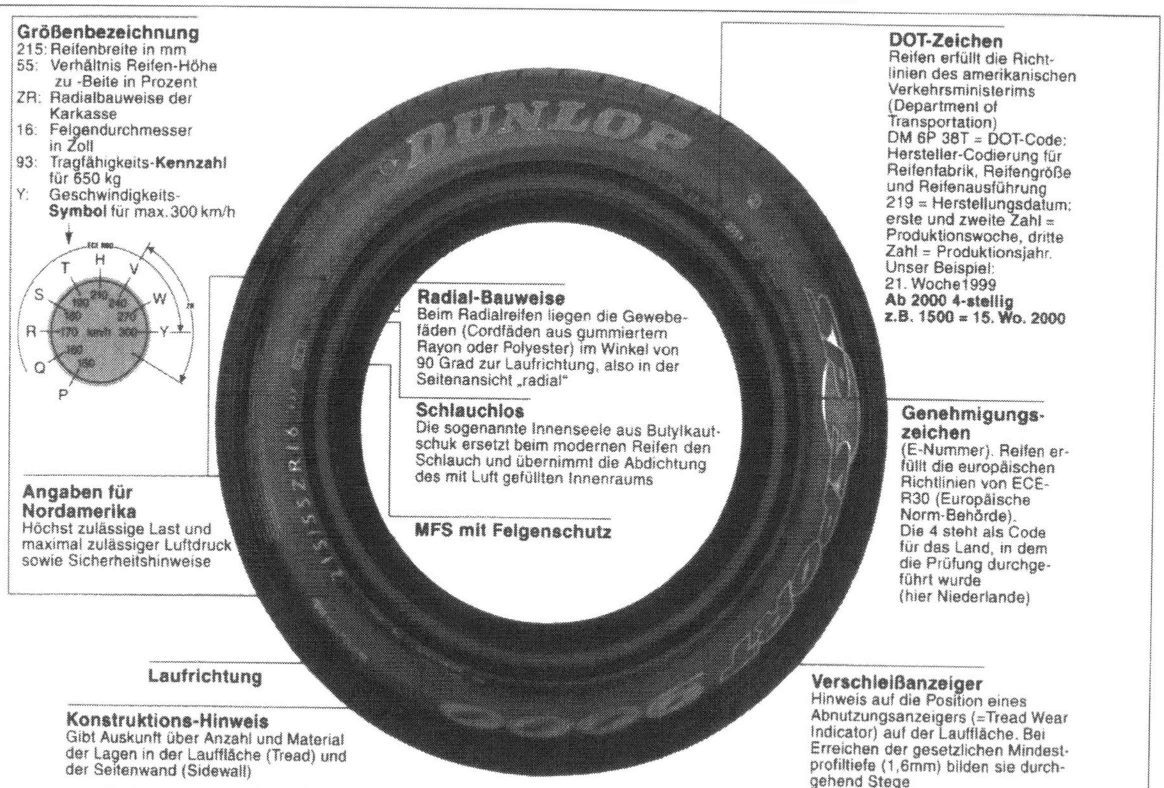

»Visitenkarte«: Reifendaten auf der Flanke.
Achten Sie beim Kauf auf die Spezifikationen, damit der neue Reifen wirklich auf die Felge passt.

keit des Reifens. Ein 155/70 R 13 Reifen mit dem Kennbuchstaben »S« ist für eine Top Speed bis 180 km/h, mit »T« bis 190 km/h zugelassen. Für maximal 210 km/h sind Reifen mit dem Kennbuchstaben »H« genehmigt. Herkömmliche M+S-Reifen mit dem Kürzel »Q« sind bis 160 km/h freigegeben.

Verrät das Reifenalter – die DOT-Nummer

Das tatsächliche Herstellungsdatum verrät Ihnen die »DOT«-Nummer auf der Reifenflanke: Seit 1990 steht übrigens hinter dieser Zahl ein kleines Dreieck. Lautet die »DOT«-Nummer beispielsweise 1500, wurde der Reifen in der 15. Woche des Jahres 2000 produziert. Neureifen mit Produktionsdatum ab 01. Oktober 1998 müssen eine ECE-Prüfnummer auf ihrer Reifenflanke vorweisen. Jene Prüfnummer garantiert, der Pneu ist ein typgeprüftes Bauteil entsprechend dem Qualitätsstandard der Economic Commission of Europe (ECE-R 30). Sollten auf Ihrem Auto Reifen mit DOT-Nummer größer als 408 – jedoch ohne ECE-Prüfnummer – montiert sein, fahren Sie ohne Allgemeine Betriebserlaubnis.

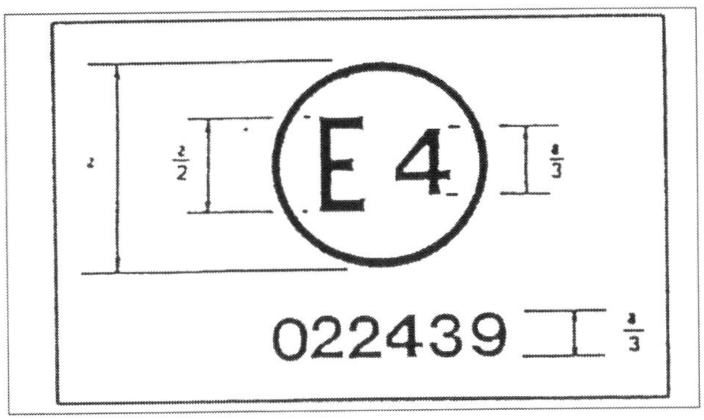

Die Prüfnummer ist erkennbar am großen »E« und der Nummer des Herkunftlands, zum Beispiel »1« für Deutschland, »4« für Niederlande.

Winterreifen – Profis bei Wind und Wetter

Bereits auf herbstlichen Straßen sind Winterreifen unangefochten erste Wahl – und bei Schnee und Eis sind Winterpneus ohnehin unschlagbar. Warum eigentlich? Ihre Laufflächen bestehen aus einer speziellen Gummimischung mit einem hohen Naturkautschukanteil. Diese spezielle Mischung baut auf feuchten, glitschigen Straßen und bei Temperaturen unter sieben Grad C eine bessere Haftfähigkeit als herkömmliche Sommerreifen auf. Grundvoraussetzung dafür, dass Winterreifen die Antriebs- und Bremskräfte sicher auf die Straße übertragen ist jedoch eine Mindestprofiltiefe von vier Millimetern – weniger Profil ist nicht erlaubt und disqualifiziert den Reifen auf winterlichen Straßen. Bestücken Sie in jedem Fall alle vier Räder mit Winterreifen – eine Kombination von Sommer- und Winterreifen kann gefährlich werden.

Besser auf eigene Felgen montieren – Winterreifen

Ein guter Winterreifen muss nicht breit sein: Das kleinste freigegebene Reifenformat reicht auf Ihrem Fiesta allemal aus. Außerdem sind schmale Reifen billiger als üppige Breitreifen: Investieren Sie das gesparte Geld besser in einen zweiten Satz passender Felgen – das ständige Ummontieren von Sommer- auf Winterreifen macht die Reifen nicht besser und kommt Sie auf die Dauer ohnehin viel teurer als ein zweiter Satz Felgen. Die Räder müssen übrigens nach jeder Montage neu ausgewuchtet werden. Fahren Sie Winterreifen mit 0,2 bar höherem Luftdruck als Sommerreifen. Liegt die zulässige Höchstgeschwindigkeit Ihrer Winterpneus unter der des Autos, müssen Sie das

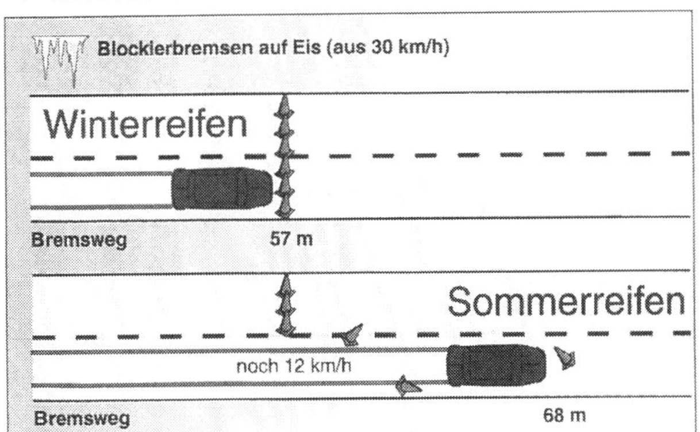

Bremsvergleich Sommer- und Winterreifen ohne ABS.

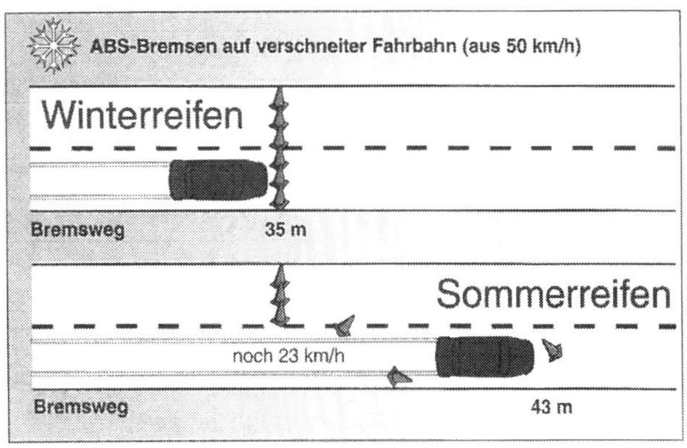

Bremsvergleich Sommer- und Winterreifen mit ABS.

mit einem Aufkleber im Sichtbereich des Armaturenbretts kenntlich machen. Ihr Reifenhändler hat entsprechende Aufkleber vorrätig. Servicefreundliche Reifenhändler oder Fachwerkstätten lagern Ihre Reifen bis zum nächsten Wechsel auch gegen eine geringe Gebühr fachgerecht bei sich ein.

An kalten Reifen prüfen – Reifendruck

Den Luftdruck sollten Sie stets an »kalten Reifen« messen, denn während der Fahrt erwärmt sich der Reifen und der Reifendruck steigt. Folge: Sie erhalten daher ungenaue Werte – erfahrungsgemäß fahren Sie dann mit zu geringem Reifendruck. Checken Sie den Reifendruck regelmäßig alle drei bis vier Wochen, ein Druckverlust von 1,5 Prozent im Monat ist durchaus normal. Verlieren Ihre Reifen mehr Luft, prüfen Sie die Pneus genauer: Oftmals »gärt« es unter der Oberfläche.

Nicht vergessen – Ventilschutzkappen nach jedem Luftdruckprüfen aufschrauben

Die Reifenventile sollten Sie nach jedem Luftdruckprüfen stets mit Schutzkappen verschließen, denn

Praxistip

Das schont die Reifen

- Fahren Sie niemals schneller als es Ihre Reifen zulassen. Das gilt vor allem für M+S-Reifen der Kategorie »Q« (160 km/h). Zu hohes Tempo bewirkt mehr Abrieb, im schlimmsten Fall sogar den Reifenkollaps.
- Vermeiden Sie Höchstgeschwindigkeit mit schwer beladenem Auto. Machen Sie die Wärmeprobe: Ist der Reifen handwarm, steht es gut um ihn. Ein heißer Gummi ist ein Alarmzeichen, das auf zu niedrigen Luftdruck oder einen beschädigten Unterbau hinweist. Reifen schnellstens demontieren und vom Fachmann auf Karkassenschäden prüfen lassen.
- Wenn Sie häufiger auf der Autobahn mit hohem Tempo unterwegs sind: Montieren Sie Reifen, deren Geschwindigkeitsindex eine Klasse höher ist als im Fahrzeugschein verlangt (zum Beispiel »T« statt »S«).
- Achten Sie darauf, dass Sie beim Einparken mit der Reifenflanke nicht am Bordstein schrammen. Über Bordsteine und Schwellen nur langsam und immer im rechten Winkel rollen.
- Erhöhen Sie den Luftdruck Ihrer Reifen generell um 0,3 bar – das spart Kraftstoff ohne den Reifen zu schaden.

Luftdruckwerte bei kalten Reifen (bar)

Modell	Reifengröße	Normalbelastung* bis 3 Personen		Volle Belastung über 3 Personen	
		vorne	hinten	vorne	hinten
1,25 Zetec-SE, 1,3 Endura-E	155/70 R 13	2,4	1,8	2,5	2,8
Kastenwagen (Ottomotor)	155/70 R 13	2,1	1,8	2,5	2,8
1,25/1,4 Zetec-SE	165/70 R 13	2,1	1,8	2,5	2,8
1,25 Zetec-SE (Automatik)	165/70 R 13	2,2	1,8	2,5	2,8
1,3 Endura-E	165/70 R 13	2,2	1,8	2,5	2,8
1,8 Diesel	165/70 R 13	2,4	1,8	2,5	2,8
Kastenwagen (Dieselmotor)	165/70 R 13	2,1	1,8	2,3	2,8
Courier	165/70 R 13	2,0	1,8	2,3	2,8
1,4 Zetec-SE	185/55 R 14	2,2	1,8	2,5	2,8
1,8 Diesel	185/55 R 14	2,1	1,8	2,5	2,8

*Zuschläge auf Dauer- und Höchstgeschwindigkeit:
»R«-/»M+S«-Reifen – ab 160 km/h je 10 km/h jeweils 0,1 bar;
»HR«-Reifen – ab 160 km/h bis 190 km/h je 10 km/h jeweils 0,2 bar.

wenn erst einmal Schmutz ins Ventil gelangt ist, hat's mit der relativen Dichtheit ein Ende – der Reifen verliert jetzt ständig Luft. Das birgt Gefahren. Fahren Sie also auf keinen Fall mit zu wenig Luftdruck – die Reifentemperatur steigt dann über Gebühr, was früher oder später »todsicher« zu Auflösungserscheinungen bzw. zu Reifenplatzern führt. Ein höherer Luftdruck (etwa 0,2 – 0,3 bar) kann dagegen durchaus vorteilhaft sein: Die Lenkung arbeitet feinfühligerer, die Reifen halten länger und der Kraftstoffverbrauch sinkt geringfügig. Nachteil: Der Wagen rollt etwas straffer ab.

Zu geringer Luftdruck: Der Reifen wird zu heiß und löst sich auf.

Praxistip

Räder richtig tauschen

Wenn Sie beim ersten Reifenwechsel Ihr neuwertiges Ersatzrad einbeziehen, ist das bares Geld wert. Vorausgesetzt: Das gleiche Fabrikat ist mit dem gleichen Profil noch lieferbar. In diesem Fall kaufen Sie einen Reifen dazu und haben eine Achse neu bereift. Den Kauf neuer Reifen können Sie auch hinausschieben, tauschen Sie regelmäßig die Räder einer Fahrzeugseite (gleiche Laufrichtung! – also nicht über Kreuz!) gegeneinander aus. Ihre Reifen nutzen so gleichmäßiger ab und sie haben beim Tausch dann vier neue Reifen unter dem Auto. Ein Nachteil dieser Methode: Beim Wechsel in kurzen Kilometerabständen können Sie mögliche Fehler an der Radaufhängung, Lenkung und den Stoßdämpfern nicht mehr deutlich am Reifenprofil erkennen. Achten Sie beim Reifentausch generell darauf, dass die Achsen paarweise mit Reifen des gleichen Fabrikats, des gleichen Profils und mit gleichem Produktionsdatum (+/- 1 Jahr) bestückt sind.

Rad wechseln

Arbeitsschritte

① Handbremse anziehen; ersten Gang oder Rückwärtsgang einlegen. Auf öffentlichen Straßen Warnblinker einschalten und Warndreieck aufstellen.

② Auto gegen Wegrollen sichern. Dazu Keil oder Steine auf der anderen Wagenseite unterlegen.

③ Radzierblende abziehen. Dazu Schraubendreher (Bordwerkzeug) zwischen Felge und Blende ansetzen und Radabdeckung abhebeln.

④ Alle Radschrauben lockern (eine Umdrehung).

⑤ Wagen anheben. Den Wagenheber nur in den vorgesehenen Bereichen des Seitenschwellers ansetzen.

⑥ Radschrauben herausdrehen.

⑦ Rad abnehmen und neues Rad (Ersatzrad) gegen die Radnabe drücken.

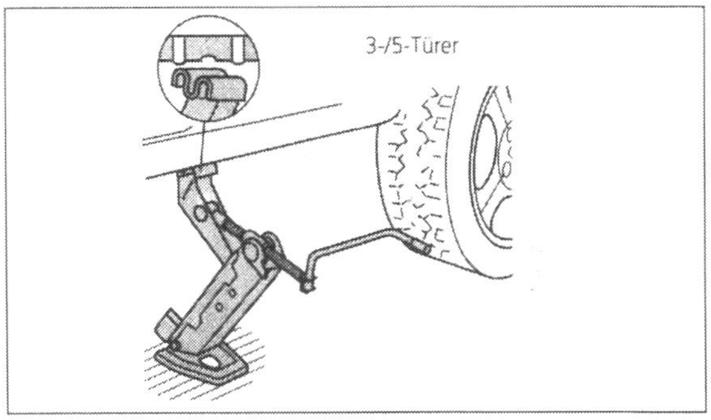

Wagenheber nur am Schweller ansetzen.

⑧ Rad auf der Nabe so drehen, dass die Radbolzenbohrungen der Felge mit den Gewindelöchern der Radnabe übereinstimmen.

⑨ Radschrauben eindrehen und handfest vorziehen.

⑩ Wagen ablassen, Radschrauben festziehen. Das Anzugsdrehmoment soll 90 Nm nicht übersteigen – die Muttern daher lediglich mit einem Radkreuzschlüssel »gut« festziehen und nicht mit einem verlängerten Radschlüssel »anknallen«.

⑪ Die Radabdeckung ansetzen, die Ventilöffnung korrekt ausrichten.

⑫ Radmuttern nach ca. 10 Kilometern erneut auf Festsitz prüfen.

Reifenzustand checken

Die Vorderräder treiben Ihren Fiesta an, lenken ihn, bauen den größten Teil der Seitenführungskräfte auf und müssen bei jedem Bremsvorgang den Hauptteil der Arbeit leisten. Sie verschleißen daher natürlich schneller als die hinteren Reifen. Werfen Sie regelmäßig einen Blick auf Ihre Pneus – am besten bei aufgebocktem Wagen.

Arbeitsschritte

① Drehen Sie jedes Rad einmal komplett durch. Entfernen Sie Steinchen und andere Fremdkörper vorsichtig aus der Lauffläche. Sitzt in der Reifendecke bereits eine Glasscherbe oder ein Nagel, kann die Karkasse bereits angegriffen sein. Auch wenn noch keine Luft entweicht, lassen Sie den Reifen von einem Fachmann untersuchen.

② Achten Sie auf Unregelmäßigkeiten wie Einstiche, Schnitte, Risse und herausgebrochene Profilstücke. Bei einem beschädigten Gummi dringt leicht Feuchtigkeit ins Reifeninnere, die Sie von außen nicht mit dem bloßen Auge erkennen können. Lassen Sie den Reifen zur Sicherheit von einem Fachmann prüfen. Das gilt übrigens auch bei auffälligem Reifenabrieb.

③ Das Reifenprofil muss über die gesamte Lauffläche mindestens 1,6 Millimeter betragen. Die Restprofilstärke lesen Sie auf der Lauffläche gleich an mehreren Stellen ab. Überall dort wo Sie auf der Reifenflanke die Buchstaben »twi« (tread wear indicator) entdecken, sind die Profilrillen mit quer verlaufenden Profilstegen in 1,6 Millimeter Höhe ausgebildet. Wenn die Querstege bereits plan mit der Lauffläche sind, sollten Sie die Reifen sofort erneuern. Denn das Fahrverhalten wird mit abnehmendem Profil schlechter, vornehmlich auf nasser Fahrbahn. Tauschen Sie Sommerreifen besser bereits bei 2 Millimeter Restprofil gegen neue Pneus aus. Winterreifen verlieren bereits bei rund 4,5 Millimeter ihren Griff.

④ Kontrollieren Sie, ob alle Reifen gleichmäßig abgefahren sind.

⑤ Sehen Sie sich die Reifenflanken genau an. Beulen deuten auf eine Beschädigung der Reifenkarkasse hin.

Reifenlaufbilder

Technik-lexikon

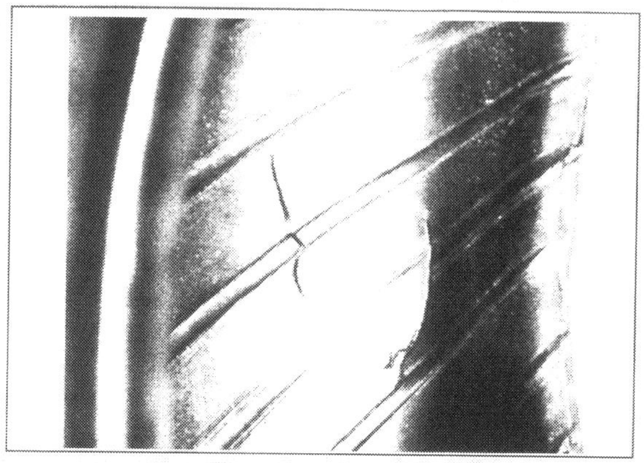

Karkassenbruch auf der Innenseite sichtbar.

Einseitig abgefahren: Folgeschaden bei verstellter Achsgeometrie.

Profilmitte verschlissen: Folge häufiger Fahrten im Höchstgeschwindigkeitsbereich und viel zu hohen Luftdrucks.

Technik-lexikon: Reifenlaufbilder

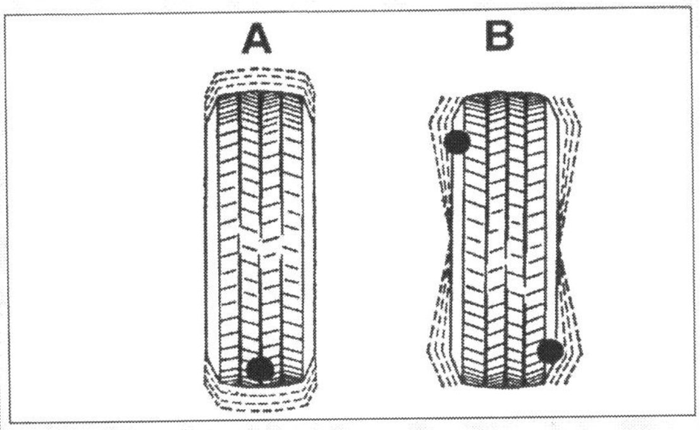

Eine **Unwucht** im Rad macht sich mit Vibrationen am Lenkrad oder Schüttelbewegungen im Vorderwagen bemerkbar. Ursache ist eine ungleichmäßige Gewichtsverteilung am Rad, die auch für erhöhten Reifenverschleiß sorgt. Sie sollten damit schnellstens eine Fachwerkstatt aufsuchen, um die Räder Ihres Fiesta auswuchten zu lassen.

Statische Unwucht (A): Zeigt sich bereits, wenn das Rad am hochgebockten Wagen frei auspendeln kann: Der Schwerpunkt wird sich ganz von selbst nach unten verlagern. Ein Rad mit einer statischen Unwucht hüpft beim Fahren, die Stoßdämpfer verschleißen schneller.

Dynamische Unwucht (B): Kommt erst bei höheren Geschwindigkeiten zum Tragen. Die »übergewichtige« Stelle sitzt nicht in der Mittelebene des Rads, sondern etwas nach außen bzw. innen versetzt. Das Rad flattert und wackelt bei schneller Fahrt.

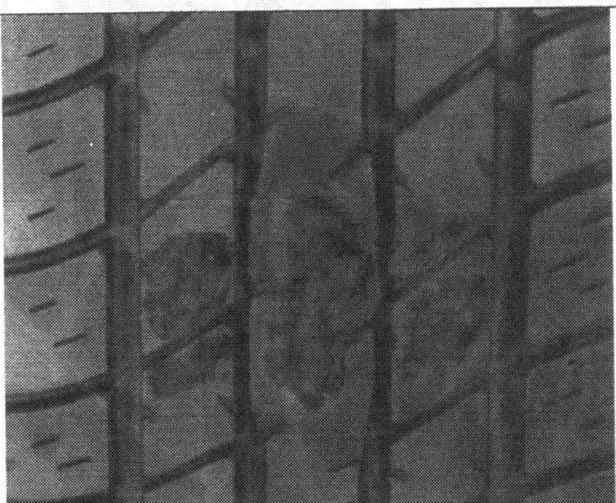

Bremsplatten: Mit ABS unmöglich.

Technik-lexikon: Was das Reifenlaufbild verrät

- **Außenseite abgefahren** (Vorderreifen): Zügiges Kurvenfahren. Vorspur überprüfen, Reifen in Laufrichtung auf den Felgen drehen lassen oder gegen Hinterräder austauschen.
- **Außenseiten stärker abgefahren als Profilmitte:** Zu geringer Luftdruck.
- **Schräges Profil:** Deutet auf falsche Radeinstellung hin. Dies ist meist dann der Fall, wenn nur ein Reifen einseitig abgefahren ist.
- **Profilmitte stärker als Außenseiten abgenutzt:** Entsteht durch häufiges Fahren mit Höchstgeschwindigkeit. Die Reifen »bauchen« durch die Fliehkraft aus und nutzen daher in der Mitte stärker als an den Flanken ab. Besonders deutlich an den Hinterrädern zu beobachten.
- **Gleichmäßige Auswaschungen über die gesamte Lauffläche:** Vermutlich Stoßdämpfer defekt (Reifen »tanzt« über die Fahrbahn).
- **Auswaschungen an beiden Reifenflanken** (über den Umfang verteilt): Untrüglicher Hinweis auf Unwucht. Räder auswuchten lassen.
- **Lauffläche an einer Stelle stark abgenutzt:** Bremsplatte. Tritt bei Blockierbremsung an Autos ohne ABS auf.

Praxistip: So lagern Sie Reifen richtig

Nach dem Ummontieren der Sommer- oder Winterreifen sollten Sie die alten Reifen richtig lagern. Dazu eignet sich am besten ein trockener, kühler und dunkler Raum. Halten Sie Benzin, Öl, Fett und andere Chemikalien von den Reifen fern – sie zerstören die Gummimischung meist unsichtbar fürs Auge.

- Markieren Sie zunächst Laufrichtung und Position der Reifen mit Ölkreide aus dem Verbandkasten (VR = vorne rechts, VL = vorne links, HR = hinten rechts, HL = hinten links).
- Reifen abnehmen, mit Wasser reinigen und gut trocknen. Säubern Sie die Profilrillen von sämtlichen Fremdkörpern.
- Komplette Räder liegend übereinander stapeln, am besten auf einer alten Holzpalette.
- Reifen ohne Felgen stellen Sie senkrecht nebeneinander auf. Drehen Sie die Pneus von Zeit zu Zeit.

DIE BREMS-ANLA

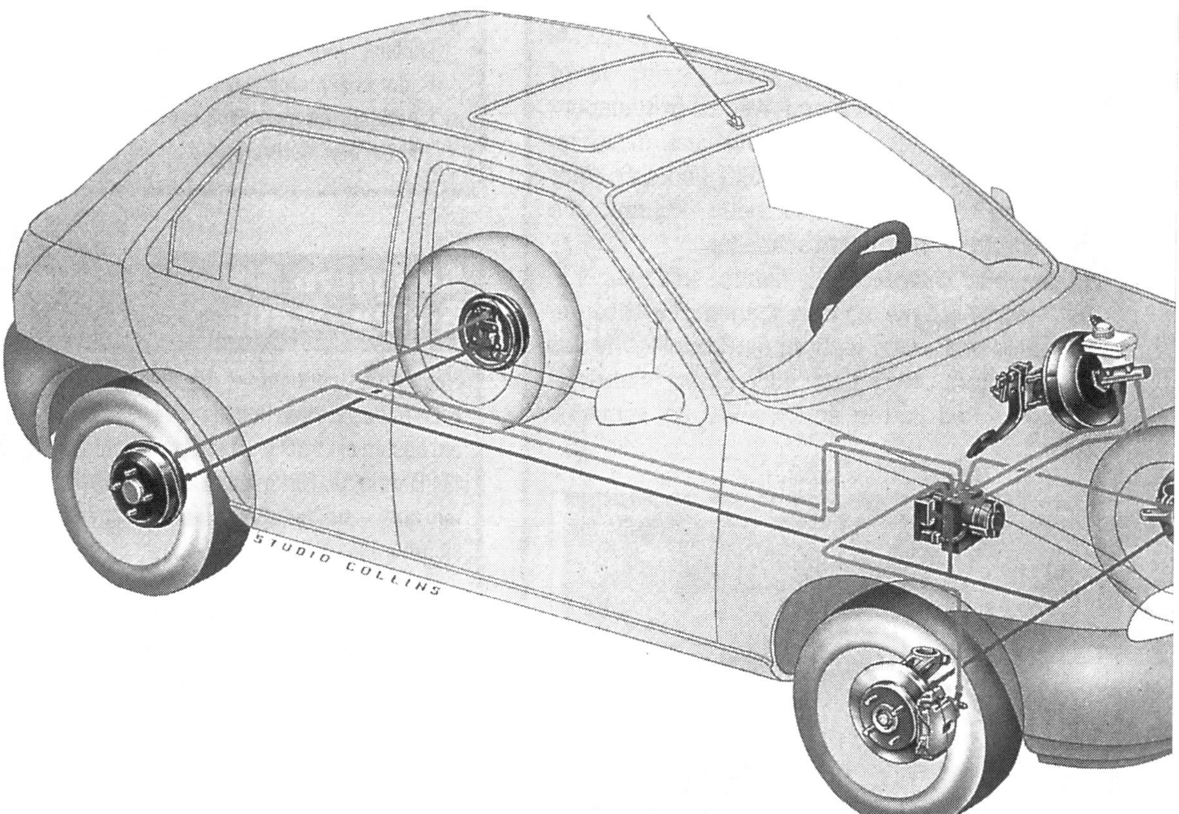

Auf einen Blick – die Komponenten der Fiesta-Bremsanlage.

GE

Wartung

Reparatur

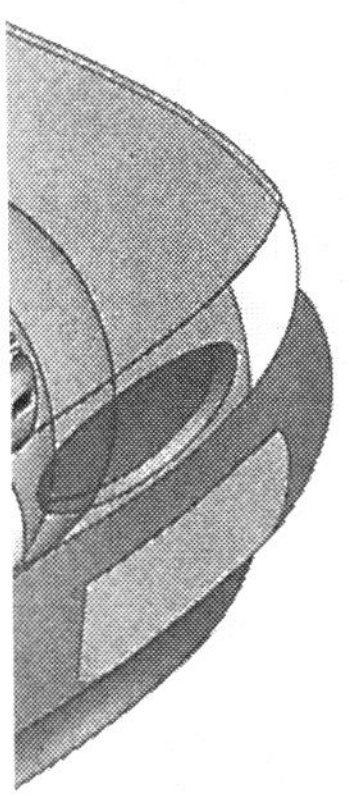

Die Straßenverkehrs-Zulassungsordnung (StVZO) schreibt grundsätzlich zwei unabhängig voneinander wirkende Bremssysteme (Fuß- und Feststellbremse) vor. Sinn der Vorschrift: Fällt ein Bremssystem aus, verzögert immer noch das andere mit verminderter Leistung. Die Fußbremse Ihres Fiesta ist zudem auch diagonal »geteilt« – ein Bremskreis wirkt jeweils auf ein Vorder- und das gegenüberliegende Hinterrad: Bei Ausfall eines Kreises bleiben Vorder- und Hinterrad des anderen Kreises bremsfähig. Das Bremspedal lässt sich dann jedoch weiter durchtreten, der Bremsweg wird wesentlich länger.

Arbeits-schritte

① Der Bremsflüssigkeit-Vorratsbehälter sitzt direkt auf dem Hauptbremszylinder links hinten im Motorraum. Den Bremsflüssigkeitsstand sollten Sie regelmäßig kontrollieren.

② Auch bei intakter Bremsanlage sinkt der Flüssigkeitspegel. Grund: Verschleiß an den Bremsbelägen. Die Kolben »wandern« dann aus den Bremszangen – das dadurch - hinter den Kolben entstehende – größere Zylindervolumen gleicht nachfließende Bremsflüssigkeit kurzerhand aus.

③ Solange die Bremsflüssigkeit im Vorratsbehälter zwischen »MIN« und »MAX« steht, ist das jedoch kein Grund zur Sorge.

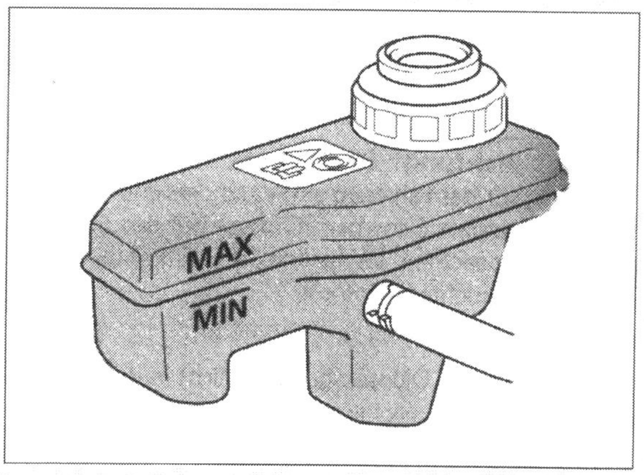

Bremsflüssigkeits-Vorratsbehälter.

Zustand der Bremsanlage prüfen

Arbeits-schritte

① Um undichte Stellen eindeutig erkennen zu können, muss die Fahrzeugunterseite trocken sein.

② Prüfen Sie die Anschlüsse und Verbindungen von Schläuchen und Leitungen, die Bremssättel und Bremsankerbleche (dahinter sitzen die Radbremszylinder der Hinterradbremsen). Achten Sie auf dunkle und feuchte Flecken.

③ Prüfen Sie die Bremsschläuche. Sie dürfen keine Scheuerstellen aufweisen, weder feucht noch aufgequollen sein. In diesen Fällen: Grundsätzlich Schläuche auswechseln.

④ Reinigen Sie die Bremsleitungen mit Kaltreiniger. Die Leitungen sind zum Schutz gegen Rost mit einer Kunststoffschicht überzogen – daher zur Säuberung nie Schraubendreher, Schmirgelleinen oder Drahtbürste verwenden. Ist die Schutzschicht dennoch beschädigt, Rostschutzgrundierung dünn aufstreichen. Stellen Sie an Bremsleitungen Rostnarben, Verformungen oder Steinschlagspuren fest, müssen Sie angegriffene Leitungen umgehend ersetzen.

⑤ Befinden sich Staubschutzkappen auf allen Entlüftungsventilen (jeweils an den vorderen Bremssätteln und in Höhe der Radbremszylinder an den hinteren Bremsankerblechen)?

⑥ Machen Sie regelmäßig im Frühjahr und Herbst eine (provisorische) Bremsdruckprobe. Treten Sie dazu mit voller Kraft etwa eine Minute aufs Bremspedal. Das Pedal darf dabei nicht nachgeben, ansonsten liegt eine Störung in der Anlage vor (defekte Manschette im Hauptbremszylinder, an den Bremszangen oder den Radbremszylindern). Schauen Sie dann auf feuchte Stellen. Eine exakte Prüfung mit Druckstandsanzeigern ist ausschließlich Sache der Werkstatt.

Bremskraftverstärker prüfen

Arbeits-schritte

① Motor abstellen. Bremspedal mehrmals durchtreten und in seiner tiefsten Stellung halten.

② Motor starten. Das Pedal muss dann noch ein Stück nachgeben. Falls nicht, kann das folgende Ursachen haben:

Unterdruckschlauch vom Ansaugrohr zum Bremskraftverstärker undicht: In diesem Fall müssen Sie unbedingt den Schlauch ersetzen.

Rückschlagventil im Unterdruckschlauch defekt: Nehmen Sie zur Ventilkontrolle den Unterdruckschlauch am Ansaugstutzen ab und lassen den Motor mit Leerlaufdrehzahl laufen. Falls Sie keine rhythmischen Ansauggeräusche hören, verschließen Sie das freie Schlauchende mit einer Fingerkuppe. Wenn sich dabei kein Vakuum im Schlauch aufbaut, ist das Ventil defekt.

Gummidichtung zwischen Hauptbremszylinder und Bremskraftverstärker porös: Zum Austausch Hauptbremszylinder vom Bremskraftverstärker demontieren.

Das Antiblockier-Bremssystem (ABS), die Traktionskontrolle (BTCS), die elektronische Bremskraftverteilung (EBD)

ABS und **BTCS** steigern die aktive Fahrsicherheit, **EBD** ersetzt den mechanischen Bremskraftregler. Die ABS-Funktion sichert die volle Lenkfähigkeit auch bei Vollbremsungen, BTCS verbessert die Richtungsstabilität beim Beschleunigen auf rutschiger Fahrbahn. Als weiteres aktives Sicherheitselement setzt sich in modernen Kompaktwagen die elektronische Bremskraftverteilung (EBD) immer weiter durch. EBD wird bereits vor dem ABS aktiv, sie steigert die Bremsstabilität indem sie auf elektronischem Weg den Hinterradschlupf exakt reguliert. Das im Fiesta verwendete Antiblockier-Bremssystem (Teves MK 20) beinhaltet eine elektronische und hydraulische Regeleinheit (EHCU). Beide Systeme sind in einem gemeinsamen Aluminiumgehäuse untergebracht. Die EHCU nutzt, um die Raddrehzahlen genau zu erfassen, vier Radsensoren – ein Sensor pro Rad. Die gleichen Signale sind auch für die Funktion von EBD und BTCS relevant. EHCU arbeitet mit acht elektrisch betätigten Magnetventilen, einer hydraulischen, von einem Gleichstrommotor angetriebenen Druckpumpe und zwei Niedrigdruckspeichern. Beim Teves MK 20 werden alle Räder bis zu einer Geschwindigkeit von 120 km/h einzeln geregelt. An der Hinterachse funktioniert das parallel: »Vorbild« ist jeweils das Rad, das als erstes zum Blockieren neigt. Bei Systemfehlern werden ABS, EBD und BTCS ausgeschaltet – die Bremse arbeitet dann ohne elektronische Hilfestellung wie ein ganz normales Bremssystem. Die Störung ist an der ABS-Warnleuchte ablesbar: Sie erlischt nicht mehr nach dem obligatorischen »Selbsttest«. Das Fiesta ABS ist voll diagnosefähig, Fehlercodes werden in einem permanenten Speicher auf Abruf »archiviert«.

Verteilt die Bremsleistung – elektronische Zweikreispumpe

Die Bremsenergie wird im System von einer elektronischen Zweikreispumpe verteilt. Jedem der vier separaten Steuerkanäle ist ein Magnetventilpaar (ein Einlass- und ein Auslassventil) zugeordnet. Die Einlassventile sind normalerweise offen und mit einer schaltbaren Öffnung versehen (kleine Öffnung zur Feinregulierung geringer Durchflussmengen beim Bremseneingriff, große Öffnung für minimalen Strömungswiderstand bei normaler Bremsfunktion).

Steuert die ABS-Funktionen – EHCU

Die EHCU steuert die ABS-Funktionen, berechnet die Fahrgeschwindigkeit anhand der Signale von den Raddrehzahlfühlern, überwacht alle elektrischen Komponenten und speichert Fehlerdaten. Bei eingeschalteter Zündung führt das System vor Fahrtbeginn einen von der EHCU ausgelösten Selbsttest aus. Während des Fahrbetriebs werden die elektrischen Anschlüsse kontinuierlich überwacht. Dabei erfolgt eine Polaritätsprüfung sowie eine Prüfung auf Kurzschlüsse und Stromkreisunterbrechungen. Die Magnetventile werden gleichfalls zur Funktionskontrolle des ABS regelmäßig geprüft, das System gibt hierzu einen Prüfimpuls ab. Eventuelle Störungen liest Ihr Ford-Händler mit dem FDS 2000 Testgerät schnell und »zielgenau« aus.

Begrenzt den Hinterradschlupf – EBD

Die **EBD** regelt, bevor das Hauptsystem aktiviert wird, die Begrenzung des Hinterradschlupfs. Sie vergleicht den Bremsschlupf an den Vorder- und Hinterrädern und dosiert bzw. verteilt die Bremskraft entsprechend. Die Funktion der EBD ist gewöhnlich nicht wahrnehmbar, ihre Technik realisiert - unabhängig vom Beladungszustand des Fahrzeugs - minimale Bremswege. Außerdem ersetzt EBD den herkömmlichen Bremskraftregler im System.

Aktiv bis 50 km/h – BTCS

BTCS ist mit zwei Abschaltmagnetventilen und zwei hydraulisch betätigten Einlassventilen in das Fiesta ABS integriert. Das System wird nach Bedarf bei Geschwindigkeiten bis 50 km/h aktiviert. Es bleibt solange wirksam, wie zum Anfahren und Beschleunigen auf rutschiger Fahrbahn erforderlich. BTCS sorgt für gute Traktion an den Vorderrädern. Dadurch wird, beim zügigen Beschleunigen aus dem Stand und insbesondere bei Wendemanövern, auch das Lenkverhalten verbessert. Registriert die BTCS Schlupf an einem Vorderrad, wird das betreffende Rad eingebremst.

Die Fiesta-Bremsen

Die Betriebsbremsanlage des Ford Fiesta wurde – im Rahmen des 96er Face-Lifts gründlich modifiziert. Seither nehmen Faustsättel an der Vorderachse zwölf Millimeter starke Bremsscheiben (vorher zehn Millimeter) in die Zange. Die Hinterräder verzögern Bremstrommeln. Beim Tritt aufs Bremspedal presst eine mit dem Pedal verbundene und auf den Hauptbremszylinder

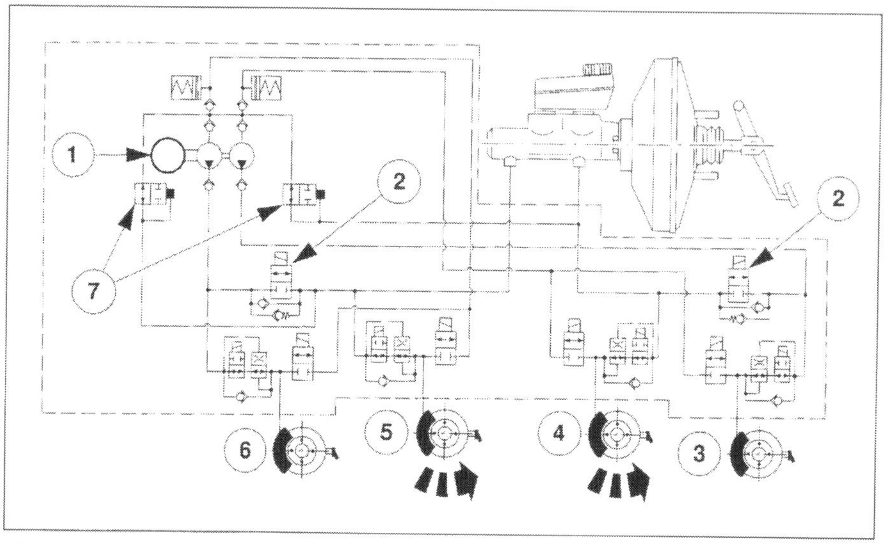

❶ Pumpe. ❷ BTCS-Ventile. ❸ Vorderrad. ❹ Hinterrad. ❺ Hinterrad. ❻ Vorderrad. ❼ hydraulisch betätigte Einlassventile.

(HBZ) wirkende Druckstange zwei hintereinander liegende Kolben in den Hauptbremszylinder. Er ist, zusammen mit dem Bremskraftverstärker, im Motorraum montiert. Bremspedal und -gestänge sind auf optimale Bremsleistung ausgelegt. Der Bremskraftverstärker wurde anno '96 größer (229 anstatt 203 Millimeter), die Hebelübersetzung von 4,0:1 auf 4,5:1 erhöht. Auch der Durchmesser des HBZ wurde vergrößert. Seine Bremskolben übertragen die Fußkraft auf die Bremsflüssigkeit. Dadurch entsteht im geschlossenen Hydrauliksystem ein Druckanstieg, der sich über Rohr- und Schlauchleitungen bis an die Bremssättel und Radbremszylinder fortsetzt. An den Vorderrädern pressen Kolben die Bremsklötze gegen Bremsscheiben. Hinten übernehmen Radbremszylinder die Aufgabe, ihre Kolben drücken die Bremsbacken gegen Bremstrommeln. Die mechanisch über Seilzug wirkende Handbremse verlangt weniger Kraftaufwand als bei älteren Fiesta-Modellen, sie verzögert zudem noch wirkungsvoller als bisher. Im aktuellen Fiesta wird die Handbremse direkt im Fahrzeuginnenraum nachgestellt, das senkt unter anderem die Wartungskosten.

Selbstnachstellend – die Fiesta-Bremsen

Scheiben- und Trommelbremsen sind im Fiesta selbstnachstellend – an der Hinterachse »regelt« das eine aufwendige Mechanik.

Auf einen Blick – Die wichtigsten Bremsbegriffe

Zweikreisbremsanlage: Diagonal geteilte hydraulische Anlage. Jeweils ein Bremskreis für Vorderrad und gegenüberliegendes Hinterrad.

Hauptbremszylinder (HBZ): Wandelt den zurückgelegten Weg des Bremspedals in hydraulische Kraft um. Sorgt beim Lösen der Bremsen für schnellen Druckabbau im System.

Bremskraftverstärker (Bremsservo): Sitzt im Motorraum hinter dem Hauptbremszylinder. Verstärkt die mechanischen Pedalkräfte um rund 60 Prozent. Ist über einen Schlauch direkt mit dem Ansaugrohr oder einer Vakuumpumpe (Diesel) verbunden. Beim Bremsen reagiert eine mit der Kolbenstange des HBZ verbundene Membrane auf den Druckunterschied zwischen dem äußerem Luft- und dem im Ansaugkrümmer herrschenden Unterdruck

Radbremszylinder (RBZ): Der Bremsflüssigkeitsdruck kann im RBZ bis zu 120 bar erreichen. Die RBZ-Kolben übertragen den Druck auf Bremsklötze (Scheibenbremse) oder auf Bremsbacken (Trommelbremse).

Die Bremsen

Technik-lexikon

Vorderachse

Bremsscheibe: Dreht sich synchron mit der Achsnabe. Führt Reibungswärme an die Atmosphäre ab.

Bremssattel: Wie eine Faust umschließt der Bremssattel des Fiesta die Bremsscheibe. An seiner Innenseite befindet sich ein Hydraulikkolben.

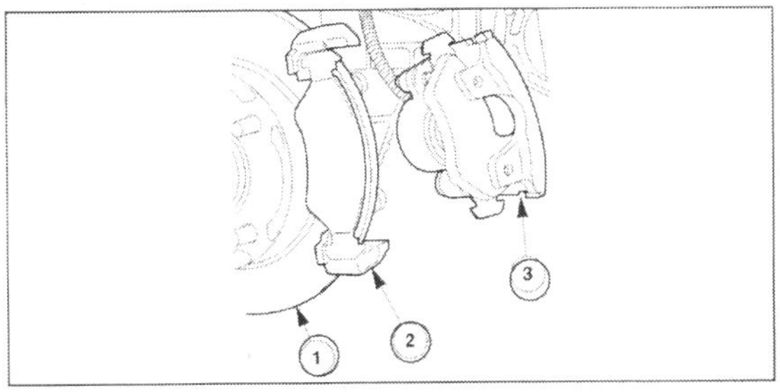

❶ Bremsscheibe. ❷ Befestigungssattel. ❸ Bremssattel.

Bremspedal treten: Der im HBZ erzeugte Systemdruck wirkt auf den Bremssattelkolben und drückt den inneren Bremsklotz gegen die Bremsscheibe. Dadurch verschiebt sich die gleitgelagerte Bremszange nach innen und presst den äußeren Bremsklotz gleichfalls gegen die Bremsscheibe.

Bremspedal lösen: Hydraulikdruck bricht schlagartig zusammen, die Kolbendichtung zieht den Kolben mitsamt Bremssattel von den Bremsscheiben zurück. Zwischen Bremsklötzen und Scheibe entsteht dadurch ein geringfügiges Spiel – die Bremsscheibe dreht wieder frei.

Hinterachse

Trommelbremse: An der Fiesta Hinterachse eine Simplexbremse. Sie besteht aus je zwei halbkreisförmigen Bremsbacken. Die Belagstärke der vorderen Backe (Auflaufbremsbacke) ist größer als die der hinteren (Ablaufbremsbacke). Beide Bremsbacken presst ein Radbremszylinder (Doppelkolbenzylinder) gegen die Bremstrommeln. Sie stabilisieren sich dabei an einem Stützlager auf der gegenüberliegenden Seite des Radbremszylinders. Das Lager ist mit der Bremsankerplatte vernietet.

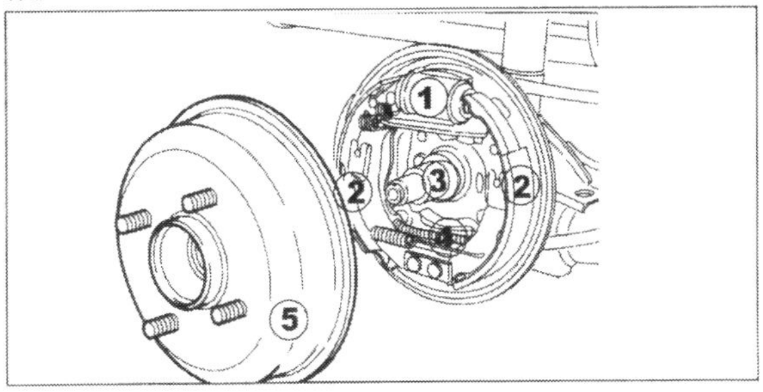

❶ Radbremszylinder. ❷ Bremsbacken. ❸ Hinterachsstummel. ❹ Handbremsseil. ❺ Bremstrommel.

Das Antiblockier-Bremssystem

Technik-lexikon

ABS-Steuergerät: Verarbeitet ständig die Drehzahl-Informationen der Radsensoren und vergleicht sie mit fest programmierten Werten. Signalisieren unterschiedliche Drehzahlfrequenzen drohende Blockiergefahr an einem oder mehreren Rädern, aktiviert das Steuergerät die Hydraulikeinheit – der Bremsdruck an dem betreffenden Rad wird solange reduziert, bis es wieder synchron mit den anderen Rädern läuft. Dieses Wechselspiel erfolgt während des gesamten Bremsvorgangs im Millisekundentakt.

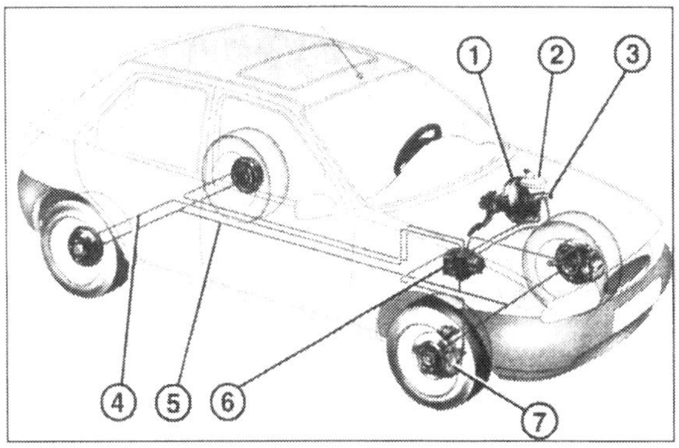

❶ Vakuum-Bremskraftverstärer. ❷ Bremsflüssigkeits-Vorratsbehälter. ❸ Tandem-HBZ. ❹ Hydraulik-Bremsleitung. ❺ Steuerleitung von den Raddrehzahlsensoren zur elektrohydraulischen Regeleinheit. ❻ elektrohydraulische Regeleinheit. ❼ vorderer Bremssattel

Elektrohydraulische Regeleinheit: Umfaßt die Elektropumpe sowie den Ventilblock mit Magnetventilen. Beim Tritt aufs Bremspedal drücken Bremskolben im Hauptbremszylinder die Bremsflüssigkeit über den Ventilblock zu den Rädern. Dabei regelt der Ventilblock den Bremsdruck in den Bremsleitungen, die jeweils ein Vorderrad mit dem diagonal gegenüberliegenden Hinterrad verbinden. Tritt ABS in Funktion, erteilt das Steuergerät den Befehl»Bremsdruck reduzieren«. Die Bremsflüssigkeit fließt direkt vom Ventilblock in den Ausgleichsbehälter zurück. Wird der Bremsdruck wieder angehoben, strömt die Bremsflüssigkeit aus dem Ausgleichsbehälter durch die Hydraulikpumpe direkt in den entsprechenden Bremskreis. Wenn die Pumpe arbeitet, bemerken Sie das übrigens am Bremspedal: Es beginnt leicht zu pulsieren.

Raddrehzahlgeber: Mit geringem Abstand zu einer Zahnscheibe (Impulsrad) fest mit der Radnabe verbunden. Das Impulsrad dreht sich mit seinen zahnförmigen Erhebungen je nach Radumdrehung (Geschwindigkeit) schneller oder langsamer am Geber vorbei. Jeder Zahn des Impulsrades induziert so einen kurzen Spannungsanstieg. Dadurch entsteht im Geber eine Wechselspannung die ihre Frequenz, entsprechend der Raddrehzahl, ändert. Die Sensoren messen die jeweilige Raddrehzahl und leiten sie als elektrische Signale an das Steuergerät.

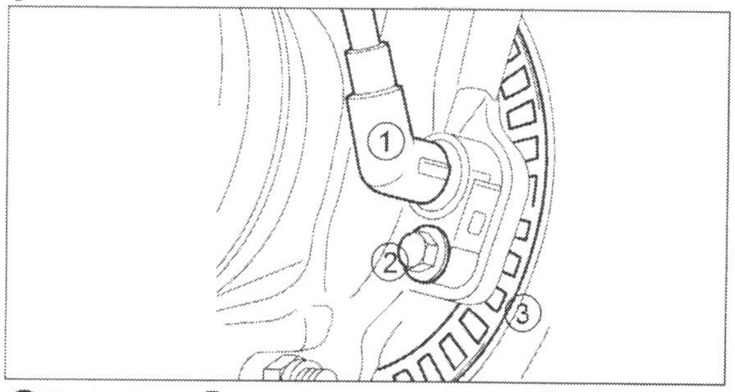

❶ Radsensor. ❷ Befestigungsschraube. ❸ Impulsrad.

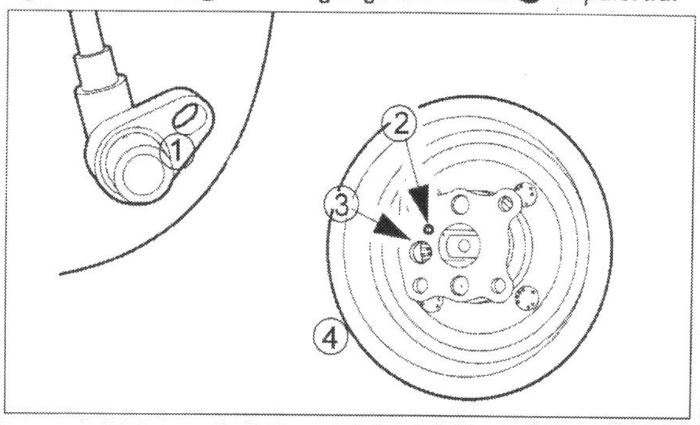

❶ Radsensor. ❷ Radsensorbefestigung. ❸ Sensorbohrung. ❹ Bremstrommel.

Längsbeschleunigungs-Sensor: Besteht aus zwei Pendelschaltern, die unter der Mittelkonsole montiert sind. Sie befinden sich bei normaler Fahrt sowie bei leichter Beschleunigung oder Verzögerung in Ruhestellung. Werden die im Steuergerät programmierten Verzögerungs- oder Beschleunigungswerte überschritten, leiten die Sensoren ein entsprechendes Signal an das Steuergerät weiter.

Störungen am ABS-Bremssystem: Bei eingeschalteter Zündung leuchtet die Kontrolleuchte des ABS-Bremssystems auf. Sie verlischt bei laufendem Motor spätestens nach zwei Sekunden. Brennt sie auch während der Fahrt, liegt eine Störung im ABS-System vor. Sie können meistens trotzdem weiterfahren – die Bremse funktioniert dann eben ohne ABS-Funktion. Zur Beseitigung des Defekts müssen Sie freilich eine Ford-Werkstatt aufsuchen. Als Nichtfachmann können Sie allenfalls den korrekten Sitz der Steckverbindungen zum Steuergerät, zu den Relais, den Radsensoren und zur Hydraulikeinheit prüfen.

Bremseninspektion – beim geringsten Zweifel in die Werkstatt

Auf jedem Meter im öffentlichen Straßenverkehr entscheiden die Bremsen über Ihre und die Sicherheit anderer Verkehrsteilnehmer. Deshalb ist eine regelmäßige Kontrolle der Bremsanlage Ihre beste Lebensversicherung. Scheuen Sie sich nicht, die Räder abzunehmen um den Zustand der Bremsbeläge zu prüfen. Wartungsarbeiten an der Bremsanlage sind grundsätzlich kein Hexenwerk. Dennoch »legen Sie Hand nur dann an die Bremse«, wenn Sie sich Ihrer Sache absolut sicher sind: Beim geringsten Zweifel überlassen Sie Arbeiten an der Bremse besser einer Fachwerkstatt mit aktuellem Know-how und den entsprechenden Spezialwerkzeugen.

Stand der Bremsflüssigkeit prüfen

Serienmäßig ist Ihr Fiesta mit einer Bremssystem-Warnleuchte im Armaturenbrett ausgerüstet. Im Normalfall erlischt die Leuchte, sobald Sie den Handbremshebel lösen. Falls nicht, fehlt Bremsflüssigkeit. Brennt die Leuchte plötzlich während der Fahrt, gehen Sie davon aus, dass ein Bremskreis ausgefallen ist. Der zweite Kreis ist dann in der Regel noch funktionstüchtig, so dass Sie mit defensiver Fahrweise die nächste Werkstatt erreichen können. Unser Rat: Gerade an einem so sicherheitsrelevanten Bauteil wie der Bremse sollten Sie nicht unbedingt einer »Automatik« vertrauen – schauen Sie ab und an besser selbst »nach dem Rechten«.

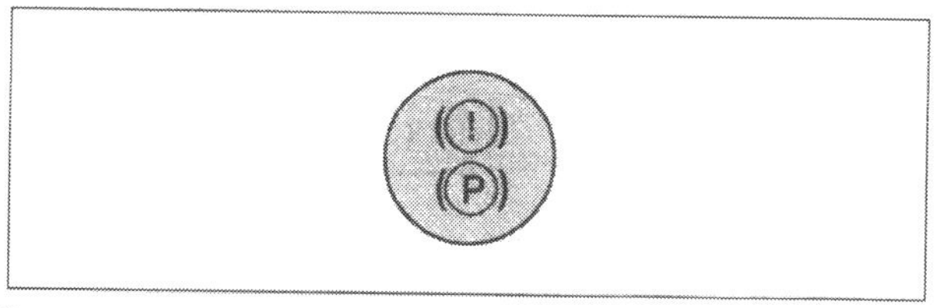

Bremssystem-Warnleuchte.

Luftfilter am Druckstößel des Bremskraftverstärkers verdreckt: Den Filter mit einem Drahthaken von der Druckstange abziehen. Neuen Filter bis zum Mittelpunkt aufschneiden und um den Druckstößel in seinen Sitz drücken. Achten Sie darauf, dass der Filter um den Stößel geschlossen ist, sonst kann ungefilterte Luft in den Bremskraftverstärker gelangen.

Verstärkermembrane defekt: Eine Reparatur ist nicht möglich. Sie müssen darum den Bremskraftverstärker komplett austauschen.

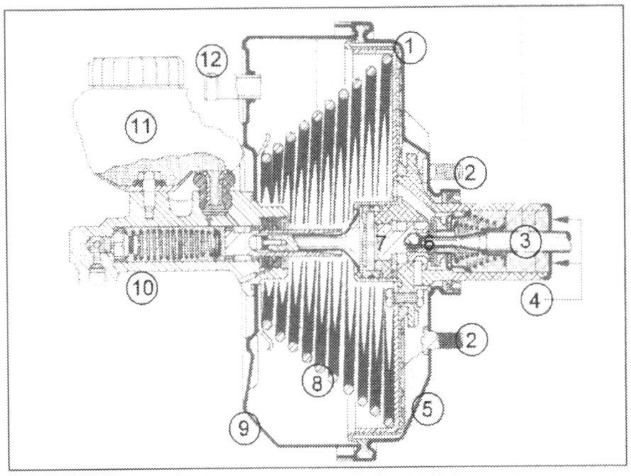

Bremskraftsverstärker:
❶ Druckkammer. ❷ Befestigungsbolzen. ❸ Bremspedal-Kolbenstange. ❹ Außenlufteintritt zur Druckkammer. ❺ Verstärkermembrane. ❻ Tellerventil. ❼ Ventilkolben. ❽ Kolbenrückführfeder. ❾ Unterdruckkammer. ❿ HBZ. ⓫ Bremsflüssigkeitsvorratsbehälter. ⓬ Vakuumanschluss.

Bremsen prüfen

Eine Bremsprüfung auf der Straße sollten Sie nur dann machen, wenn Sie Ihr Fahrzeug sicher beherrschen und andere Verkehrsteilnehmer nicht behindern oder gefährden. Zur Bremsprobe suchen Sie eine ebene, möglichst abgelegene Straße mit guter Oberfläche aus.

Arbeitsschritte

① Fahren Sie zunächst mit Schrittempo. Kupplung treten und mit voller Kraft bremsen. Bremsspuren auf der Straße vergleichen – bei gleich langen Spuren ziehen die Bremsen gleichmäßig. Die gleiche Übung mit der Handbremse durchführen.

② Beschleunigen Sie auf etwa 50 km/h. Das Lenkrad locker umfassen und während des Bremsvorgangs Fahrtrichtung nicht korrigieren. Bremsen Sie zuerst sanft und dann scharf bis zum Stillstand. Das Fahrzeug muss bis zum Stillstand sicher in der Spur bleiben. Andernfalls »zieht« die Bremse einseitig und Sie sollten eine Fachwerkstatt mit einem Bremsenprüfstand aufsuchen.

③ Lassen Sie nach diesem Test Ihren Fiesta auf einer leicht abschüssigen Strecke aus dem Stand losrollen – so stellen Sie fest, ob die Räder frei und leichtgängig sind. Machen Sie nach einer kurzen Fahrt die Wärmeprobe an den Felgen: Sie müssen alle gleich warm sein.

Scheibenbremsbeläge messen

Die Beläge an den vorderen Scheibenbremsen haben größeren Verschleiß als die Beläge an der Hinterachse. Kontrollieren Sie die Stärke der Beläge regelmäßig, mindestens jedoch alle 15 000 Kilometer oder einmal im Jahr. Der Bremsbelag muss mit Trägerplatte bei allen Fiesta-Modellen noch mindestens sechs Millimeter stark sein.

Arbeitsschritte

① Nehmen Sie zur Kontrolle jeweils das Rad ab. Nur so können Sie den Belag richtig sehen.

② Als Messinstrument eignet sich ein Zehnpfennigstück. Halten Sie es zwischen Bremsscheibe und Belagträger. Ist der Belag nicht stärker als der Groschen, ist es höchste Zeit für einen Tausch.

Praxistip

Bremspedal und Bremsbelag

Der Leerweg des Bremspedals sollte höchstens ein Drittel des gesamten Pedalwegs betragen. Lässt sich das Pedal weiter durchdrücken (mit der Hand prüfen), sollten Sie sofort die Scheibenbremsen untersuchen – die Bremsbeläge können dann stark verschlissen oder verklemmt sein. Eventuell ist sogar die Bremszange des Bremssattels fest gerostet. Mit der Pedalwegprüfung können Sie keine Kontrolle der Bremsbelagstärke durchführen: Denn der Bremskolben schiebt den Belag beim Bremsen immer so weit nach, dass er bei gelöstem Pedal stets die gleiche Grundstellung zur Bremsscheibe hat. Solange die Beläge nicht total verschlissen sind, bleibt der Bremsweg nahezu gleich. Wird der Pedalweg durch Pumpen geringer, ist möglicherweise Luft im System – dann muss die Anlage entlüftet und nach der Ursache geforscht werden.

Zustand der Bremsscheiben kontrollieren

Für die Prüfung müssen Sie die Vorderräder demontieren. Kontrollieren Sie die Bremsscheiben immer im Verbund mit den Bremsbelägen.

Die Maße der Bremsscheiben

Durchmesser	Scheibenstärke*	Verschleißgrenze*
240 Millimeter	12 mm/20 mm	10 mm/18 mm

* innenbelüftet bei Modellen mit CTX-Getriebe

Arbeitsschritte

① Leicht bläulich verfärbte Scheiben sind normal.

② Achten Sie auf tiefe Riefen in den Scheiben. Sie entstehen durch Schmutz oder zu stark abgefahrene Beläge. Die »Kratzer« dürfen nicht tiefer als drei Millimeter sein.

③ Verschlissene Bremsscheiben nicht planschleifen.

④ Die Stärke der Scheiben messen Sie am besten, indem Sie auf jede Seite der Scheibe, zwischen Schieblehre und Bremsscheibe, jeweils eine Münze legen. Um den Verschleiß zu definieren, ziehen Sie vom ermittelten Wert die Stärke der Münzen ab.

⑤ Verschlissene Bremsscheiben stets paarweise erneuern.

Die Stärke der Bremsscheiben messen.
Damit das Ergebnis stimmt, müssen Sie vom gemessenen Wert die Stärke der Münzen abziehen.

Stärke der Trommelbremsbeläge kontrollieren

Der Belag an der Auflaufbremsbacke ist im Neuzustand etwas dicker als an der Ablaufbacke: Die Auflaufbacke nutzt im Fahrbetrieb schneller ab – beide Beläge erreichen daher fast gleichzeitig ihre Verschleißgrenze, die inklusive Belagträger 2,5 Millimeter nicht unterschreiten sollte. Dünnere Beläge grundsätzlich paarweise und auf beiden Seiten tauschen. Um die Belagstärke an der Hinterachse zu kontrollieren, sollten Sie beide Trommeln demontieren. Vergessen Sie nicht, bei dieser Gelegenheit die Trommeln mit einer Schieblehre zu vermessen: Ihr Innendurchmesser beträgt im Neuzustand 180 Millimeter. Unrunde Bremstrommeln können Sie ausdrehen lassen – vorausgesetzt, der Innendurchmesser wird nicht größer als 181, 5 Millimeter.

Bremsen

Störungs-beistand

Störung	Ursache	Abhilfe
A Bremse quietscht	**1** Resonanzgeräusche zwischen Bremsscheibe und Belägen	Beläge wechseln, ggf. Bremsbelagträgerplatte auf der Rückseite mit Anti-Quietsch-Paste einstreichen
	2 Beläge verschlissen bzw. verhärtet	Erneuern
	3 Bremsflächen der Scheiben bzw. Trommeln stark verschmutzt, verschmiert oder abgenutzt	Scheiben reinigen bzw. Trommeln ausdrehen lassen. Ggf. austauschen
	4 Belagführung am Bremssattel verschmutzt oder verrostet	Säubern bzw. blank schleifen
	5 Festsitzender Kolben im Bremssattel	Gängig machen oder Bremssattel überholen lassen
	6 Nachstellmechanismus der Trommelbremse nicht in Ordnung	Mechanismus gängig machen bzw. Einbaulage der Einzelteile überprüfen
	7 Festsitzender Kolben im Radbremszylinder	Gängig machen bzw. Bremszylinder austauschen (lassen)
	8 Neue Bremsbeläge liegen nicht plan an	Belagaußenkanten mit Schruppfeile brechen
B Bremswirkung läßt nach (Fading)	**1** Pedalweg normal: a) Beläge verölt, verbrannt oder verhärtet b) Siehe A3 und 7	Bremsbeläge ersetzen (lassen)
	2 Pedalweg kurz: Bremskraftverstärker arbeitet nicht oder kein Unterdruck am Verstärker	Bremskraftverstärker bzw. Unterdruckleitung auf Knicke prüfen; Unterdruckventil prüfen und evtl. ersetzen (lassen)
	3 Pedalweg lang: a) Siehe A5 b) Ein Bremskreis ausgefallen	Kontrollieren, schadhafte Teile auswechseln lassen
	4 Falscher Belag	Bremsbeläge tauschen (lassen)
	5 Hinterradbremse(n) defekt	Bremsanlage prüfen (lassen)
C Bei hohem Bremspedaldruck schwache Bremsleistung	**1** Siehe A2 bis 7	
	2 Siehe B1 bis 4	
D Bremspedalweg schwammig	**1** Luft in der Anlage	Bremsanlage prüfen, entlüften (lassen)
	2 Bei überbeanspruchter Bremse (Gebirgsfahrt, Anhängerbetrieb) Dampfblasenbildung (Bremsfading)	Anhalten, Bremse abkühlen lassen. Verhalten fahren und bremsen, häufig einen Gang herunter schalten (Motorbremse)
	3 Hauptbremszylinder nicht richtig befestigt	Befestigung prüfen
E Bremspedal läßt sich ganz durchtreten, keine Bremswirkung	**1** Hauptzylinder ausgefallen	Austauschen
	2 Bremsschlauch oder Leitung gerissen, Dichtung leck	Ersetzen
	3 Bremsflüssigkeit zu alt oder überhitzt	Auswechseln

Bremsen

Störungsbeistand

Störung	Ursache	Abhilfe
F Pedalweg zu lang	**Scheibenbremsen:**	
	1 Radlager lose oder verschlissen	Befestigen, evtl. ersetzen lassen
	2 Scheiben unrund, Beläge verschoben	Scheibe und Beläge prüfen und evtl. ersetzen lassen
	Trommelbremsen:	
	3 Falsch eingestellt	Einstellen (lassen)
	4 Bremsflüssigkeit läuft aus	Hydrauliksystem auf Dichtigkeit prüfen; Mangel beheben lassen
G Stand der Bremsflüssigkeit zu niedrig	**1** Bremsscheiben oder Beläge verschlissen	Bremsscheiben bzw. Beläge prüfen, ersetzen (lassen)
	2 Leck in der Hydraulik	Hydraulik auf Leck prüfen und Mangel beheben lassen
H Bremsen ziehen einseitig	**1** Bremsscheiben defekt oder unterschiedliche Beläge	Prüfen, evtl. ersetzen (lassen)
	2 Siehe A3	
	3 Siehe A5 und 7	
	4 Falsche Reifen oder falscher Reifendruck	Prüfen; richtige Reifen aufziehen, Reifendruck kontrollieren
	5 Lenkung defekt	Prüfen lassen
	6 Stoßdämpfer verschlissen	Prüfen, evtl. ersetzen (lassen)
I Beläge stark oder ungleichmäßig verschlissen	**1** Bremsscheiben sind korrodiert oder weisen Riefen auf	Prüfen, evtl. ersetzen (lassen)
	2 Siehe A5	

Bremsanlage entlüften

Ist Luft im Bremssystem, müssen Sie die Anlage entlüften. Das gilt zum Beispiel nach allen Arbeiten, bei denen Sie die Bremsschläuche abnehmen oder die Bremsleitungen öffnen mussten. In der Regel genügt es, wenn Sie nur den Bremskreis entlüften, an dem Sie gearbeitet haben. Ganz auf Nummer SICHER gehen Sie jedoch, wenn Sie die Bremse komplett entlüften. Verwenden Sie grundsätzlich nur neue Bremsflüssigkeit (Spezifikation SAE J 1703 DOT 3) und einen sauberen, transparenten Kunststoffschlauch (Scheibenwaschanlage oder Aquarienbelüftung). Außerdem sollte Sie ein Helfer unterstützen. Ihr Fiesta muss auf einer ebenen Fläche stehen. Achtung: Sollte Bremsflüssigkeit mit dem Fahrzeuglack in Berührung kommen, spülen Sie die Flächen sofort mit klarem Wasser ab. Während des gesamten Entlüftungsvorgangs muss der Behälter bis zur »Max«-Markierung stets mit frischer Bremsflüssigkeit gefüllt sein. Auf keinen Fall darf der Bremsflüssigkeitspegel unter »Min« abfallen – über die Nachfüllbohrungen gelangt sonst wieder neue Luft ins System.

Den Auffangbehälter etwa 30 cm ⊗ über die Entlüftungsschraube stellen. Dann steht die Entlüftungsschraube unter Flüssigkeitsdruck und durch die Gewindegänge der Schraube kann keine Luft ins Bremssystem gelangen.

Arbeitsschritte

① Zentralstecker des Flüssigkeitssensors ❶ vom Verschlussdeckel abziehen. Deckel ❷ abschrauben.

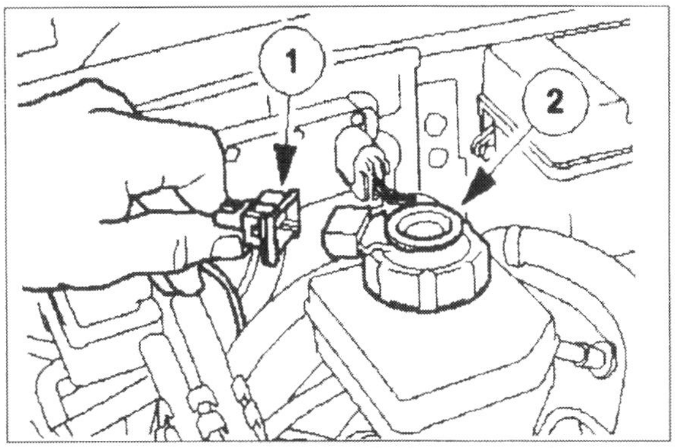

Zentralstecker Flüssigkeitssensor ❶ vom Verschlussdeckel abziehen. Deckel ❷ abschrauben.

② Arbeitsreihenfolge: Entlüftungsventil links vorne – rechts hinten; Entlüftungsventil rechts vorne – links hinten.

③ Staubschutzkappen von Entlüftungsventilen abziehen, Ventilnippel säubern.

④ Kunststoffschlauch auf den Nippel schieben und das freie Schlauchende in einen leicht mit Bremsflüssigkeit gefüllten Auffangbehälter eintauchen.

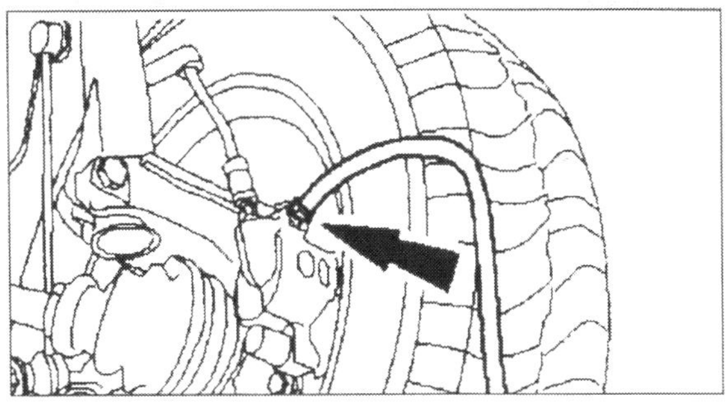

Entlüftungsventil mit angeschlossenem Schlauch.

⑤ Entlüftungsnippel maximal eine Umdrehung lösen. Ihr Helfer tritt das Bremspedal langsam bis zum Bodenblech durch und lässt es schnell in seine Ruhestellung zurück.

⑥ Dann etwa 3 Sekunden warten, damit sich der HBZ füllen kann.

⑦ Den Vorgang solange wiederholen, bis keine Luftbläschen mehr aus dem Entlüftungsnippel entweichen und reine Bremsflüssigkeit austritt. Bremspedal am Boden halten.

⑧ Entlüftungsnippel schließen – Pedal hochkommen lassen. Schlauch von Entlüftungsnippel abziehen, Bremsflüssigkeit im Vorratsbehälter ergänzen.

⑨ Wiederholen Sie diesen Vorgang an allen Rädern.

⑩ Ausgleichsbehälter bis zur »Max«-Markierung auffüllen, Verschlussdeckel aufschrauben und Zentralstecker anschließen.

⑪ Bremsfunktion auf einer »vorsichtigen« Probefahrt kontrollieren.

Technik-lexikon: Die Bremsflüssigkeit

Hauptbestandteile der Bremsflüssigkeit sind Glykol und Polyglykoläther. Diese Mischung ist bei – 40°C noch dünnflüssig und hat mit etwa 270°C einen sehr hohen Siedepunkt. Die Rezeptur verrät es schon: Bremsflüssigkeit ist hygroskopisch – sie nimmt auch im dichten System über die Entlüftungsbohrung des Vorratsbehälter-Verschlussdeckels Wasser aus der Luft auf. Jährlich etwa zwei Prozent, dadurch sinkt der Siedepunkt – bei einem Wassergehalt von rund 2,5 Prozent schon auf 150°C. In diesem Fall können sich bei stark erhitzten Bremsen (Gebirgsfahrt, Vollbremsungen, Anhängerbetrieb) Dampfblasen in der Bremsflüssigkeit bilden. Das hat die gleiche Wirkung wie Luft im System – das Bremspedal lässt sich bis auf die Bodenplatte durchtreten. Wechseln Sie daher zu Ihrer Sicherheit die Bremsflüssigkeit regelmäßig. Wenn Sie Ihren Ford regelmäßig in der Werkstatt warten lassen, geschieht das automatisch, ansonsten mindestens im Zweijahres Rhythmus.

Wie Sondermüll entsorgen - alte Bremsflüssigkeit

Bremsflüssigkeit ist giftig. Nicht mit Mund oder offenen Wunden in Berührung bringen. Sie greift Metall- und Gummiteile zwar nicht an, wirkt jedoch auf Autolack aggressiv. Bremsflüssigkeit, die Sie einmal aus dem System abgelassen haben, dürfen Sie später nicht mehr einfüllen. Verwenden Sie auch keine Bremsflüssigkeit aus einem Behälter, der längere Zeit offen gestanden hat. Gebrauchte Bremsflüssigkeit ist Sondermüll – kümmern Sie sich um eine fachgerechte Entsorgung.

Bremsflüssigkeit wechseln

Der Wechsel der Bremsflüssigkeit ist alle zwei Jahre fällig. Fachwerkstätten erledigen das mit einem speziellen Befüllgerät. Sie können sich aber auch selbst ans Werk machen – die Arbeit ist die gleiche wie beim Entlüften. Für das gesamte System benötigen Sie rund zwei Liter Bremsflüssigkeit (auf Spezifikation achten).

Arbeitsschritte | W | 24 Monate

① Bremsflüssigkeit aus dem Vorratsbehälter mit einer Pipette oder einer sauberen Injektionsspritze entfernen.

② Die Arbeitsschritte an den einzelnen Entlüftungsventilen sind die gleichen wie beim Entlüften. Sie müssen natürlich regelmäßig Bremsflüssigkeit in den Ausgleichsbehälter einfüllen – bei jedem Ventil sind dies 500 cm^3. Diese Menge brauchen Sie, damit sich die neue Bremsflüssigkeit nicht mit der alten vermischt.

Vorratsbehälter vom HBZ demontieren

Arbeitsschritte

① Mehrfachstecker der Warnanzeige abziehen.

② Verschlußdeckel abschrauben. Den Deckel mit Warnanzeige nicht auf dem Kopf ablegen, da Bremsflüssigkeit die elektrischen Kontakte beschädigen könnte.

③ Bremsflüssigkeit mit einer Pipette absaugen.

④ Vorratsbehälter durch seitliches Kippen vom Hauptbremszylinder trennen und vorsichtig abheben.

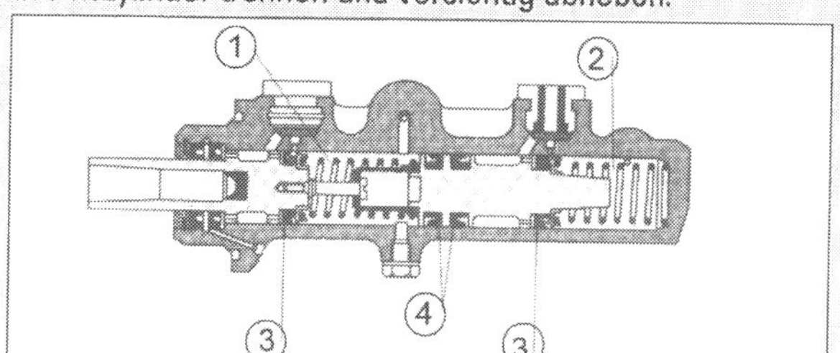

❶ Druckstangenbremskreis. ❷ »Schwimmender« Hauptbremskreis. ❸ Primärmanschetten. ❹ Trennmannschetten.

⑤ Beim Einbau neue Dichtringe in die Bohrungen des Hauptbremszylinders einsetzen. Dazu die Dichtringe mit Bremsflüssigkeit einreiben.

⑥ Vorratsbehälter eindrücken, bis er einrastet.

⑦ Verschlußdeckel aufschrauben. Funktion des Warnlichtschalters durch Drücken auf die Deckelmitte prüfen.

⑧ Bremsanlage entlüften.

Hauptbremszylinder demontieren

Vor der Demontage des HBZ sicherstellen, dass im Bremskraftverstärker kein Unterdruck mehr vorhanden ist. Dazu entweder die Unterdruckleitung vom Bremskraftverstärker abziehen oder bei ausgeschaltetem Motor mehrmals das Bremspedal betätigen.

Arbeitsschritte

① Massekabel – Batterie abklemmen.

② Zentralstecker am Verschlussdeckel abziehen und Deckel abschrauben.

③ Ausgleichsbehälter entleeren.

④ Entlüftungsschlauch an Entlüftungsschraube vorn links anschließen und Bremsflüssigkeit in geeignetes Gefäß ablaufen lassen.

⑤ Entlüftungsschraube lösen.

⑥ Bremspedal bis zur vollständigen Entleerung des Ausgleichsbehälters betätigen.

⑦ Entlüftungsschraube festziehen.

Fiesta mit Schaltgetriebe – Schlauch zum Geberzylinder abziehen.

Fiesta mit ABS – Bremsleitungen zwischen Hydraulikeinheit und Hauptbremszylinder ausbauen.

Fiesta ohne ABS – Leitungen am Hauptbremszylinder abbauen.

⑧ Bremsleitungen abschrauben.

⑨ Bremsdruck-Minderventile demontieren.

⑩ Hauptbremszylinder ausbauen (zwei Schrauben).

Montage

Vor dem Einbau des HBZ sicherstellen, dass eine neue Unterdruckdichtung montiert und die Anschlussflächen zum Bremskraftverstärker sauber sind.

⑪ Bauteile in umgekehrter Reihenfolge montieren.

⑫ Bremssystem wie beschrieben entlüften.

Bremskraftverstärker demontieren

Vor dem Ausbau des Hauptbremszylinders sicherstellen, dass im Bremskraftverstärker kein Unterdruck mehr vorhanden ist. Dazu entweder die Unterdruckleitung vom Bremskraftverstärker abziehen oder bei ausgeschaltetem Motor mehrmals das Bremspedal betätigen.

Arbeitsschritte

① HBZ wie beschrieben demontieren (Vorratsbehälter kann auf HBZ verbleiben).

② Unterdruckschlauch vorsichtig von Bremskraftverstärker abziehen.

③ Halter – Kraftstoffleitungen abbauen.

④ Kraftstoffleitungen aushängen.

⑤ Muttern vom Halter der Kraftstoffleitung abschrauben.

⑥ Halter für Abgasregelungs-Komponenten ausbauen.

⑦ Drei Stecker abziehen.

⑧ Schraube vom Halter ausdrehen.

⑨ Kabel aus Halter aushängen.

Fiesta mit ABS – Stecker am Hauptbremsaggregat abziehen.

⑩ Muttern von Bremskraftverstärker abschrauben.

⑪ Bremskraftverstärker ausbauen.

⑫ Bremskraftverstärker nach vorn ziehen.

⑬ Gabelbolzen und Clip von Bremskraftverstärker demontieren.

Montage:

⑭ Bauteile in umgekehrter Reihenfolge montieren.

⑮ Bremsanlage wie beschrieben entlüften.

Fiesta Diesel - Unterdruckpumpe demontieren

Arbeitsschritte

① Ventildeckel demontieren.

② Motor drehen bis Antriebsnocken den Pumpenstößel voll entlastet.

③ Unterdruckleitung von Pumpe abziehen und gegen Schmutzeintritt verschließen.

④ Zuerst die untere, danach die obere Befestigungsschraube demontieren. Unterdruckpumpe von Befestigungsflansch abnehmen.

⑤ Vor der Montage Befestigungsflansch an Pumpe und Zylinderkopf reinigen.

⑥ Neuen Dichtring leicht mit Vaseline einreiben und in Nut einsetzen.

⑦ Bei der Montage zunächst die untere Schraube ansetzen, Pumpe vorsichtig in Einbaulage bringen, dann die obere Schraube ansetzen.

⑧ Schrauben anziehen, Unterdruckleitung montieren.

Praxistip

So läuft keine Bremsflüssigkeit aus

Wenn Sie eine Bremsleitung (oder Bremsschlauch) lösen, läuft die Bremsflüssigkeit langsam aus dem Vorratsbehälter. Sie können das verhindern, indem Sie vor der Arbeit einen Entlüftungsnippel des betreffenden Bremskreises lösen und einen Entlüftungsschlauch aufstecken. Geben Sie dann das freie Schlauchende in ein sauberes Gefäß und treten das Bremspedal voll durch. Bremspedal am Bodenblech fixieren (Holzlatte oder entsprechendes Gewicht). Die Zulaufbohrungen im HBZ sind jetzt verschlossen – Bremsflüssigkeit kann nicht mehr auslaufen.

Bremsschlauch demontieren

Arbeitsschritte

① Zuerst die Überwurfmutter der Bremsleitung losdrehen, dann die andere Schlauchseite lösen. Achten Sie darauf, dass sich die Leitung nicht verdreht.

② Die meisten Bremsschläuche sind gegen Rutschen mit einem Schlauchhalter (Blechbügel) gesichert. Bei der Montage den Schlauchhalter nicht vergessen.

③ Bei der Montage des Bremsschlauchs zuerst die Außengewindeseite anziehen. Danach die andere Seite mit Überwurfmutter befestigen.

④ Bremsschlauch niemals »verdreht« montieren. Sie erkennen den richtigen Sitz am durchgehenden Farbstreifen, dem Gummianguss oder dem Gummiprofil entlang des Schlauches.

⑤ Bremssystem wie beschrieben entlüften.

⑥ Kontrollieren Sie unbedingt, ob der Bremsschlauch auch bei Federbewegungen den nötigen Freigang hat. Falls nicht, Abstandhalter entsprechend verschieben. Kontrollieren Sie den Freigang nach einer längeren Fahrstrecke erneut.

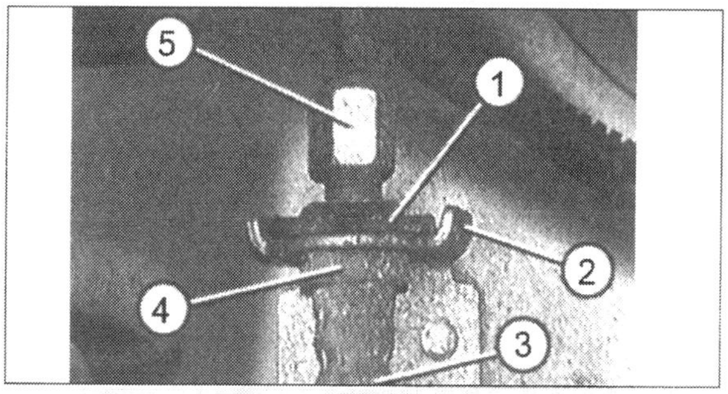

❶ Sicherungsfeder. ❷ Halterblech. ❸ Gewindeflanschanschluss. ❹ Sechskant. ❺ Überwurfmutter.

Vorderer Bremsschlauch.

Scheibenbremsbeläge tauschen

Bremsbeläge können Sie grundsätzlich immer nur paarweise auf beiden Achsseiten tauschen. Ansonsten kommt es an den Rädern zu unterschiedlichen Reibkoeffizienten, die den Wagen »spätestens« bei Vollbremsungen »sicher aus der Spur bringen«. Neue Bremsbeläge ändern während der ersten 500 Kilometer durch Wärmeeinwirkung ihre Struktur: Vermeiden Sie in der Zeit daher häufige Vollbremsungen. Ansonsten könnten die Beläge schnell verhärten (»verglasen«) und dadurch niemals ihre bestmöglichen Verzögerungswerte erreichen. Achten Sie zudem peinlich genau darauf, dass sämtliche Bremsen- Ersatzteile für Ihr Fahrzeug eine Herstellerfreigabe und eine gültige ABE haben. Lassen Sie im Zweifelsfall »die Finger« von dubiosen Wühltischschnäppchen und decken sich besser mit original Ersatzteilen bei Ihrem Ford Händler ein.

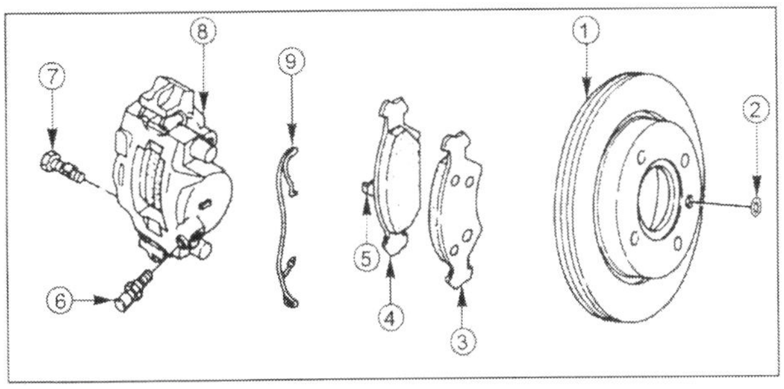

Die vordere Scheibenbremse im Detail:
❶ Bremsscheibe. ❷ Clip. ❸ äußerer Belag. ❹ innerer Belag. ❺ Halteblech. ❻ Entlüfternippel. ❼ Schraube. ❽ Bremssattel. ❾ Halteklammer.

Arbeitsschritte

① Wagen vorne auf ebener Fläche sicher aufbocken. Räder demontieren.

② Lenkung jeweils zu einer Seite einschlagen, Sie haben dann mehr Platz an den Bremszangen.

③ Mit schmalem Schraubendreher Sicherungsklammer an Bremszange aus dem Haltekeil ziehen.

④ Abdeckkappen ❶ von beiden Befestigungsschrauben entfernen.

⑤ Schrauben ❷ herausdrehen.

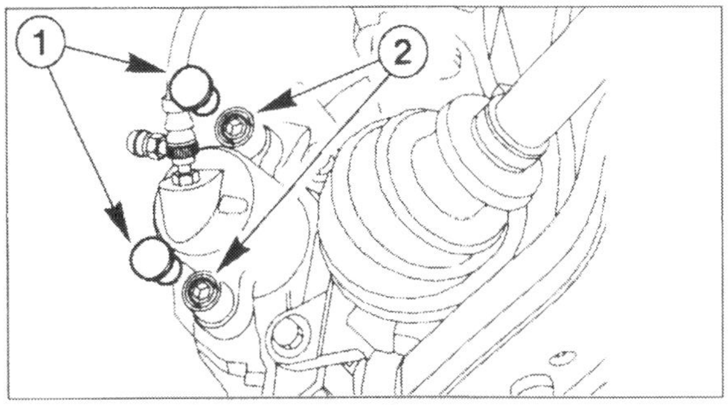

Bremssattel mit Abdeckkappen und Schrauben.

⑥ Äußeren Bremsklotz aus Bremssattel herausziehen.

⑦ Bremssattel ausbauen – der innere Bremsklotz kann beim Ausbau des Bremssattels im Bremsklotzträger verbleiben.

⑧ Um Beschädigungen des Bremsschlauches zu vermeiden, Bremssattel mit Draht im Radlauf aufhängen.

⑨ Inneren Bremsklotz von Gleitkolben abnehmen.

⑩ Bremsbelagsführungen mit Spiritus (keinesfalls Benzin) und Lappen, evtl. mit Flaschen- oder harter Zahnbürste von Belagabrieb säubern. Festgebackene Staubkrusten vorsichtig mit flachem Schraubendreher entfernen. Vorsicht: Staubmanschette des Gleitkolbens nicht beschädigen.

⑪ Bremsscheibe auf Fett, Schmutz und Riefen kontrollieren. Eventuell Verschleißgrenze prüfen.

⑫ Vor der Montage der neuen Beläge den Gleitkolben mit einem stabilen Schraubendreher oder Hammerstiel vollständig im Zylinder zurücksetzen. Achten Sie darauf, dass Kolben und Staubmanschette nicht beschädigt werden.

ACHTUNG: Beim Zurücksetzen des Gleitkolbens in den Bremssattel kann aus dem Vorratsbehälter Bremsflüssigkeit austreten.

⑬ Inneren Bremsbelag mit Spreizfeder in Belagschacht einsetzen. Kontaktflächen vorher mit Gleitmittel (Kupferpaste) einreiben. Paste darf auf keinen Fall auf die Bremsflächen gelangen.

⑭ Äußeren Bremsbelag auf Bremsbelagträger aufsetzen.

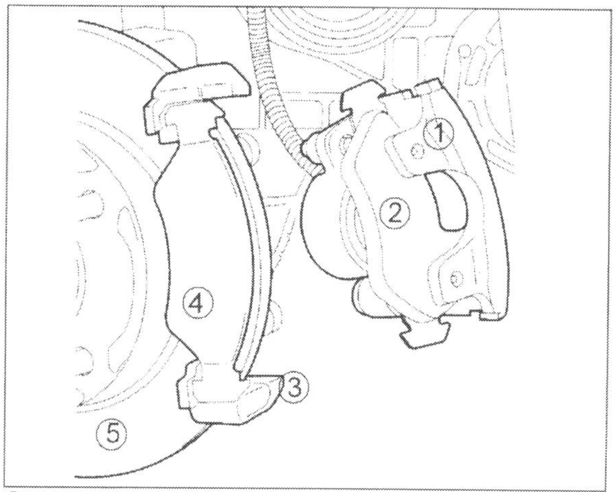

❶ Bremssattel. ❷ innerer Bremsbelag. ❸ Bremsträger. ❹ äußerer Belag. ❺ Bremsscheibe.

⑮ Bremssattel aufsetzen und beide Führungsbolzen am Bremsträger festschrauben. Nicht vergessen: Schutzkappen aufdrücken.

⑯ Haltefeder in Bremssattel einsetzen. Die Feder, nachdem sie in beiden Bohrungen fixiert ist, unter den Bremsträger drücken. Ansonsten wird der Verschleiß des äußeren Belags nicht automatisch korrigiert.

Haltefeder in Bremssattel.

⑰ Bremspedal solange treten, bis Widerstand spürbar ist. Erst jetzt liegen die Beläge an der Bremsscheibe an.

⑱ Bremsflüssigkeitsstand im Vorratsbehälter überprüfen. Evtl. mit Pipette bis »Max« absaugen oder mit frischer Flüssigkeit auf »Max« ergänzen.

⑲ Räder montieren und Wagen ablassen.

⑳ Bremsen Sie die neuen Beläge vorsichtig ein. Auf Nebenstraßen einige Male ganz »piano« von etwa 100 km/h auf 50 km/h herunterbremsen. Bremse zwischendurch immer abkühlen lassen.

Bremsscheibe demontieren

Bremsscheiben grundsätzlich nur paarweise erneuern. Einseitiger Wechsel verändert den Reibkoeffizienten, die Bremse kann dann schief ziehen.

Arbeitsschritte

① Bremsklötze wie beschrieben demontieren.

② Schrauben (Pfeile) des Bremssattels am Lenk-Schwenklager lösen. Bremssattel abnehmen und mit Draht am Federbein fixieren.

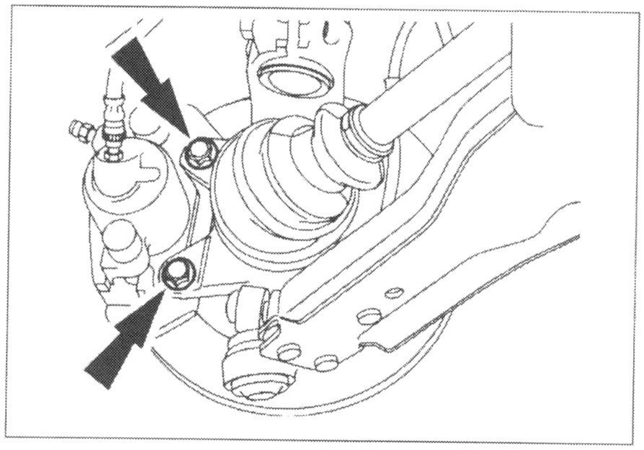

Befestigungsschrauben des Bremssattels.

③ Sicherungsklammer der Bremsscheibe von Radbolzen abziehen. Korrodierte Klammer durch neue ersetzen.

④ Stellung der Bremsscheibe zur Radnabe markieren.

⑤ Bremsscheibe mit einem Gummihammer von der Radnabe treiben.

⑥ Anlageflächen an Radnabe und Bremsscheibe gründlich mit einer Drahtbürste säubern. Sie wirken damit einem verstärkten Scheibenschlag (Scheibentaumeln) entgegen.

⑦ Bremsscheibe auf Radnabe aufsetzen. Markierung beachten.

⑧ Sicherungsklammer auf Radbolzen schieben.

⑨ Bremssattel mit 60 Nm am Lenk-Schwenklager festziehen.

Bremssattel und Bremskolben gängig machen – Staubmanschette wechseln

Bei defekten oder nachlässig montierten Staubmanschetten dringt Schmutz und Feuchtigkeit in den Hydraulikzylinder ein. Der Gleitkolben korrodiert in der Folgezeit dann langsam aber sicher. Folge: Hoher Bremsbelag- und Scheibenverschleiß, ungleichmäßige Bremswirkung.

Arbeitsschritte

① Bremsbeläge wie beschrieben demontieren bzw. montieren.

② Überprüfen Sie den Belagfreigang in den Belagschächten, ggf. wie beschrieben reinigen. Staubmanschetten dabei nicht beschädigen oder von ihrem Sitz lösen. Vor dem Einsetzen der Bremsbeläge etwas Gleitpaste (Kupferpaste) auf die Kontaktflächen geben.

③ Bremssättel müssen freigängig sein. Falls nicht, wie beschrieben gängig machen und mit etwas Kupferpaste »schmieren«.

Bremskolben prüfen

① Bevor Sie die Gängigkeit des Gleitkolbens prüfen, setzen Sie am Bremssattel eine Schraubzwinge mit Holzstück als Anschlag an. Der Kolben kann dann nicht ganz aus dem Zylinder gleiten und beschädigt werden. Der gegenüberliegende Bremssattel muss selbstverständlich vorschriftsmäßig montiert sein.

② Lassen Sie einen Helfer nun das Bremspedal vorsichtig treten. Falls der Kolben klemmt, mit dem Bremspedal solange pumpen, bis er sich bewegt. Dann Kolben mit Montierhebel in den Zylinder zurück drücken. Vorgang solange wiederholen, bis der Kolben leichtgängig im Zylinder gleitet.

Achtung: Haben Sie damit keinen Erfolg, unterbrechen Sie die Arbeit und lassen den Sattel in einer Fachwerkstatt überholen.

Staubmanschette erneuern

① Staubmanschette mit gebogenem Schweißdraht oder kleinem Winkelschraubendreher vom Bremssattel und Gleitkolben abheben. Dabei Gleitkolben- und Zylinderlaufflächen nicht zerkratzen! Achten Sie gleichfalls darauf, ob bereits Bremsflüssigkeit aus dem Zylinder austritt. Für den Fall lassen Sie den Sattel besser in einer Fachwerkstatt überholen.

② Dichtflächen mit Brennspiritus oder sauberer Bremsflüssigkeit reinigen. Bevor Sie die neue Manschette montieren, die gereinigten Flächen mit Bremszylinderpaste (Ate, Bosch, Girling) konservieren.

③ Neue Staubmanschette vorsichtig auf die Dichtflächen drücken. Dabei unbedingt auf »satten« Sitz achten.

④ Kolben bis zum Anschlag in den Zylinder zurück drücken.

⑤ Bremsbeläge wie beschrieben montieren.

⑥ Nach Abschluss der Arbeiten Stand der Bremsflüssigkeit kontrollieren und Bremse auf Dichtheit überprüfen.

Bremstrommel abnehmen

Arbeitsschritte — 20000 km 12 Monate

① Fahrzeug auf ebener Fläche sicher aufbocken, Hinterrad abnehmen.

② Schutzmanschette auf Mitteltunnel abhebeln und bis zum Griff des Handbremshebels hochziehen.

③ Handbremshebel vollständig entriegeln und Einstellmutter des Handbremsseils (Pfeil) lösen.

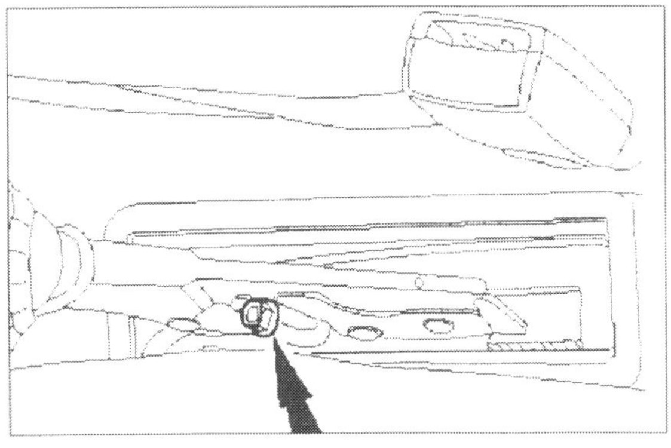

Einstellmutter Handbremsseil.

④ Radnabenkappe vorsichtig abziehen, nehmen Sie eventuell einen Hammer und Meißel zur Hilfe. Beschädigte Kappe grundsätzlich erneuern.

⑤ Nabenmutter lösen und mit Anlaufscheibe abnehmen.

⑥ Bremstrommel jetzt komplett mit Radnabe abziehen. Ggf. Bremstrommel drehen und mit einem Gummihammer ringsum losschlagen. Fachwerkstätten arbeiten mit einer Abziehvorrichtung.

⑦ Bremstrommel auf Verschleiß, Riefen und Härterisse überprüfen.

⑧ Bremstrommel gründlich mit Schmirgelleinen reinigen. Bremsankerplatte mit sauberem Pinsel und Spiritus abwaschen und mit Pressluft trocken blasen (Atemmaske tragen, Bremsstaub ist atemgängig). Losen Abrieb entfernen Sie mit einem Staubsauger.

Praxistip

Tips zum Tausch der Bremsbacken

- Vor der Demontage sollten Sie sich unbedingt Montagerichtung und Sitz der einzelnen Teile markieren - das gilt vor allem für die Zugfedern. Sie erleichtern sich damit den Einbau und vermeiden spätere Funktionsstörungen.
- Wenn Sie gleichzeitig an beiden Achsseiten arbeiten, dürfen Sie die Teile unter keinen Umständen seitenverkehrt montieren.
- Treten Sie bei demontierten Bremsbacken niemals die Bremse: Sie drücken sonst automatisch die Kolben aus dem Radbremszylinder. Sichern Sie die Kolben am besten mit einer Schraubzwinge.
- Bei abgenommenen Bremsbacken sollten Sie stets auch die Radbremszylinder auf Dichtheit kontrollieren. Klappen Sie dazu vorsichtig die Staubmanschetten zurück: Erkennen Sie Feuchtigkeit, lassen Sie den Zylinder bei Ihrem Fachhändler überholen oder tauschen ihn gegen ein Neuteil aus. Erfahrungsgemäß sollten Sie die andere Achsseite dann gleich mit erledigen.

Praxistip

Bremstrommeln ausdrehen

Neue Fiesta-Bremstrommeln haben einen Innendurchmesser von 180 Millimetern. Stellen Sie auf der Bremsfläche starke Riefen fest, können Sie die Trommel planbzw. ausdrehen lassen. Bei einem Verschleiß über 181, 5 Millimetern muss die Trommel ersetzt werden. Eine gleichmäßige Wirkung der Bremsen setzt freilich voraus, dass beide Bremstrommeln den gleichen Durchmesser haben. Lassen Sie eine Bremstrommel ausdrehen, ist die andere ebenfalls fällig, auch wenn sie keine Riefen aufweist.

Bremsbacken demontieren

Bremsbacken sollten Sie grundsätzlich immer nur paarweise und auf beiden Achsseiten wechseln. Ansonsten zieht die Bremse nach der Reparatur einseitig. Fahren Sie neue Bremsbacken erst vorsichtig ein und vermeiden während der ersten 500 Kilometer Vollbremsungen (siehe Scheibenbremsbeläge). Neue Bremsbacken sind zum Beispiel dann angesagt, wenn die alten abgenutzt, verölt oder »verbrannt« (Handbremse schleift) sind. Achten Sie peinlich genau darauf, dass die neuen Bremsbacken eine Herstellerfreigabe und gleichfalls eine gültige ABE haben. Decken Sie sich nicht mit »Wühltischqualitäten« ein, sondern bedienen sich bei Ihrem Fachhändler.

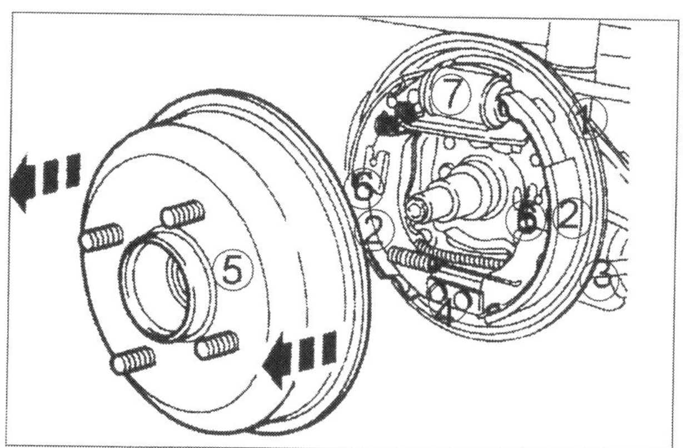

❶ Bremsträgerplatte. ❷ Bremsbacke. ❸ Handbremsseil. ❹ Stützlager. ❺ Bremstrommel mit Radnabe. ❻ Bremsbacken-Rückhalteclips. ❼ Radbremszylinder.

Arbeitsschritte

① Manschette – Handbremshebel abziehen.

② Handbremsseil wie beschrieben lösen (eine Mutter).

③ Radmuttern lösen und Hinterrad abbauen.

④ Radnabe wie beschrieben mit Bremstrommel demontieren. Falls vorhanden, Raddrehzahlsensor ausbauen.

⑤ Rückhalteclips – Bremsbacken entfernen.

⑥ Beide Bremsbacken nach außen (Pfeil) vom Radbremszylinder abziehen. Vorsicht: Staubschutzkappen der Radbremszylinder dabei nicht beschädigen.

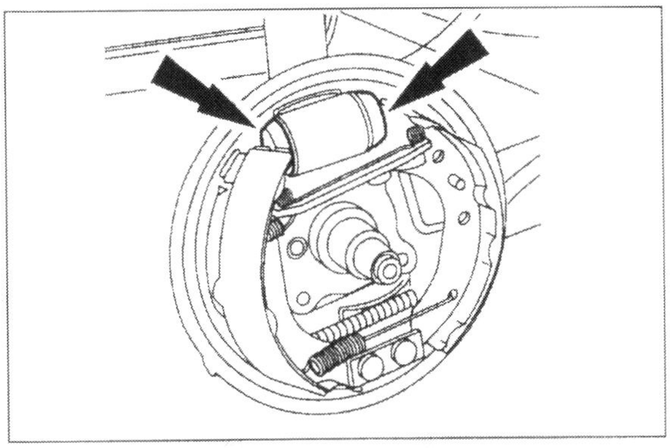

Bremsbacken vom Radbremszylinder abziehen.

⑦ Kolben – Radbremszylinder mit kleiner Schraubzwinge sichern.

⑧ Bremsbacken von unterem Stützlager abziehen und nach unten wegklappen.

⑨ Hintere (ablaufende) Bremsbacke ❷ zurückziehen und Handbremsseil ❶ aushängen. Clip in Trägerplatte zusammendrücken – Handbremsseil aus Trägerplatte ziehen.

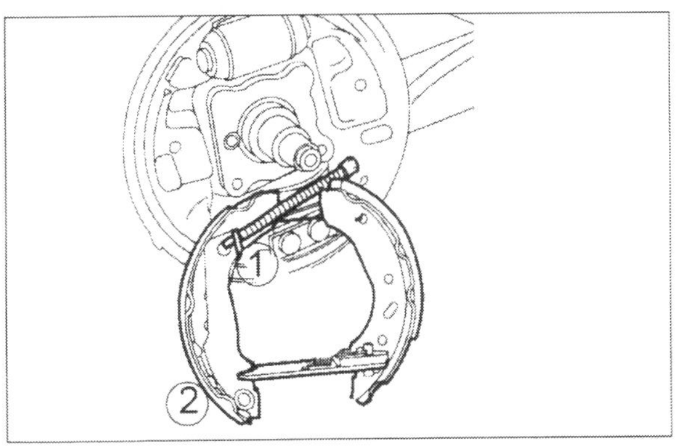

Handbremsseil aushängen.

⑩ Untere – danach obere Rückzugfeder aushängen.

⑪ Vordere (auflaufende) Bremsbacke ❶ von Druckstrebe lösen. Evtl. automatische Nachstellvorrichtung ❷ so drehen, dass Klinke die Bremsbacke freigibt.

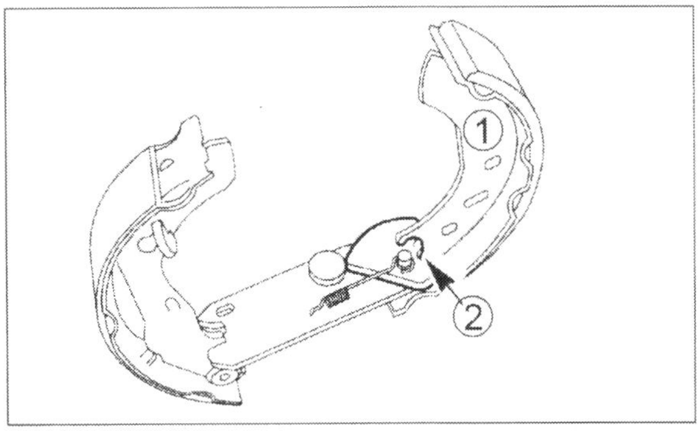

Druckstrebe lösen.

⑫ Druckstrebe von hinterer Bremsbacke um etwa 90º drehen und abnehmen. Haltefeder aushängen.

Montage

⑬ Trägerplatte und Lagerpunkte (Pfeile) an Stützlager reinigen, prüfen und leicht mit Kupferpaste bestreichen.

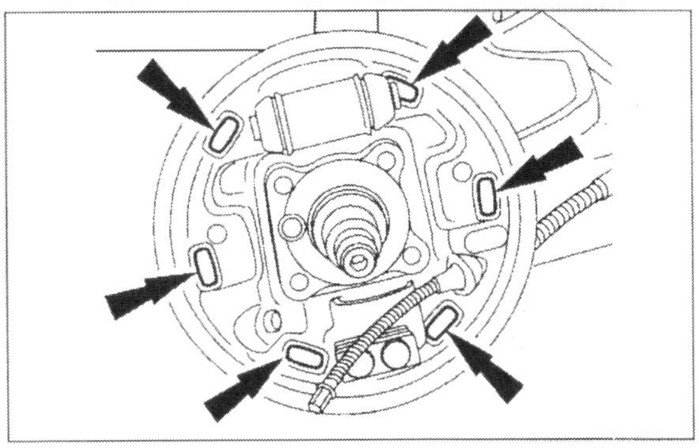

Lagerpunkte.

⑭ Bremsbacken und Druckstrebe zusammenbauen. Achten Sie darauf, dass die automatische Nachstellvorrichtung vollständig zurückgestellt ist.

⑮ Rückzugfedern einhängen.

⑯ Handbremsseil einhängen.

⑰ Bremsbacken mit einer Drehbewegung vorsichtig auf Radbremszylinder aufsetzen. Die Staubschutzkappen des Radbremszylinders dabei nicht beschädigen. Vorher Schraubzwinge abnehmen.

⑱ Beide Bremsbacken in Stützlager einsetzen.

⑲ Radnabe und Bremstrommel auf Achsstumpf montieren. Neue Radnabenmutter (generell verwenden) mit 235 Nm vorziehen, dann etwa 2,5 Umdrehungen lösen. »Gelöste« Bremstrommel einige Male von Hand drehen und Radnabenmutter währenddessen mit 235 Nm erneut festziehen.

⑳ Fettkappe etwa zur Hälfte mit neuem Radlagerfett füllen und mit passendem Rohr und Hammer vorsichtig in die Radnabe schlagen.

㉑ Bremspedal solange durchtreten, bis Widerstand spürbar wird. Die neu montierten Bremsbacken zentrieren sich damit vor der Trommel und die automatische Bremsnachstelleinrichtung justiert derweil die Bremse.

㉒ Räder montieren und Fahrzeug auf die Räder stellen.

㉓ Handbremse wie beschrieben einstellen.

㉔ Bei der abschließenden Probefahrt zunächst vorsichtig bremsen und Handbremswirkung prüfen.

Radbremszylinder demontieren

Wenn Sie einen Radbremszylinder demontieren, läuft in der Regel die Bremsflüssigkeit aus der Bremse. Sie können das verhindern, indem Sie vor der Arbeit den Entlüftungsnippel des betreffenden Zylinders lösen und mit einem Entlüftungsschlauch »verlängern«. Verlegen Sie dann das freie Schlauchende einfach in ein möglichst kleines, sauberes Gefäß und treten einige Male das Bremspedal voll durch. Sobald das Schlauchende von Bremsflüssigkeit umspült ist, fixieren Sie das Bremspedal (Holzlatte oder Ziegelstein) am Bodenblech. Die Zulaufbohrungen im HBZ bleiben dann verschlossen – Bremsflüssigkeit kann nicht mehr auslaufen.

Arbeitsschritte

① Bremstrommel und Bremsbacken wie beschrieben demontieren.

② Bremsleitung an der Bremsankerplatte abschrauben. Öffnung wie beschrieben gegen Schmutz und auslaufende Bremsflüssigkeit »verschließen«.

③ Halteschrauben des Radbremszylinders ausdrehen und Zylinder abnehmen.

④ Montage des neuen Zylinders in umgekehrter Reihenfolge vornehmen.

⑤ Nach der kompletten Montage Bremsen entlüften.

Die Handbremse

Mit der Handbremse sichern Sie Ihren Fiesta gegen unbeabsichtigte »Rollversuche« im Stand oder bei Berganfahrten. Die Handbremse wirkt mechanisch über Seilzüge auf die Hinterräder. Bei Betätigen des Handbremshebels wirkt das vordere Seil auf einen Ausgleichbügel (Seilwippe), der die beiden hinteren, mit den ablaufenden Bremsbacken verbundenen Seile arretiert. Die Hebelbewegung »verkürzt« die Seile und presst zunächst die ablaufenden Bremsbacken gegen die Bremstrommel. Über eine Druckstrebe wird die Bewegung gleichfalls auf die beiden auflaufenden Bremsbacken übertragen. Der Ausgleichbügel zeichnet dafür verantwortlich, dass die Hebelkraft gleichmäßig auf beide Hinterräder wirkt.

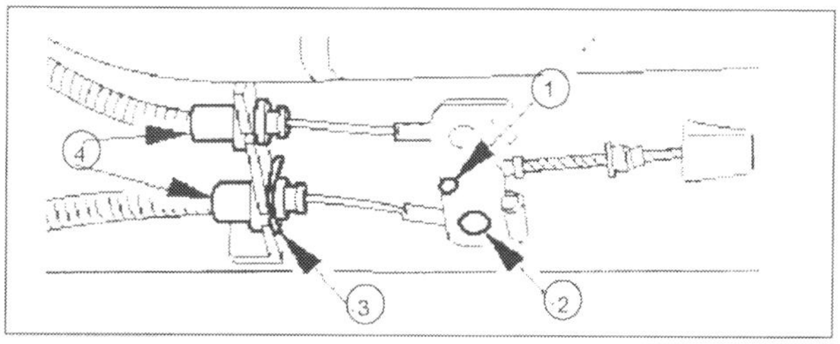

❶ vorderes Handbremsseil. ❷ Nippeltasche für Handbremsseil h.l. ❸ Befestigungsclip für Handbremsseil h.l. ❹ Halterung (Widerlager) für hintere Handbremsseile.

Handbremsseile wechseln

Arbeitsschritte

(vorderes Seil)

① Wagen auf ebener Fläche sicher aufbocken. Vorderräder mit Keil oder Stein unterlegen. Hinterräder abbauen.

② Schutzmanschette am Handbremshebel lösen und nach oben auf den Hebel schieben.

③ Handbremsseil am Handbremshebel lösen (eine Mutter).

④ Auspuff aus den hinteren Gummischlaufen (Pfeil) aushängen.

⑤ Auspuffanlage unter dem Wagen mit Rangierwagenheber abstützen.

⑥ Mittelteil des Hitzeschutzschilds mit fünf Muttern demontieren.

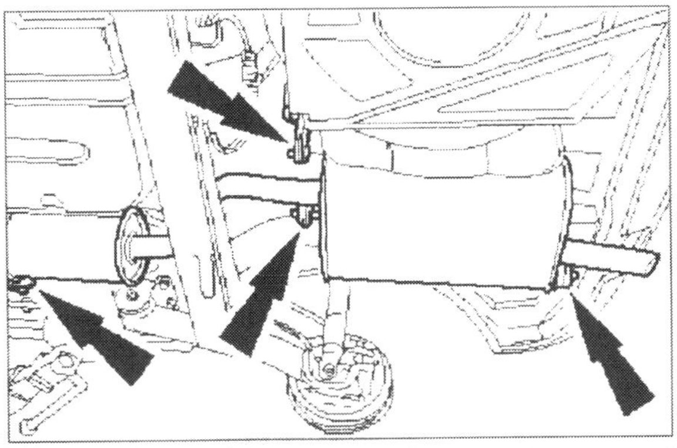

Hintere Auspuffhalterungen.

⑦ Vorderes Handbremsseil aus Ausgleichbügel aushängen.

⑧ Montage in umgekehrter Reihenfolge

⑨ Handbremse wie beschrieben einstellen.

(hinteres Seil)

① Wagen auf ebener Fläche sicher aufbocken. Vorderräder mit Keil oder Stein unterlegen. Hinterräder abbauen.

② Schutzmanschette am Handbremshebel lösen und nach oben auf den Hebel schieben.

③ Vorderes Handbremsseil am Handbremshebel lösen (eine Mutter).

④ Auspuff aus den hinteren Gummischlaufen aushängen.

⑤ Auspuffanlage unter dem Wagen mit Rangierwagenheber abstützen.

⑥ Mittelteil des Hitzeschutzschilds mit fünf Muttern demontieren.

⑦ Ausgleichbügel (Wippe) aus vorderem - und linken hinterem Seil aushängen.

⑧ Handbremsseile hinten von Bodengruppe ❶ abziehen, Befestigungsschraube ❷ aus Hinterachse demontieren, Handbremsseile aus Hinterachsclips ❸ ziehen.

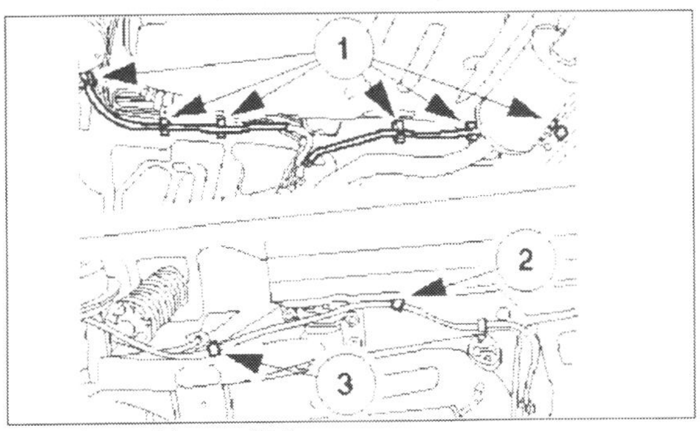

Befestigung hintere Seile.

⑨ Weiterführende Arbeitsschritte analog zu Bremstrommeln demontieren.

⑩ Montage in umgekehrter Reihenfolge vornehmen.

Handbremse einstellen

Kontrollieren Sie vorab, ob das Handbremsseil richtig in den Führungen verlegt ist. Auch die Nachstellvorrichtung der Hinterradbremsen sollte einwandfrei arbeiten.

Arbeits-schritte

① Schutzmanschette über Handbremshebel stülpen.

② Bei gelöster Handbremse Bremspedal einige Male voll treten. Die Nachstelleinrichtung wird dadurch aktiviert.

③ Einstellmutter ❶ lösen und Handbremshebel sechs Rasten anziehen.

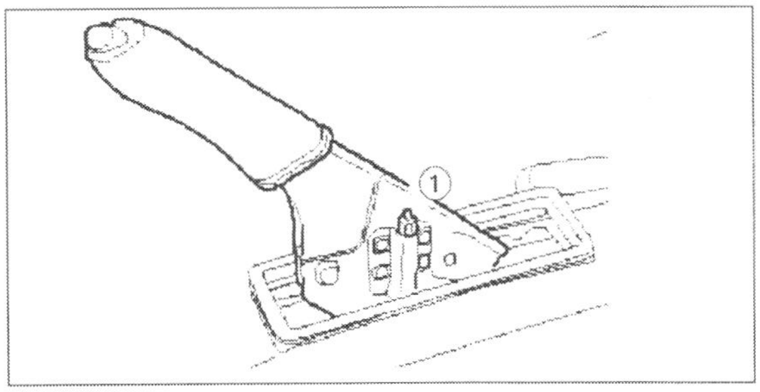

Einstellmutter.

④ Einstellmutter mit 4 Nm festziehen.

⑤ Schutzmanschette montieren.

⑥ Wirkungsprüfung auf abgelegener Seitenstraße vornehmen.

Handbremsspiel

Praxistip

Wenn das Handbremsspiel in kurzen Nachstellabständen schnell größer wird, sollten Sie die Bremstrommeln abnehmen und den automatischen Nachstellmechanismus überprüfen bzw. gangbar machen. Wenn die Handbremse, trotz richtiger Grundeinstellung, nicht richtig funktioniert, klemmt im Ausgleichsbügel möglicherweise ein hinteres Bremsseil (oder beide). Hängen Sie dann das vordere Seil aus und machen die Bolzen in der Wippe mit Rostlöser gangbar und »konservieren« danach Ihre Arbeit mit einem Siliconspray.

DIE FAHRZEUGELEKTRIK

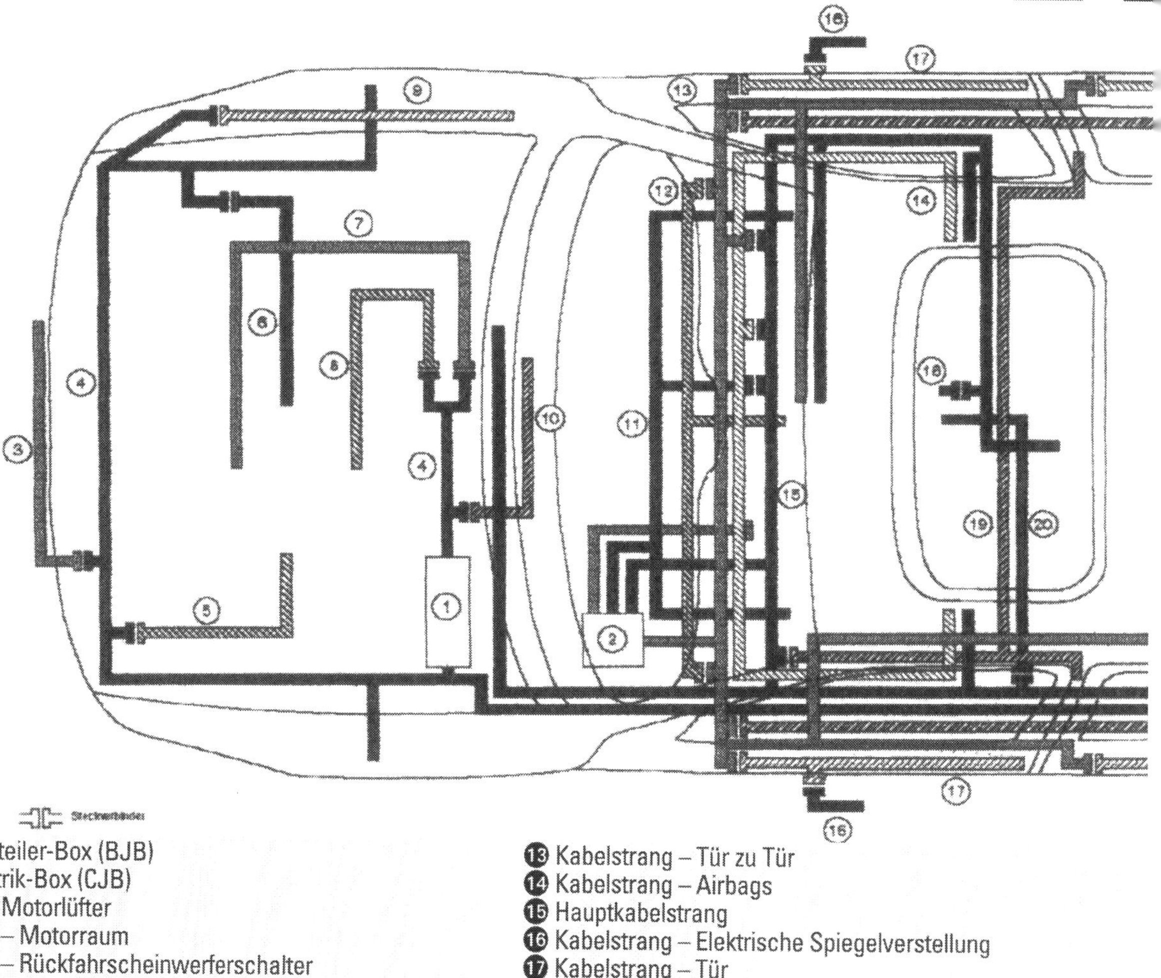

1. Batterie-Verteiler-Box (BJB)
2. Zentral-Elektrik-Box (CJB)
3. Kabelstrang Motorlüfter
4. Kabelstrang – Motorraum
5. Kabelstrang – Rückfahrscheinwerferschalter
6. Kabelstrang – Klimaanlage
7. Kabelstrang – Zündspule
8. Kabelstrang – Motorregelung
9. Kabelstrang – Scheinwerfer-Wisch-Waschanlage
10. Kabelstrang – Klimaanlage-Kompassschalter
11. Kabelstrang – Beheizbare Windschutzscheibe
12. Kabelstrang – Radio
13. Kabelstrang – Tür zu Tür
14. Kabelstrang – Airbags
15. Hauptkabelstrang
16. Kabelstrang – Elektrische Spiegelverstellung
17. Kabelstrang – Tür
18. Kabelstrang – Elektrisches Schiebedach
19. Kabelstrang – Innenbeleuchtung
20. Kabelstrang – Wählhebelbeleuchtung Automtikgetriebe
21. Kabelstrang – Kraftstoffbehälter
22. Kabelstrang – Heckklappe
23. Kabelstrang – Kofferraum
24. Kabelstrang – Lautsprecher hinten

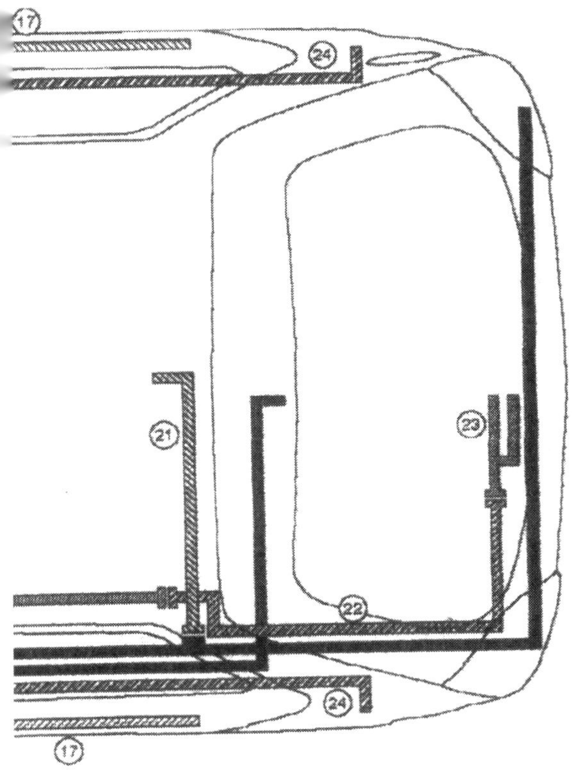

Wartung

Reparatur

Das elektrische System

Ohne Batterie, Anlasser, Generator und rund 10 Kilometer Kabelstränge läuft im Auto »fast« nichts – zumindest nicht koordiniert: Mit leerer Batterie kommt kein Anlasser in Schwung, ohne Anlasser bleibt der Motor stumm, ohne Motor steht der Generator still und ohne Kabelstränge kommen die drei Global-Player ohnehin nicht zum Zuge – sie wären völlig »isoliert«.

Elektrische Energie – ein MUSS für das Motormanagement

Ihr Fiesta ist während der Fahrt fortlaufend auf elektrische Energie angewiesen: Systeme wie Motorsteuerung, die Kraftstoffeinspritzung und Beleuchtung sind abhängig von Strom. Bei soviel Abhängigkeit ist es nicht weiter verwunderlich, dass viele Autofahrer unangenehme Erlebnisse mit dem Trio Batterie, Anlasser, Generator in Verbindung bringen. Die Ursache dafür liegt häufig unter der Motorhaube, also dem Arbeitsplatz und der Peripherie dieser drei Akteure. Zur Erklärung sei gesagt: Die Arbeitsbedingungen dort sind nicht gerade ideal. Mal ist es zu kalt, mal zu warm, vielfach ist es feucht und manchmal triefend nass. Viele Stromverbraucher sitzen zudem an exponierten Stellen, da sind Störungen in der Bordelektrik eigentlich vorprogrammiert. Zudem kapituliert die Batterie bisweilen vor klirrender Kälte und großer Hitze.

Einfach zu beheben – viele Störungen an der Bordelektrik

Nach der Lektüre diese Kapitels sollte es für Sie allerdings keinen triftigen Grund mehr geben, vor einem »toten« Schalter oder einer »schwarzen« Lampe zu kapitulieren. Oft »wackelt« nämlich nur ein Kabelanschluss oder ein Kontakt ist korrodiert. Viele Störungen an der Bordelektrik sind mit einfachen Mitteln zu beheben. Auch dann, wenn Sie kein Elektrikprofi sind und auch keine Ambitionen dazu haben.

Grundbegriffe der Elektrik

Technik-lexikon

Elektrische Spannung fließt nur in geschlossenen Stromkreisen. Stromkreise bestehen aus Erzeuger (z. B. Batterie, Generator), Verbraucher (z. B. Glühbirne, Anlasser, Elektromotor) und den Kabelsträngen mit unzähligen einzelnen Leitungen. Kabelstränge schaffen gewollte Verbindungen zwischen Erzeuger und Verbraucher. Die Grundbegriffe der Elektrik macht unser Beispiel deutlich: Stellen Sie sich bitte eine Wasserleitung vor, in der unter bestimmtem Druck eine definierte Menge Wasser von A (Erzeuger) nach B (Verbraucher) fließt. Nichts anders passiert in den Stromkreisen Ihres Fiesta. Zum Beispiel dann, wenn Ihnen beim Öffnen der Tür »ein Licht aufgeht«.

Spannung: Sie entspricht dem Druck in der Wasserleitung. Die Maßeinheit für Spannung ist Volt (V).

Strom: Entspricht der Wassermenge, die in einer definierten Zeit in der Wasserleitung fließt. Die Maßeinheit für Strom ist Ampere (A).

Leistung: Ist das Produkt aus Spannung und Strom. Sie gibt an, wieviel Leistung ein elektrischer Verbraucher von einem Stromerzeuger bekommt. Die Masseinheit für Leistung ist Watt (W).

Widerstand: Vergleichbar mit einem Wasserabsperrhahn. Ist der Hahn geöffnet, fließt das Wasser ungehindert (Widerstand 0) in der Leitung. Wird der Hahn geschlossen, erhöht sich der Widerstand kontinuierlich, bis schließlich kein Wasser mehr fließt (Widerstand ∞). Die Maßeinheit für Widerstand ist Ohm (Ω).

Kabel: Vergleichbar mit einer Wasserleitung. Die erforderliche Stärke der Leitung (Querschnitt) bestimmt der Verbraucher: Ein Kontrollämpchen kommt mit einer Kabelstärke von 0,5 mm^2 aus. Der Anlasser verlangt dagegen ein starkes 16 mm^2 Kabel – in unserem Beispiel würde das dem Hauptwasseranschluss entsprechen. Ein zu dünnes Kabel heizt sich auf – die Spannung fällt zwangsläufig ab. An den Scheinwerfern kommen dann beispielsweise nicht mehr 12 Volt, sondern nur 10 oder 9,5 Volt an – das Licht wird trübe.

Batterie und Anlasser

Sechs in Reihe geschaltete Zellen bilden das Herz einer 12-Volt-Auto-Batterie. Eine Zelle besteht aus einer Kombination positiver und negativer Platten, die in einer Art von chemischem Teamwork jeweils eine Spannung von etwa zwei Volt produzieren. Die Platten setzen sich zusammen aus Hartbleigittern, die jeweils mit einer aktiven Masse gefüllt sind. Die positive Platte enthält Bleidioxid, die negative Platte reines Blei. Dazwischen sitzt ein Separator. Er trennt zwar die Platten voneinander, das Elektrolyt kann jedoch durch mikroskopisch feine Poren passieren. Elektrolyt ist eine leitfähige Flüssigkeit, die zu etwa 37 Prozent aus konzentrierter Schwefelsäure und 63 Prozent destilliertem Wasser besteht.

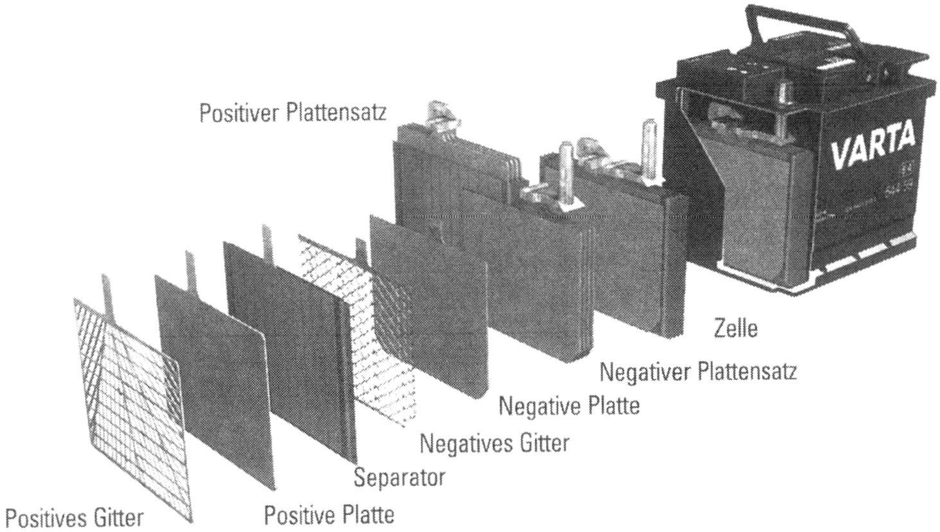

Energiespeicher: Die Innereien einer 12 Volt Batterie.

Technik-lexikon

Die Batterie – Begriffe und Normen

Kennzeichnung: Befindet sich auf dem Batteriegehäuse und spezifiziert ihre Eigenschaften. Beispiel: »12V 40Ah 200A« (12V = Nennspannung; 40Ah = Nennkapazität; 200A = Kälteprüfstrom).

Nennspannung: Allgemeine Spannungsabgabe (Masseinheit »V«). Beträgt bei allen Fiesta-Modellen 12 Volt. Die tatsächliche Spannung hängt allerdings vom Ladezustand der Batterie ab. Sie kann die Nennspannung über- oder unterschreiten.

Nennkapazität: Beziffert das Speichervermögen einer Batterie mit der Masseinheit »Ah«. Es ist die Kapazität, die eine vollgeladene Batterie bei einer Temperatur von 27 Grad in 20 Stunden abgeben kann, ohne dass dabei die Spannung unter 10,5 Volt absinkt (Entladeschlussspannung). Das Standlicht Ihres Fiesta nimmt zum Beispiel 25 Watt auf. Bei der Bordspannung von 12 Volt gibt die Batterie einen Strom von 2,08 Ampere ab, nach der Formel »Strom (A) = Leistung (W)/Spannung (V)«. Mit einer gefüllten 40Ah-Batterie ging Ihrem Fiesta theoretisch also nach 19,2 Stunden das Standlicht aus. Die Betonung liegt auf »theoretisch«, denn in der Praxis ist die Batterie bereits nach etwa 15 Stunden saft- und kraftlos.

Kapazität: Die entnehmbare Strommenge in Amperestunden (Ah). Sie hängt vor allem vom Entladestrom, der Temperatur, dem Ladezustand und dem Allgemeinzustand (Alter) der Batterie ab.

Kälteprüfstrom: Steht für die Startfähigkeit einer Batterie bei Kälte (Maßeinheit »A«). Ein definierter Entladestrom, der einer 12-Volt-Batterie bei -18 Grad entnommen werden kann, ohne dass die Spannung innerhalb von 30 Sekunden unter 9 Volt, innerhalb von 150 Sekunden unter 6 Volt absinkt.

Selbstentladung: Chemische Vorgänge in den Batteriezellen führen zur Entladung, auch wenn kein Verbraucher angeschlossen ist. Eine geladene, neuwertige Autobatterie verliert täglich etwa 0,5 Prozent ihrer Ladung. Hohe Temperaturen, Beschädigungen und Verschmutzungen des Batteriedeckels beschleunigen die Selbstentladung.

Praxistip: »Batterieverordnung«

Seit dem 1. Oktober 1998 gelten hierzulande für Kauf und Entsorgung von Starterbatterien die Vorschriften der »Batterieverordnung«. Das Regelwerk richtet sich an Händler und Werkstätten ebenso wie an die Endverbraucher. Endverbraucher müssen eine alte Batterie jetzt zum Beispiel bei einem Händler oder in einer Werkstatt »entsorgen«. Die Abgabe ist kostenlos. Besondere Regeln gelten für den Neukauf einer Starterbatterie. Unsere Übersicht fasst die wichtigsten Punkte zusammen.

- Für eine Starterbatterie die Sie bei einem Händler oder in einer Werkstatt kaufen, wird zusätzlich zum Verkaufspreis ein Pfand in Höhe von derzeit 15 Mark fällig. Als Beleg dafür erhalten Sie beim Kauf eine Quittung oder Pfandmarke.
- Die Regelung enthält eine wichtige Ausnahme: Sie zahlen kein Pfandgeld, wenn Sie beim Kauf eine alte Batterie zurückgeben.
- Haben Sie dem Händler oder der Werkstatt für die alte Batterie bereits Pfand gezahlt, erhalten Sie Ihr Geld gegen Vorlage der Quittung zurück.
- Ihr Pfand können Sie grundsätzlich nur dort einlösen, wo die neue Batterie gekauft wurde. Dazu dem Händler oder der Werkstatt, zusammen mit der alten Batterie, die Quittung (Pfandmarke) vorlegen.
- Zurückgegebene Starterbatterien müssen freilich nicht mit der Batterie identisch sein, für die das Pfandgeld erhoben wurde: Gegen Vorlage der Quittung können Sie eine x-beliebige Starterbatterie abgeben.
- Geben Sie beim Kauf der neuen Batterie eine alte zurück, für die noch kein Pfand entrichtet wurde, ist's egal, woher der Akku stammt: Ein Pfandgeld für die neue Batterie entfällt auch in diesem Fall.

Speichert elektrische Energie – die Batterie

Im Inneren der Batterie laufen chemische Prozesse zur Energieaufnahme und Speicherung ab. Bei der Stromabgabe wird diese chemische Energie in elektrische Energie umgewandelt. Die wichtigste Aufgabe der Batterie ist es, dem Anlasser während des Startvorgangs die nötige Power zu liefern: Je nach Motor und Anlassertyp werden kurzzeitig dabei bis zu 2000 Watt fällig – die Batterie muss dafür in Höchstform sein. Ein Grossteil der immensen Leistung geht bei jedem Kaltstart auf das Konto interne Reibungsverluste. Warmstarts realisiert der Anlasser schon mit rund einem Fünftel dieser Leistung. Alle oszillierenden und rotierenden Bauteile lassen sich dann untereinander mehr »Platz« und »warme« Öle sind ohnehin flexibler als ausgekühlte Schmierstoffe, die sich nur äusserst unwillig im Ölkreislauf bewegen.

Technik-lexikon: Der Schub-Schraubtrieb-Anlasser

Unter der Motorhaube des Ford Fiesta ist ein Schub-Schraubtrieb-Anlasser montiert.

- Drehen Sie den Zündschlüssel in Richtung »Start«, liefert am Zündschloss die Klemme 50 Spannung an den Magnetschalter, der oben auf dem Anlasser sitzt.
- Eine Einrückgabel schiebt das Anlasserritzel auf einem Steilgewinde der Ankerwelle in den Zahnkranz des Motorschwungrads (Schubweg).
- Am Ende des Schubwegs »steht« das Anlasserritzel unmittelbar vor dem Zahnkranz der Schwungscheibe. Der Magnetschalter gibt jetzt über die Hauptkontakte den vollen Batteriestrom frei (Klemme 30). Das Ritzel schraubt sich weiter in den Zahnkranz und stellt so den Kraftschluss her (Schraubweg) – der Anlasser dreht den Motor durch.
- Sobald der Motor angesprungen ist und Sie den Zündschlüssel loslassen, bricht das magnetische Feld in der Haltewicklung des Magnetschalters zusammen. Eine Rückzugfeder zieht dann die Einrückgabel in ihre Ruhestellung. Das Anlasserritzel spurt aus dem Motorschwungrad aus, die Stromzufuhr zum Anlasser wird unterbrochen.

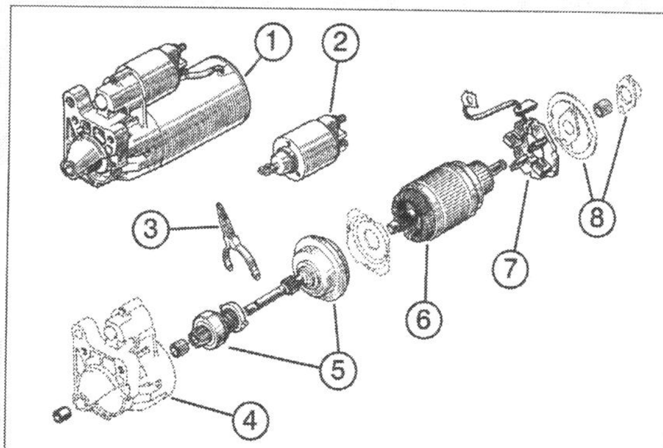

Die Teile des Anlassers.
❶ Anlasser komplett. ❷ Magnetschalter. ❸ Einrückgabel. ❹ Antriebslagerschild. ❺ Ritzelantrieb mit Freilauf. ❻ Anker mit Kollektor. ❼ Bürstenhalter. ❽ Kollektorlagerschild mit Kleinteilen zur Lager-Axialspieleinstellung.

Der Generator

Der Generator (Lichtmaschine) ist ein kompaktes »Stromkraftwerk«. Es versorgt bei laufendem Motor alle elektrischen Aggregate mit Strom und lädt mit seiner überschüssigen Energie ständig die Batterie auf. Im Fiesta arbeitet eine 14 Volt Drehstrom-Lichtmaschine mit einer Leistung von 55 Ah. Zwei Drittel dieser Leistung erzeugt der Generator bereits bei 2000 min.$^{-1}$. Von diversen Zusatzaggregaten hängt es ab, ob die Lichtmaschine ein Keilriemen oder ein Keilrippenriemen antreibt. Drehstrom-Lichtmaschinen produzieren Wechselstrom. Da die Batterie nur Gleichstrom speichert, wandeln Dioden den Wechselstrom in Gleichstrom um. Dioden sind sehr empfindlich gegen hohe Spannungsspitzen.

Regelt die Bordspannung – der Spannungsregler

Je schneller die Lichtmaschine dreht, um so höher steigt die Spannung – stellen Sie sich das ähnlich wie bei einem Fahrraddynamo vor. Für die Lebensdauer der Stromverbraucher im Auto wäre eine ständig wechselnde und überhöhte Spannung absolut schädlich. Daher »bremst« ein Spannungsregler die Lichtmaschine ein. Er schont mit seinem Tun die Bordverbraucher und verhindert zugleich ein Überladen der Batterie. Der Regler befindet sich direkt in der Lichtmaschine – er begrenzt die Betriebsspannung, je nach Batterie- und Umgebungstemperatur, auf Werte zwischen 13,8 und 14,5 Volt. Moderne Generatoren, wie die Ihres Fiesta, sind ab Werk praktisch wartungsfrei. Selbst die Schleifkohlen halten unter normalen Bedingungen gut 100000 Kilometer. Generatorreparaturen sollten Sie der Fachwerkstatt überlassen.

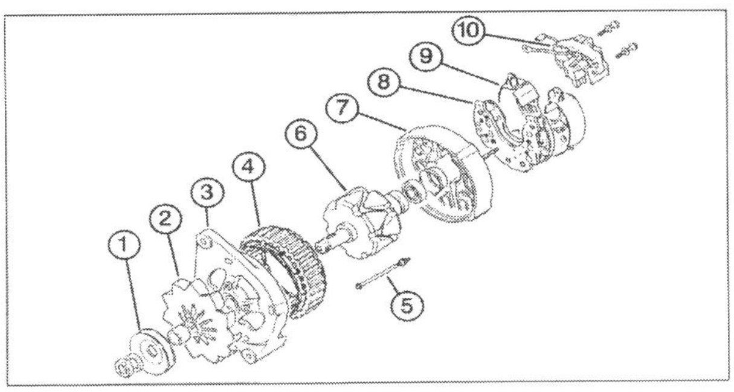

Lichtmaschine (Explosionszeichnung).
❶ Keilriemenscheibe. ❷ Lüfter. ❸ Antriebslagerschild. ❹ Ständerwicklung. ❺ Verbindungsschraube. ❻ Läufer mit Schleifringen. ❼ Schleifring-Lagerschild. ❽ Gleichrichter mit Dioden. ❾ Plastikabdeckung. ❿ Regler mit Bürstenhalter. Der Aufbau der in den verschiedenen Fiesta-Modellen eingebauten Lichtmaschinentypen ist ähnlich.

Säurestand der Batterie kontrollieren – Kontakte pflegen

Der Ford Fiesta hat eine weitgehend wartungsfreie Batterie an Bord. Trotzdem sollten Sie den Stand der Batterieflüssigkeit von Zeit zu Zeit prüfen. Batterieflüssigkeit besteht aus Schwefelsäure, die mit destilliertem Wasser verdünnt ist. Sehr hohe Temperaturen oder ein defekter Spannungsregler können einen Wasserverlust in den Batteriezellen verursachen. Auch eine Selbstentladung (lange Standzeiten) oder eine Tiefentladung von einem nicht getrennten großen Stromverbraucher (z. B. Kühlbox im Zigarettenanzünder) kommen als Ursache in Frage. Füllen Sie bei älteren Batterien nur destilliertes Wasser nach – Leitungswasser enthält ebenso wie abgekochtes Wasser leitfähige Salze und andere mineralische Stoffe, die der Batterie schaden. In moderneren Batterien kondensiert die »verdampfte« Flüssigkeit oberhalb der Zellen in einem Leitungslabyrinth und tropft automatisch wieder in die Zelle.

Arbeitsschritte | W | **20000 km 12 Monate**

① Batteriesäure muss mindestens bis zur »MIN-Markierung« am Gehäuse reichen (Oberkanten der Platten müssen gut bedeckt sein).
② Zu geringe Säurestände ergänzen. Dazu Verschlussstopfen herausdrehen oder mit Schraubendreher heraushebeln.
③ Den Flüssigkeitsstand einer geladenen Batterie ergänzen Sie bis zum oberen Strich (ca.15 mm oberhalb der Platten) mit destilliertem Wasser.
④ Eine stark entladene Batterie gerade so weit befüllen, dass die Platten bedeckt sind – beim Aufladen steigt der Säurestand erheblich. Falls erforderlich, nach dem Laden bis zur oberen Marke destilliertes Wasser ergänzen.
⑤ Den Akku niemals überfüllen – Säure tritt sonst an den Verschlussstopfen oder an der seitlichen Entlüftungsbohrung aus. Das führt zu Korrosion und Säurekristallen an der Batterieoberfläche und im Umfeld ihres Standplatzes. Säurekristalle lösen Sie vorsichtig mit einer Stahlbürste – vorher Klemme 31 der Batterie abklemmen –, mit reichlich Wasser nachspülen.

Kontakte pflegen

① Oxidkristalle an den Batterieklemmen mit warmem Sodawasser abwaschen oder z. B. mit »Neutralon« (Varta) behandeln.
② Köpfe an den Batteriepolen und Kabelklemmen mit Säureschutzfett »Ft 40v1« (Bosch) einstreichen. Vorsicht: Kein Fett zwischen die Polkontaktflächen verteilen.

Technik-lexikon

Spannung, Strom und Widerstand messen

Wenn es Sie interessiert, ob die verschiedenen elektrischen Verbraucher Ihres Fiesta in Ordnung sind, kann Ihnen nicht nur ein Autoelektriker helfen: Im Fachhandel gibt es eine Reihe von Prüfgeräten, mit deren Hilfe Sie die Elektrik selbst inspizieren können.

Prüflampe (mit Nadelkontakt): Damit testen Sie, ob ein Stromkreis Spannung führt: Je heller die Lampe leuchtet, um so mehr Spannung liegt an. Stechen Sie mit dem Nadelkontakt der Lampe einfach die Isolierung des zu prüfenden Kabels an. Die Klemme am Lampenkabel clipsen Sie dazu an Masse (z.B. Batterie Klemme 31 »Minuspol«, Motorgehäuse, blankes Karosserieblech o. ä.) fest. Vorsicht: Prüflampen nehmen viel Leistung auf, sie eignen daher nicht um elektronische Bauteile (z. B. Motormanagement) zu prüfen. Hier sollten Sie einen Spannungsprüfer mit Leuchtdioden verwenden.

Spannungsprüfer mit Leuchtdioden: Je nach Ausführung zeigen jene Spannungsprüfer Gleich- und Wechselspannungen zwischen sechs und rund 700 Volt an. Die Anzeige erfolgt optisch über die Leuchtdioden. Einfache Geräte gibt's im Fachhandel ab etwa 10 Mark.

Multimeter (Vielfachinstrument): Damit lassen sich Spannung, Strom (Gleich-/Wechselstrom) und Widerstand messen. Geeignete Geräte mit digitaler Anzeige gibt's bereits ab etwa 20 Mark. Zur Stromversorgung benötigen gebräuchliche Multimeter in der Regel eine interne Batterie.

Spannung messen: Um zum Beispiel die Batterie-Ruhespannung mit einem Multimeter zu messen, klemmen Sie das mit »–« gekennzeichnete schwarze Kabel an Klemme 31 der Batterie (Minuspol) oder an Masse an. Das rote »+«-Kabel des Messgeräts verbinden Sie mit Klemme 30 der Batterie (Pluspol) oder mit der zu messenden Leitung. Zeigt das Instrument etwa nur 10,4 Volt an, deutet das auf eine defekte Batteriezelle hin. Prüfen Sie darum die Batteriespannung während des Anlassvorgangs – Messergebnisse von 5 Volt (+/- 0,5 V) verraten einen »schlappen« Akku.

Strom messen: Dazu müssen Sie den Stromkreis unterbrechen und das Messgerät dazwischen schalten. In der Regel reicht es, wenn Sie bei Ihrem Fiesta den betreffenden Steckkontakt abziehen und das Messgerät einfach zwischen Stecker und Kontaktzunge schalten. Vorsicht: Achten Sie stets auf den Messbereich Ihres Multimeters. In Verbrauchern wie z.B. dem Anlasser fließen sehr hohe Ströme – Ihr Gerät könnte darunter leiden.

Widerstand messen: Mit dem Multimeter können Sie Kabel oder Schalter auf Durchgang prüfen. Fließt der Strom ungehindert, lesen Sie auf dem Gerät den Messwert 0. Defekte Kabel oder Schalter signalisiert ein Multimeter mit dem Messwert unendlich (∞). Außerdem können Sie mit dem Multimeter den Innenwiderstand elektrischer Bauteile prüfen.

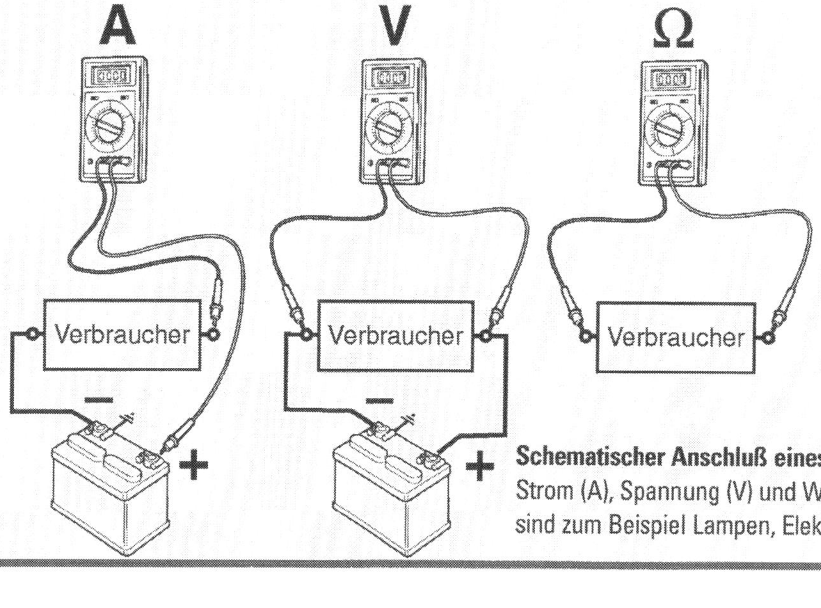

Schematischer Anschluß eines Multimeters: Strom (A), Spannung (V) und Widerstand (Ω). Verbraucher sind zum Beispiel Lampen, Elektromotoren oder Anlasser.

Batterie prüfen

Wirkt die Batterie trotz richtigem Säurestand kraftlos, kontrollieren Sie den Ladezustand. Dazu nutzen Sie einen Säureheber (Aräometer). Die Geräteskala zeigt die Dichte der Elektrolyten in der Batterieflüssigkeit an. Sie können natürlich auch ein genau anzeigendes Multimeter verwenden (Anzeige-Genauigkeit ± 0,02 Volt). Die Werte der Ruhespannung geben Aufschluss über den Ladezustand der Batterie.

Arbeits-schritte

Säuremessung

① Führen Sie den Test erst aus, nachdem die Batterie mindestens sechs Stunden »Ruhe« hatte.

② Batterie-Verschlussstopfen herausdrehen bzw. -hebeln.

③ Halten Sie das Messgerät senkrecht. Dann soviel Batteriesäure ansaugen, bis die Messspindel frei schwimmt.

Säuregewicht (kg/l)	1,28	1,2	1,12
Zustand der Batterie	voll geladen	halb geladen	entladen

Mit einem Säuremesser wird die Säuredichte jeder einzelnen Batteriezelle gemessen. Zur Messung saugen Sie mit dem senkrecht gehaltenen Säuremesser soviel Batteriesäure an, bis der Schwimmer freigängig wird. Ist die Batterie in Ordnung, sind die Messergebnisse der einzelnen Zellen nahezu gleich.

Spannungsmessung

① Liegt der letzte Ladevorgang weniger als sechs Stunden zurück, für etwa 30 Sekunden das Abblendlicht einschalten. Etwaige Spannungsspitzen sind dann nivelliert.

② Nach vier bis fünf Minuten Wartezeit die Batteriespannung prüfen. Zur Messung alle Stromverbraucher ausschalten.

Spannung (V)	12,66 (und mehr)	12,48	12,3
Zustand der Batterie	100% geladen	75 geladen	50% entladen

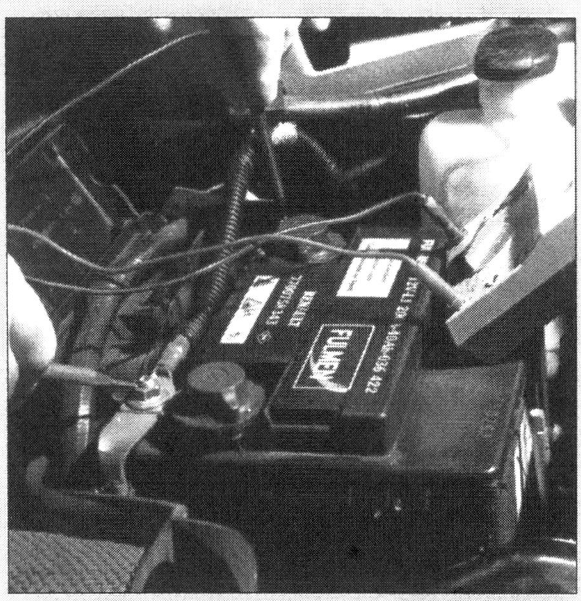

Mit dem Multimeter läßt sich die Batteriespannung exakt messen. Bei einer Ruhespannung unter 12,3 Volt sollte die Batterie geladen werden.

Motor »fremdstarten« – mit Starthilfekabeln kein Problem

Verwenden Sie zur Starthilfe nur spezielle Elektronik-Starthilfekabel. Damit schützen Sie die elektronischen Bauteile Ihres Fiesta vor gefährlichen Spannungsspitzen.

Arbeitsschritte

① »Starthilfefahrzeug« möglichst nah an den Fiesta heranfahren. Starthilfekabel sollten »locker« zwischen die Batterien passen.

② Schalten Sie im »leeren« Auto alle Stromverbraucher ab.

③ Im ersten Schritt verbinden Sie mit dem roten Starthilfekabel die Batteriepluspole. Klemmen zuerst immer die leere und dann die volle Batterie an.

④ Danach das schwarze Starthilfekabel mit dem Minuspol der vollen Batterie verbinden. Erst danach schließen Sie die freie Klemme an den Minuspol der leeren Batterie an. Sollte die Kabellänge nicht reichen, nutzen Sie eine »satte« Masseverbindung im Motorraum.

⑤ Motor im »Helferauto« starten und bei mittlerer Drehzahl laufen lassen. Die Lichtmaschine liefert dann bereits genügend Spannung.

⑥ Fahrzeug mit leerer Batterie starten. Wenn der Motor nicht gleich anspringt, legen Sie nach weiteren Versuchen immer wieder eine kleine Pause ein. Der Anlasser könnte sonst zu warm werden. In den Pausen findet bereits ein Spannungsausgleich zwischen den Batterien statt. Solange der Motor des »Helferautos« läuft hat das keinen Einfluss auf die volle Batterie.

⑦ Sobald der Motor läuft bei laufendem Motor Starthilfekabel zuerst am Minuspol der »leeren« und dann an der vollen Batterie abklemmen. Anschließend Kabel der Pluspole in umgekehrter Reihenfolge trennen.

⑧ Auto nach der Starthilfe etwa 30 Kilometer mit höheren Drehzahlen fahren. Die Lichtmaschine lädt die Batterie dann intensiver auf.

Wagen anschieben — Praxistip

»Arbeitsunwillige« Fiesta mit CTX-Getriebe können Sie nicht anschieben. Bei den anderen Versionen klappt das am besten, wenn der Motor »theoretisch« in Ordnung ist. Verzichten Sie aufs Anschieben, wenn der Motor wegen einer defekten Zündanlage nicht startet. Unverbrannte Frischgase können dann unkontrolliert im Auspuff verpuffen und den Katalysator zerstören.

- Zündung einschalten, 1. Gang einlegen. In höheren Gängen dreht die Lichtmaschine zu langsam, sie liefert der Zündanlage dann zu wenig Spannung.
- Kupplung durchtreten, Wagen anschieben LASSEN.
- Bei ausreichend Schwung Kupplung abrupt kommen lassen – der Motor dreht durch und müsste anspringen. Dann sofort Kupplung treten, Gang herausnehmen und gefühlvoll Gas geben.

Wagen anschleppen — Praxistip

»Streikende« Fiesta mit CTX-Getriebe können Sie nicht anschleppen. Bei den anderen Versionen bleiben Sie auch dann erfolglos, wenn die Zündanlage streikt. Vertrauen Sie Ihren maladen Wagen zudem immer nur einem erfahrenen »Schlepper« an und denken daran, dass bei stehendem Motor der Bremskraftverstärker wirkungslos bleibt (längerer Bremsweg).

- Zündung einschalten, 2. Gang einlegen und Kupplung treten.
- Der Zugwagen fährt jetzt unbedingt »weich« an.
- Bei etwa 15 km/h die Kupplung langsam kommen lassen. Bleiben Sie stets bremsbereit (Hand an die Handbremse).
- Ist der Motor angesprungen, Kupplung treten, Gang herausnehmen und gefühlvoll Gas geben.
- Dem »Schlepper« ein Hupsignal geben, Fahrzeuge sanft abbremsen.

Batterie und Lichtmaschine

Störungsbeistand

Störung	Ursache	Abhilfe
A Rote Ladekontrolle brennt nicht beim Einschalten der Zündung	**1** Batterie leer	Mit Starthilfekabeln starten oder Wagen anschleppen
	2 Batteriekabel gebrochen, Kabelklemmen lose oder oxidiert	Batteriekabel und -klemmen kontrollieren
	3 Kontrolleuchte defekt	Ersetzen
	4 Kabelweg zwischen Zündschloss, Kontrollampe und Lichtmaschine unterbrochen	Stromweg mit Prüflampe kontrollieren
	5 Spannungsregler defekt	Regler austauschen
	6 Lichtmaschine schadhaft	Lichtmaschine überholen lassen oder austauschen
	7 Feuchtigkeit bildet einen isolierenden Schmierfilm zwischen den Schleifringen und Kohlen (z. B. nach Motorwäsche) der Lichtmaschine	Lichtmaschine mit Druckluft ausblasen oder Schleifringe und Kohlen säubern
B Ladekontrolle brennt oder glimmt bei laufendem Motor	**1** Keilrippenriemen lose bzw. ohne Spannung	Keilriemenspannung kontrollieren bzw. Keilriemen erneuern
	2 Mangelnder Kontakt an Kabelanschlüssen der Lichtmaschine oder unterbrochene Kabel	Kabelanschlüsse und Kabel prüfen
	3 Siehe A5 bis 7	
C Batterieoberfläche feucht	**1** Zuviel eingefülltes destilliertes Wasser	Ausgasen lassen. Keine Säure absaugen
	2 Batterieverschlüsse verstopft	Entlüftungslöcher säubern
	3 Siehe A6	
D Batterie gast stark	Siehe A6	

Batterie laden

Eine ausgebaute Batterie sollten Sie monatlich nachladen. Völlig leere Batterien können bei Frost einfrieren und platzen – randvoll geladen, vertragen sie dagegen Kälte recht gut. Das gilt übrigens auch für Batterien in vorübergehend stillgelegten Fahrzeugen. Ist die Batterie noch an Bord, klemmen Sie zum Laden besser das Minuskabel ab.

Arbeitsschritte

① Pluskabel des Ladegeräts am Batterie-Pluspol, Minuskabel am Minuspol anklemmen.

② Der Ladestrom sollte zunächst etwa 10% der Batteriekapazität betragen (z.B. 4,0 A beim 40-Ah-Akku) und sich während der Ladung automatisch verringern.

③ Beim Laden der Batterie wird das destillierte Wasser teilweise zersetzt. Es bilden sich Gasblasen aus Wasserstoff und Sauerstoff – das hochexplosive Knallgas. Es entweicht durch die Entlüftungsbohrungen in der Abdeckung.

④ Stellen Sie daher sicher, daß Ihr Arbeitsplatz gut durchlüftet wird. Das gilt vor allem, wenn Sie mit hohem Strom laden. Vorsicht: Funken beim Ab- oder Anklemmen des Laders oder der Batteriekabel können das Knallgas entzünden. Beachten Sie unbedingt die Sicherheitsvorschriften.

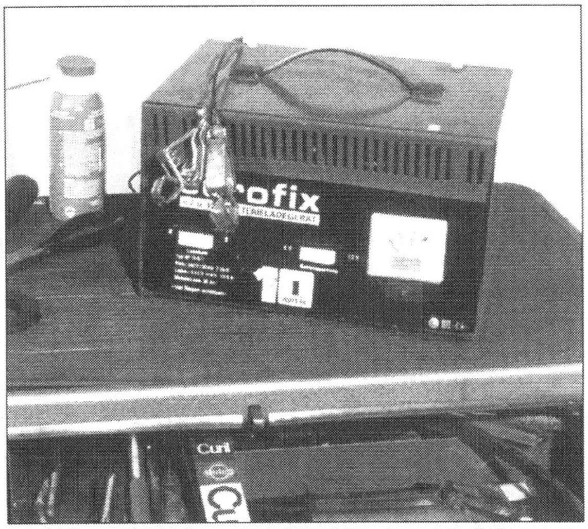

Eine ausgebaute Batterie sollten Sie einmal im Monat mit einem Heimwerker-Ladegerät nachladen.

Batterie demontieren

Bevor Sie die Batterie abklemmen, sollten Sie sicherstellen, dass Sie sämtliche Codes Ihres Fiesta, so zum Beispiel den Diebstahlcode des Radios, seine einprogrammierten Sender usw. kennen. Falls nicht, herrscht später Sendepause in Ihrem Gerät. Außerdem »vergisst« auch die elektronische Steuerung der Betriebssysteme einen Großteil ihrer Informationen. Sie schaltet kurzerhand auf Notprogramm und regeneriert sich nach wenigen Kilometern wieder. Sollten Sie dennoch bleibende Unterschiede (zum Beispiel »sägender« Leerlauf) beklagen, fahren Sie Ihren Ford-Händler an und lassen sich den Speicher neu einlesen – das Prozedere ist in wenigen Minuten erledigt. **Dieser Hinweis gilt übrigens für alle Arbeitsschritte bei denen die Batterie abgeklemmt wird.**

Arbeitsschritte

① Damit beim weiteren Hantieren kein Kurzschluss entstehen kann, klemmen Sie zuerst das Batterie-Minuskabel ab. Dazu Mutter an der Klemme lösen, Klemme vom Batteriepol abnehmen.

② Pluskabelklemme lösen und abnehmen.

③ Batteriebefestigung lösen.

④ Batterie aus dem Motorraum herausheben.

⑤ Achten Sie bei der Montage darauf, dass die Batterie stabil auf der Konsole steht (Rütteln zerstört die Bleiplatten).

⑥ Bei der Montage zuerst das Pluskabel anschließen, dann das Minuskabel. Die Kabelklemmen können Sie nicht vertauschen, da die Batteriepole unterschiedlich dick sind.

⑦ Pole gegen Sulfatieren mit Polfett oder Vaseline einfetten.

⑧ Den Diebstahlcode des Radios eingeben.

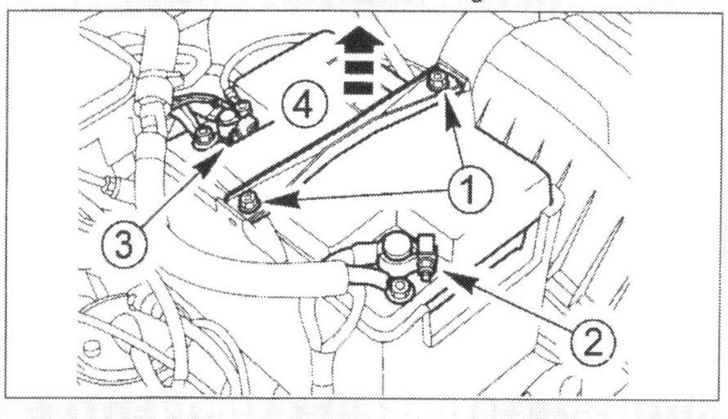

Reihenfolge beachten: Zuerst den Minus- ❸ und dann erst den Pluspol ❷ abklemmen. Danach lösen Sie die Befestigung ❶ und heben die Batterie nach oben ❹ aus.

»Lutschen« den Akku leer – stille Bordverbraucher

Liefert die am Vortag noch intakte Batterie plötzlich keinen Strom mehr, hat meistens ein »stiller« Verbraucher im Bordnetz den Akku leergelutscht. Das überprüfen Sie zunächst mit einer Spannungsprüfung. Falls erforderlich, kreisen Sie danach den stillen Verbraucher ein.

Arbeitsschritte

① Batterie-Minuskabel abnehmen, Kabel des Multimeters zwischen Minuspol und Batteriekabel anschließen. Zeigt das Gerät einen Stromfluss an, können Sie von einem defekten Verbraucher ausgehen.

② Massekabel anschließen, Sicherungskasten öffnen und eine Sicherung herausnehmen. An die Kontakte das Multimeter anschließen. Fließt kein Strom, ist der betreffende Stromkreis in Ordnung. Auch ein geringer Stromfluss ist kein Alarmsignal. Geräte wie Bordcomputer, Uhren, Radios und Alarmanlagen stehen ständig unter Batteriestrom. Ihr Stromverbrauch ist freilich viel geringer als bei einem defekten Verbraucher.

③ Wiederholen Sie die Messungen am Sicherungskasten solange, bis Ihr Multimeter einen höheren Stromfluss anzeigt. Die Sicherungstabelle auf **Seite 217ff.** zeigt Ihnen, welche Verbraucher zu diesem Stromkreis gehören.

④ Sämtliche betreffenden Verbraucher der Reihe nach abklemmen und jeweils den Strom messen. Wenn das Multimeter keine Spannung mehr anzeigt, haben Sie den stillen Verbraucher entlarvt.

Spannungsregler prüfen

Arbeitsschritte

① Multimeter zwischen Klemme » + « (rotes Kabel) der Lichtmaschine und Masse anklemmen.

② Motor zwei Minuten mit 3000 bis 4000/min^{-1} (Diesel etwa 1800 bis 2500/min^{-1}) hochdrehen lassen, damit die Lichtmaschine betriebswarm wird (ca. 80°C).

③ Schalten Sie Standlicht, Radio oder das Frischluftgebläse ein. Das entspricht einer Strombelastung von 3 bis 7 Ampere. Die Regulierspannung muss jetzt zwischen 13,5 und 14,8 Volt liegen.

④ Messen Sie eine höhere Spannung, ist der Regler defekt und muss ausgetauscht werden. Bei zu geringer Spannung sind erfahrungsgemäß die Schleifkohlen des Generators verschlissen. In diesem Fall Lichtmaschine ausbauen und in der Fachwerkstatt überholen lassen.

Fahren mit defekter Lichtmaschine

Praxistip

Wenn die Lichtmaschine oder der Regler streikt, können Sie eingeschränkt weiterfahren. Die Batterie übernimmt dann die »Notstromversorgung«. Je nach Ladezustand und Kapazität reicht die Energie für etwa fünf Stunden aus – allerdings nur dann, wenn Sie bei der Fahrt alle überflüssigen Verbraucher ausschalten.

- Mehrfachstecker an der Lichtmaschine abziehen, damit sich die Batterie nicht über den defekten Generator oder Spannungsregler entladen kann.
- Die Fahrt nicht unnötig unterbrechen. Der Anlasser braucht besonders viel Strom. Wenn möglich, den Wagen anrollen lassen.
- Beheizbare Heckscheibe, Gebläse und Radio nicht einschalten.
- Scheibenwischer und Scheibenwaschanlage nur bei Bedarf in Betrieb nehmen.
- Bei Dunkelheit möglichst ohne Fernlicht und Nebelscheinwerfer fahren.

Keilriemen wechseln

Bei den Fiesta Otto-Motoren hält ein automatischer Riemenspanner den Keilrippenriemen »auf Zug«. Nicht so beim Dieselmotor, dessen Riementrieb aus zwei Keilrippenriemen besteht, deren Spannung von Spannschrauben abhängig ist. Kontrollieren Sie beim Diesel die Spannung also ab und an per »Daumendruck«. Wenn Sie Verschleißspuren an den Riemen entdecken, steht ein Austausch an.

Arbeitsschritte

Ottomotoren

① Batteriemassekabel abklemmen.

② Vorderwagen sicher aufbocken, rechtes Rad demontieren.

③ Falls vorhanden, untere Motorabdeckung abschrauben.

④ Beim Fiesta mit Servolenkung müssen Sie zusätzlich die Abdeckung der Servopumpe demontieren (zwei Schrauben). Andernfalls schrauben Sie die untere Keilriemenabdeckung (zwei Schrauben) ab und lösen den Clip am Wasserschlauch.

⑤ Danach lösen Sie die automatische Spannvorrichtung indem Sie die mittlere Schraube (Pfeil) der Spannrolle solange nach rechts drehen (Zetec-SE-Motoren »links« herum), bis Sie den Riemen »locker« abziehen können.

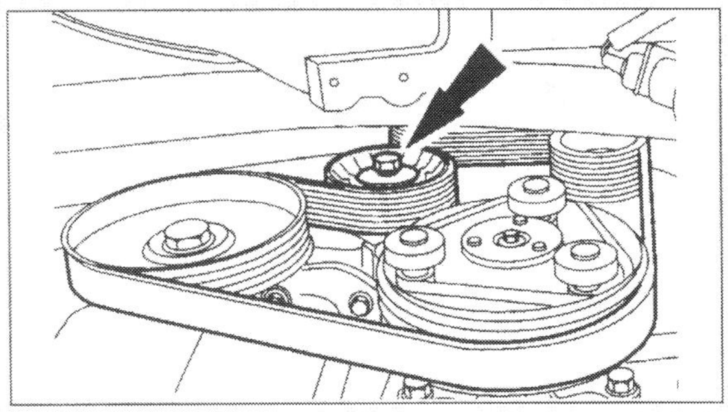

Spannrolle mit Schraube Endura-E.

⑥ Den neuen Riemen – kontrollieren Sie vor der Montage, ob er die richtigen Abmessungen hat – legen Sie analog zum »Vorgänger« über die Riemenscheiben. Um sich die Arbeit zu erleichtern, drehen Sie die Schraube der Spannrolle wieder soweit nach rechts (Zetec-SE-Motoren »links« herum), bis sie den Riemen bequem verlegen können.

⑦ Danach lassen Sie die Spannrolle in ihre Ausgangsstellung zurück. Die Vorspannung reicht einstweilen um den Motor starten zu können. Bereits nach einigen Umdrehungen fixiert der automatische Spanner den Riemen mit der richtigen Vorspannung.

⑧ Beenden Sie die Montage in umgekehrter Reihenfolge.

Endura-DE Servopumpe:

① Keilriemenabdeckung mit zwei Schrauben von der Servopumpe lösen.

② Klemmschraube ❷ der Spannrolle lediglich lösen.

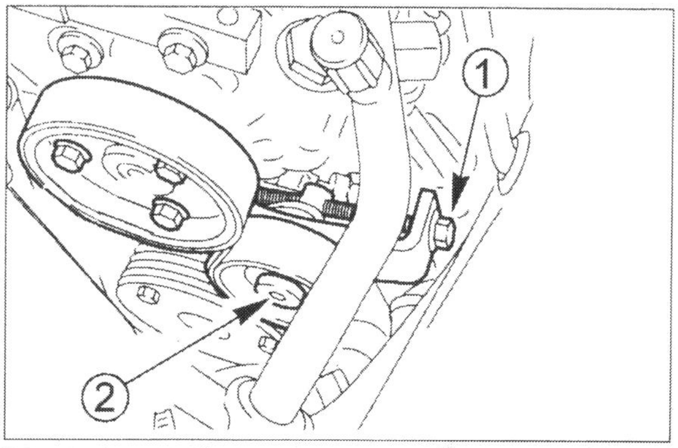

Spannschraube ❶, Klemmschraube ❷ Endura-DE.

③ Keilrippenriemen mit Spannschraube ❶ entspannen.

④ Riemen abnehmen.

⑤ Neuen Riemen auflegen und mit Spannschraube spannen. Spiel muss bei neuem Riemen etwa 1 – 2 mm betragen. Ein gelaufener Riemen sollte sich um etwa 1 – 3 mm durchdrücken lassen.

⑥ Klemmschraube an der Spannrolle handfest (ca. 5 – 6 Nm) ziehen.

⑦ Abdeckung zur Servopumpe montieren.

Endura-DE Generator/AC:

① Klemmschraube ❷ der Spannrolle lediglich lösen.

② Keilrippenriemen mit Spannschraube ❶ entspannen.

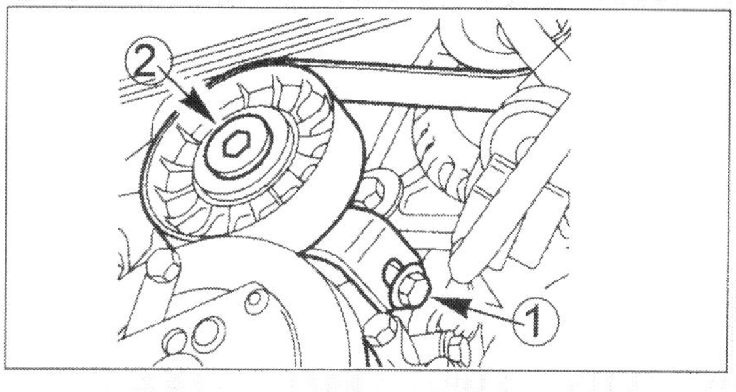

Spannschraube ❶, Klemmschraube ❷ der Spannrolle (Generator/AC).

③ Riemen von Riemenscheiben abziehen.

④ Neuen Riemen auflegen.

⑤ Riemen mit Spannschraube (siehe Riemen Servopumpe) spannen.

⑥ Klemmschraube festziehen (siehe Riemen Servopumpe).

Generator ausbauen

Arbeitsschritte

(Endura-E):

① Minuskabel an der Batterie abklemmen.

② Kabelanschlüsse an Generatorrückseite lösen (vorher Klemmen und Kabelfarben notieren).

③ Keilriemen wie beschrieben entspannen.

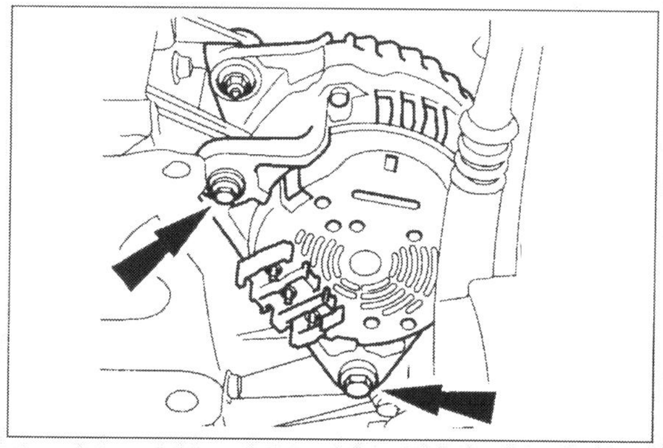
Rückseitige Generatorbefestigungen.

④ Beide hinteren Befestigungsschrauben herausdrehen.

⑤ Beide vorderen Befestigungsschrauben herausdrehen.

⑥ Generator herausnehmen.

⑦ Montage in umgekehrter Reihenfolge (Anzugsdrehmoment Befestigungsschrauben 30 Nm).

(Zetec-SE – Unterschiede zu Endura-E)

① Kabelanschluss B+ abschrauben und Mehrfachstecker abziehen (Generatorrückseite).

② Schraube aus oberem Generatorlager herausdrehen.

③ Schraube des hinteren Halters losdrehen.

④ Schraube aus unterem Generatorlager ausdrehen.

⑤ Generator aus Motorraum herausnehmen.

⑥ Montage in umgekehrter Reihenfolge vornehmen.

Anlasser demontieren

Streikt der Anlasser, sind meist mehrere Komponenten daran beteiligt. Der Magnetschalter oder die Schleifkohlen zum Beispiel können klemmen oder verschlissen sein. Auch die Ankerwelle kann in ihren Lagerstellen »fressen«. Bevor Sie sich auf eine Reparatur einlassen, entscheiden Sie sich besser für einen Austauschanlasser oder ein gebrauchtes Aggregat aus einem neuwertigen Unfallwagen. Ford bietet nur noch komplette Austauschanlasser als Ersatzteil an.

Arbeitsschritte

① Massekabel der Batterie abklemmen.

② Hauptstromkabel vom Anlasser lösen, Steuerleitung vom Magnetschalter abziehen.

③ Beim Fiesta Diesel Schraube der Anlasserstütze (hinten am Anlassergehäuse) demontieren.

④ 3 Halteschrauben an der Kupplungsglocke herausdrehen, Anlasser von der Kupplungsglocke abziehen.

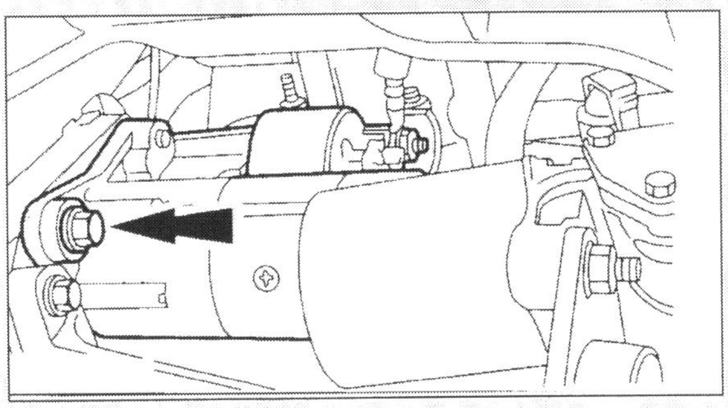

Untere Anlasserbefestigungsschraube.

Der Anlasser

Störungs-beistand

Störung	Ursache	Abhilfe
A Anlasser dreht zu schwergängig oder gar nicht	**1** Kontrollampen brennen schwach oder verlöschen	
	a) Batterie entladen	Mit Starthilfekabeln starten, Auto anschieben/anschleppen
	b) Kabelanschlüsse lose oder oxidiert	Kabel befestigen, Anschlüsse säubern
	c) Anlasser hat Masseschluss	Anlasser überholen lassen oder austauschen
	2 Kontrollampen brennen hell, Klicken aus Richtung Anlasser – kurz auf den Magnetschalter klopfen. Dreht der Anlasser immer noch nicht:	
	a) Kohlebürsten bzw. deren Anschlüsse im Anlasser gelöst	Anlasser überholen lassen oder austauschen
	b) Kontakte im Magnetschalter verschmort (verklebt),	Anlasser überholen lassen oder austauschen
	c) Anlasserwicklung schadhaft	Anlasser überholen lassen oder austauschen
	3 Kontrollämpchen brennen hell, keinerlei Geräusche	Anschlüsse überprüfen
	a) Klemme 1 am Magnetschalter lose	Klemme neu befestigen
	b) Klemme-1-Leitung vom Zündschloss zum Magnetschalter unterbrochen	Leitung mit Prüflampe auf Durchgang kontrollieren, Klemmen auf festen Sitz prüfen
B Anlasser läuft, Motor steht still	**1** Ritzel verschmutzt oder verschlissen	Ritzel reinigen bzw. erneuern
	2 Einrückvorrichtung klemmt	Anlasser überholen lassen
	3 Zahnkranz auf Motorschwungscheibe beschädigt	Wagen bei eingelegtem Gang ein Stück vorschieben. Erneut starten. Beschädigte Teile ersetzen lassen
C Magnetschalter schaltet rhythmisch ein und aus, Anlasser läuft nicht	**1** Batterie stark entladen, Startspannung zu schwach	Batterie laden
D Anlasser schaltet nicht ab	**1** Magnetschalter hängt oder Kontakte verklebt	Zündung ausschalten, notfalls Batterie abklemmen. Magnetschalter erneuern, evtl. Anlasser austauschen lassen
	2 Zünd-/Anlassschalter defekt	Schalter ersetzen
E Ritzel spurt nach Anspringen des Motors nicht aus	**1** Rückstellfeder des Einrückhebels defekt, Schubschraubtrieb verschlissen	Zündung abschalten, Anlasser auf Prüfstand kontrollieren, schadhafte Teile ersetzen, ggf. Anlasser austauschen
	2 Siehe B3	

Die Außenbeleuchtung

Zur Außenbeleuchtung gehören die Haupt- und Nebelscheinwerfer, Rück- und Bremsleuchten, Rückfahrscheinwerfer, Nebelschlussleuchten sowie die Blink- und Kennzeichenleuchten. Alle weiteren Lichtquellen werden im Kapitel Cockpit/Innenraum behandelt.
Die meisten äußeren »Lampen« bestehen aus Lichtquelle, Reflektor und Streuscheibe. Als Lichtquelle der Haupt- und Nebelscheinwerfer setzt Ford im Fiesta Halogenlampen ein. Der Reflektor ist als Parabolspiegel ausgeführt, dessen Innenfläche mit einer dünnen Schicht Aluminium bedampft ist. Reflektoren bündeln das Licht und steigern die Lichtausbeute – bei eingeschaltetem Fernlicht zum Beispiel transformiert der ganze Reflektor die Lichtstärke der Halogenlampe fast um das Tausendfache. Das schwächere Abblendlicht dagegen nutzt nur die obere Hälfte des Reflektors.

Spezialglas für die Streuscheibe

Für das Abblendlicht schreibt der Gesetzgeber eine spezielle Lichtverteilung mit einer asymmetrischen Hell-Dunkel-Grenze vor. Das Lichtmaximum konzentriert sich nach dieser Vorschrift auf die rechte Fahrbahnseite. Speziell gefertigte Streuscheiben bündeln das gleichmäßige Reflektorlicht mit Zylinderlinsen, Prismen und Parallelflächen in die gewünschte Richtung. Mit falsch eingestellten Scheinwerfern blenden Sie bei feuchter Witterung sich selbst und den Gegenverkehr. Lassen Sie darum Ihre Scheinwerfer regelmäßig prüfen – kostenlos zum Beispiel bei den jährlich im Herbst stattfindenden Aktionen von ADAC, TÜV und Dekra. Sie selbst sollten zudem vor jeder Nachtfahrt die Beleuchtung Ihres Fiesta inspizieren. Falls Sie dabei ein »blindes Auge« entdecken, ist es ratsam, den Schaden sofort beheben zu können: Der Gesetzgeber schreibt verbindlich vor, dass alle äußeren Beleuchtungskörper funktionieren müssen. Vorausschauende Fahrer haben ohnehin ein Lampenersatzset an Bord. Im Fiesta sind folgende 12 V-Lampen montiert:

- Abblendlicht – H7/55W
- Fernlicht – H1/55W
- Nebelscheinwerfer – H1/55W
- Blinklicht vorne* – Bajonett/21W
- Standlicht vorne, seitliche Blinker – Glassockel/5W
- Blinklicht hinten, Rück-, Nebellicht – Bajonett/21W
- Bremslicht** – Bajonett/21W
- Rücklicht** – Bajonett/5W
- Kennzeichenl.*** – Glassockel/6W
- Gepäckrauml. – Soffitte/5W
- Innenleuchte – Soffitte/10W

Technik-lexikon

Die Leuchtweitenregelung

Seit geraumer Zeit ist hierzulande für Neuwagen bereits eine Leuchtweitenregelung gesetzlich vorgeschrieben. Sie soll verhindern, dass der Gegenverkehr bei beladenem Fahrzeug geblendet wird. Beim Fiesta wird die Leuchtweite links vom Lenkrad an einem vierstufigen Drehregler verstellt. Der Regler wirkt jeweils auf einen sogenannten Schrittmotor im Scheiwerfergehäuse. Je nach Einstellung wird der Reflektor dann im Gehäuse über eine Spindel verstellt. Die Grundstellung, also mit zwei Personen besetzt, wird in der Stellung »0« erreicht, je nach Beladungszustand reicht die Skala bis Schalterstellung »4«. Sie sollten die Funktion der Leuchtweitenregelung regelmäßig alle 15000 km oder einmal im Jahr überprüfen lassen.

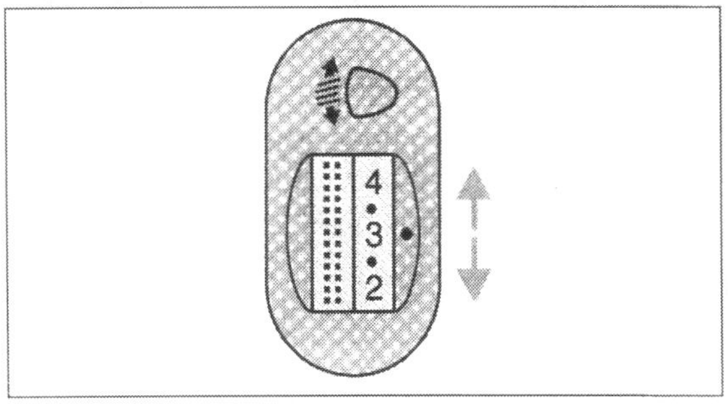

Leuchtweiten-Drehregler.

Kein unlösbares Problem – Scheinwerferlampen wechseln

Die Lampen für Fahrlicht, Fernlicht, Blinker und Standlicht sind im Scheinwerfergehäuse untergebracht. Bei einer defekten Lampe muss der komplette Scheinwerfer demontiert werden. Fassen Sie Halogenleuchten niemals am Glaskolben sondern immer nur an der Fassung an.

Arbeitsschritte

① Licht ausschalten.

② Motorhaube öffnen.

③ Kühlergrill insgesamt hochziehen und abnehmen.

④ Drei Schrauben (Pfeil) lösen und Scheinwerfer aus der Front herausziehen.

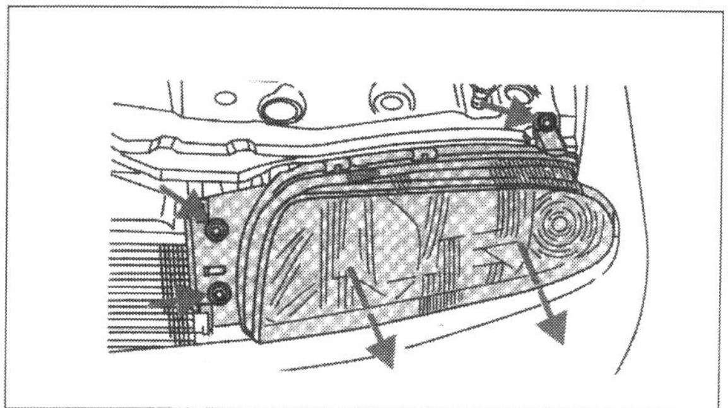

Scheinwerfer demontieren.

⑤ Stecker entriegeln und abziehen.

⑥ Beide Drahtbügel (Pfeil) zur Seite drücken und Abdeckkappe abnehmen.

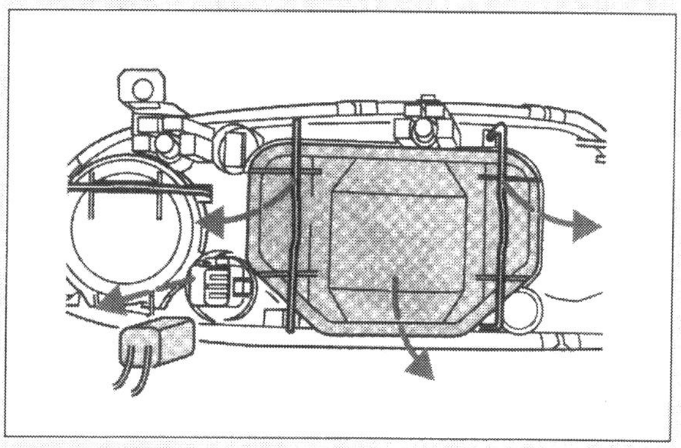

Abdeckkappe abnehmen

⑦ Nach Lampenmontage kompletten Scheinwerfer in umgekehrter Reihenfolge montieren.

Abblendlicht:

① Lampenstecker abziehen.

② Drahtbügel nach oben drücken und wegklappen.

③ Alte Lampe aus Reflektor nehmen.

④ Neue Lampe an Fassung in Reflektor schieben. Montagekerben beachten.

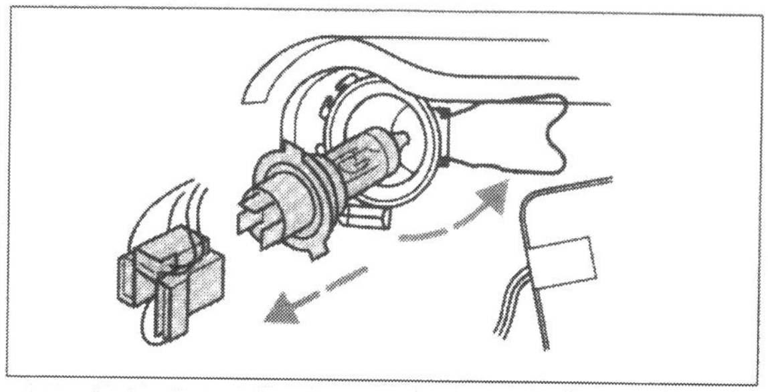

Abblendlichtlampe wechseln.

Fernlicht:

① Lampenstecker abziehen.

② Drahtbügel zur Seite drücken und wegklappen.

③ Alte Lampe aus Reflektor nehmen.

④ Neue Lampe an Fassung in Reflektor schieben. Montagekerben beachten.

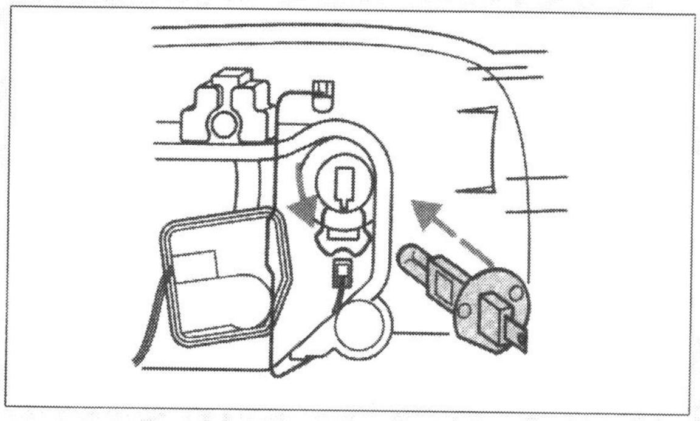

Fernlichtlampe wechseln.

Praxistip

Nach jedem Lampenwechsel – Scheinwerfereinstellung kontrollieren

Da sich beim Tausch der Scheinwerferlampen der Reflektor verstellen kann, sollten Sie den Wagen vor dem Lampenwechsel vor einer möglichst dunklen Wand abstellen und den Lichtkegel mit einem Kreidestrich an der Wand markieren. Nach dem Tausch den Lichtaustritt mit der Markierung vergleichen. Falls der Reflektor verstellt ist, lassen Sie das Licht besser in einer Fachwerkstatt mit einem Justiergerät neu einstellen.

Blinklichtlampe im Hauptscheinwerfer:

Arbeits-schritte

① Federbügel (Pfeil) aushängen.

② Schutzkappe abnehmen.

③ Lampenfassung nach links drehen und herausnehmen.

④ Lampe unter leichtem Druck nach links drehen, herausnehmen und erneuern.

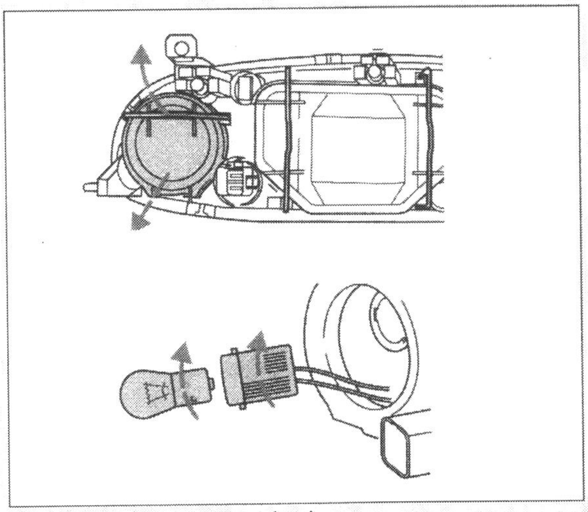

Blinklichtlampe vorne wechseln.

Standlichtlampe:

Arbeits-schritte

① Lampenfassung herausziehen (nicht am Kabel).

② Lampe aus Fassung herausziehen, wechseln.

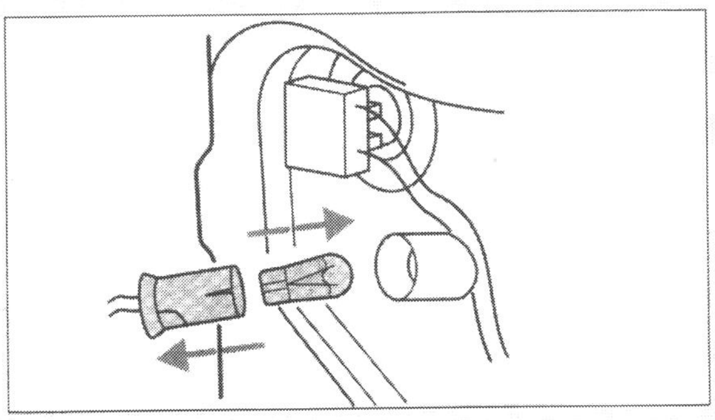

Standlichtlampe wechseln.

Seitliche Blinklichtlampe:

Arbeits-schritte

① Komplettes Lampengehäuse gegen Federdruck nach vorne oder hinten herausdrücken.

② Mit Linksdrehung Lampenfassung vom Lampengehäuse trennen.

③ Lampe aus Fassung herausziehen, wechseln.

④ Montage in umgekehrter Reihenfolge beenden.

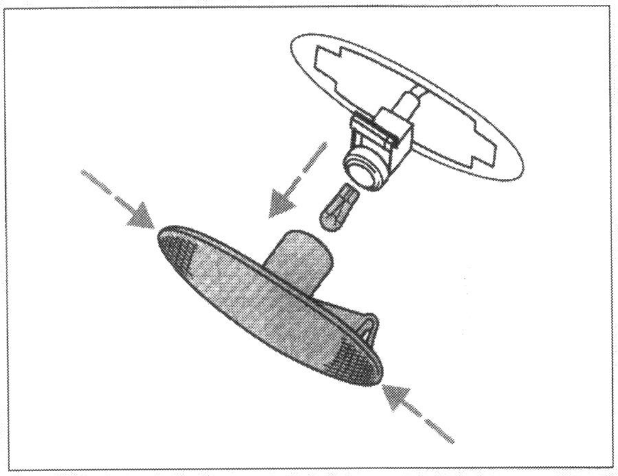

Seitliche Blinkerlampe wechseln.

Nebelscheinwerferlampe:

Arbeits-schritte

① Nach Entfernen der Halteschraube (Pfeil) kompletten Lampenträger herausziehen.

② Abdeckkappe abnehmen und Steckanschluss lösen.

③ Federbügel aushängen, zurückklappen und Lampe herausziehen, wechseln.

④ Montage in umgekehrter Reihenfolge beenden.

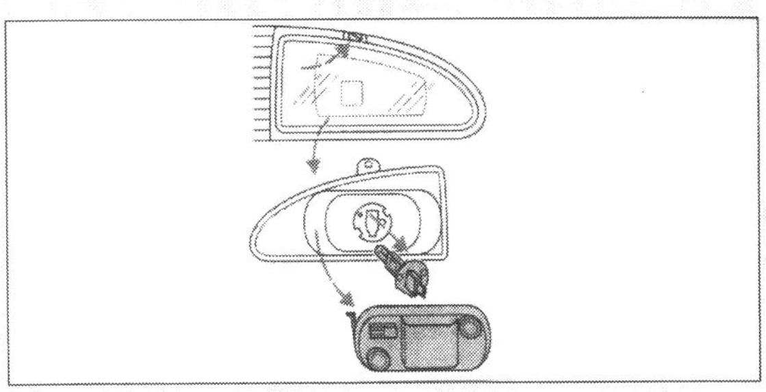

Nebellampe wechseln.

Rückleuchten:

① Vom Gepäckraum aus beide Halter mit Fingern zusammendrücken.

② Kompletten Lampenhalter herausziehen.

③ Defekte Lampe unter leichtem Druck nach links drehen, herausziehen und wechseln.

④ Montage in umgekehrter Reihenfolge beenden.

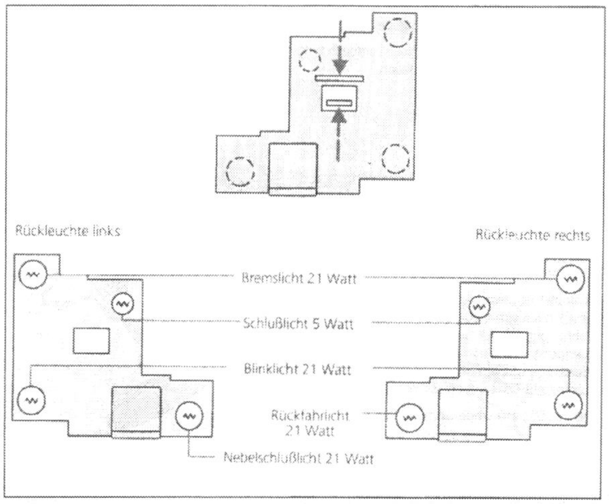

Lampenhalter/ Belegungsplan-Rückleuchten.

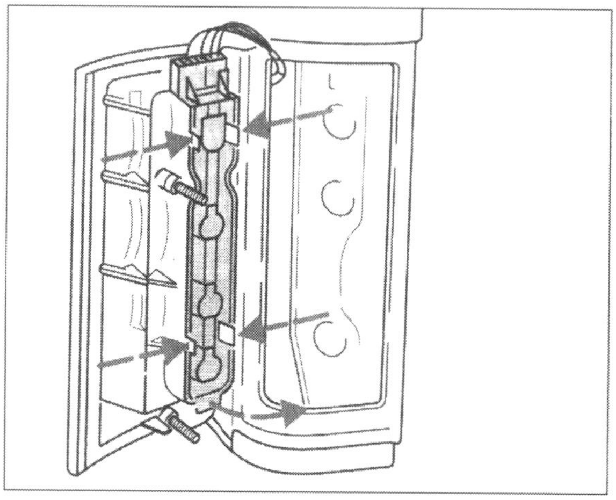

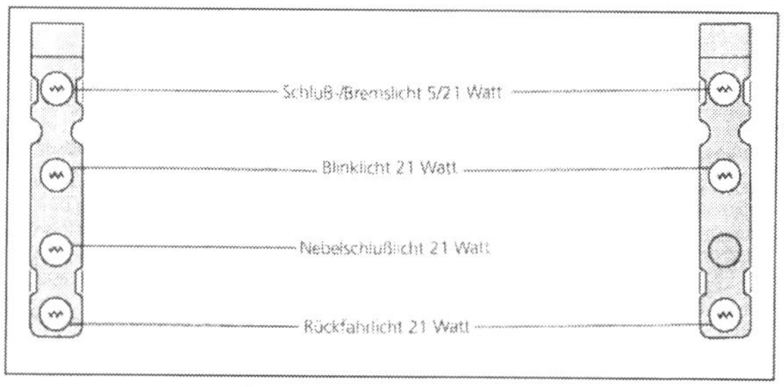

Rückleuchten-Courier/Belegungsplan.

Rückleuchten Courier:

① Aus Richtung Laderaum den Drehclip der Abdeckung lösen .

② Abdeckung unten aus der Halterung heben.

③ Flügelmuttern des Lampengehäuses lösen.

④ Lampengehäuse geringfügig von Karosserie abziehen, leicht nach unten drücken und abziehen.

⑤ Haltelaschen (Pfeile) des Lampenträgers zunächst unten zusammendrücken und vom Gehäuse trennen. Danach obere Laschen zusammendrücken und Gehäuse aus der Rückleuchte ziehen.

⑥ Defekte Lampe unter leichtem Druck nach links drehen, ersetzen.

Glühlampen turnusmäßig wechseln — Praxistip

Jede normale Glühlampe unterliegt einem Verschleiß: Partikel des Glühfadens verdampfen und setzen die Lichtausbeute herab. Erneuern Sie daher grundsätzlich nach spätestens zwei Jahren die Glühlampen im Bereich der Außenbeleuchtung (außer Halogenlampen). »Austauschwürdige« Glühlampen erkennen sie übrigens optisch auch an leicht geschwärzten Lampenkolben.

Scheinwerfergläser erneuern:

① Scheinwerfer wie beschrieben demontieren.

② Mit Schraubendreher Befestigungsclips rund um das Lampenglas abhebeln.

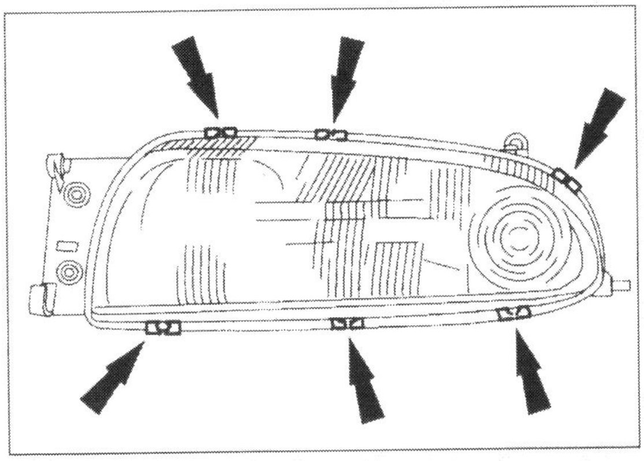

Clips abhebeln .

③ Streuglas abnehmen.

④ Dichtgummi vom Lampengehäuse ziehen, neues Gummi einlegen.

⑤ Neue Streuscheibe auflegen und mit Clips von der Mitte nach Aussen befestigen.

⑥ Endmontage in umgekehrter Reihenfolge beenden.

⑦ Scheinwerfereinstellung prüfen.

Kennzeichenleuchte wechseln:

Arbeits-schritte

① Flachen Schraubendreher an der Aussparung ansetzen.

② Fassung nach links drehen, abnehmen und Lampe erneuern.

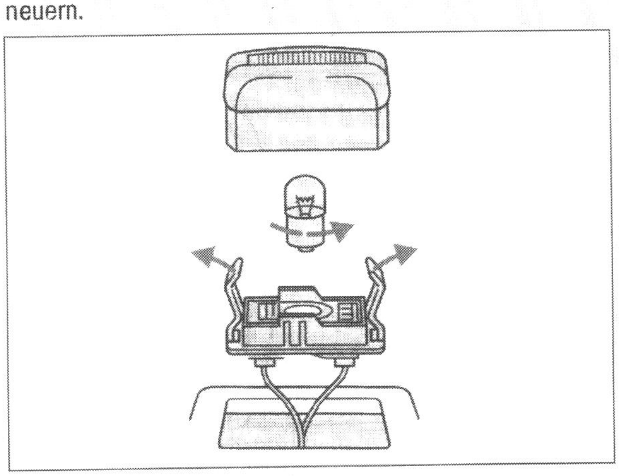

Kennzeichenleuchte ersetzen.

Scheinwerfer provisorisch einstellen

Falls Sie auf die Schnelle das Licht nicht ordentlich einstellen lassen können. Gehen Sie für den Moment folgendermaßen vor:

- Der Tank sollte gefüllt sein. Sonst Kofferraum mit Gewicht belasten (bei zur Hälfte gefülltem Tank mit circa 30 Kilogramm).
- Ein Helfer sollte hinter dem Steuer sitzen (oder Fahrzeug zusätzlich mit 75 Kilogramm belasten).
- Reifendruck prüfen und gegebenenfalls ergänzen.
- Stellen Sie Ihr Fahrzeug gegenüber einer möglichst dunklen Einstellwand ab. Der Abstand zwischen Front und Wand muss exakt fünf Meter betragen.
- Drücken Sie den Wagen vorne und hinten mehrmals kräftig in die Federn.
- Scheinwerferregulierung auf »0« stellen.
- Abstand zwischen Boden und Mittelpunkt der beiden Scheinwerfer ausmessen. Das Maß an der Wand markieren und durch eine Linie verbinden.
- Fünf Zentimeter darunter eine parallele Linie an der Wand anzeichnen. Das ist die Neigung des Abblendlichts auf fünf Meter Entfernung.
- Durch das Heckfenster nach vorn peilen und von einem Helfer genau in Fahrzeugmitte eine senkrechte Linie einzeichnen lassen.
- Den Abstand zwischen Fahrzeugmitte und dem Mittelpunkt des Scheinwerfers messen (rechts und links). Diese Werte auf eine Hilfslinie (rechts und links vom Schnittpunkt der beiden anderen Linien) übertragen und mit einem Einstellkreuz markieren.
- Genau fünf Zentimeter unter diesen Kreuzen müssen die Abknickpunkte des Abblendlichts auf der Einstelllinie justiert werden.
- Wenn Ihr Fahrzeug mit Nebelscheinwerfern ausgestattet ist (Option), müssen Sie für die Einstellung nach dem gleichen Verfahren wie oben eine Hilfslinie mit Einstellkreuzen (Mitte der Nebelscheinwerfer) herstellen.
- Die Einstellschrauben verstellen Sie vom Motorraum aus.
- Zündung und Abblendlicht einschalten.
- Höhenverstellschraube ❶ so lange drehen, bis der Strahl des Abblendlichts mit seiner waagrechten Hell-/Dunkelgrenze mit der Einstelllinie übereinstimmt.

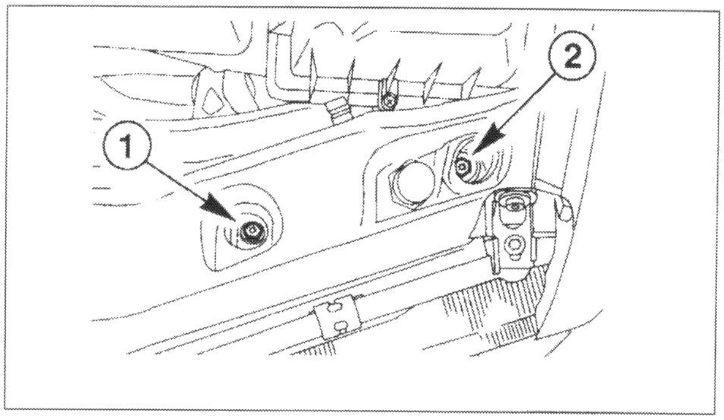

Scheinwerfereinstellschrauben.

- Danach Seitenverstellschraube ❷ an der Innenseite des Scheinwerfers solange drehen, bis der Abknickpunkt im Abblend-Lichtbild genau auf das Einstellkreuz ausgerichtet ist. Dabei darf ein Streuanteil von 15 Prozent über der Linie liegen.
- Nach der Einstellung »stimmt« das Fernlicht automatisch.

Die Signaleinrichtungen

Die Signaleinrichtungen Ihres Fiesta sind ein wichtiges Instrument, um andere Verkehrsteilnehmer zuverlässig über Ihre Fahrabsichten zu informieren. Wenn Sie zum Beispiel die Fahrtrichtung ändern wollen, betätigen Sie den Blinker, beim Tritt aufs Bremspedal warnen die Bremslichter den Hintermann. Bevor Sie außerhalb einer geschlossenen Ortschaft ein Fahrzeug überholen, setzen Sie kurz den Blinker. Aber Ihrem Fiesta stehen noch mehr Warneinrichtungen zur Verfügung.

Pflicht im öffentlichen Straßenverkehr – Hupe und Warnblinker

Die Straßenverkehrs-Zulassungsordnung (StVZO) schreibt nämlich vor, dass jedes Kraftfahrzeug zum Abgeben von Warnzeichen mit einer Hupe ausgestattet sein muss. Außerdem muss die Warnblinkanlage funktionieren, damit im Notfall das haltende oder liegengebliebene Fahrzeug gesichert werden kann. Da die Warnblinkanlage auch bei ausgeschalteter Zündung funktioniert, wird der Schalter direkt von Batterieplus über eine Sicherung versorgt. Die Richtungsblinker erhalten dagegen nur bei eingeschalteter Zündung Strom vom Zündschloss. **Die Signaleinrichtungen sollten Sie stets vor Fahrtantritt überprüfen.**

Warnblinkanlage:

- Aktivieren Sie bei ausgeschalteter Zündung die Warnblinkanlage. Alle sechs Blinker mitsamt der Kontrolleuchte im Schalter müssen im gleichen Rhythmus aufleuchten.

Blinker:

- Zündung einschalten, Blinkerhebel betätigen. Die »gesetzten« Blinker müssen im gleichen Rhythmus blinken, ebenso die Blinkerkontrolle im Kontrollinstrument.

Bremsleuchten:

- Fahrzeug mit dem Heck zu einer Wand abstellen, Bremspedal treten, an der Wand müssen Sie die Bremsleuchten erkennen können. Das Gleiche funktioniert auch im Stand in einer Fahrzeugkolonne. Kontrollieren Sie im Rückspiegel, ob Sie Ihre »brennenden« Bremsleuchten in den Scheinwerfern oder in der Lackierung des folgenden Fahrzeugs erkennen.

Bremslichtschalter prüfen

Wenn beide Bremslichter ausgefallen sind, liegt das oft am Bremslichtschalter. Er ist am Lagerbock des Bremspedals installiert. Beim Tritt aufs Bremspedal »wandert« ein Druckstift aus dem Schaltergehäuse nach außen. Die Kontakte im Schalter schließen, der Stromkreis zu den Bremsleuchten ist frei. Prüfen Sie den Schalter indem Sie die Zuleitungen abziehen und zusammenhalten – ist der Schalter defekt, leuchten jetzt die Bremslichter auf.

Warnblink- und Blinkanlage

Störungsbeistand

Störung	Ursache	Abhilfe
A Kontrollampe des Richtungsblinkers leuchtet in kurzen Intervallen auf, normaler Blinkrhythmus beim Warnblinken	Eine Glühlampe defekt oder ohne Kontakt	Auswechseln
B Blinkleuchten und Kontrolleuchte brennen bei Richtungs- und Warnblinken dauernd oder gar nicht	Blinkrelais defekt	Auswechseln
C Richtungsblinken o.k. – Warnblinker nicht	**1** Sicherung defekt	Auswechseln
	2 Kabel vom Steckkontakt des Warnblinkerschalters zur Sicherung bzw. Blinkerrelais unterbrochen	Durchgang kontrollieren evtl. instandsetzen
	3 Warnblinkschalter defekt	Auswechseln (lassen)
D Warnblinken o.k. – Richtungsblinken nicht	**1** Kabel zwischen Blinkerschalter und Blinkerrelais unterbrochen	Durchgang kontrollieren, evtl. instandsetzen

Bremslicht

Störungsbeistand

Störung	Ursache	Abhilfe
A Eine Bremsleuchte brennt nicht	**1** Glühlampe durchgebrannt	Austauschen
	2 Masseverbindung unterbrochen. Brennen alle übrigen Lampen in derselben Heckleuchte? Falls nicht:	Masseanschluss instandsetzen (säubern)
	3 Zuleitung unterbrochen	Kabel kontrollieren
B Alle Bremslichter funktionieren nicht	**1** Sicherung defekt	Ersetzen
	2 Bremslichtschalter defekt	Überprüfen, ggf. ersetzen
C Bremslicht brennt dauernd	**1** Bremspedal hängt	Gangbar machen
	2 Bremslichtschalter defekt. Zuleitungen zum Bremslichtschalter haben direkten Kontakt	Bremslichtschalter und Zuleitungen kontrollieren

Signalhorn prüfen

Am Hupenkontakt im Lenkrad liegt Spannung an. Sollte das Signalhorn stumm bleiben, prüfen Sie zunächst ob Spannung anliegt. Wenn ja, prüfen Sie den Anschluss am Signalhorn »bei gedrücktem Hupenkontakt« direkt hinter dem vorderen Stoßfänger. Wenn dort Spannung ankommt, können Sie getrost die Hupe erneuern.

Arbeitsschritte

① Wagen vorne links aufbocken und mit Unterstellbock sichern. Handbremse anziehen und Bremskeil unter ein Hinterrad legen.

② Kabelstecker ❶ von Hupe abziehen.

③ Hupe ❷ mit Halter ❸ abschrauben.

④ Neue Hupe Zahnscheibe unter Befestigungsschraube montieren.

⑤ Kabelstecker aufschieben.

⑥ Fahrzeug ablassen.

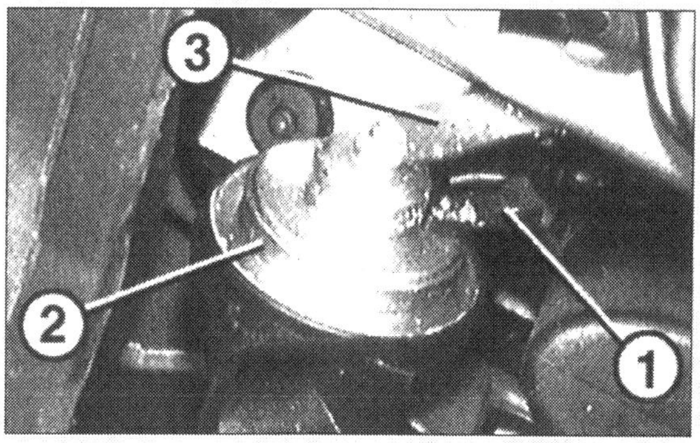

Hupe.

Instrumente und Bedienungselemente

Viele technische Komponenten Ihres Fiesta stehen, sobald Sie den Motor starten, automatisch unter elektronischer »Aufsicht«. Das erhöht die Sicherheit und kommt Ihnen zudem sehr entgegen, denn Sie können während der Fahrt Ihre Aufmerksamkeit auf wenige Anzeigen und Kontrolllämpchen konzentrieren. Ihre Signale sollten Sie freilich stets ernst nehmen: Plötzlich aufleuchtende Kontrolleuchten im Cockpit Ihres Fiesta sind grundsätzlich ein Warnhinweis.

Leuchten nur wenige Sekunden – Öldruck-, Airbag- und ABS-Kontrollleuchte

Das gilt für die Öldruckleuchte ebenso wie für die Airbag-Kontrolle und die ABS-Funktionsanzeige, die – während des Startvorgangs – nur wenige Sekunden aufleuchten. Bleiben sie jedoch »dunkel« oder blinken während der Fahrt, liegt ein Defekt vor. Um größere Schäden zu vermeiden und sich nicht unnötig in Gefahr zu begeben, sollten Sie Ihren Fiesta umgehend in einer Ford-Werkstatt überprüfen lassen.

Nicht unmöglich – Fehlinformationen aus dem Cockpit

Allerdings stehen sich die Kontrollsysteme ab und an »selbst im Weg«: Mitunter sind lediglich Sensoren oder Kabel beschädigt, bisweilen provozieren auch defekte Schalter Fehlinformation. Bemerken Sie zum Beispiel, dass mehrere Anzeigen gleichzeitig nicht richtig funktionieren, kann die eigentliche Ursache dafür eine falsche Bordspannung sein, zum Beispiel dann, wenn der Spannungsregler nicht richtig arbeitet. Sei's drum, gehen Sie der Ursache schnellstmöglich auf den Grund.

Routine für Profis – Sichtkontrollen vor der Fahrt

Bevor Sie mit Ihrem Fiesta losfahren, sollten Sie stets einen Blick auf das Armaturenbrett werfen (die Anzahl der Anzeigen hängt von der jeweiligen Ausstattung Ihres Modells ab).

- Funktioniert die Zeituhr?
- Bei eingeschalteter Zündung müssen Ladekontrolle, Öldruckwarnleuchte, die Handbremskontrollleuchte (bei angezogener Handbremse), die Airbag-Kontrolle und ABS-Funktionsanzeige aufleuchten. Beim Fiesta Diesel brennt vor dem Start auch die Vorglühkontrollleuchte für wenige Sekunden.
- Die Tankuhr muss auch bei ausgeschalteter Zündung funktionieren.
- Vergessen Sie auch nicht die Schalter für Warnblinker, beheizbare Heckscheibe, Nebelscheinwerfer (falls eingebaut) und Nebelschlussleuchte zu bedienen. Kontrollieren Sie ob die entsprechenden Kontrollleuchten funktionieren.
- Funktioniert bei eingeschaltetem Fahrlicht die Schalter- und Cockpitbeleuchtung?
- Betätigen Sie den linken Kombihebel – funktioniert die Blinker- und Fernlichtkontrolle?
- Erlischt die Lade- und Öldruckkontrollleuchte, nachdem der Motor läuft? Gehen die Airbag-Kontrolle und ABS-Funktionsanzeige aus? Verglimmt die Vorglühkontrollleuchte unmittelbar nachdem der Diesel »brummt«?
- Beobachten Sie während der Fahrt den Tacho und Drehzahlmesser.

Armaturenbrett (Fiesta Ghia).

Instrumente zeigen nicht an

Praxistip

Öldruckkontrollleuchte brennt nicht: Zündung einschalten, Kabel am Öldruckschalter abziehen und gegen blankes Metall (Masse) halten. Brennt die Leuchte, ist der Öldruckschalter defekt (austauschen). Bleibt das Lämpchen aus, prüfen Sie nacheinander die Zuleitung, die Leiterfolie des Kombiinstruments und die Lampe. Den Öldruckschalter »finden« Sie beim Ottomotor am Motorblock direkt neben dem Ölfilterflansch, am Dieselmotor sitzt der Schalter an der hinteren Motorstirnseite neben dem Kraftstofffilter.

Tankanzeige funktioniert nicht: Entweder ist das Anzeigeinstrument oder der Tankgeber defekt (Schwimmer klemmt). Eventuell ist auch die Stromzufuhr unterbrochen. An der Kraftstoffanzeige ist nur eine eingeschränkte Fehlersuche möglich. Entfernen Sie unter der Rückbank die Abdeckung zum Tankgeber und überprüfen mit dem Multimeter die Zuleitungen und den Geber auf Durchgang.

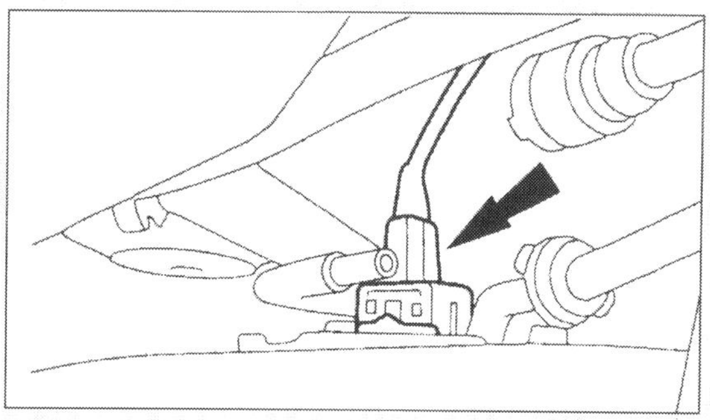

Elektrische Zuleitungen Tankanzeige.

Warnleuchten funktionieren nicht: Überprüfen Sie zunächst die zuständige Sicherung, dann die Kabelanschlüsse, Zuleitungskabel und Geberelemente auf richtige Funktion. Das Multimeter ist Ihnen hier eine wertvolle Hilfe. Haben Sie den Fehler gefunden, können Sie die meisten Geberelemente oder Kontrolllämpchen selbst austauschen. Von der gedruckten Schaltung des Kombiinstruments lassen Sie besser ab: Beauftragen Sie Ihre Ford-Werkstatt mit der Reparatur.

Schalter-Funktionsprüfung

Manchmal sind defekte Schalter die Störenfriede im elektrischen System. Ford verwendet im Fiesta unterschiedlichste Schaltertypen, zum Teil sind es Schalter mit Symbolprägung. Zur Funktionsprüfung eignet sich am besten eine Prüflampe mit Nadelkontakt. Ersetzen Sie defekte Schalter nur durch original Ford-Ersatzteile.

Arbeitsschritte

① Besorgen Sie sich den aktuellen Schaltplan für Ihren Fiesta.

② Zuerst machen Sie das (die) spannungsführende(n) Kabel aus. Dazu legen Sie eine Prüflampe an und stechen die Kabelisolierung mit der Prüflampenspitze durch.

③ Prüfen Sie, ob am Schalter Spannung anliegt. Dazu müssen Sie in der Regel Zündung oder Beleuchtung einschalten.

④ Den Schalter einschalten und prüfen, ob die Eingangsspannung auch am Schalterausgang anliegt.

Kombiinstrument demontieren

Sämtliche Instrumente und Kontrollleuchten im Fiesta Kombiinstrument erhalten ihre Impulse nicht über Kabel sondern über eine Folie (Platine)mit aufgedampften Leitungen. Je nach Ausstattungsumfang und Modell sind die Platinen unterschiedlich. Beachten Sie das bitte bei Reparaturen und bei der Ersatzteilbeschaffung. Ihr Ford-Händler erkennt die richtige Platine anhand der Schlüsselnummer in Ihrem Kfz.-Brief oder Fahrzeugschein. Aber nicht jede Störung erfordert eine neue Platine. Oft sind nur die Lämpchen defekt. An der Demontage des Kombiinstruments kommen Sie freilich auch dann nicht vorbei.

Arbeitsschritte

① Batterie abklemmen.

② Untere Lenksäulenverkleidung demontieren (fünf Schrauben).

③ Schrauben (Pfeil) der Instrumentenverblendung ausdrehen. Vorher Abdeckung über den Schraublöchern vorsichtig mit Schraubendreher aushebeln (Schraubendreher dazu mit Unterlage gegen Blende abstützen).

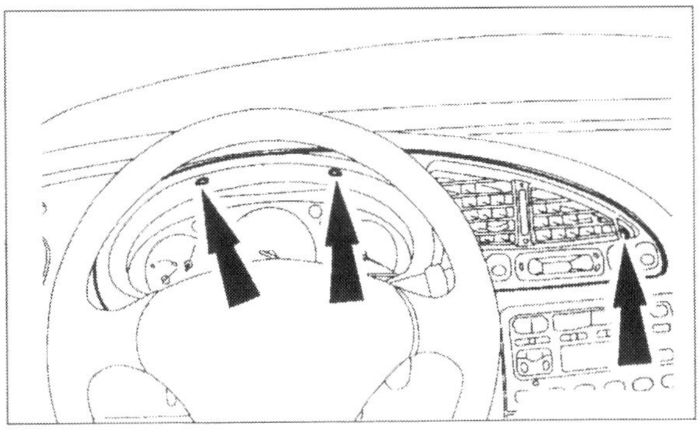

Befestigungspunkte Instrumentenverblendung.

④ Gelöste Blende vorsichtig nach vorn ziehen. Jetzt sind die Clips an der Unterkante frei.

⑤ Steckverbinder (beheizbare Heck- und Frontscheibe, Zeituhr, Nebelschlussleuchten, Nebelscheinwerfer) abziehen.

⑥ Blende ausbauen.

⑦ Vier Befestigungsschrauben des Kombiinstruments ausschrauben.

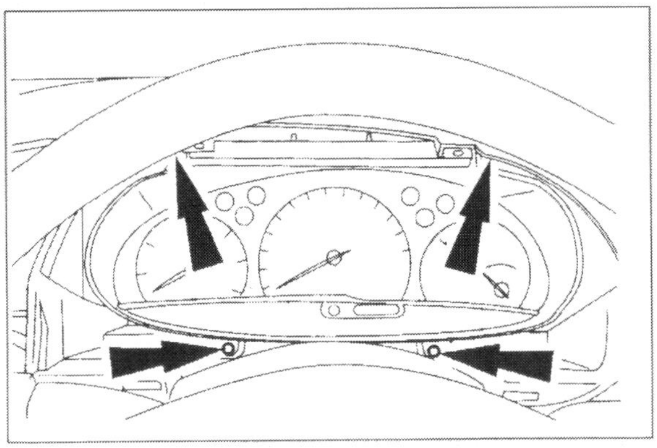

Befestigungsschrauben Kombiinstrument.

⑧ Kombiinstrument vorsichtig nach vorne ziehen und Tachoantriebswelle lösen (Welle evtl. vorher durch die Spritzwand etwas in den Innenraum schieben).

⑨ Mehrfachstecker (Pfeil) abziehen.

⑩ Kombiinstrument vorsichtig am Lenkrad vorbei herausnehmen und mit der Abdeckscheibe nach oben ablegen.

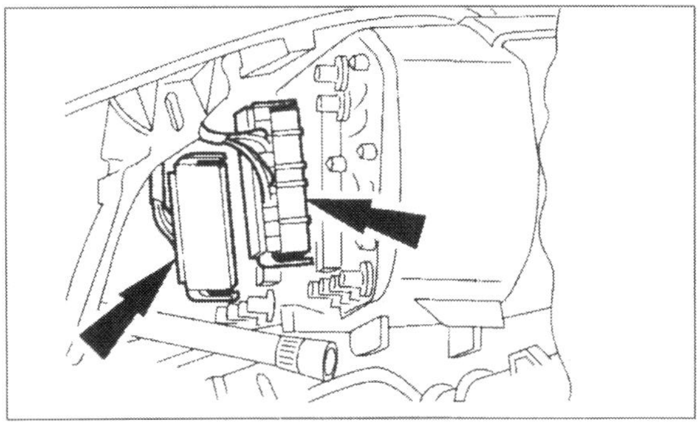

Mehrfachstecker.

⑪ Bei der Montage des Instruments darauf achten, dass Mehrfachstecker und die Tachowelle richtig »sitzen«.

⑫ Übrige Bauteile in umgekehrter Reihenfolge installieren.

⑬ Tachowelle in den Motorraum zurückführen (auf richtige Lage achten).

⑭ Batterie anklemmen, gelöschte Codes neu eingeben, Funktionskontrolle durchführen.

Kontrolllampen auswechseln

Sämtliche Kontrolllampen sind eine Einheit mit der Fassung.

Arbeitsschritte

① Schadhafte Kontrolllampe mit leichtem Druck und Linksdrehung lösen.

② Die Leuchten können nur komplett mit Fassung ersetzt werden.

③ Lampe aus dem Lampenträger nehmen.

④ Neue Leuchte mit Rechtsdrehung in Lampenträger montieren. Bei der Montage die Kontaktstifte nicht verbiegen.

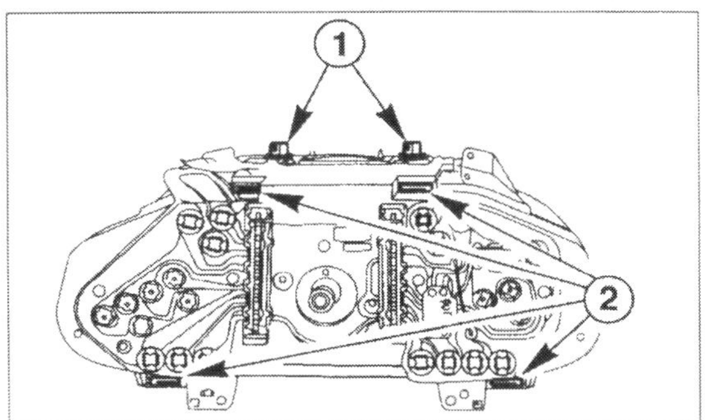

Glühlampen ❶, Halteclips ❷ der Abdeckscheibe.

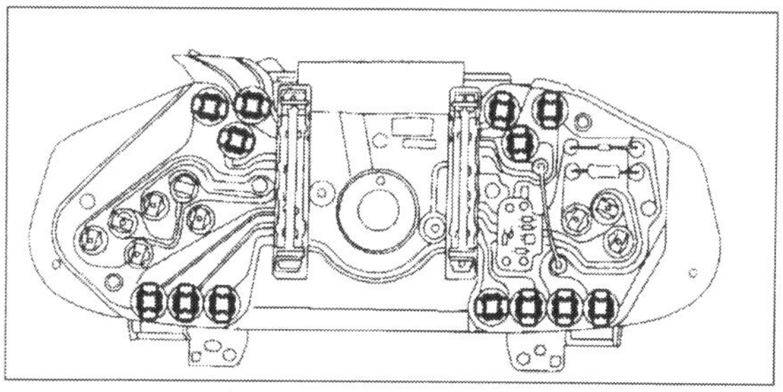

Kontrolllampensockel.

Instrumente demontieren

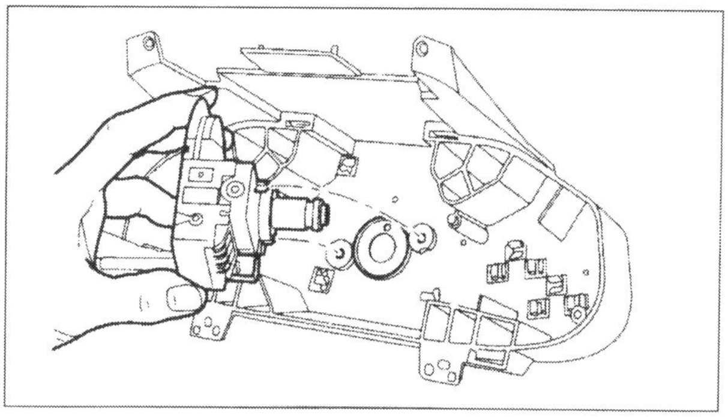

Tachometer: Fest mit zwei Schrauben: Beide Schrauben hinter dem Gehäuse lösen und Tachometer nach oben ziehen.

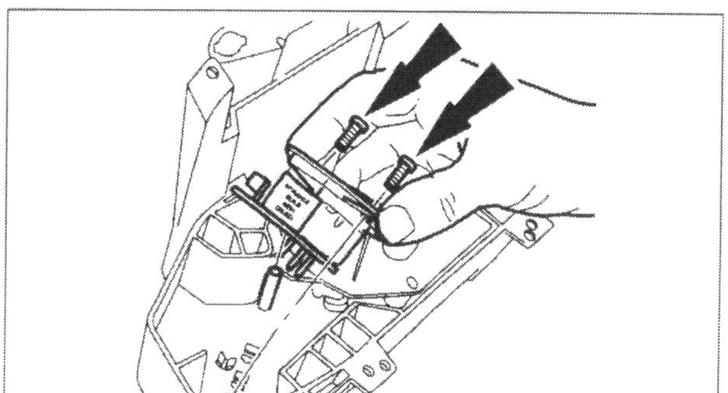

Drehzahlmesser: Von vorne geschraubt: Beide Schrauben lösen und Drehzahlmeser nach oben abziehen.

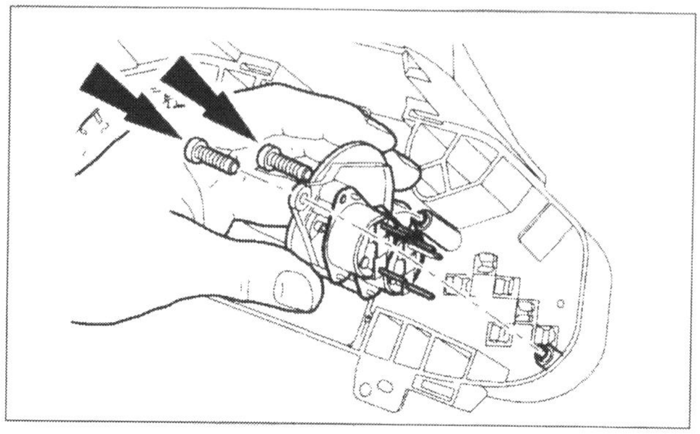

Tank-/Kühlmitteltemperaturanzeige: Nur im »Doppelpack« zu bekommen: Die kombinierte Tank-/Kühlmitteltemperaturanzeige ist mit zwei Schrauben befestigt und nach oben aus dem Gehäuse zu demontieren.

Nicht immer einfach zu verfolgen – die »verschlungenen« Wege der Stromkabel

Die meisten Stromverbraucher haben im Fiesta eine Doppelklemme. Doch oft lässt sich nur ein Kabel durchgängig bis zur Batterie oder zum Generator zurückverfolgen. Das andere endet »unterwegs«dann irgendwo an einem Massekontakt der Karosserie, des Motors, am Getriebe oder in einer anderen Steckerzunge. Für Laien laufen »Ströme« eben häufig sonderbar.

Leiten Masse – Metallteile

Autobauer machen sich in der Bordelektrik ein physikalisches Prinzip zunutze – Metalle, Autoelektriker bezeichnen sie als Masse, leiten Strom. Die Hersteller sparen sich damit – völlig legitim – lange Kabel zur Ableitung der Spannung an den Minuspol der Batterie: Im Auto übernimmt den Job schlichtweg die Karosserie. Wenn ein Verbraucher nicht funktioniert, liegt dies häufig nicht an der Zuleitung, sondern an der unvollkommenen Masseverbindung. Der Massekontakt schleicht dann mitunter über »seltsame« Umwege ans Ziel. Folge: Die Bordelektrik ist völlig durcheinander. Sie setzen beispielsweise den Blinker und eine Rückleuchte glimmt »taktvoll« mit. – Spätestens dann laufen »Ströme« für den Laien sonderbar.

Mit System geordnet – Kabel und Klemmen

Trotz rationeller Bauweise würde der hintereinander gelegte Kabelbaum des Fiesta rund 10 Kilometer weit reichen. Das scheinbare bunte Gewirr ist allerdings sehr gut geordnet – die Kabelfarben weisen den Weg. Zudem sind die meisten Anschlüsse an den Mehrfachsteckern oder den Relais numeriert. Bei der Wahl der Kabelfarben bedient sich die »Ford-Norm« gängiger Vorbilder.

Wissenswert – häufige Kabel und Klemmenbezeichnungen

Klemme 15: Erhält nur bei eingeschalteter Zündung Spannung ab Zündschloss, wobei außer der Zündung auch jene Stromverbraucher mit Strom versorgt werden, die nur bei Betrieb des Wagens Strom erhalten sollen. Die vielfach schwarzen Kabel besitzen im Fiesta bisweilen auch farbige Zusatzstreifen.

Klemme 30: Erhält dauernd Strom vom Pluspol der Batterie bzw. bei laufendem Motor von der Lichtmaschine. Das kann bei unvorsichtigem Umgang mit Werkzeug zu Kurzschlüssen und Funkenregen führen, wenn das Minuskabel der Batterie nicht abgenommen wurde. Diese stets stromführenden Kabel beim Fiesta sind rot ummantelt, ggf. gibt es sie auch mit zusätzlichen Farbstreifen.

Klemme 49: Sie ist für die Blink- und Warnblinkanlage zuständig.

Klemme 53: Sie speist den Scheibenwischer. Die Kabel sind überwiegend grün und mit weiteren Zusatzfarben (z. B. gelb) gekennzeichnet.

Klemme 56: Die Klemme (gelb/schwarze Farben) ist zur Stromversorgung des Abblendlichts und mit weiss/schwarzen Farben zur Versorgung des Fernlichts zuständig.

Klemme 58: Speist das Standlicht (vorne) sowie die Schluss- und Kennzeichenleuchten. Die Kabelgrundfarbe ist grau, jeweils mit zusätzlichen Farbstreifen.

Klemme 31: Masseklemme mit der jeder Verbraucher zur Fahrzeugmasse verbunden sein muss. Im Bordnetz sind die betreffenden Kabel jeweils braun umhüllt.

Überlastungsschutz – Sicherungen im Innen- und Motorraum

In Ihrem Fiesta schützen zahlreiche Sicherungen die Bordelektrik vor Überlastung. Ihre Schutzfunktion ist genau auf die theoretische Maximalbelastung der einzelnen Stromkreise hin ausgelegt. Sicherungen unterbrechen den Stromfluss sofort, wenn zum Beispiel ein Kurzschluss (z. B. defekter Verbraucher, beschädigte Stromkabel) die Bordspannung unkoordiniert an Masse ableitet. Sie verhindern dadurch weitere Schäden (z. B. Kabelbrände) an Ihrem Ford. In Ihrem Fiesta sind Flachstecksicherungen installiert, deren Schmelzdraht – im Überlastungsfall – durchglüht. Der »Tatbestand« eines Überlastungsfalls ist für eine Sicherung übrigens auch dann erfüllt, wenn bereits voll ausgelastete Stromkreise nachträglich mit zusätzlichen Verbrauchern wie HiFi-Anlagen, Boostern oder nicht zugelassenen Hochleistungsleuchten »aufgemotzt« werden. Auch Autostaubsauger und Kühlboxen, die Sie einfach mit Strom aus der Steckdose des Zigarettenanzünders abspeisen, können ab und an die Sicherung »dahin schmelzen« lassen. Rüsten Sie Ihren Fiesta also im Bedarfsfall mit einem separaten Stromkreis für zusätzliche Verbraucher aus – und sichern ihn entsprechend ab. Um freilich alle Eventualitäten auszuschließen, lassen Sie besser einen Kfz.-Elektriker ans Werk, der verlegt die erforderlichen Kabelquerschnitte (min. $1{,}5^2$) und sichert die Steckdose ausreichend ab.

Verteilt auf diverse Stromkreise – Bordsicherungen

Damit Ihr Fiesta bei einem elektrischen Defekt nicht gänzlich ohne Strom dasteht, verteilen Ford-Ingenieure die elektrischen Verbraucher auf diverse Stromkreise. Das Motormanagement und die meisten leistungsstarken Aggregate haben ohnehin eine eigene Absicherung. Die sogenannten Nebenverbraucher sind dagegen in verschiedene Gruppen zusammengefasst und jeweils über eine Sicherung geschaltet. Nicht so die Stromkreise zwischen Anlasser, Batterie, Lichtmaschine und Zündschloss: Hier liegt ständig die volle Batteriekapazität an. Besondere Vorsicht also bei Arbeiten an diesen Stromkreisen: »IMMER« zuerst die Batterie abklemmen! Andernfalls sind kapitale Schäden und Kabelbrände bis hin zu Fahrzeugbränden geradezu vorprogrammiert.

Technik-lexikon: Die Sicherungen des Fiesta

In den Sicherungshaltern des Fiesta stecken sogenannte Flachstecksicherungen. In ein durchscheinendes Kunststoffteil sind zwei flache Stecker eingebettet, die durch einen Schmelzdraht verbunden sind. Eine durchgebrannte Sicherung erkennen Sie am unterbrochenen Schmelzdraht. Oft ist auch der Rücken der Plastikumhüllung herausgebrochen oder geschmolzen.

An der Farbe zu erkennen – die Ampere-Zahl

Zur besseren Differenzierung der Maximalbelastung sind Sicherungen, zusätzlich zu ihrer Beschriftung, farbig markiert.

- Violett (3 A)
- Braun (7,5 A)
- Rot (10 A)
- Blau (15 A)
- Gelb (20 A)
- »Farblos« (25 A)
- Grün (30 A).

Schnell erledigt – Sicherungen erneuern

Die meisten Sicherungen finden Sie im Wageninnern links unterhalb des Lenkrads, dort sind auch einige Relais plaziert. Der Sicherungs- und Relaiskasten im Motorraum sitzt in Fahrtrichtung links hinter dem Federbeindom. Bevor Sie eine Sicherung oder ein Relais wechseln, schalten Sie besser die Zündung und alle Stromverbraucher (z. B. Radio) aus.

Arbeitsschritte

① Durchgebrannte Sicherung vorsichtig mit spezieller Klammer (im Sicherungskastendeckel des Motorraums) oder kleiner Flachzange aus dem Steckplatz ziehen.

② Neue Sicherung mit gleicher Amperestärke in den Steckplatz eindrücken. Achten Sie dabei auf korrekten Sitz.

③ Brennt die neue Sicherung sofort wieder durch, ist Sie eventuell zu schwach, oder der Stromkreis hat einen Masseschluss (Verbraucher defekt, Kabelisolation gegen Masse durchgescheuert).

Verteilen hohe Arbeitsströme – Schaltrelais

Ihr Fiesta hat eine Reihe von Verbrauchern, die im Vergleich zu anderen höhere Arbeitsströme erfordern. Um dort, mit möglichst geringen Kabeldurchmessern, ein Maximum an Sicherheit zu gewährleisten, steuert Ford jene Verbraucher aus der Zentralelektrikbox über separate Schaltrelais an. Über den Ein- und Ausschalter fließt dann lediglich ein geringer Schaltstrom um im Relais den Arbeitsstrom zum Verbraucher zu schalten.

Unterschiedliche Aufgaben – Schaltstrom und Arbeitsstrom

Beim Einschalten des betreffenden Verbrauchers wirkt der Schaltstrom im Schaltrelais auf eine Magnetspule. Die Magnetspule zieht einen kräftigen Kontakt gegen Federdruck an und schließt so den Arbeitsstromstromkreis zum Verbraucher. Um den Verbraucher mit möglichst hoher Spannung zu bedienen, gelangt der Arbeitsstrom auf direktem Weg durch das Relais an sein Ziel. Die Relaiskontakte sind so stabil ausgelegt, dass sie »hohe« Ströme auch langfristig gut vertragen. Außerdem kürzt der vermeintliche »Umweg« durchs Relais den Weg des Arbeitsstroms ab. Vorteil: Je kürzer die Wege, um so geringer die Spannungsverluste zwischen Schalter und Verbraucher.

Erfüllen unterschiedliche Aufgaben – spezielle Relaistypen

Um die Übersichtlichkeit und Fehlersuche zu verbessern, sind im Fiesta die meisten Relais auf speziellen Trägerplatten zusammengefasst. Zusätzlich arbeiten im Bordnetz noch Relaistypen, die, ganz in der Nähe ihres »Arbeitsplatzes«, bestimmte Funktionen erfüllen. Dazu gehören zum Beispiel das Blinkrelais, das Scheibenwischer-Relais und das Vorglührelais im Fiesta Diesel.

Die Sicherungsbelegung

Sicherungs- und Relaiskasten (unterhalb der Instrumententafel)

Sicherungen	Amperezahl	abgesicherte Stromkreise
1	15	Zigarettenanzünder
2	10	beheizbare Heckscheibe/ Außenspiegel
3	-	frei
4	20	Innenbeleuchtung, Zeituhr, Radio Stationsspeicher
5	15	Hupe, Diebstahlwarnanlage
6	10	Begrenzungsleuchten links
7	10	Begrenzungsleuchten rechts
8	15	Zentralverriegelung, elektr. Außenspiegel
9	15	Sitzhöhenverstellung
10	15	beheizbare Sitze, elektr. Faltdach
11	30	Zentralverriegelung, elektr. betätigte Fensterheber
12	20	Wischermotor, Scheibenwaschpumpe
13	15	Bremslicht, Instrumententafel, Rückfahrleuchten
14	10	Airbag
15	10	beheizbare Außenspiegel
16	30	Heizgebläsemotor
17	15	Blinker
18	15	Zündung
19	10	elektronische Motorregelung, Diebstahlwarnanlage, Radio
20	30/10	Scheinwerfer-Waschanlage (nur Skandinavien)
21	-	frei
22	10	Diagnosestecker

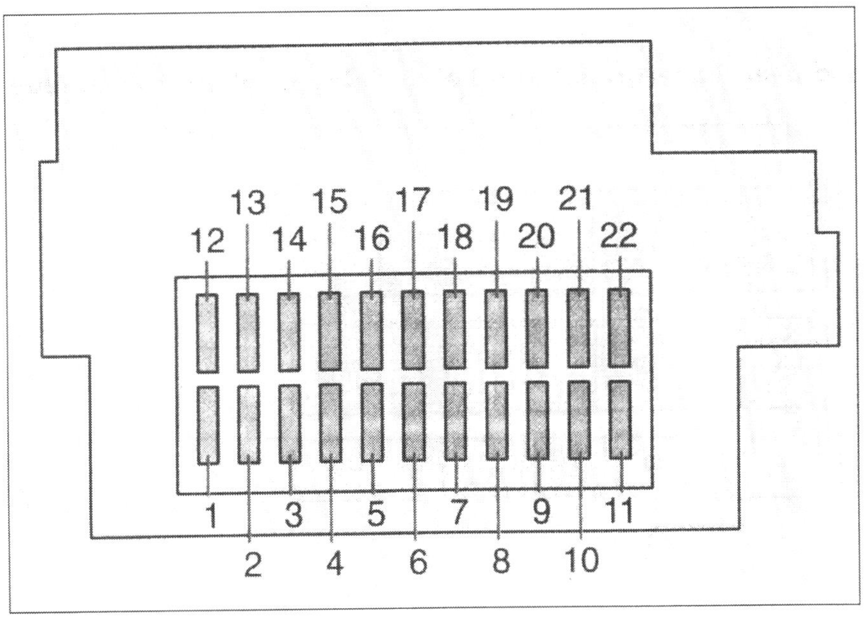

Sicherungs- und Relaiskasten (unterhalb der Instrumententafel)

Zusatzsicherungen am Relaisträger (unterhalb der Instrumententafel)*

Sicherungen	Amperezahl	abgesicherte Stromkreise
41	10	Nebelschlussleuchte (länderabhängig)
42	10	Nebelschlussleuchte (länderabhängig)
43	10	Tageslicht (nur Skandinavien)
44	20	Türverriegelungsmodul
45	15	Kofferraumfernentriegelung (n. b. Zentralver.)

Relais auf der Sicherungskasten-Rückseite*

Relais	Farbe	geschaltete Stromkreise
I	-	frei
II	rot	Wischerintervall vorne
III	gelb	Innenbeleuchtungs-Verzögerung
IV	blau/schwarz	Scheinwerfer-Reinigungsanlage (nur Skandinavien)
V	-	frei
	grün	Zündschloss
VI	grün	beheizbare Heckscheibe
VII	grün	Taglicht (Begrenzungsleuchten, nur Skandinavien)
VIII	weiß	»Licht an«-Warnsummer
IX	-	frei
X	grün	Nebelscheinwerfer Abschaltung
XI	grau	beheizbare Frontscheibe
XII	-	frei
A	blau	Taglicht (nur Skandinavien)
B	-	frei
C	-	frei
D	-	frei
E	-	frei

* Das Wechseln dieser Sicherungen und Relais setzt Sachkenntnis voraus.

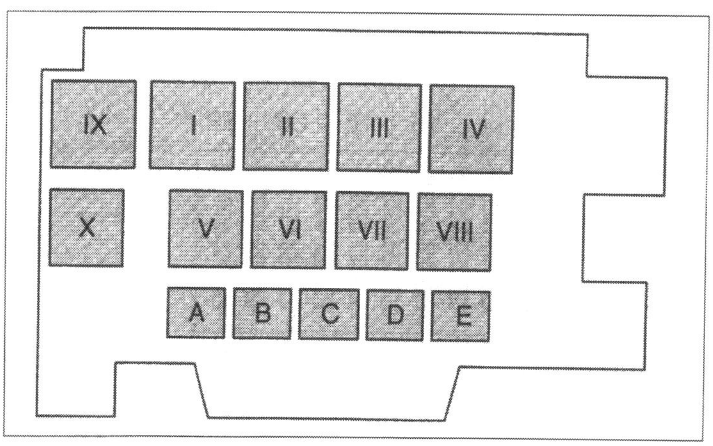

Relais auf der Sicherungskasten-Rückseite

Sicherungs- und Relaiskasten (Motorraum)

Sicherungen	Amperezahl	abgesicherte Stromkreise
1	-	Schutzdiode / EECV-Relais
2	-	frei
3	-	frei
23	10	Fernlicht links
24	10	Fernlicht rechts
25	10	Abblendlicht links
26	10	Abblendlicht rechts
27	10	Geber Lambda-Sonde (Katalysator) oder
	15	Kraftstoffvorwärmung (Dieselmotor)
28	15	Motorsteuerung
29	20	Kompressorkupplung Klimaanlage, Nebelscheinwerfer
30	3	ABS-Modul
31	30	ABS-Modul
32	3	EECV- Zündmodul
33	30	ABS-Modul
34	25	Getriebe
35	0	Kraftstoffpumpe (Benzinmotoren) oder
	3	PATS-Modul (Dieselmotor)
36	60	Motorsteuerung, Elektrolüfter, Kraftstoffpumpe, Diesel-Vorglühung
37	40	beheizbare Frontscheibe
38	60	Zentralverriegelung, beheizbare Heckscheibe
39	60	Scheinwerfer-Reinigungsanlage
40	60	Zündschloss

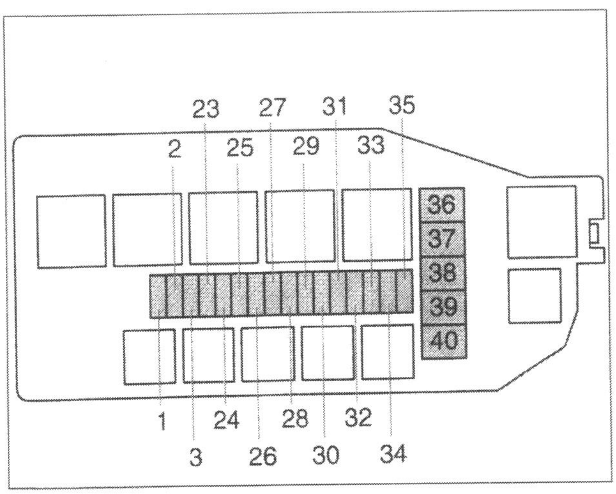

Sicherungs- und Relaiskasten (Motorraum)

Sicherungskasten Motorraum Zetec-SE

Relaiskasten (Motorraum)*

Relais	Farbe	geschaltete Stromkreise
I	braun	Klimaanlage
II	braun	Motorsteuerung
III	braun	Kraftstoffpumpe (Benzinmotoren) oder
	braun	Kraftstoffvorwärmung (Dieselmotoren)
IV	braun	Nebelscheinwerfer
V	braun	Abblendlicht
VI	braun	Fernlicht
VII	grün	Klimaanlage
VIII	schwarz	Motorkühlgebläse
IX	dunkelgrün	Motorkühlgebläse
X	schwarz	Diesel-Vorglühung
XI	grün	Anlasser
XII	grün	Kompressor (Klimaanlage), Nebelscheinwerfer

* Das Wechseln dieser Sicherungen und Relais setzt Sachkenntnis voraus.

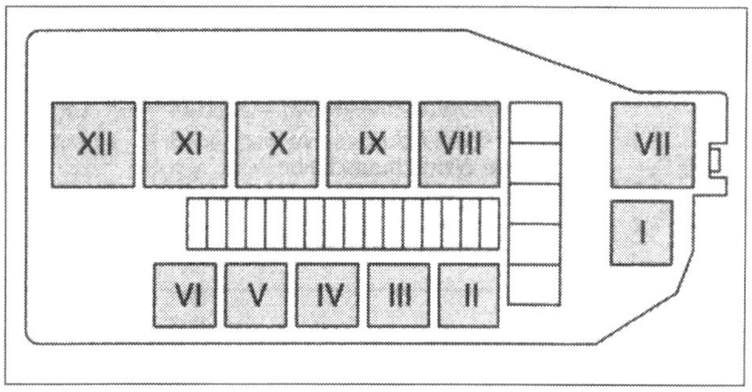

Sicherungs- und Relaiskasten (Motorraum)

Können variieren – die Schaltpläne

Die Schaltpläne in diesem Ratgeber gelten für die Motorelektrik der populärsten Fiesta-Ausstattungsvarianten. Sie entsprechen dem technischen Stand zur Zeit der Recherche. Schaltpläne zur allgemeinen Bordelektrik konnten teilweise nicht berücksichtigt werden. Die kontinuierliche Modellpflege am Fiesta schließt auch Änderungen in den Stromlaufplänen nicht aus. Abweichungen zu den veröffentlichten Vorlagen sind somit möglich.

Aufbau der Schaltpläne:

Kabelfarben sind in Schaltplänen erfahrungsgemäß mit Kurzbezeichnungen kenntlich gemacht. Hier die häufigsten Bezeichnungen:

- BL – blau
- BR – braun
- GE – gelb
- GR – grau
- GN – grün
- RS – rosa
- RT – rot
- SW – schwarz
- VI – violett
- WS – weiss

Leitungsquerschnitte: Darüber enthalten Schaltplänen häufig keine Angaben. Im Falle einer Leitungsreparatur, messen Sie vor Ort den Leitungsquerschnitt aus.

Nummern: Eingerahmte Ziffern kennzeichnen elektrische Bauteile; eingerahmte Ziffern mit Zusatzbuchstaben deuten meistens auf eine Steckverbindung hin.

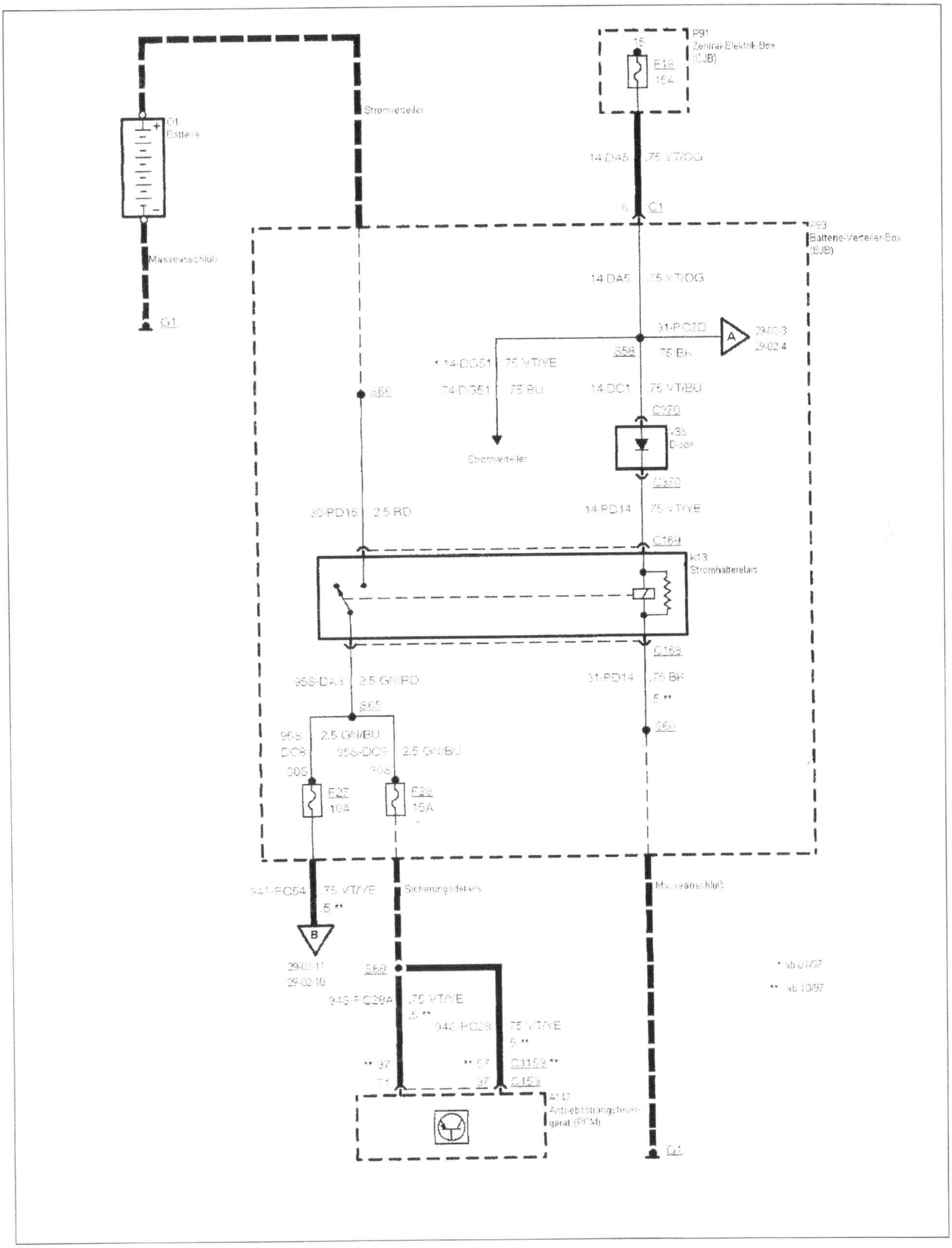

Stromversorgung (Endura-E)

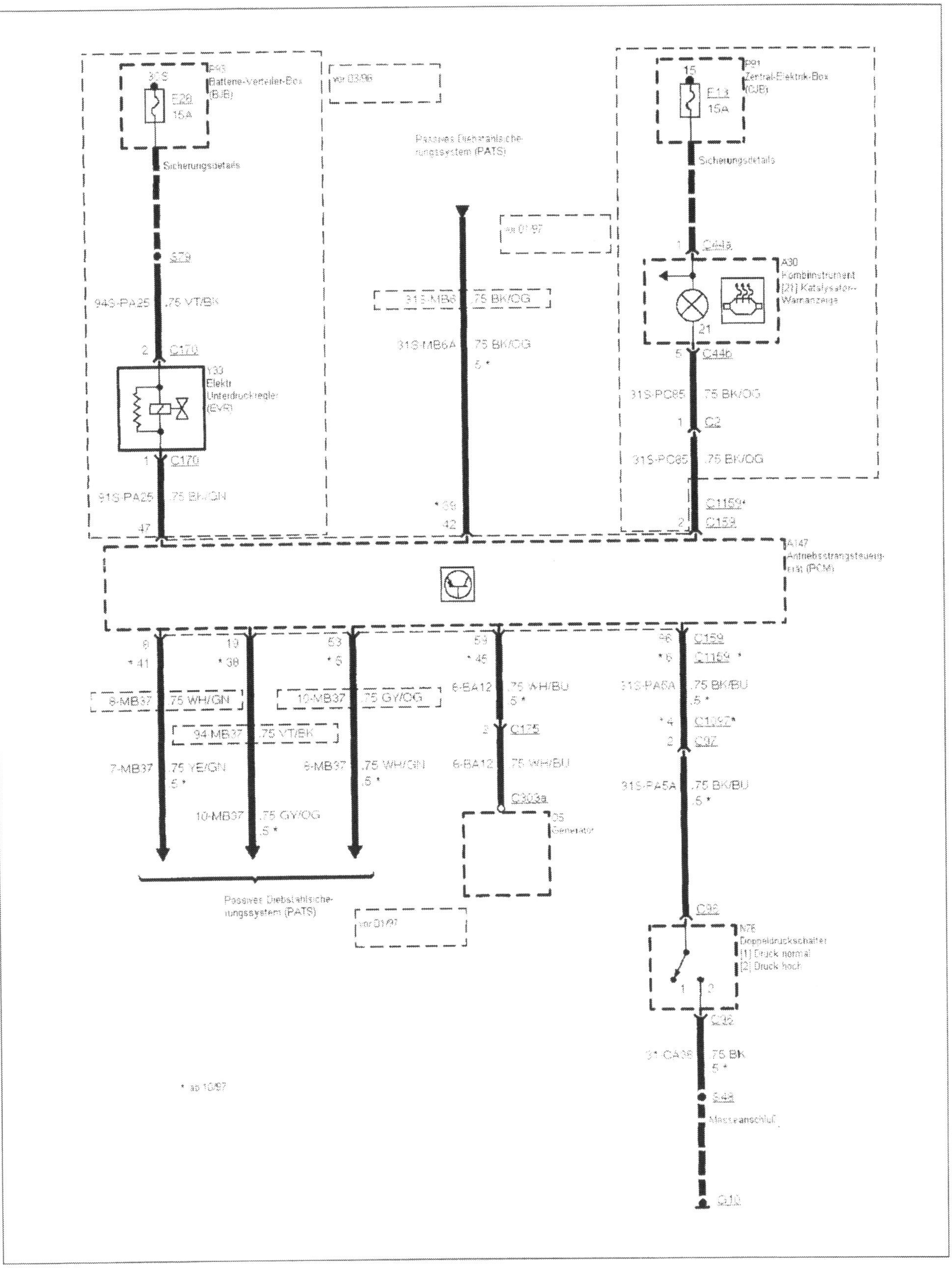

Motorregelung I (Endura-E)

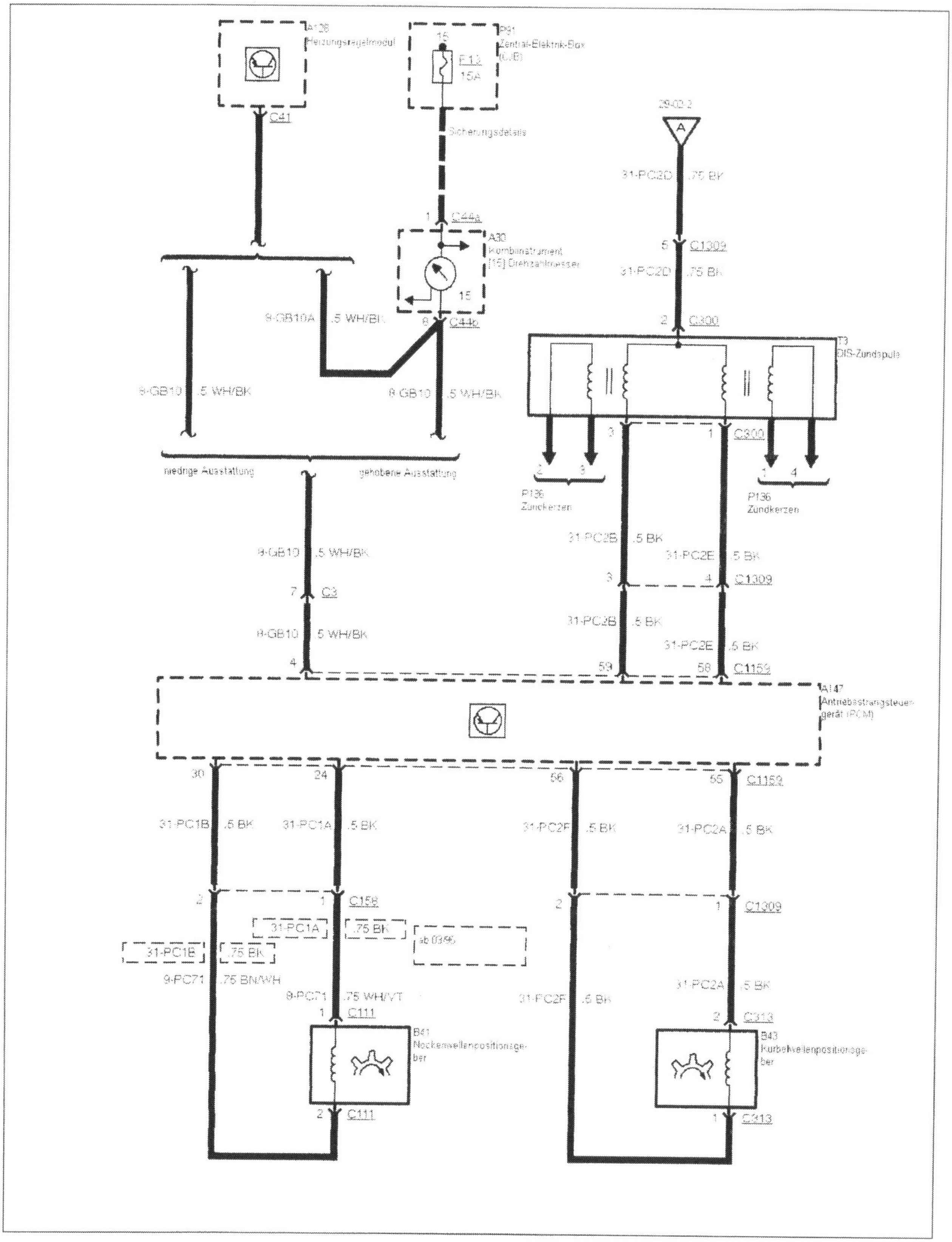

Motorregelung II (Endura-E)

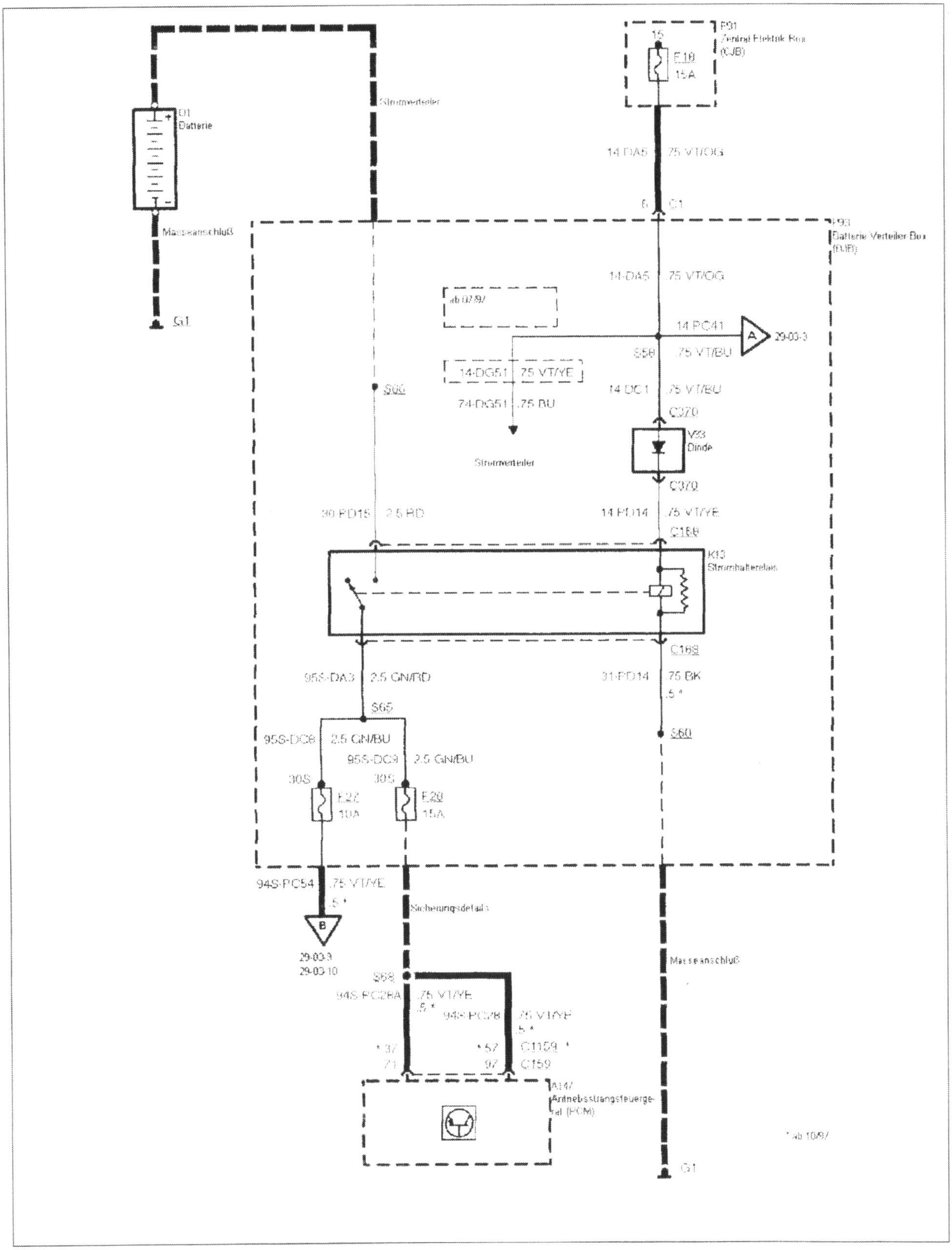

Stromversorgung I (Zetec-SE)

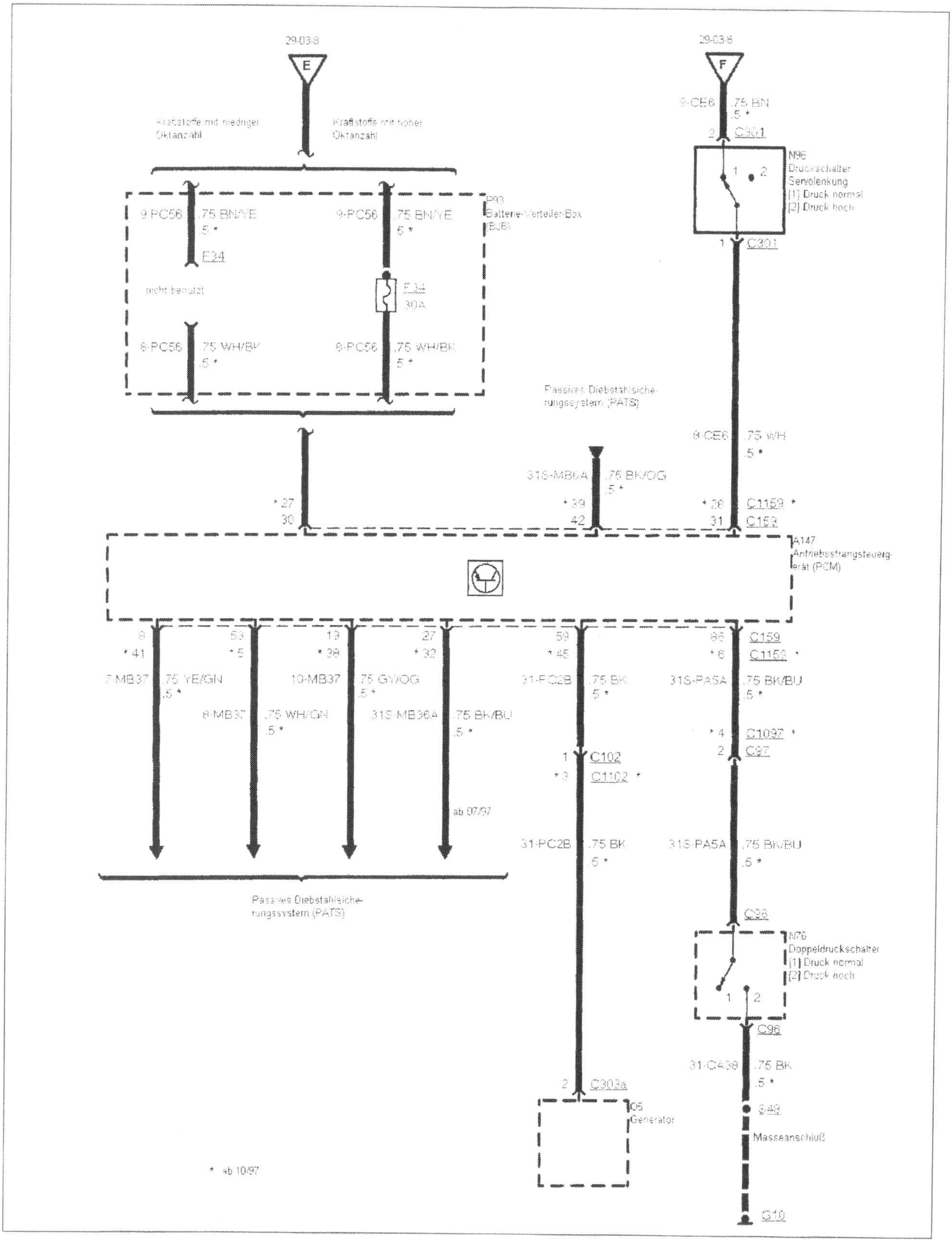

Stromversorgung II (Zetec-SE)

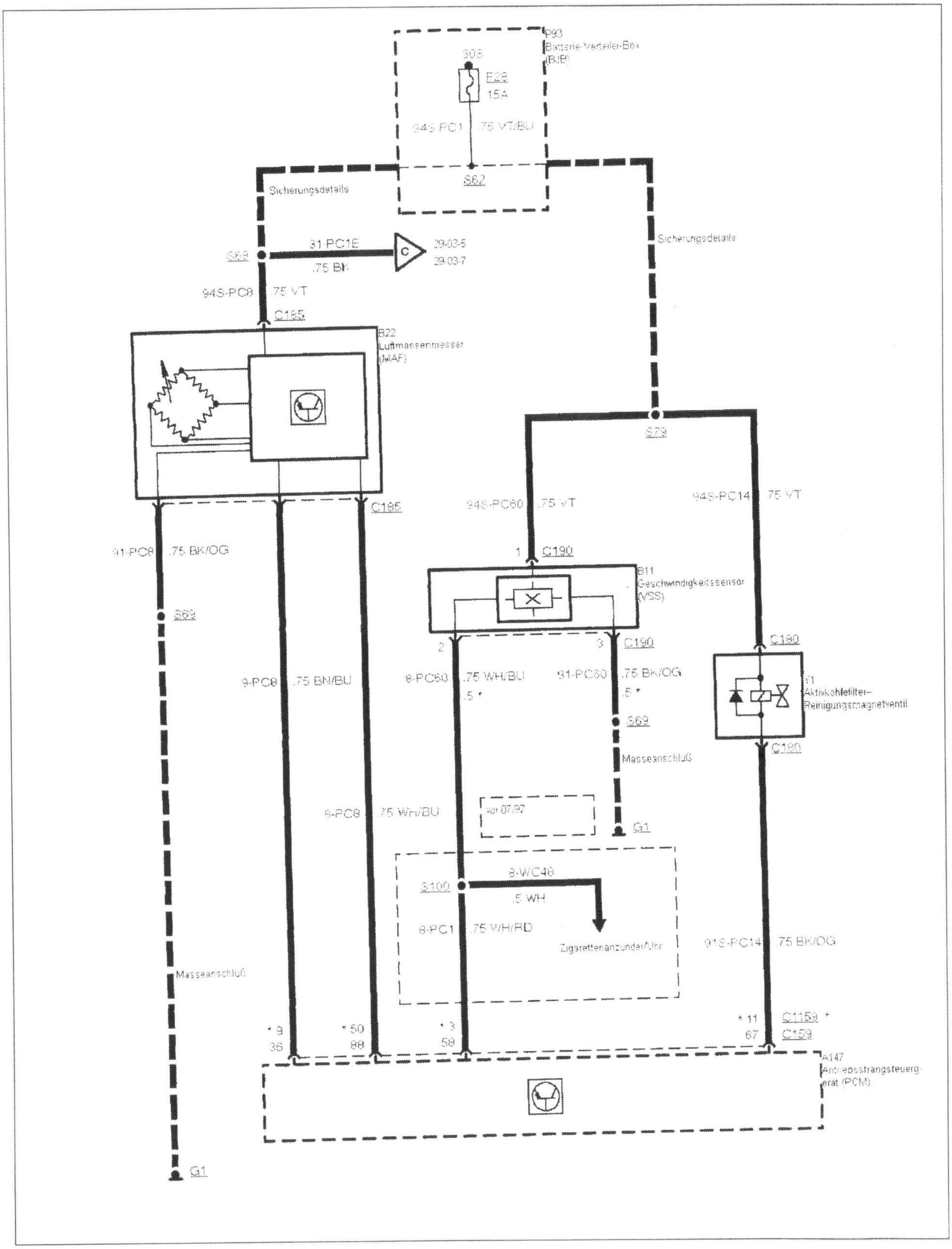

Motorregelung I (Zetec-SE)

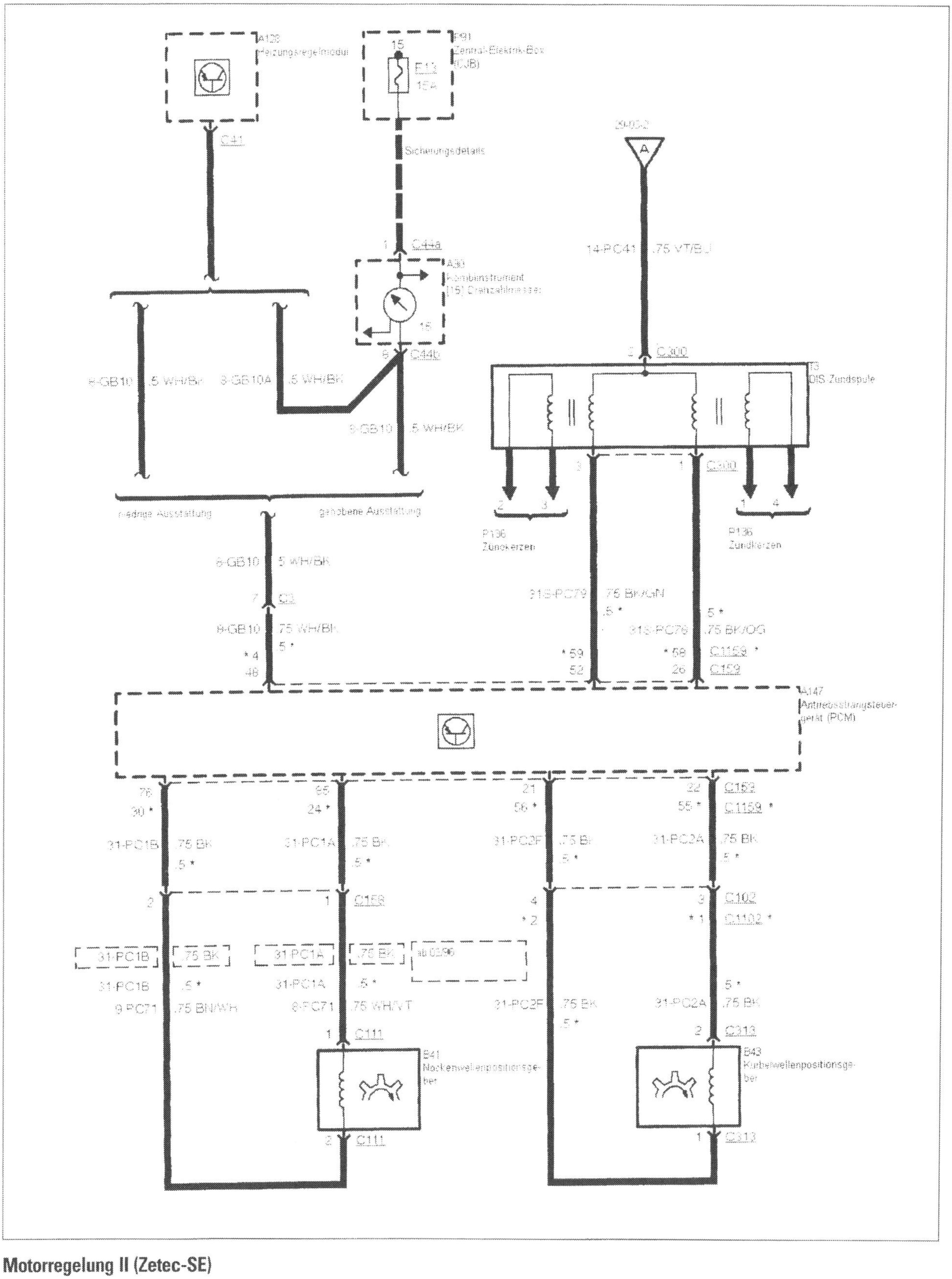

Motorregelung II (Zetec-SE)

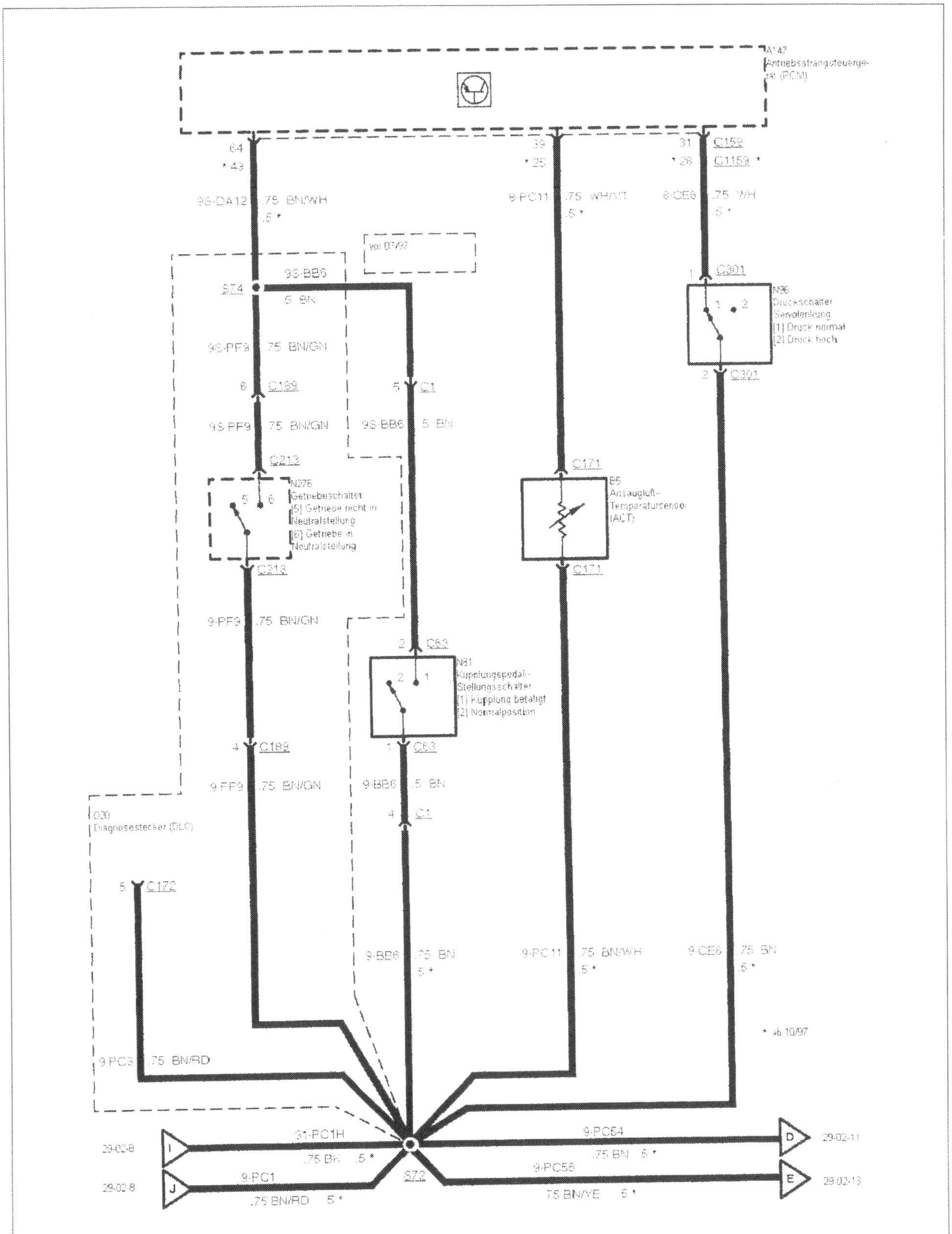

Motorregelung (Zetec-SE-CTX)

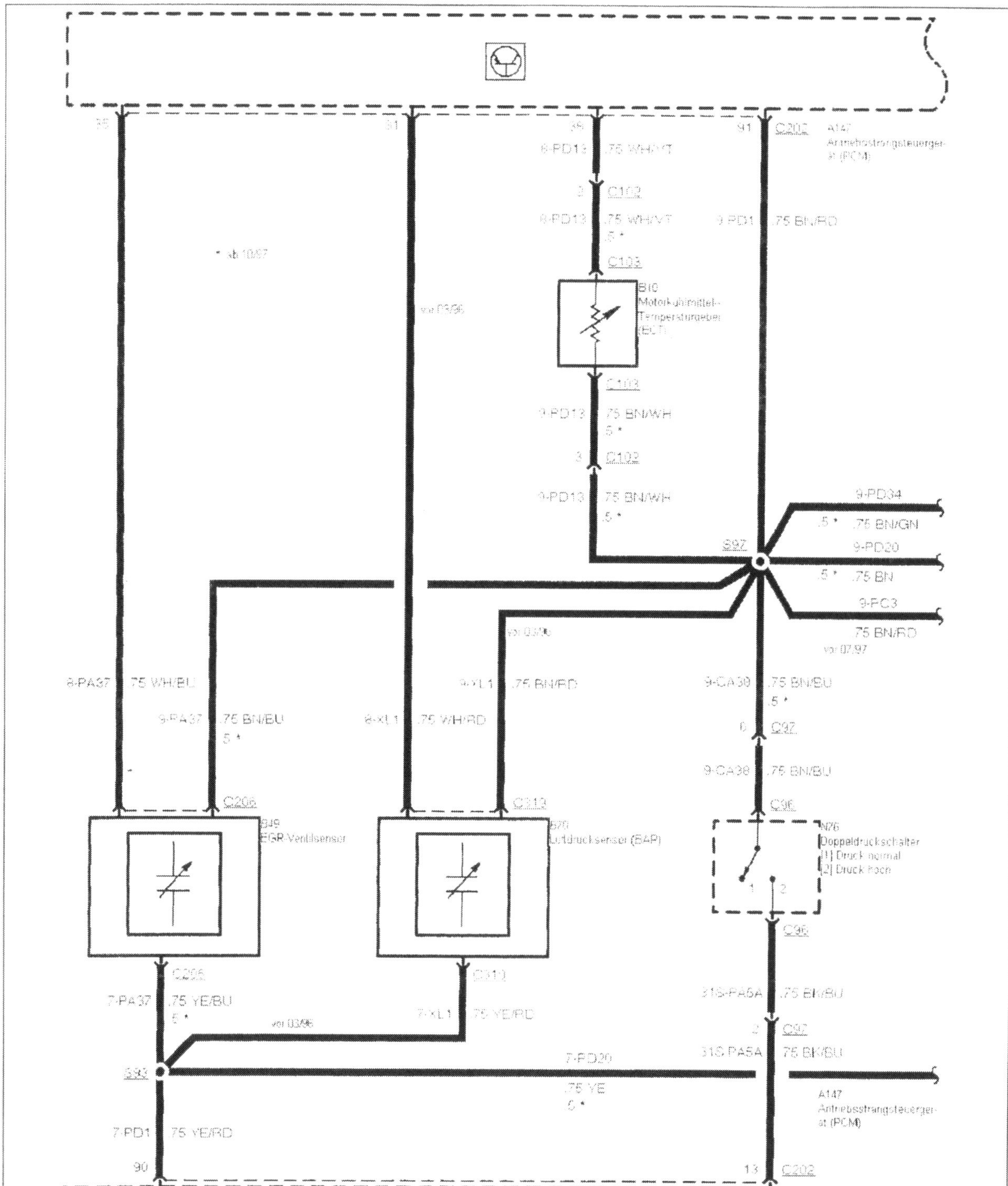

Motorregelung (Endura-DE I)

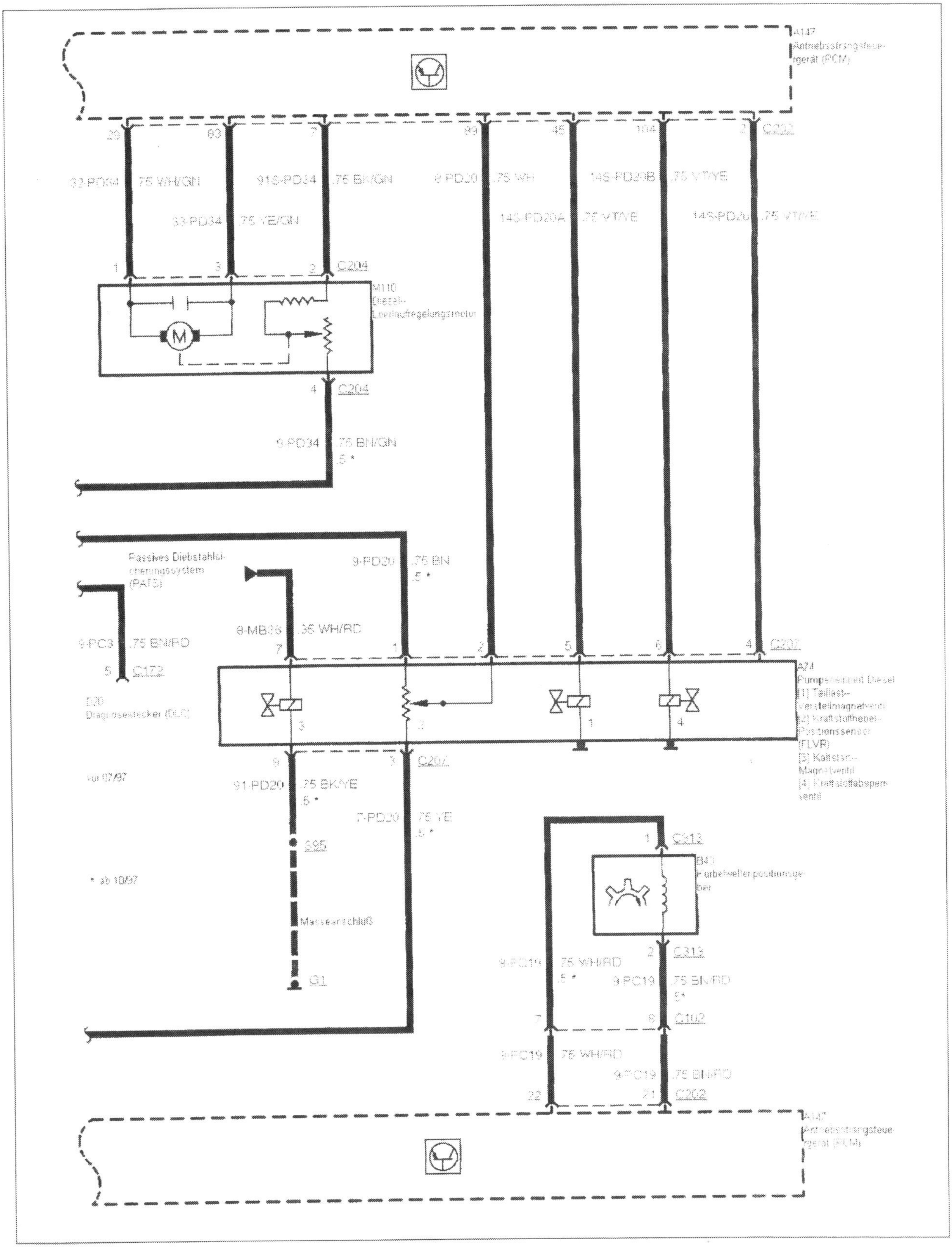

Motorregelung (Endura-DE II)

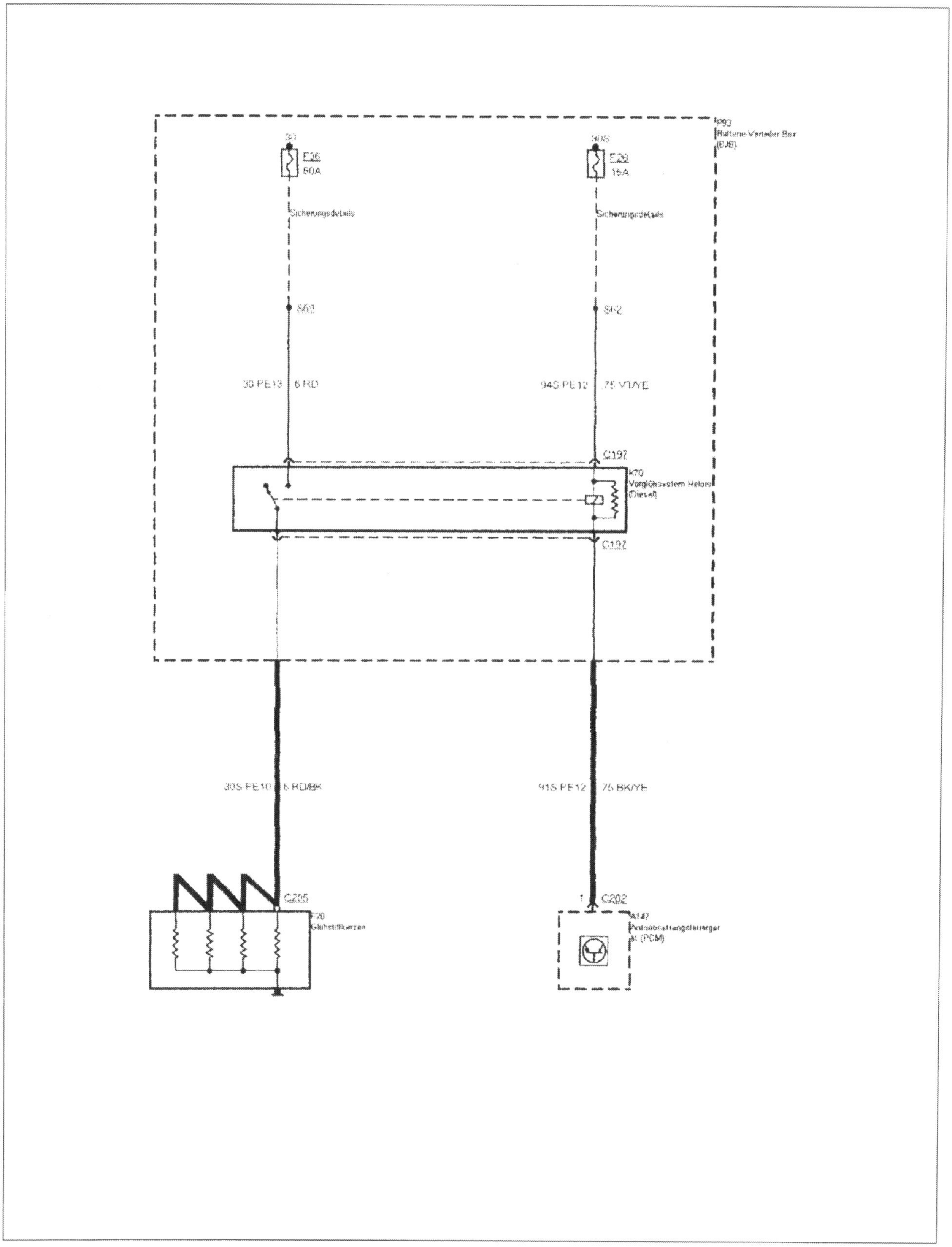

Motorregelung (Endura-DE Vorglühsystem)

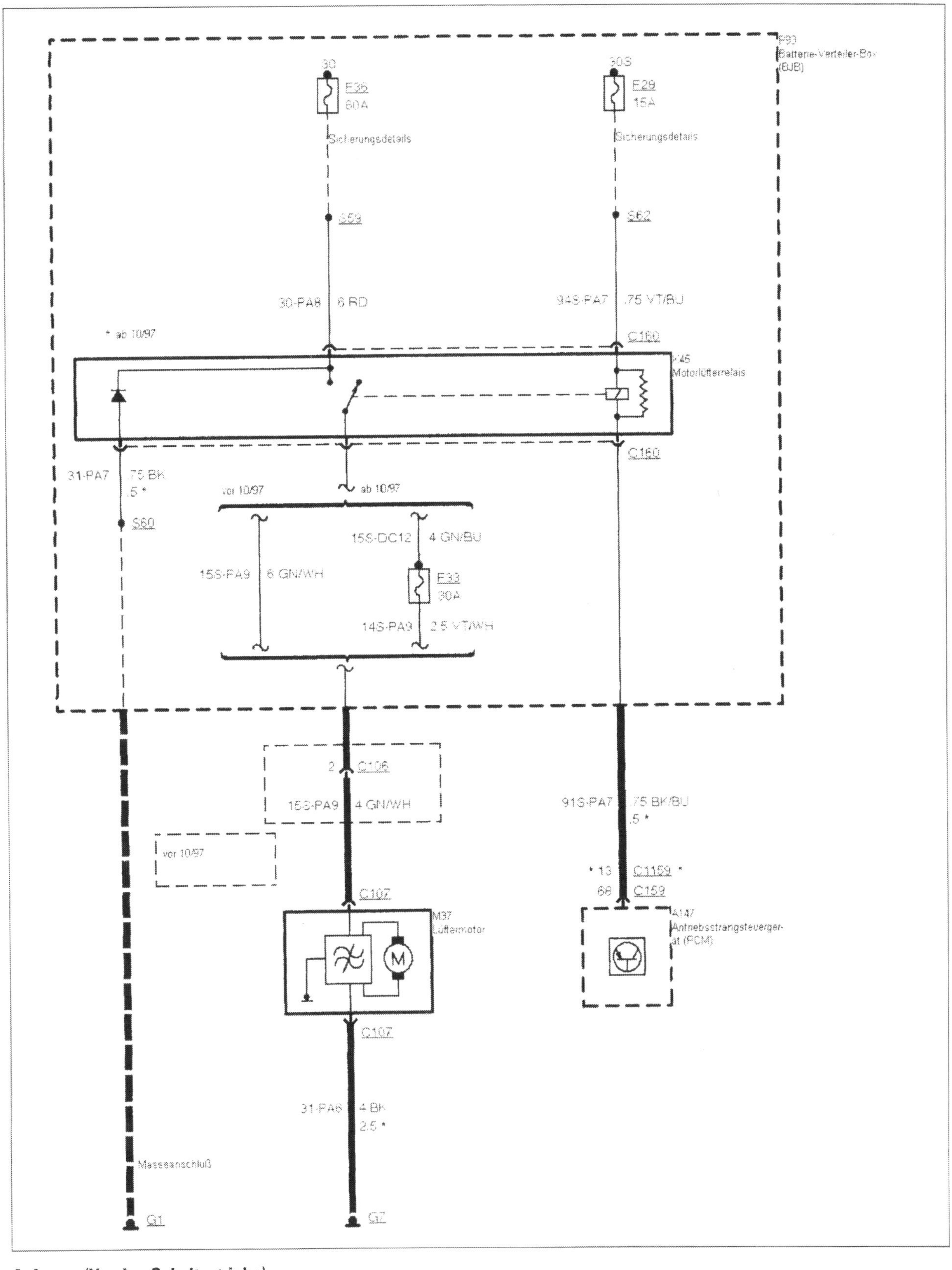

Anlasser (Version Schaltgetriebe)

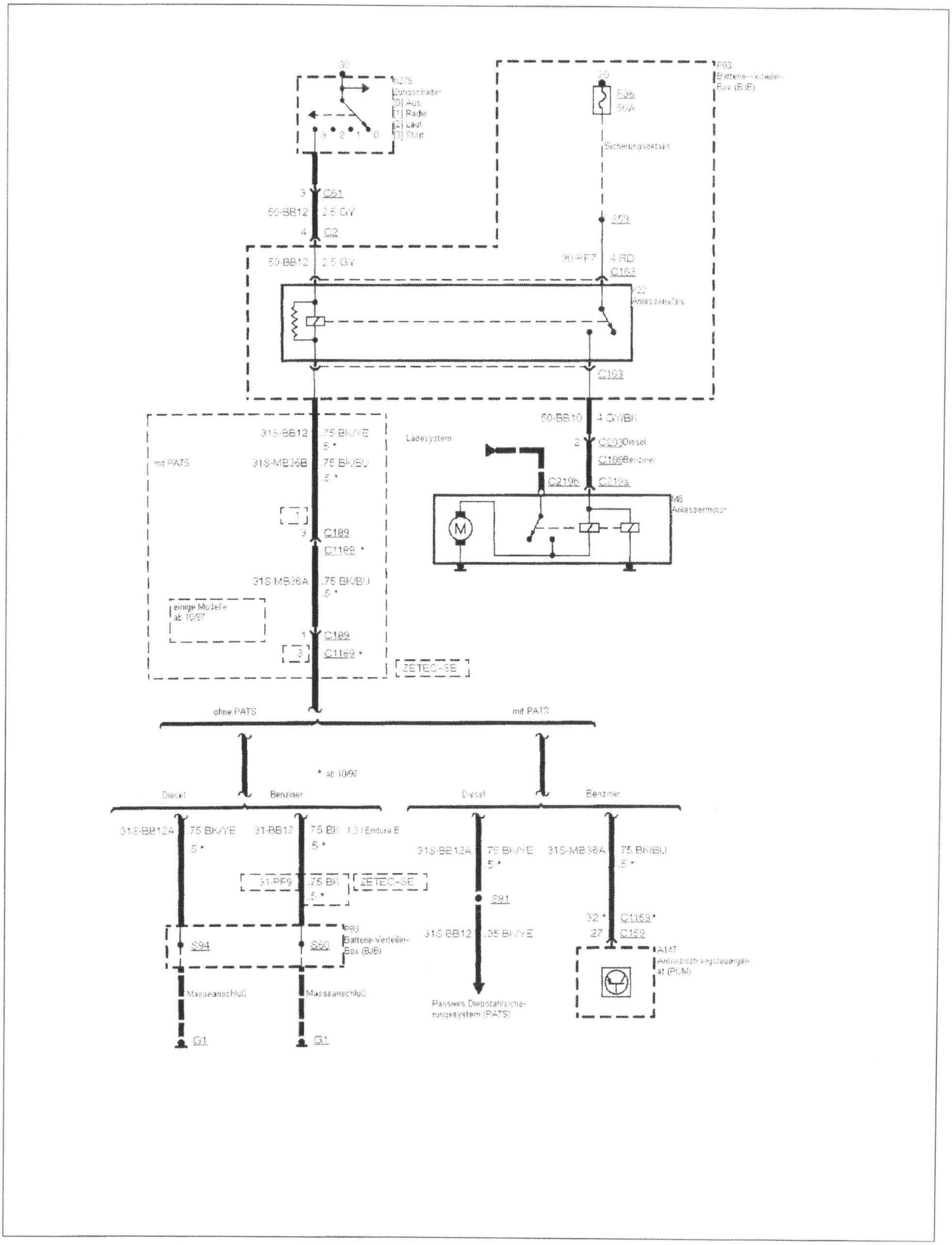

Motorlüfter (Endura-E ohne AC)

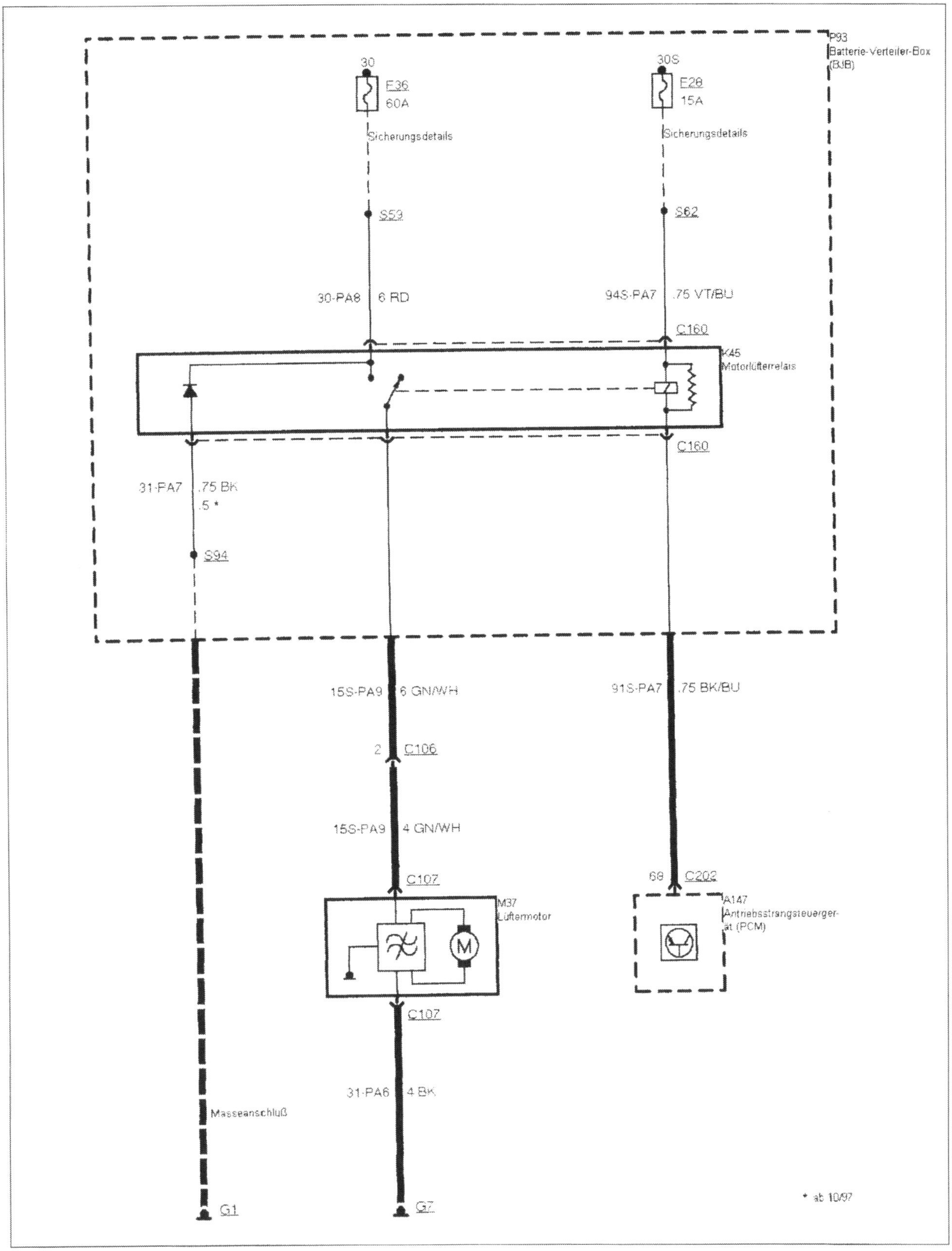

Motorlüfter (Endura-DE ohne AC)

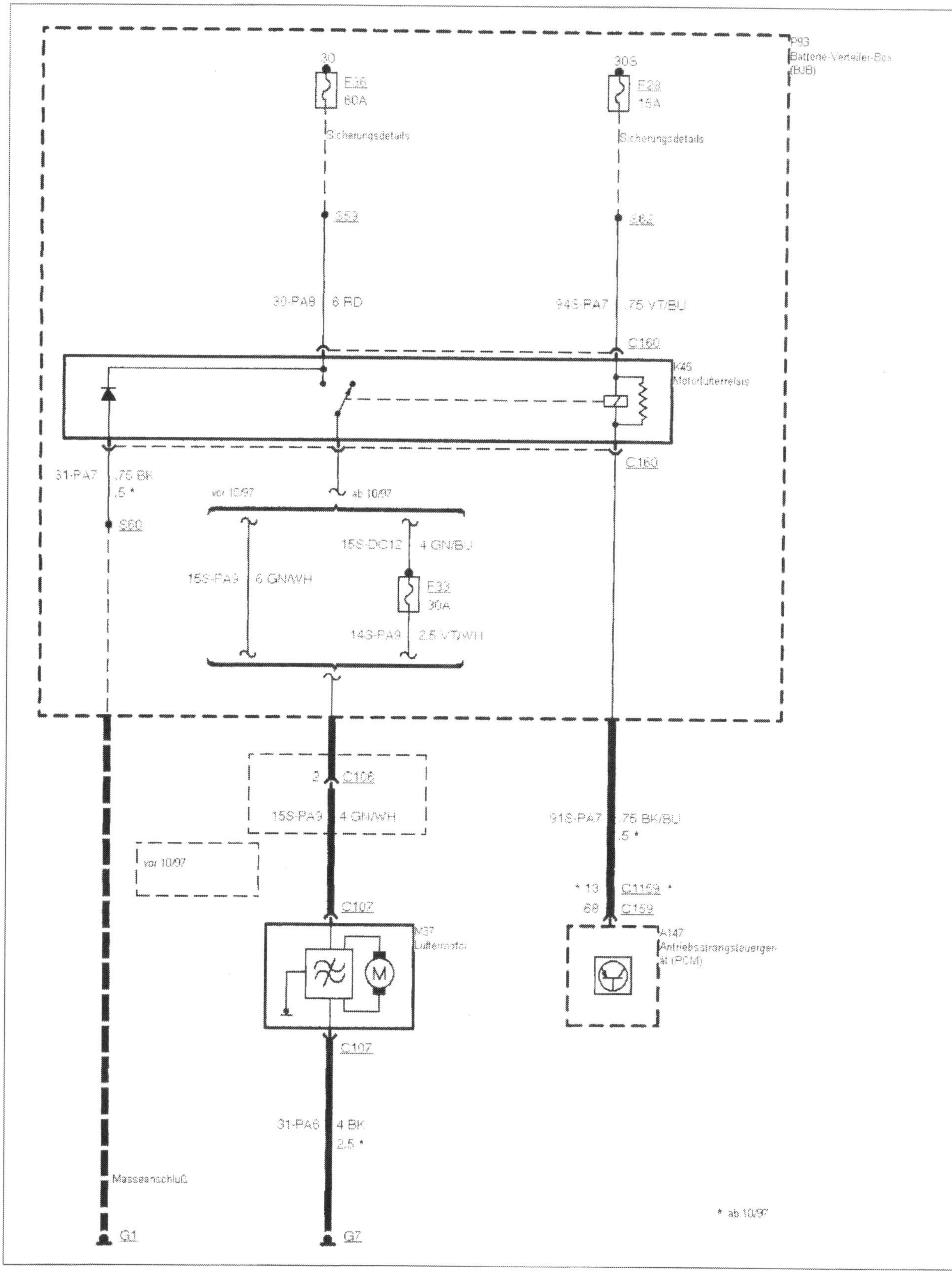

Motorlüfter (Zetec-SE ohne AC)

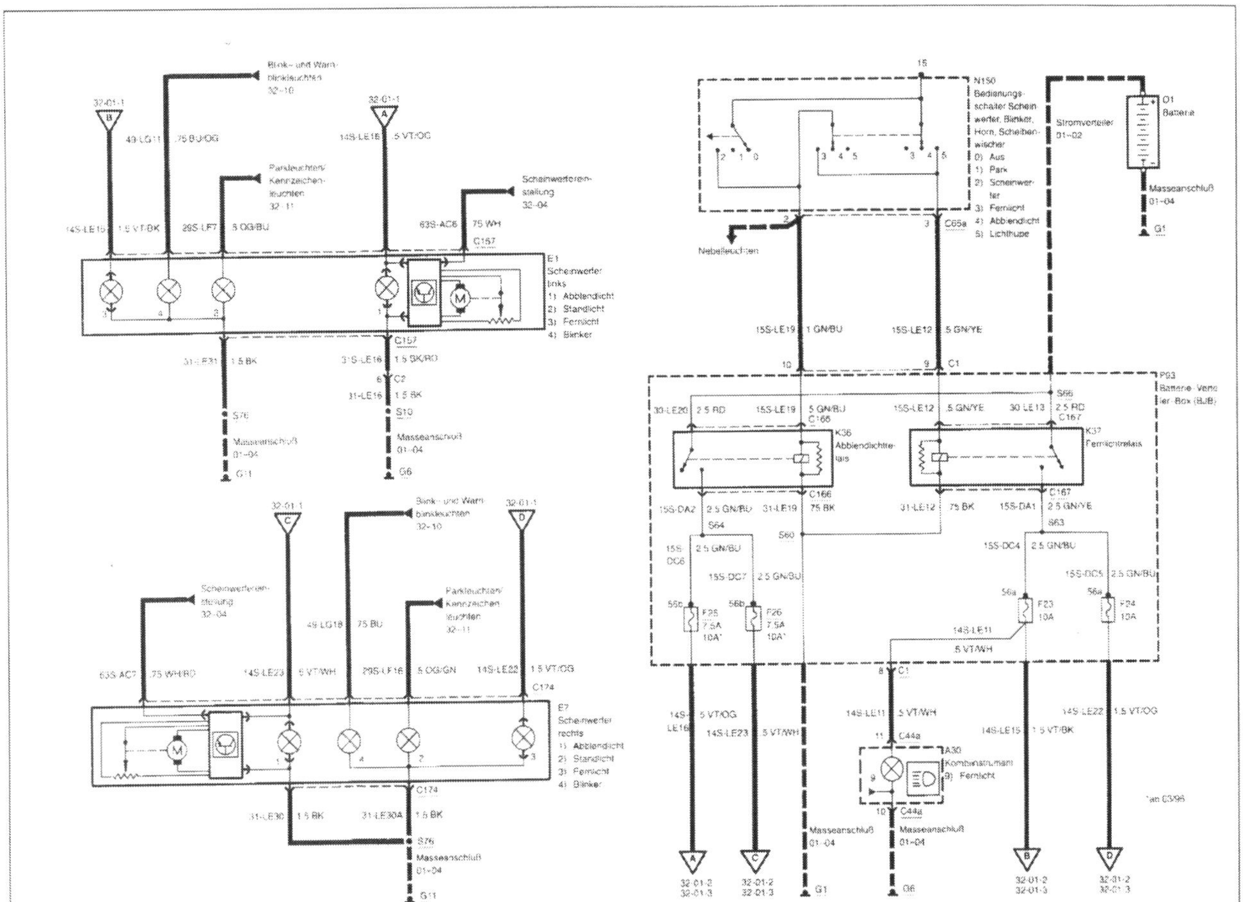

Scheinwerfer mit Scheinwerfereinstellung

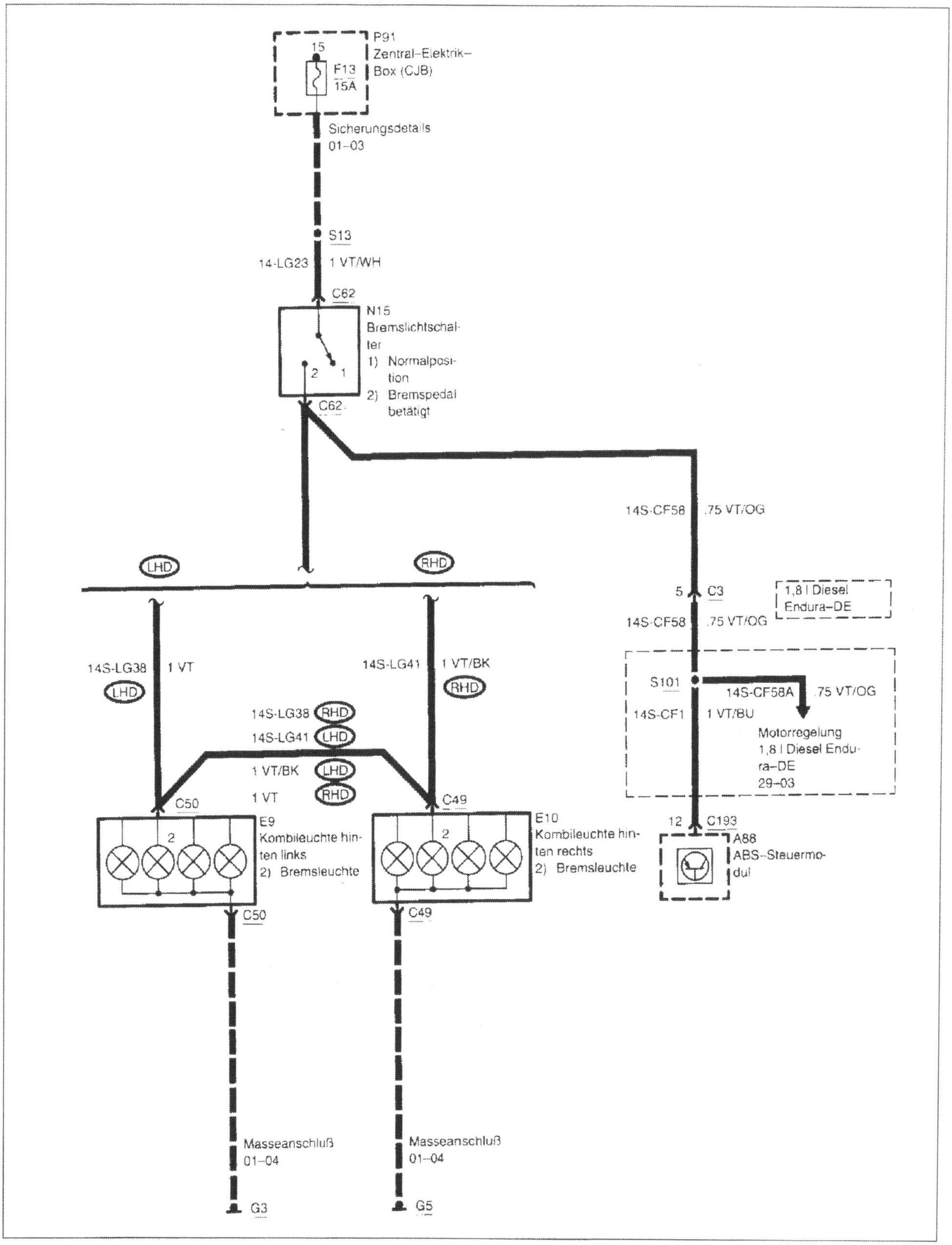

Bremsleuchten (außer Courier)

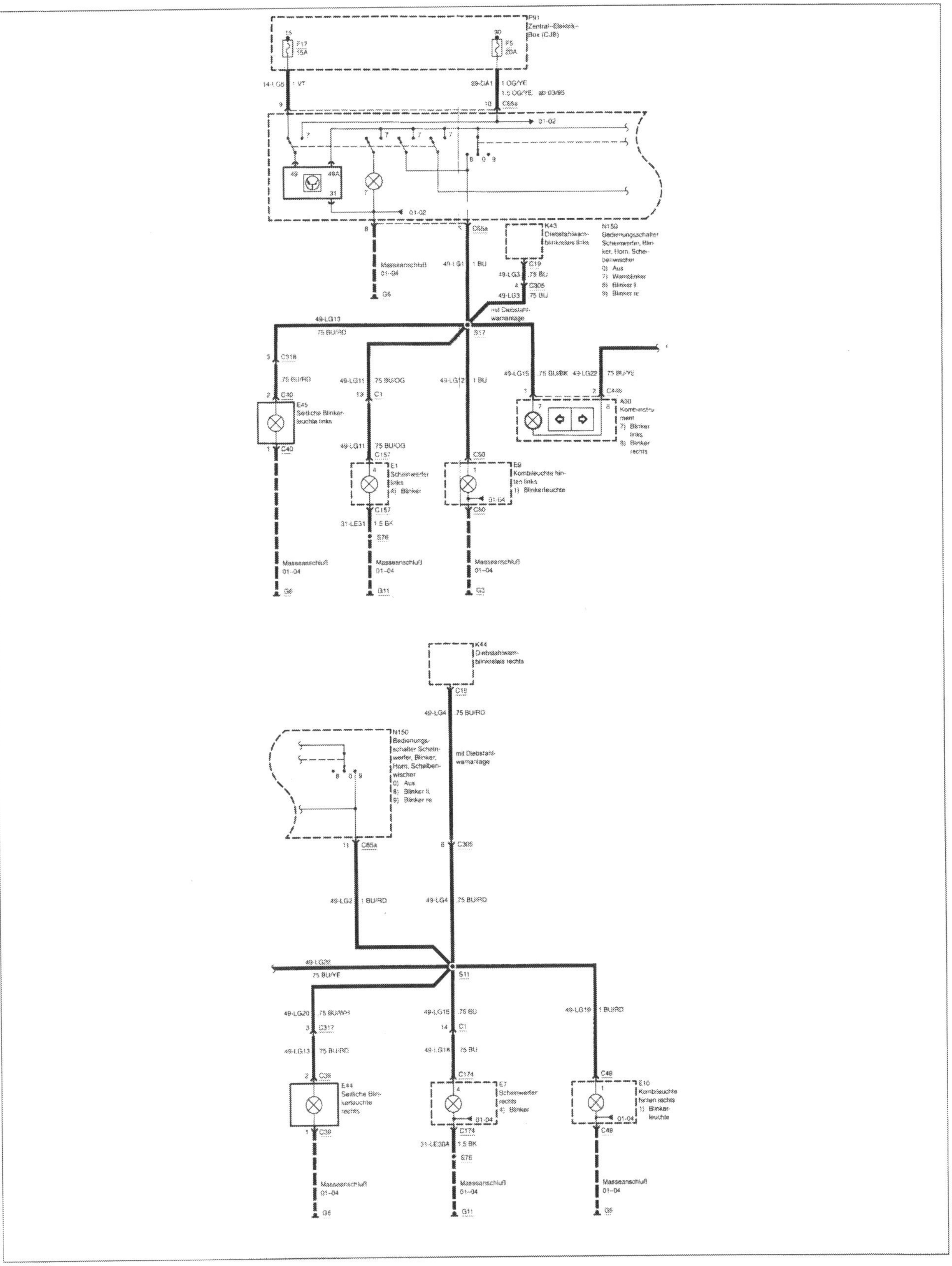

Blinkerleuchten (I, II)

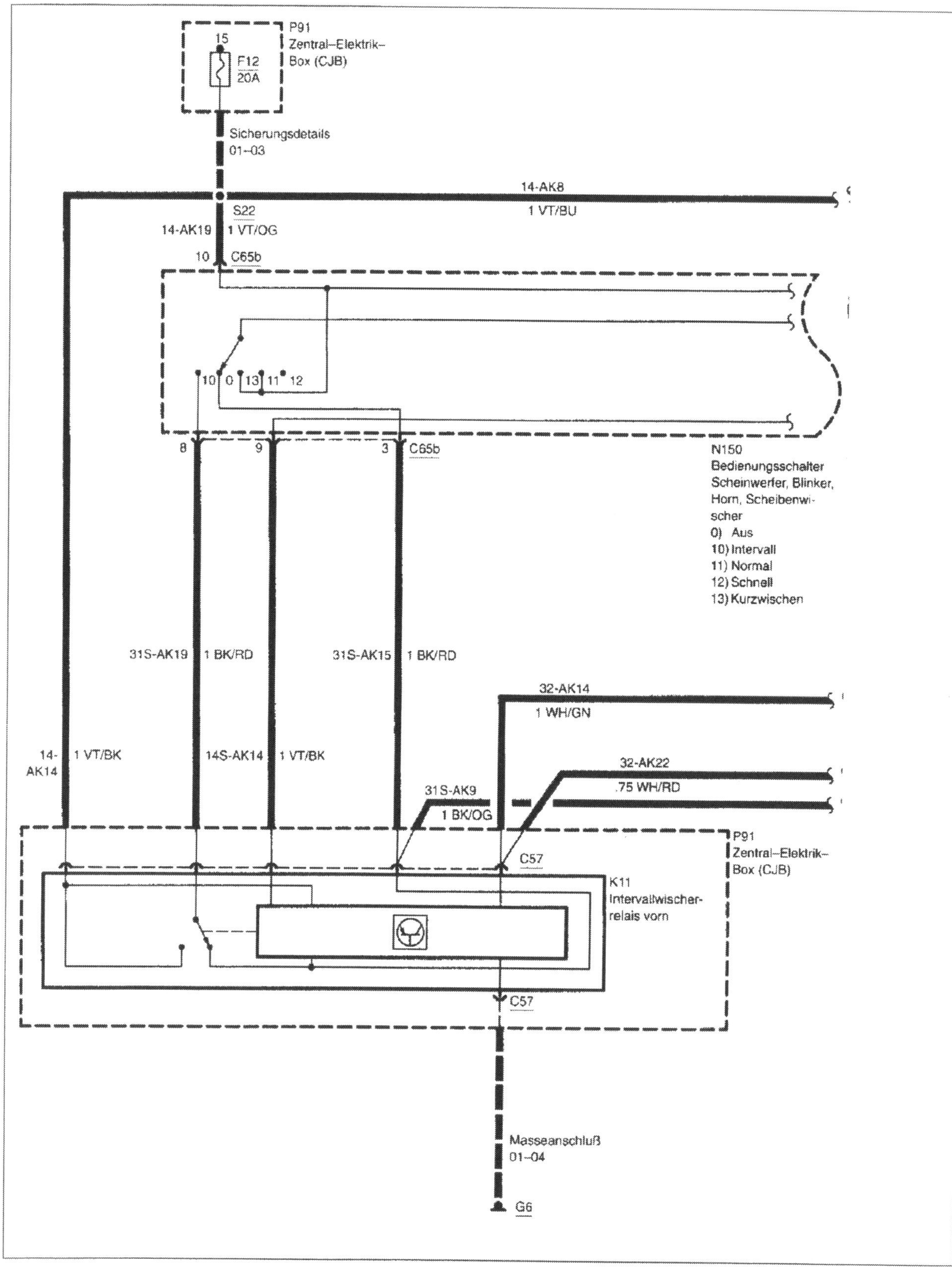
P91
Zentral–Elektrik–
Box (CJB)
15
F12
20A
Sicherungsdetails
01–03
14-AK8
1 VT/BU
S22
14-AK19
1 VT/OG
10
C65b
10
0
13
11
12
8
9
3
C65b
N150
Bedienungsschalter
Scheinwerfer, Blinker,
Horn, Scheibenwi-
scher
0) Aus
10) Intervall
11) Normal
12) Schnell
13) Kurzwischen
31S-AK19
1 BK/RD
31S-AK15
1 BK/RD
32-AK14
1 WH/GN
14-
AK14
1 VT/BK
14S-AK14
1 VT/BK
32-AK22
.75 WH/RD
31S-AK9
1 BK/OG
P91
Zentral–Elektrik–
Box (CJB)
C57
K11
Intervallwischer-
relais vorn
C57
Masseanschluß
01–04
G6

Signalhorn

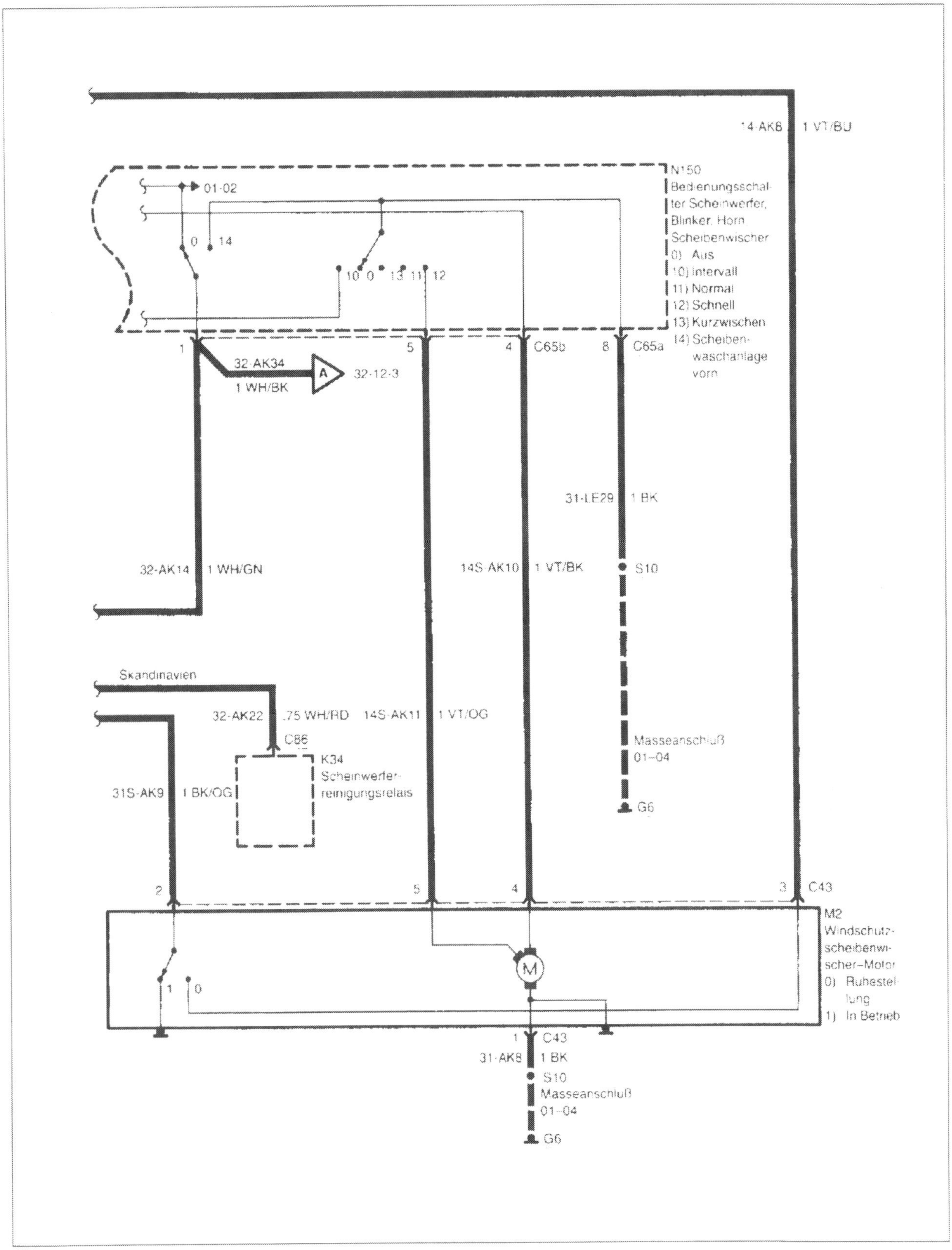

Wisch-/Waschanlage (I, II)

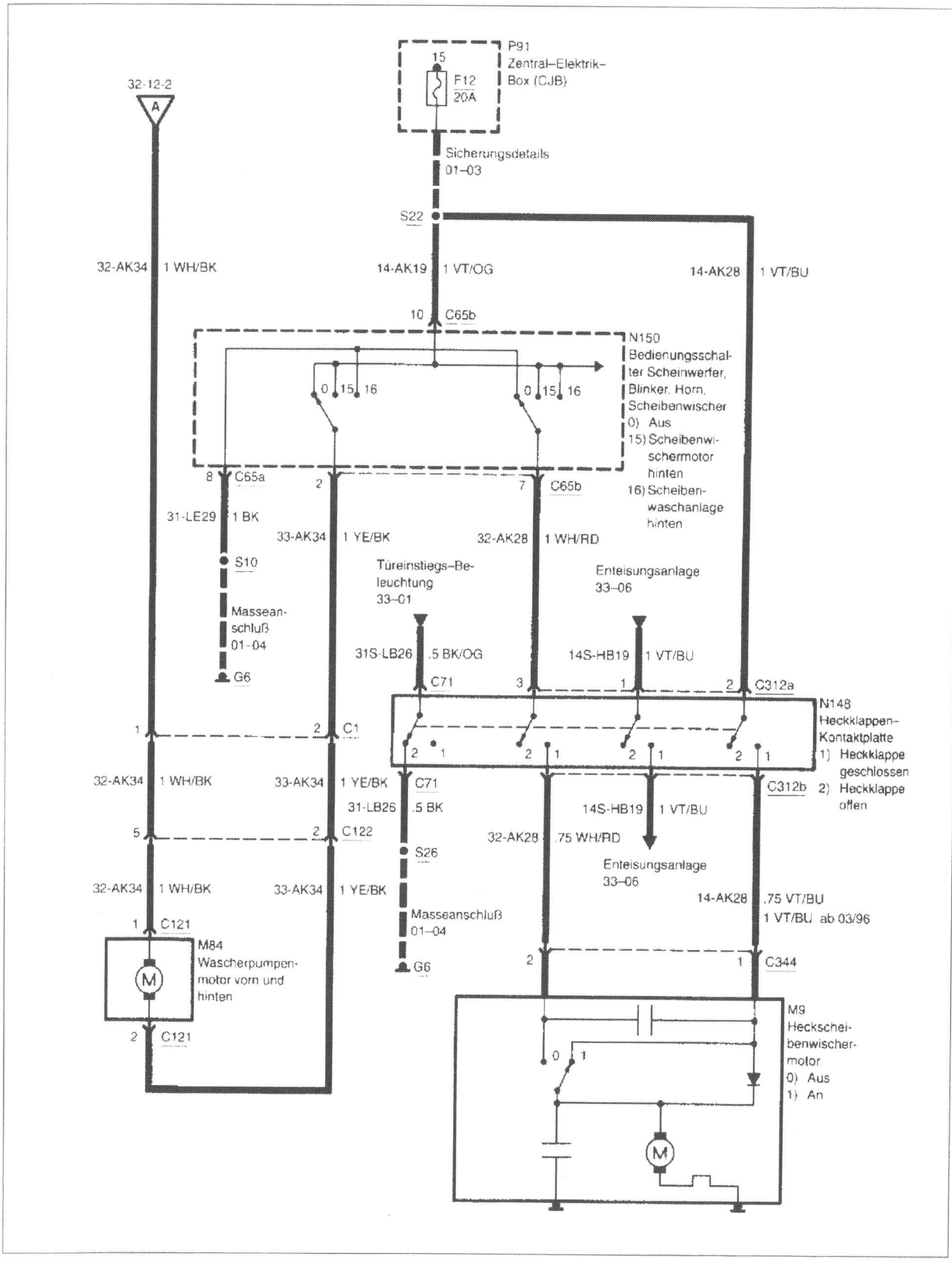

Wisch-/Waschanlage (Heck)

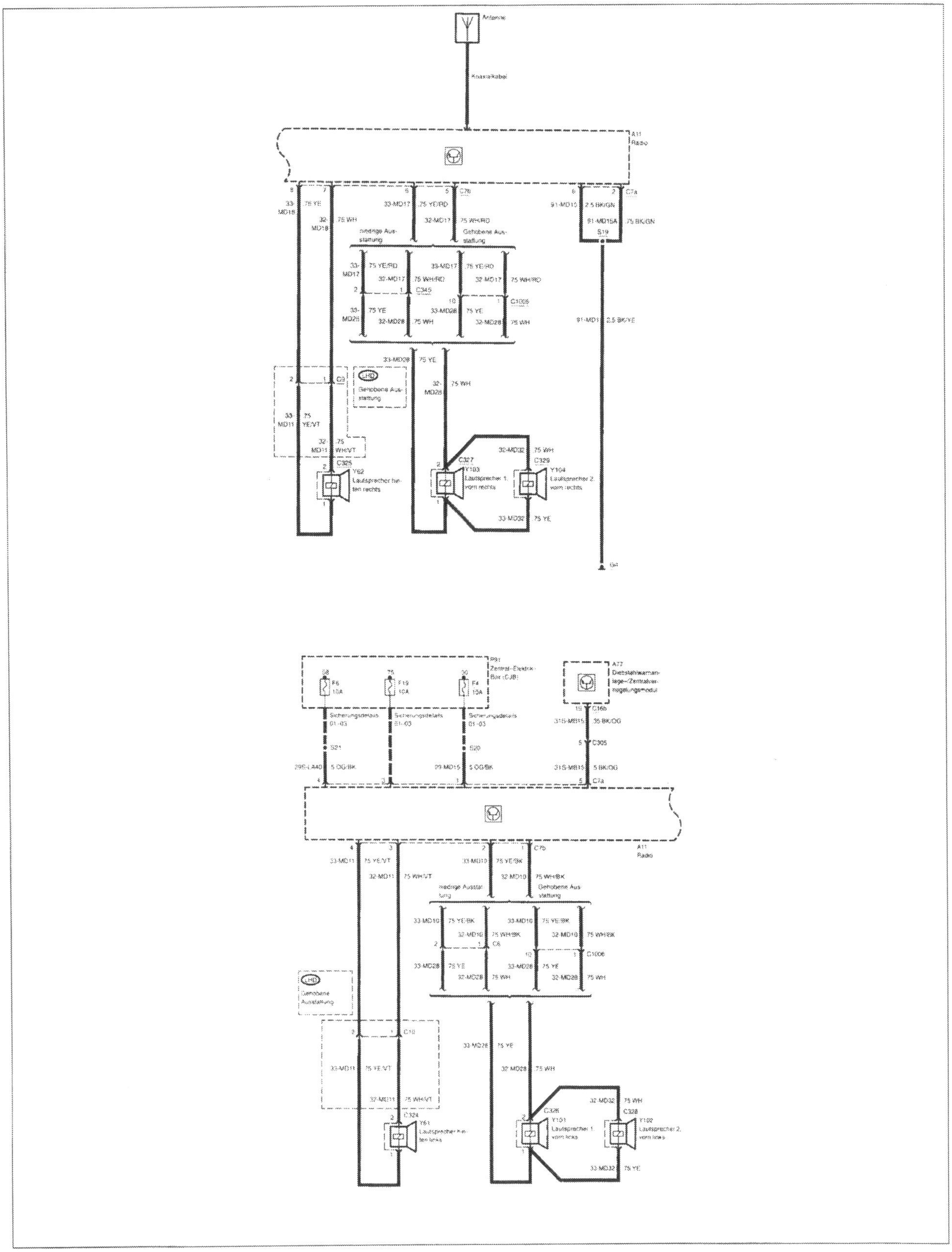

Radio/Beschallung (I, II)

DER

RAUM

Wartung

Reparatur

Mit der »96er Neuausgabe« des Ford Klassikers ging auch ein modern gestalteter Innenraum mit anspruchsvollen Sicherheitsfeatures einher. Neue "Anti-Dive-Sitze" mit atmungsaktiven Polsterstoffen steigern gleichermaßen die passive Sicherheit und den Komfort. Bei der Konzeption des Fiesta-Cockpits hatte die Ergonomie für den Fahrer hohen Stellenwert: Alle Bedienungselemente, inklusive Radio, sind bequem zu erreichen und liegen gut im Blickfeld. Die Materialauswahl der einzelnen Elemente ist harmonisch aufeinander abgestimmt. Kein Zweifel: Der Fiesta-Innenraum ist wohnlich und bequem – sowohl auf Kurztrips als auch während längerer Urlaubsfahrten mit Kind und Kegel. Das Kapitel »Der Innenraum« zeigt Ihnen, welche Wartungs- und Reparaturarbeiten Sie sinnvollerweise selbst erledigen können: Ein elektrischer Fensterheber zum Beispiel übersteht selten das ganze Autoleben unbeschadet. Und eine defekte Innenleuchte oder eine neue Antenne stehen gleichfalls häufiger auf der Tagesordnung als es Ihnen lieb sein mag. Selbsthilfe ist freilich nicht nur bei Störungen angesagt – regelmäßige Innenraumpflege entpuppt sich spätestens beim Wiederverkauf als »geldwerte« Maßnahme.

Heizung und Lüftung

Ein Teil des Fahrtwinds gelangt vor der Frontscheibe durch das Lüftungsgitter ins Wageninnere. Auf dem Weg in den Fahrgastraum passiert die Frischluft einen Staub- und Pollenfilter sowie ein vierstufiges Luftgebläse. Damit die Fiesta-Scheiben auch bei feuchter Witterung beschlagfrei bleiben, »streicht« während der Fahrt ein zugfreier Luftstrom (Zwangsentlüftung) an den Seitenfenstern vorbei. Die Zwangsentlüftung sorgt, auch bei geschlossenen Düsen und Fenstern, für einen ständigen Luftaustausch. Je nach Stellung der Luftführungsklappen läßt sich der Innenraum mit Verteilerdüsen unterschiedlich klimatisieren. Die frische Außenluft strömt dazu an den Aluminiumlamellen des Heizungswärmetauschers vorbei und erwärmt sich auf das gewünschte Temperaturniveau. Ohne Luftgebläse funktioniert die Belüftung geschwindigkeitsabhängig, lassen Sie auf Kurzstrecken und im Stadtverkehr das Gebläse darum immer auf Stufe 1 oder 2 »mitarbeiten«. Vorteil: Der Luftstrom verteilt sich, unabhängig von der Fahrgeschwindigkeit, schneller im Innenraum. Das Luftgebläse sitzt vor dem Wärmetauscher und kühlt dadurch auch an kälteren Tagen die Luft nicht ab.

Gelegentlich prüfen – Funktion von Heizung und Lüftung

- Heizungsregler bei betriebswarmem Motor bis zum Anschlag aufdrehen – strömt Warmluft aus?
- Heizungsregler völlig schließen – nach einigen Kilometern darf nur noch kalte Luft aus den Düsen kommen, andernfalls schließen die Luftklappen nicht mehr dicht.
- Funktioniert die Luftverteilung nach oben und unten?
- Strömt die Luft gleichmäßig aus allen Öffnungen?
- Funktioniert der Regler für den Umluftbetrieb?
- Läuft das Gebläse in allen Stufen?

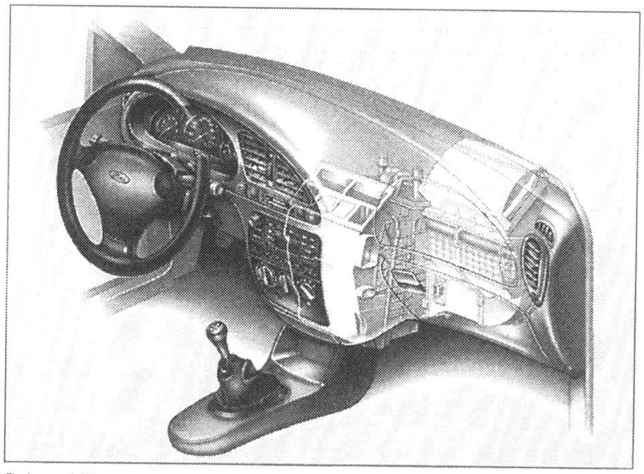

Prima Klima aus dem Untergrund: Die Klimatisierung des Innenraums beginnt unterhalb des Armaturenträgers. Hier wird die Außenluft gezielt aufbereitet und über Luftführungen und Düsen verteilt. Den Luftaustausch unterstützt zudem ein vierstufiges Gebläse.

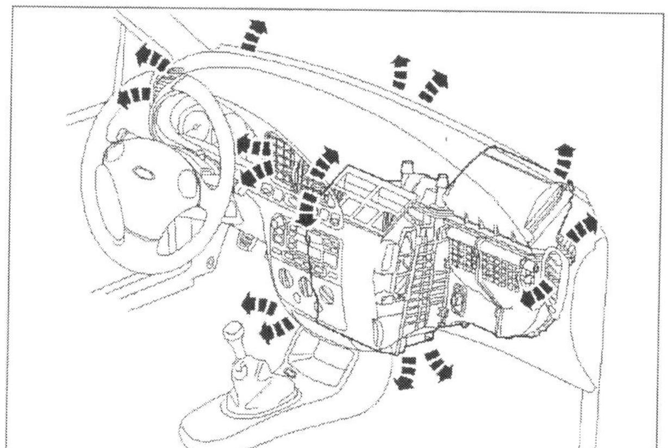

Die Luftverteilung.

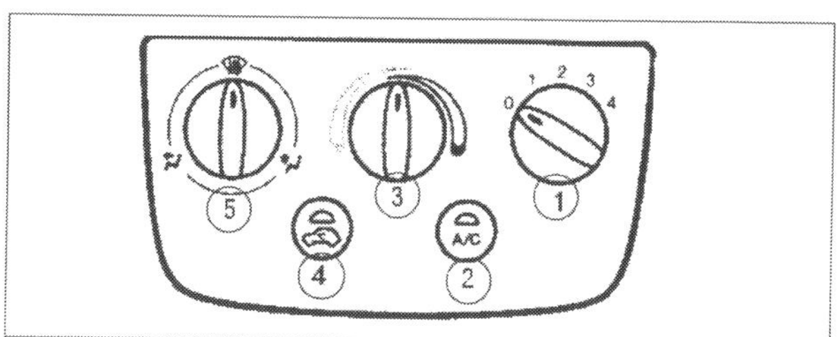

❶ Gebläse. ❷ Klimaanlage (Option). ❸ Temperaturregler. ❹ Umfluft. ❺ Luftverteilung.

Störungs-beistand

Heizung

Störung	Ursache	Abhilfe
A Schwache Heizleistung	**1** Luftklappe schließt nicht völlig	Stellzüge kontrollieren; Klappe gängig machen, ggf. Fremdkörper entfernen
	2 Wärmetauscher verstopft oder Zuleitungen gequetscht	Wärmetauscher reinigen bzw. ersetzen (lassen); Zuleitungen kontrollieren
	3 Heizungsbetätigung verstellt oder ausgehängt	Einstellen bzw. neu einhängen
	4 Vor- oder Rücklauf des Wärmetauschers zugesetzt oder geknickt	Kontrollieren, ggf. Schläuche ersetzen
B Heizung fällt während der Fahrt aus	**1** Wärmetauscher durch Kühlmittelverlust leergelaufen (Luft im Gehäuse)	Temperaturanzeige beobachten. Wenn im roten Bereich, sofort anhalten, sonst Gefahr für die Zylinderkopfdichtung! Undichtigkeit beheben und Kühlwasser auffüllen

Heizungs- und Lüftungsbedieneinheit ausbauen

Arbeitsschritte

① Batterie abklemmen (Massekabel).

② Radio demontieren.

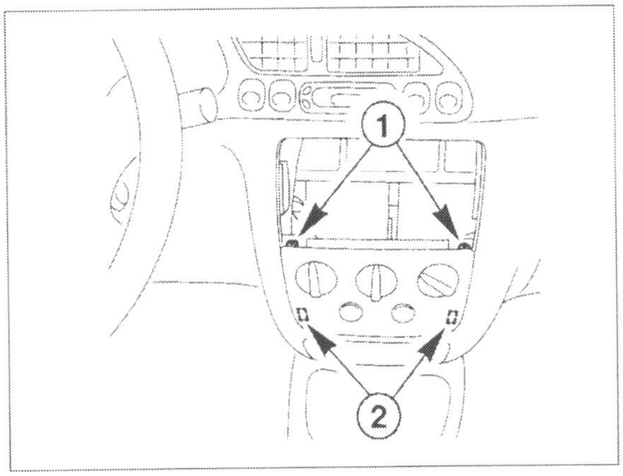

Befestigung.

③ Schrauben ❶ herausdrehen.

④ Clipse ❷ ausrasten.

⑤ Bedieneinheit vorsichtig soweit nach vorne ziehen, bis Sie den Zentralstecker an der Rückseite abziehen können.

⑥ Anschluss (Pfeil) an Luftverteilerwelle aushängen.

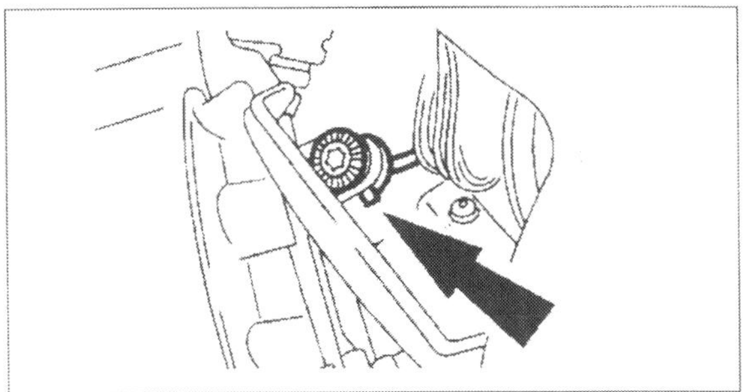

Luftverteilerwelle.

⑦ Bedienungseinheit herausziehen.

⑧ Endmontage in umgekehrter Reihenfolge.

⑨ Batterie anklemmen.

⑩ Funktionskontrolle durchführen.

Das Gebläse

In allen Fiesta-Modellen unterstützt ein vierstufiges Radialgebläse den Luftaustausch im Innenraum. Der Gebläsemotor sitzt zentral unter dem Armaturenbrett vor der Spritzwand, das Gebläse damit sinnvollerweise vor dem Heizungswärmetauscher, es kann somit auch wintertags der Innenraum nicht »auskühlen«. Vorgeschaltete Widerstände regeln den Gebläsemotor stufenweise ein. In Stufe 4 hat der Lüfter die größte Leistung. Seine Kapazität ist großzügig ausgelegt, so dass, unabhängig von der momentanen Fahrgeschwindigkeit, immer genügend Luft umgewälzt wird. Das gilt für wenige Minuten übrigens auch in Stellung »Umluft«.

Gebläseschalter montieren

Arbeitsschritte

① Arbeitet das Gebläse in keiner Schalterstellung, kontrollieren Sie zunächst die zuständige Sicherung unterhalb der Armaturentafel (Sicherung 16).

② Ist die Sicherung o. k. überprüfen Sie den Gebläseschalter. Dazu muss die Bedieneinheit – wie beschrieben – demontiert werden.

③ Kontrollieren Sie die Anschlüsse des Mehrfachsteckers (Pfeile) ob Spannung anliegt. Falls nicht, prüfen Sie auch die Zuleitung vom Sicherungskasten.

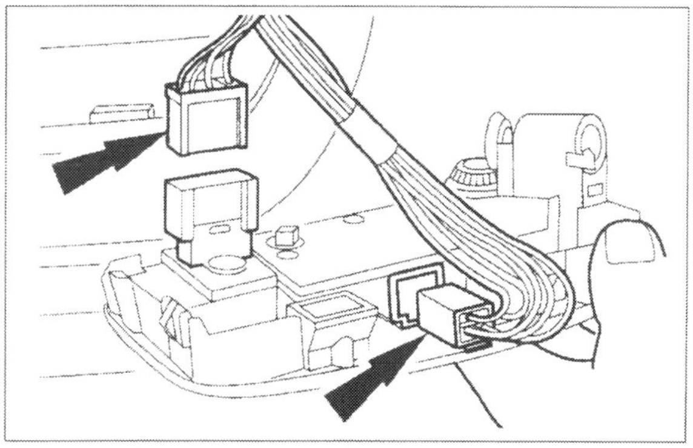

Mehrfachstecker.

④ Im nächsten Schritt checken Sie den Schalter in allen Stellungen auf »Durchgang«. Schließen Sie dazu ein Multimeter an.

⑤ Einen defekten Schalter tauschen Sie besser aus, Reparaturen sind erfahrungsgemäß nicht sinnvoll.

⑥ Den neuen Schalter – wie in Darstellung gezeigt – montieren.

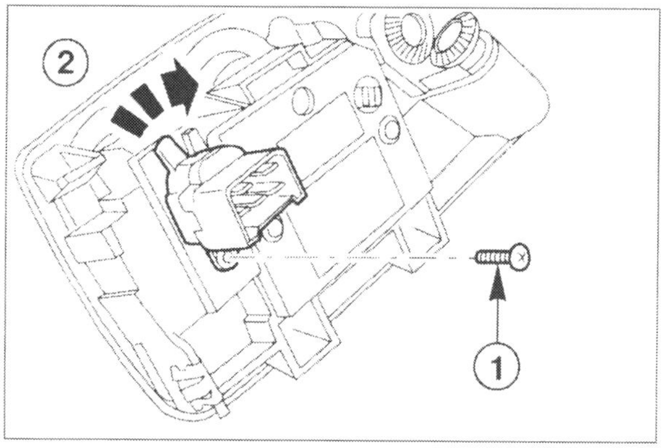

Schaltermontage.
Befestigungsschraube ❶ des Gebläseschalters herausdrehen und Schalter – mit leichtem Druck und Rechtsdrehung ❷ gegen das Gehäuse – ausbauen.

⑦ Sollte der Schalter jedoch o. k sein, überprüfen Sie im nächsten Schritt die Masseverbindung zum Gebläsemotor.

⑧ Liegt dort auch kein Fehler vor, ist der Gebläsemotor defekt (Kohlen abgebrannt, Ankerwicklungen »verschmort«). Wir raten Ihnen den Austausch des Gebläsemotors einer Fachwerkstatt zu überlassen.

Die Schalter

Im Fiesta sind unterschiedliche Schaltertypen verbaut. Rechts und links der Lenksäule reichen die Betätigungshebel des Lenkstockschalters aus der Verkleidung. Das Heizgebläse und die Luftverteilung im Innenraum aktivieren Drehschalter in der Mittelkonsole. Den elektrischen Fensterhebern (Option) sind Kippschalter vorbehalten. Druckschalter setzen dagegen die Nebelschlussleuchte, die Zusatzscheinwerfer sowie die beheizbare Front- und Heckscheibe in Aktion. Mit etwas Geschick wechseln Sie defekte Kipp- und Druckschalter in eigener Regie – den Lenkstockschalter sollten Sie besser in Ihrer Fachwerkstatt wechseln lassen.

Aktiviert auch die Wegfahrsperre – das Lenk-/Zündschloss

Mit dem Lenk-/Zündschloss starten Sie den Motor und – bei abgezogenem Zündschlüssel – binnen fünf Sekunden auch die automatische Wegfahrsperre. Nach etwa einer halben Lenkraddrehung ohne Zündschlüssel rastet zudem das Lenkradschloss ein. An der Schließmechanik treten erfahrungsgemäß nur selten Störungen auf. Bei älteren Autos kommt es schon mal vor, dass die elektrischen Kontakte des Zündschlosses »verkleben« bzw. korrodieren. Leider ist die Kontaktplatte nicht einzeln austauschbar, das gesamte Lenk-/Zündschloss muss erneuert werden – überlassen Sie die Arbeit besser Ihrer Werkstatt. Zur Kontrolle der Wegfahrsperre sollten Sie übrigens – bevor Sie den Wagen verlassen – immer die Kontrollleuchte rechts neben der Zeituhr ins »Auge fassen«. Die Wegfahrsperre ist nämlich nur dann betriebsbereit, wenn die Leuchte – bei eingeschalteter Zündung – für etwa drei Sekunden brennt. Die gleiche Lampe ist auch mit der Doppelschließung (Zentralverriegelung) und der Diebstahlwarnanlage belegt. Sollte Ihr Fiesta Startschwierigkeiten haben, achten Sie darauf, ob der schnelle Blinkrhythmus der Kontrollleuchte nach ca. einer Minute in mehrmaliges unregelmäßiges Blinken übergeht. In dem Fall hat das System die Codierung Ihres Schlüssels nicht erkannt. Ziehen Sie dann den Zündschlüssel ab und starten erneut.

Wichtig für den Datenfluss – Zündschlüssel nicht mit Metall abschirmen

Brennt die Kontrollleuchte dann etwa eine Minute ununterbrochen und blinkt danach mehrmals unregelmäßig auf, hat das System eine Störung registriert. Stellen Sie zunächst sicher, das der Zündschlüssel nicht von anderen Schlüsseln oder Metallteilen (Schlüsselbund) abgeschirmt wird. Sollte das nicht die Fehlerquelle sein, probieren Sie den Ersatzschlüssel oder codieren das »verstimmte« Exemplar mit dem roten »Masterschlüssel« neu. Falls Ihnen das zu aufwendig erscheint, hilft Ihnen auch Ihr Ford-Händler weiter.

Schlüssel codieren

Mit dem Masterschlüssel lassen sich Ersatzschlüssel oder maximal 15 Duplikate codieren. Das System ist wartungsfrei.

Arbeitsschritte

① Masterschlüssel ❷ auf Zündschlossstellung II ❹ stellen.

② Sobald die Kontrollleuchte an der Zeituhr ❶ aufleuchtet, Schlüssel abziehen und warten bis Leuchte erneut brennt (ca. zwei Sekunden).

③ Sie haben jetzt exakt zehn Sekunden Zeit, einen uncodierten Schlüssel ❸ in Zündschlossstellung II neu zu codieren.

④ Codierung von Kontrollleuchte (brennt) bestätigen lassen.

⑤ Um weitere Schlüssel zu codieren – Vorgang wiederholen,

⑥ Ford-Werkstätten können Masterschlüssel ersetzen und bereits codierte Schlüssel »löschen«.

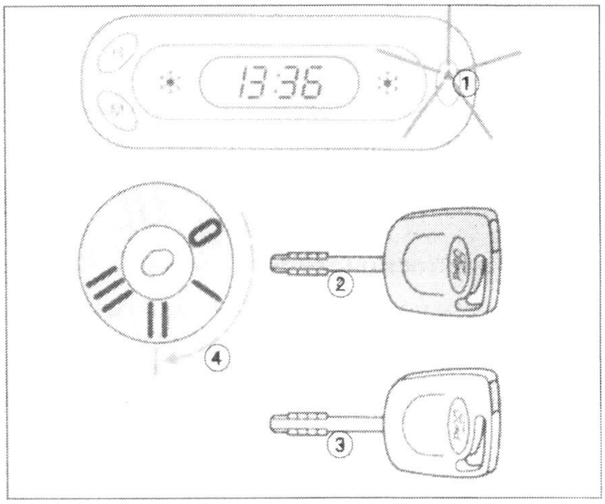

Schlüssel codieren.

Schalter aus Schalttafel demontieren

Arbeitsschritte

① Batterie abklemmen.

② Zeituhr mit kleinem Schraubendreher aus der Blende hebeln (Unterlage zwischen Schraubendreher und Blende verwenden).

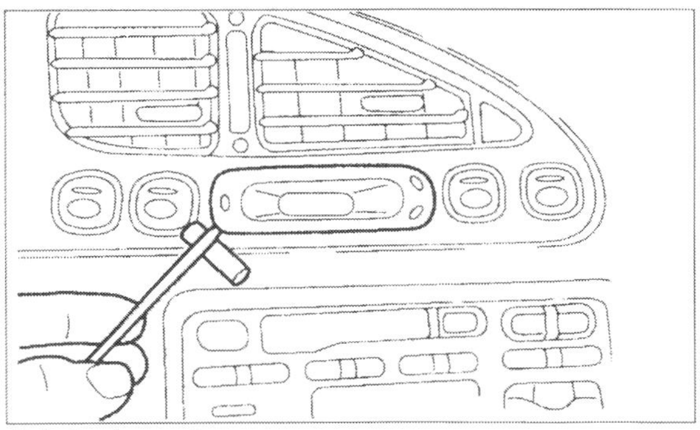

Zeituhr demontieren.

③ Stecker von der Zeituhr abziehen.

④ Defekten Schalter durch die Öffnung von hinten aus der Blende drücken. Stecker abziehen.

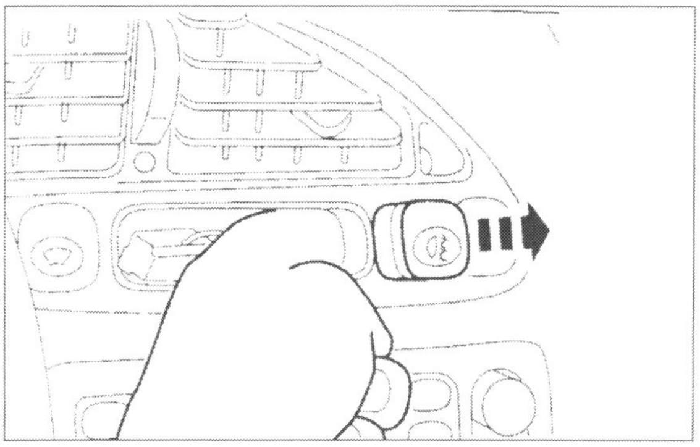

Schalter aus Blende drücken.

⑤ Montage in umgekehrter Reihenfolge.

Innenleuchten wechseln

Arbeits-schritte

① Innenleuchte ausschalten.

② Sicherung Innenleuchte (Nr. 4 unterhalb der Armaturentafel) abziehen.

③ Ein Taschenmesser bzw. dünnen Schraubendreher seitlich am Lampenglas ansetzen und herausheben.

④ Defekte Leuchten auswechseln (Innenleuchte – Soffitte 10 Watt, »Leseleuchten« – Glassockellampen 5 Watt).

⑤ Sicherung einsetzen.

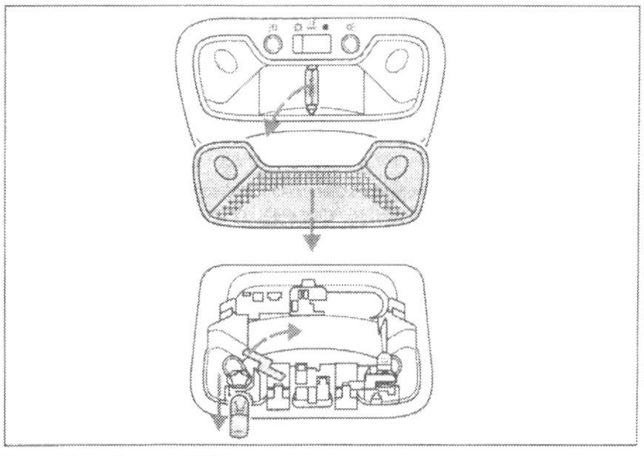

Innenleuchte geöffnet.

Türkontaktschalter prüfen

Die Innenbeleuchtung wird von den Vordertüren gesteuert. Beide Türkontaktschalter sitzen (teilweise versteckt unter der Türdichtung) im mittleren Bereich der A-Säule. Bei Fehlfunktionen können Sie die Schalter überprüfen.

Arbeits-schritte

① Ziehen Sie bei eingebautem Schalter kräftig den mittleren Kontaktstift heraus – die anderen Türen müssen geschlossen sein.

② Brennt danach die Leuchte, ist der Türkontaktschalter korrodiert.

③ Sicherung Nr. 4 unterhalb der Armaturentafel abziehen. Dann Schalterbefestigung (Kreuzschlitzschraube) lösen und Türkontaktschalter aus dem Ausschnitt herausziehen. Kontaktflächen »entrosten« und mit Kontaktspray einsprühen.

④ Ist der Kontaktstift jedoch verzogen oder in der Führung zu schwergängig, wechseln Sie den kompletten Schalter aus.

⑤ Achten Sie beim Abziehen des Kabelsteckers auch darauf, dass das Zuleitungskabel nicht in den Türpfosten fallen kann (weit genug herausziehen).

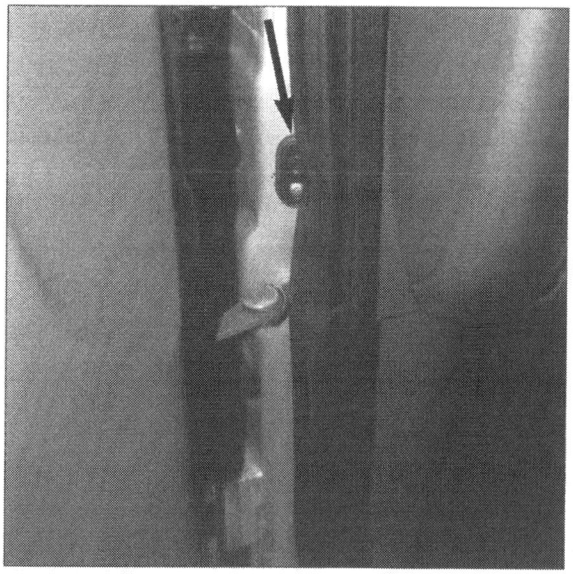

Türkontaktschalter.

Gepäckraumleuchte wechseln

Die Gepäckraumleuchte steuert ein Kontaktschalter hinter der Heckklappenverkleidung.

Arbeits-schritte

① Mit einem dünnen Schraubendreher vorsichtig das Leuchtengehäuse aus der Aussparung hebeln.

② Mit einer Prüflampe oder Multimeter checken, ob Spannung an der Leuchte anliegt.

③ Falls nicht, zuerst Kontaktschalter auf Funktion prüfen (siehe Türkontakschalter).

④ Ist der Schalter o. k., Lampenhalter nach links drehen und aus der Arretierung ziehen.

⑤ Gesteckte Glassockellampe (5 Watt) erneuern.

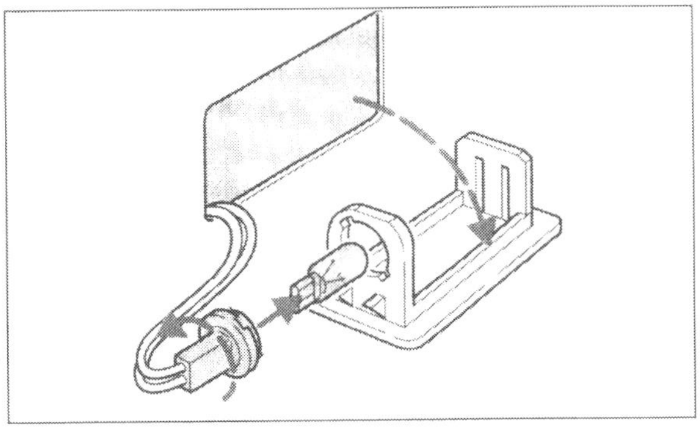

Geprächraumleuchte.

Radio demontieren

In der folgenden Beschreibung berücksichtigen wir nur das Ford-Radioprogramm. Beim nachträglichen Einbau eines Zubehörradios sollten Sie sich einen auf Ihren Fiesta abgestimmten Einbausatz beschaffen – Befestigungsprobleme sind damit ausgeschlossen. Dem Einbausatz liegt erfahrungsgemäß eine detaillierte Montageanleitung bei.

Arbeits-schritte

① Notieren Sie bei Radios mit Anti-Diebstahl-Codierung (Keycode) vor der Demontage die Codenummer.

② Zündung ausschalten – Batterie abklemmen.

③ Radio/Cassettengerät ausschließlich mit U-förmigen Drahtwinkel entsichern. Dazu auf jeder Seite jeweils einen Winkel ❶ in die vorgesehenen Bohrungen einschieben und gleichmäßig nach außen (siehe Pfeil) drücken. Die Haltekrallen werden dadurch entlastet.

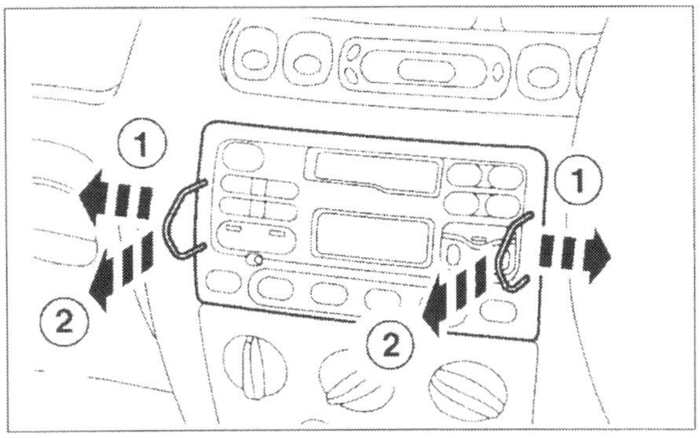

Radiodemontage.

④ Radiogerät vorsichtig und gleichmäßig (ohne zu verkanten) mit Drahtwinkeln aus der Montageöffnung ❷ ziehen. Auf diese Weise vermeiden Sie Beschädigungen an der Gerätehalterung.

⑤ Antennenkabel, Stromanschluss, Lautsprecher-Steckverbindung und Masseanschluss (Siehe Pfeile) abziehen, zur Montage ggf. kennzeichnen.

Anschlüsse abziehen.

Lautsprecher demontieren

Je nach Ausstattung und Modellvariante hat Ihr Fiesta in den vorderen Türverkleidungen vier Lautsprecher, zwei Hochtöner und zwei Breitbandlautsprecher. In den Seitenverblendungen der Gepäckraumabdeckung sind zwei weitere Breitbandlautsprecher montiert.

Arbeitsschritte

① Radio ausschalten.

② Bei Türlautsprechern zunächst Türverkleidung – wie beschrieben – demontieren.

③ Lautsprecher Befestigungsschrauben mit Schraubendreher herausdrehen. Lautsprecher aus Öffnung herausziehen.

④ Beide Lautsprecherkabel vorsichtig abziehen (an den Steckern und nicht an den Kabeln anfassen). Original Kabelsätze haben Formstecker. Um Verwechslungen an selbstverlegten Zwillingsleitungen auszuschließen, Anschlüsse vorher markieren.

⑤ Montage in umgekehrter Reihenfolge

Blende der Türinnenbetätigung – Platz für Hochtöner

① Radio ausschalten.

② Mit kleinem Schraubendreher Abdeckung in der Griffmulde der demontierten Türverkleidung aushebeln.

③ Darunterliegende Schraube herausdrehen.

④ Blende nach hinten schieben, aushängen und über Türbetätigungshebel abziehen.

⑤ Lautsprecheranschluss abziehen und Lautsprecher herausnehmen.

⑥ Montage in umgekehrter Reihenfolge.

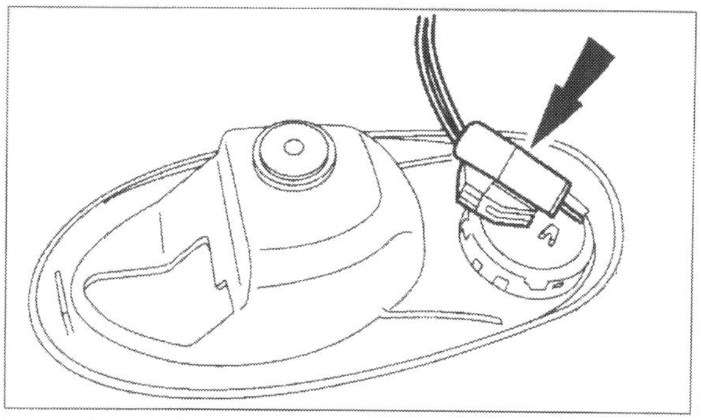

Hochtöner.

Unter der Gepäckraumabdeckung – Platz für Breitbandlautsprecher

① Radio ausschalten.

② Mit kleinem Schraubendreher Kofferraumleuchte aus Verkleidung hebeln (zwischen Schraubendreher und Leuchte Unterlage verwenden).

③ Lautsprecher an zwei Schrauben lösen und herausziehen.

④ Bei der Montage des Originallautsprechers unbedingt darauf achten, dass die Lautsprecherfassung in die dafür ausgesparten Öffnungen der Hutablage einrastet.

⑤ Montage in umgekehrter Reihenfolge.

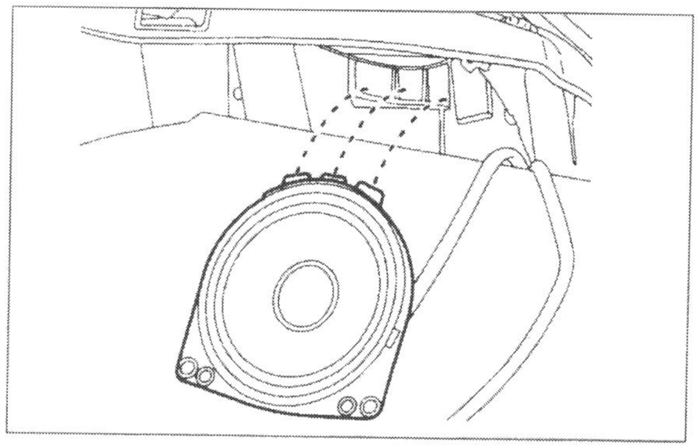

Hecklautsprecher.

Praxistip

Hecklautsprecher – auf die richtige Größe kommt es an

Bevor Sie Ihrem Fiesta nachträglich ein paar Hecklautsprecher »spendieren«, schauen Sie sich die serienmäßigen Einbauöffnungen an. Kaufen Sie nur da hineinpassende Lautsprecher: Durch die Magnetwirkung größerer Boxen könnte sonst die Sperrwirkung der hinteren Gurte in Mitleidenschaft geraten – die Gurte lassen sich dann nicht mehr einwandfrei abrollen.

Dachantenne demontieren

Ab Werk montierte Radios »surfen« mit Dachantenne in der Atmosphäre. Die Antenne ist nahezu wartungsfrei, doch so manche Waschanlagen sind der »Antennen Tod«. Die dann fälligen Kosten können Sie locker minimieren: Kaufen Sie eine passende Antenne und »sparen« sich die Montagekosten in die eigene Tasche.

Arbeitsschritte

① Batterie abklemmen.

② Radio – wie beschrieben – demontieren und Antennenkabel von Rückwand abziehen.

③ Innenleuchte mit kleinem Schraubendreher aus Dachverkleidung aushebeln (zwischen Schraubendreher und Leuchte Unterlage verwenden).

④ Innenleuchte mit drei Anschlusskabeln »gegen« Frontscheibe schwenken und provisorisch mit Klebeband befestigen.

⑤ Durch die Öffnung Befestigungsschraube (Pfeil) des Antennenfußes herausdrehen (vorher Lage des Antennenkabels markieren).

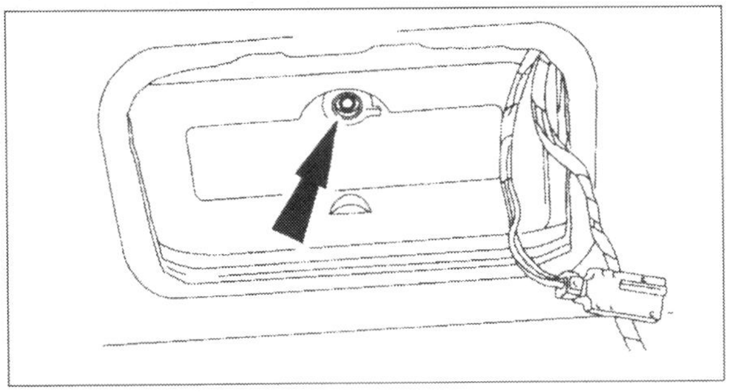

Antennenfuß.

⑥ Antennenkabel abziehen und Antenne mitsamt Antennenfuß und Dichtgummi vom Dach nehmen.

⑦ Zur Montage Antenne zunächst mit Dichtgummi auf Dach ansetzen und Antennenfuß von innen locker vorziehen.

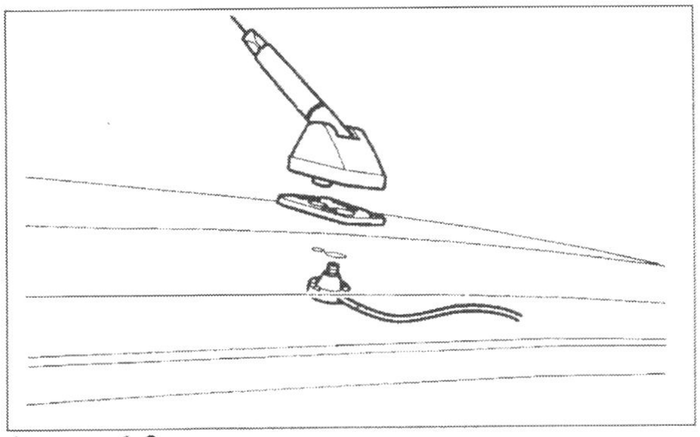

Antennenfußmontage.

⑧ Antenne auf Dach ausrichten und endgültig von innen festziehen.

⑨ Endmontage in umgekehrter Reihenfolge abschließen.

Nicht zu empfehlen – Vordersitze in Eigenregie demontieren

Ab Modelljahr '96 sitzen Fahrer und Beifahrer im Fiesta auf sogenannten »Anti-Dive-Sitzen«. Die Sitzmöbel sind neuerdings Bestandteil des Ford-Rükhaltesystems (SRS): Ihre Konsolen sind mit pyrotechnischen Gurtstraffern ausgerüstet, die bei einem Unfall schlagartig die Sicherheitsgurte straffen und somit die Gurtlose auf ein Minimum reduzieren. Bei unsachgemäßer Sitzdemontage kann der Gurtstraffer allerdings »zünden« und unbrauchbar werden. Sollten Sie sich die Demontage dennoch selbst abverlangen, informieren Sie sich vorher bei Ihrem Ford-Händler über die Sicherheitsvorschriften.

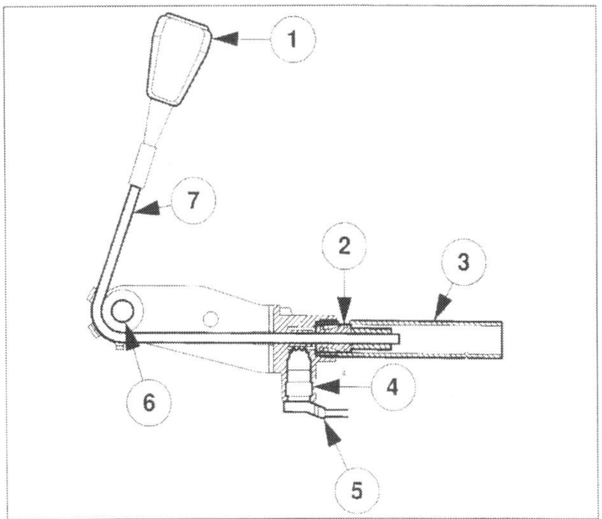

Der Gurtstraffer im Detail: ❶ Gurtschloss. ❷ Straffkolben. ❸ Arbeitsgehäuse. ❹ Gasgenerator. ❺ Zündeinheit. ❻ Umlenkelement. ❼ Straffseil.

Arbeitsschritte

① Batterie abklemmen und Minuspol der Batterie isolieren.

② Die äußere Seitenverkleidung der Sitzschiene und elektrische Steckverbindung (Pfeil) abziehen.

③ Den Sitz soweit wie möglich nach hinten schieben. Beide Befestigungsschrauben an den Sitzschienen herausschrauben.

④ Sitz soweit wie möglich nach vorne ziehen und die hinteren drei Befestigungsschrauben herausschrauben.

⑤ Sitz aus dem Fahrzeug nehmen.

⑥ Vor der Montage die Sitzschienen reinigen und die Gleitbahnen sparsam einfetten.

⑦ Sitz auf Sitzkonsole ausrichten – Schrauben mit 25 Nm anziehen.

⑧ Elektrische Steckverbindung anschließen.

⑨ Seitenverkleidung montieren.

⑩ Batterie anschließen.

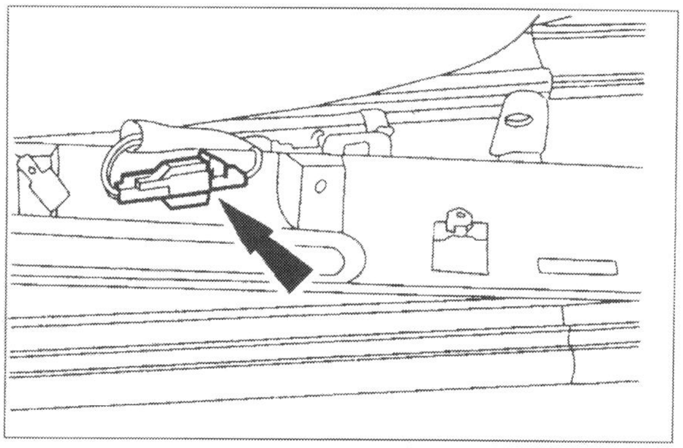

Elektrische Steckverbindung.

Rücksitzbank

① Die drei vorderen Schrauben (Pfeile) unterhalb des Sitzkissens herausschrauben.

② Sitzkissen vorne etwas anheben und gleichzeitig kräftig nach hinten schieben. Haken und Verschluss unter dem Sitzkissen müssen getrennt sein.

③ Sitzbank hinten anheben und vorsichtig herausnehmen.

④ Zur Montage das Sitzkissen ausrichten und Haken in den Verschluss einhängen.

⑤ Befestigungsschrauben mit 25 Nm festziehen.

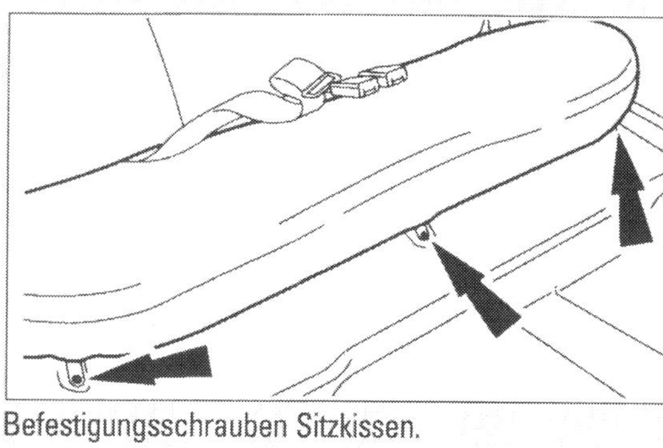

Befestigungsschrauben Sitzkissen.

Rücksitzlehne

① Zur Demontage Sitzlehnenarretierung lösen - Lehne nach vorne klappen.

② Acht Scharnierschrauben (Pfeile) ausschrauben.

③ Sitzlehne herausnehmen.

④ Vor der Montage Rücksitzlehne ausrichten und Schrauben lose vorziehen.

⑤ Lehne senkrecht stellen und Arretierung prüfen. Evtl. Sitzlehne und Scharniere neu ausrichten.

⑥ Befestigungsschrauben mit 25 Nm festziehen.

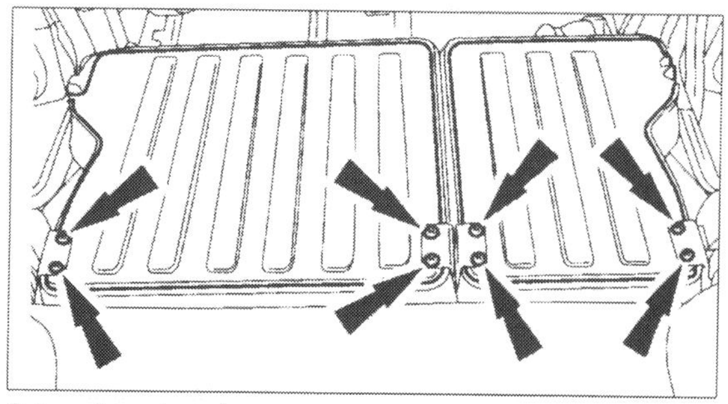

Scharnierschrauben.

Praxistip

Kontrolle der Sicherheitsgurte

Sicherheitsgurte erfüllen eine lebensrettende Funktion. Sicherheitsgurte von Unfallfahrzeugen müssen ungeachtet ihres scheinbaren äußeren Zustands erneuert werden.

Damit Ihre Sicherheitsgurte im Notfall auch tatsächlich funktionieren, prüfen Sie die »Bänder« also von Zeit zu Zeit. Der Fiesta '96 ist vorn und hinten mit Automatiksicherheitsgurten ausgerüstet – auf den Vordersitzen mit pyrotechnischen Gurtstraffern. Die Rücksitzbank verfügt in der Mitte über einen statischen Beckengurt. Fehler im Rückhaltesystem des Fiesta signalisiert die Airbag-Kontrollleuchte in der Armaturentafel. Ist das der Fall suchen Sie eine Ford-Werkstatt auf: Komponenten des Gurtstraffers oder des Airbags dürfen Sie nicht zerlegen, oder reparieren. Die Rollgurte des Fiesta '96 sind mit zwei Sensoren ausgerüstet: Ein Fahrzeugbewegungssensor wird beim Bremsen, Kurvenfahren, steilen Bergaufpassagen und ungünstiger Fahrzeuglage aktiv. Der Gurtsensor bremst das »Band« wenn es ruckartig abgerollt wird. Beide Systeme müssen einwandfrei funktionieren und das können Sie mit einem Beifahrer selbst prüfen. Doch bevor Sie den Gurten »dynamisch« auf den Zahn fühlen stellen Sie sicher, dass Ihre Gurte keine

- welligen Gurtbänder,
- ausgefransten Kanten,
- aufgeriebenes Gewebe und
- angerissenen Nähte haben.

Ist das der Fall, können Sie sich die folgenden dynamischen Prüfungen getrost »schenken« und den (die) betreffenden Gurt(e) ohne »wenn« und »aber« austauschen.

Bremsprüfung

- Sicherheitsgurt korrekt anlegen.
- Motor starten und im ersten Gang eine Fahrgeschwindigkeit von ca. 10 km/h (niemals schneller) fahren.
- Scharf bremsen, um das Fahrzeug anzuhalten. Funktioniert der Bewegungssensor einwandfrei, verriegelt die Aufrollautomatik, und der Sicherheitsgurt sperrt. Lassen Sie sich das auch von Ihrem Beifahrer bestätigen.
- Wiederholen Sie die Prüfung mit allen Automatikgurten.

Zusatzprüfung (Kurvenfahren)

Diesen Check machen Sie auf einem Parkplatz der Ihnen genügend Freiraum bietet, um den Fiesta mit voll eingeschlagenen Vorderrädern fahren zu können.

- Mit ganz eingeschlagener Lenkung und max. 16 km/h (niemals schneller) im Kreis fahren.
- Ihr Beifahrer versucht unterdessen die Gurte nacheinander langsam aus der Aufrollautomatik herauszuziehen. Hat er damit Erfolg, tauschen Sie die betreffenden Gurte aus.

Gurtsensor prüfen

- Auf ebener Fläche und im stehenden Fahrzeug den Gurt nahe der oberen Verankerung festhalten und ruckartig herausziehen. Nach spätestens 25 cm muß der Gurt sperren. Lässt sich das Gurtband weiter herausziehen, erneuern Sie den Gurt.

Bevor Sie neue Gurte montieren, prüfen Sie peinlich genau die Befestigungspunkte – ein neuer Gurt in »angeknackster« Befestigung hat allenfalls das Sicherheitspotential eines Hosenträgers.

Türverkleidung demontieren

Bei Versionen mit elektrischen Fensterhebern vorher Batterie abklemmen.

Arbeitsschritte

① Seitenfenster bis zum Anschlag hochkurbeln. Stellung der Fensterkurbel mit Kreidestrich auf Verkleidung anzeichnen.

② Fensterkurbel demontieren. Dazu Spezialwerkzeug oder mittleren Schraubendreher zwischen Rosette und Kurbelachse schieben. Die »offene« Seite der Sicherungsklammer zeigt in der Regel in Richtung Kurbelachse, sie kann jedoch auch um 180° verdreht montiert sein.

③ Sicherungsklammer aus Sicherungsnut drücken.

④ Fensterkurbel von Kurbelachse abziehen.

⑤ Innenblende (Pfeil) mit Schraubendreher abhebeln.

⑥ Blendenschraube (Pfeil) der Türinnenbetätigung ausschrauben. Blende nach hinten schieben, aushängen und über Betätigungshebel abziehen.

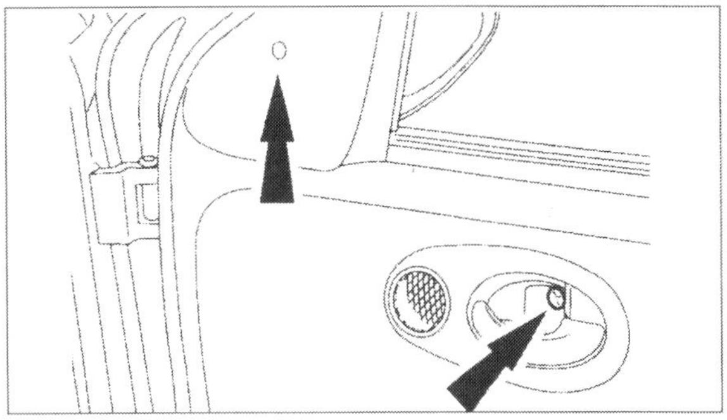

Türinnenverkleidung mit Innenblende und Blendenschraube der Türinnenbetätigung.

⑦ Schraubenabdeckungen (Pfeil) mit kleinem Schraubendreher aushebeln. Befestigungsschrauben herausschrauben.

⑧ Türinnenverkleidung mit breitem Spachtel (zur Not tut's ein Fleischwender) ringsum vom Türrahmen lösen und abziehen. Dichtfolie auf der Tür nicht beschädigen – späterer Wassereintritt wär' die Folge.

⑨ Türverkleidung abnehmen und »sauber« abstellen. Evtl. vorher Lautsprecheranschlüsse und Zuleitung zu elektr. Fensterheber abziehen.

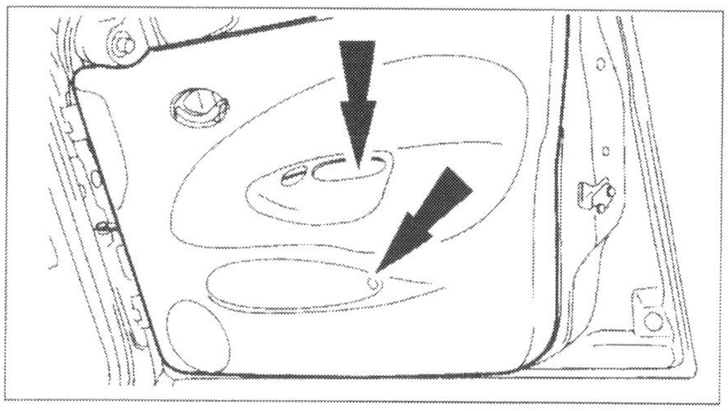

Darstellung – zwei Schrauben Türinnenverkleidung.

⑩ Montage in umgekehrter Reihenfolge.

⑪ Fensterkurbel auf Markierung setzen und Sicherungsklammer eindrücken.

Fensterheber/Seitenscheibe demontieren

Bei Versionen mit elektrischen Fensterhebern vorher Batterie abklemmen.

Arbeitsschritte

① Seitenfenster ganz schließen.

② Türinnenverkleidung – wie beschrieben - demontieren. Schutzfolie vorsichtig vom Türrahmen abziehen. Beschädigte Folien lassen Wasser in den Innenraum eindringen.

③ Hintere Fensterführung (zwei Schrauben) abschrauben und aus der Tür nehmen.

④ Seitenfenster vorsichtig soweit herunterkurbeln (elektr. Fensterheber kurz anschließen), dass Sie an die Befestigungsschrauben (Pfeil) kommen.

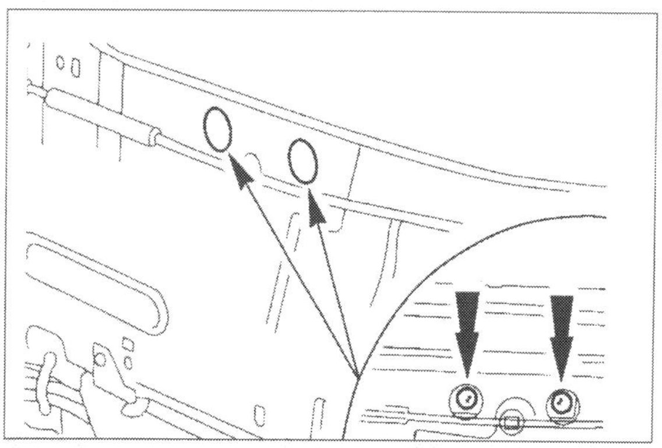

Befestigungsschrauben – Fensterheber.

⑤ Scheibe vom Fensterheber abschrauben.

⑥ Seitenscheibe jetzt ganz absenken. Da die hintere Führung bereits fehlt, Scheibe per Hand führen.

⑦ Scheibendichtgummi mit breitem Schraubendreher vorsichtig von der Tür abhebeln (Unterlage gegen Beschädigungen benutzen).

⑧ Fenster »in der Tür« nach vorne kippen und schräg nach oben aus dem Türschacht ziehen.

⑨ Befestigungsnieten (siehe Pfeil) des Fensterhebers ausbohren.

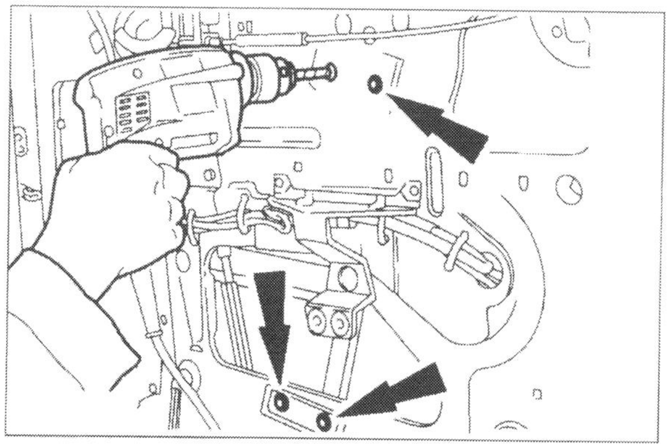

Nieten ausbohren.

⑩ Fensterheber aus der Tür nehmen.

⑪ Bei elektrischen Fensterhebern Mehrfachstecker abziehen. Motor an drei Schrauben lösen und aus der Tür herausnehmen.

⑫ Neuen Heber in Tür einsetzen, ausrichten und mit Blindnieten befestigen.

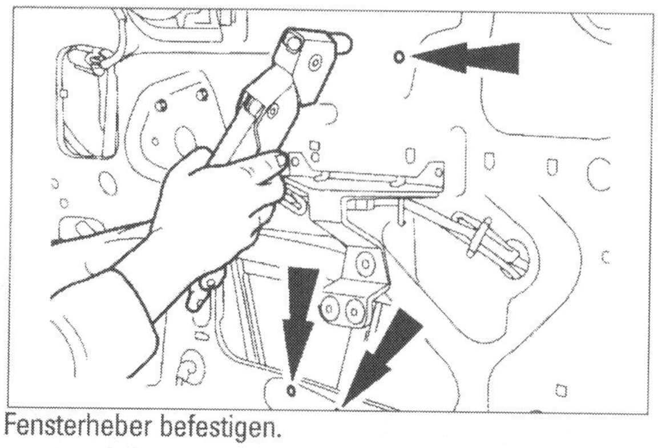

Fensterheber befestigen.

⑬ Bei Ausführung mit elektr. Fensterhebern jetzt Motor anschrauben und festziehen.

⑭ Seitenscheibe vorsichtig in Tür absenken.

⑮ Scheibe zunächst nach oben »fahren« und Hebeschiene vorziehen.

⑯ Fenster ganz absenken, um den Dichtgummi in den Fensterschacht drücken zu können.

⑰ Scheibe jetzt ganz liften, um die hintere Fensterführung einzubauen und leicht vorzuziehen.

⑱ Scheibe rauf- und runterfahren. Bei schwergängigem Fenster evtl. Führung justieren, ansonsten befestigen (Scheibe ist ganz abgesenkt).

⑲ Fenster nach oben fahren, bis die Schrauben der Hebeschiene erreichbar sind. Schrauben mit 10 Nm anziehen.

⑳ Die weitere Montage erfolgt in umgekehrter Reihenfolge.

Elektrischer Fensterheber streikt

Praxistip

Schalter defekt: Den Schalter auf der anderen Seite ausbauen und Mehrfachstecker umstecken. Mit dem intakten Schalter können Sie nun das Fenster schließen.
Zuleitung zum Elektromotor unterbrochen: Ein Hilfskabel von der Batterie (wenn Plusstrom fehlt) oder an Masse (wenn Masse fehlt) zum Motor legen. Motor laufen lassen.
Motor blockiert: Türverkleidung abbauen. Die Scheibe an der Hebeschiene aushängen und fest nach oben drücken. Das Fenster in dieser Stellung mit starkem Klebeband sichern oder zum Beispiel mit einem geeigneten Stück Holz verkeilen. Beides ist natürlich nur eine Notlösung.

Die Zentralverriegelung

Mit der Zentralverriegelung öffnen oder schließen Sie alle Türen in Ihrem Fiesta gleichzeitig. Die Zentralverriegelung arbeitet in jeder Tür mit kleinen elektrischen Stellmotoren. Ihre Signale gehen jeweils von den beiden Vordertüren »auf die Reise« – von außen passiert das per Schlüssel und von innen mit dem Türöffnungshebel. Der Gepäckraum lässt sich nur mit Schlüssel oder Innenverriegelung öffnen. Bei Störungen im System sind die Türen auch einzeln mit dem Zündschlüssel zu betätigen. Fiesta-Türen mit Fernentriegelung reagieren auf Knopfdruck. Der Sender sitzt direkt im Zündschlüssel und der Empfänger im Gehäuse der Innenraumbeleuchtung.

Türgriff demontieren

Einerlei ob Sie die vorderen oder die hinteren Türgriffe demontieren – die Arbeitsschritte unterscheiden sich nur unwesentlich voneinander. Wir beschreiben die Arbeit exemplarisch am Beispiel eines vorderen Türgriffs.

Arbeitsschritte

Bei Versionen mit elektrischen Fensterhebern vorher Batterie abklemmen.

① Türverkleidung - wie beschrieben - demontieren.

② Türschutzfolie im hinteren Türbereich vorsichtig lösen, umklappen und mit Klebeband fixieren. Klebeflächen möglichst nicht berühren, da das Klebeverhalten beeinträchtigt wird.

③ Fensterführung – wie beschrieben - lösen. Fenster aus der Tür heben.

④ Befestigungsclip der Betätigungsstange (siehe Pfeil) öffnen und Stange am Türschloss aushängen.

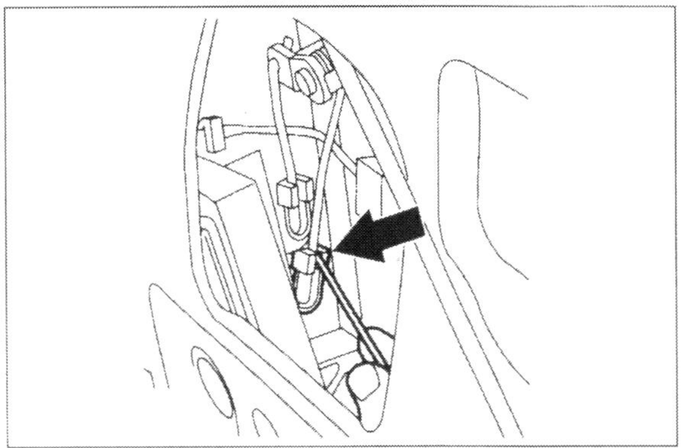

Betätigungsstange aushängen.

⑤ Zwei Schrauben des Türgriffs ausschrauben – Türgriff aus Tür nehmen.

⑥ Zur Montage den Türgriff auf der Tür ausrichten und festschrauben.

⑦ Endmontage erfolgt in umgekehrter Reihenfolge.

Türschließzylinder demontieren

Arbeits-schritte

① Türverkleidung – wie beschrieben - ausbauen.

② Hintere Fensterführung – wie beschrieben – ausbauen, Verbindungsgestänge des Türöffners am Türschloss aushängen.

③ Bei Versionen mit Alarmfunktion Stecker am Schalter abziehen und Schalter abnehmen.

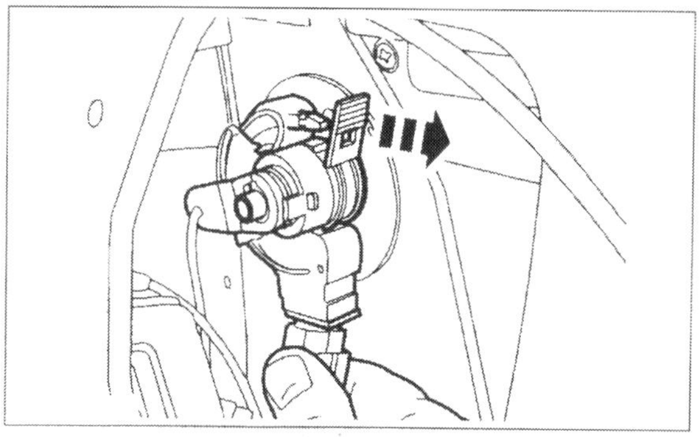

Schalter Alarmanlage.

④ Sicherungsring des Schließzylinders mit Schraubendreher vorsichtig soweit drehen, bis Sperrnasen des Schließzylinders frei sind. Ring und Unterlage aus der Tür nehmen.

⑤ Schließzylinder nach außen abziehen.

⑥ Neuen Zylinder grundsätzlich mit neuer Dichtung in die Tür einsetzen.

⑦ Tür – wie beschrieben – in umgekehrter Reihenfolge komplettieren.

Der elektrische Fensterheber*

Störungs-beistand

Störung	Ursache	Abhilfe
A Seitenscheibe wird nur in eine Richtung verstellt	Schalter defekt	Schalter auswechseln
B Seitenscheibe wird in keine Richtung verstellt	**1** Fensterscheibe in den Führungen schwergängig, Sicherung durchgebrannt	Seitenscheibe in den Führungen gängig machen, Sicherung erneuern
	2 Motor läuft nicht, obwohl die Sicherung in Ordnung ist	Spannung direkt an die Motoranschlüsse legen. Wenn der Motor jetzt läuft, liegt der Fehler in der Zuleitung. Läuft der Motor nicht, Motor auswechseln
C Seitenscheibe wird im ganzen Verstellbereich zu langsam verstellt	**1** Seitenscheibe in den Führungen verklemmt	Spiel der Scheibe prüfen und ggf. korrigieren
	2 Zu starke Reibung in der gesamten Mechanik	Mechanik ohne Seitenscheibe auf Reibungsverluste überprüfen, ggf. erneuern
	3 Kabelverbindungen defekt oder oxidiert	Überprüfen, reinigen, ggf. auswechseln
	4 Schalter defekt oder oxidiert	Überprüfen, ggf. auswechseln
D Fensterscheibe wird an der oberen Grenze des Verstellbereichs zu langsam verstellt	Siehe C1	

*Die Fensterheber arbeiten nur bei eingeschalteter Zündung.

Zentralverriegelung

Störungs-

Störung	Ursache	Abhilfe
A Verriegelung funktioniert nicht	**1** Sicherung durchgebrannt	Erneuern
	2 Servomotor(en) defekt	Funktion überprüfen, ggf. auswechseln
	3 Verkabelung unterbrochen	Überprüfen, ggf. erneuern (lassen)
B Schlösser werden entriegelt, aber nicht verriegelt	**1** Siehe A2	
	2 Mehrfachstecker an Motor oder Türkasten locker oder oxidiert	Festen Sitz kontrollieren, ggf. reinigen
	3 Schalter im Servomotor defekt	Durchgangsprüfung an den entsprechenden Motorklemmen durchführen
C Schlösser werden verriegelt, aber nicht entriegelt	**1** Siehe A2	
	2 Siehe B2 und 3	
D Eines der Schlösser funktioniert nicht	**1** Siehe B2	
	2 Kabel- bzw. Steckverbindung am Servomotor oder Türkasten fehlerhaft	Überprüfen, ggf. instand setzen
	3 Mechanische Übertragungsteile klemmen	Teile auf Funktion überprüfen und festen Sitz kontrollieren. Ggf. Teile etwas fetten, verschlissene Teile auswechseln

DIE KAROSS

Das passive »Sicherheitsangebot« des Fiesta basiert auf der selbsttragenden Karosserie mit verformungssteifer Fahrgastzelle und stoßabsorbierenden Längsträgern. Der 96er Fiesta erfüllt modernste Crash-Simulationen mit Bravour.

ERIE

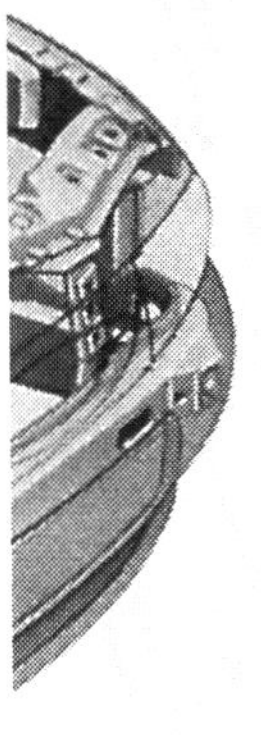

Wartung

Reparatur

Die erfolgreiche Grundkonzeption des Ford Fiesta steht seit gut 20 Jahren auf den Rädern. Das spricht für den kompakten Ford und nicht etwa gegen die Kreativität seiner Macher. Auch die 96er Fiesta-Generation knüpft konzeptionell eng an ihre millionenfach produzierten Vorgänger an: Die Ford-Stylisten »bügelten« der weiland aktuellen Kreation gekonnt die Außenhaut und interpretierten zeitgemäß mit runden, harmonischen Linien prägende Elemente älterer Fiesta-Semester.

Großzügig bemessen – der Innenraum

Die markantesten Merkmale des 96er Fiesta-Ablegers sind zweifellos seine neu gestaltete Frontpartie mit in die Scheinwerfer integrierten Blinkerleuchten, sowie seine Heckpartie mit größerer Scheibe und tieferliegenden Rückleuchten. Auch die »gebügelten« Seitenflanken passen gut in die

Zeit: Egal ob als Drei- oder Fünftürer, die Pforten öffnen weit – was Mitfahrern auch in der dreitürigen Version einen durchaus bequemen Fondzugang ermöglicht. Die »einladend« nach oben öffnende Heckklappe reicht jetzt übrigens bis zum Stoßfänger hinunter. Mit 3828 Millimetern in der Länge, 1634 Millimetern in der Breite und 1334 Millimetern in der Höhe ist der Fiesta zwar geringfügig größer geworden, passt aber dennoch auch in engere Parklücken. Sein Radstand ist mit 2446 Millimetern für ein Auto dieser Spezies zwar nicht mehr vorbildlich, doch das Fahrverhalten lässt – auch mit mehr als 400 Kilogramm »Nutzlast« an Bord – keine großen Wünsche offen. Bis zu fünf Mitfahrer finden auf allen Rängen angemessene Platzverhältnisse vor, und mit 250 Liter Fassungsvermögen bietet auch die Gepäckbox befriedigende Staumöglichkeiten.

Ständig verbessert – die Sicherheit

Die Sicherheitsreserven hat Ford im Laufe der Entwicklungszeit ständig verbessert. Der Neue bietet nun Fahrer-Airbag ab Werk, Gurtstraffer auf den Vordersitzen und Seitenaufprallschutz an den Flanken. Auf Wunsch ist selbstverständlich ein Beifahrer-Airbag lieferbar. Seine vorbildliche Reparaturfreundlichkeit nach Kollisionen hat der Fiesta im Laufe seiner Entwicklungszeit übrigens auch nicht verloren: Do-it-Yourselfer wissen das durchaus zu schätzen – spätestens dann, wenn nach einer »Rempelei« ein neuer Stoßfänger, eine Tür, ein Kotflügel, die Motorhaube oder die Heckklappe »fällig« wird.

Konstruktive Karosserieelemente - Scheiben und Fenster

Auf den folgenden Seiten beschreiben wir, wie Sie in Eigenregie kleinere Karosseriearbeiten durchführen können. An die Front- und Heckscheibe sowie an die feststehenden Seitenfenster der dreitürigen Version sollten Sie freilich nur den Fachmann Hand anlegen lassen: Als konstruktive Karosserieelemente sind sie ein typischer Fall für die Werkstatt.

Praxistip

Arbeiten an der Karosserie

Die meisten in diesem Kapitel beschriebenen Reparaturen können Sie mit einer Werkzeuggrundausstattung selbst erledigen. Motorhaube, Heckklappe und Türen sind jedoch ziemlich sperrig, lassen Sie sich bei Arbeiten daran besser von einem Helfer assistieren. Ein Tipp für Arbeiten an Motorhaube und Heckklappe: Sie erleichtern sich den Wiedereinbau, wenn Sie vor der Demontage die Lage der Scharniere mit einem wasserfesten Filzschreiber anzeichnen.

Gurtstraffer und Do-it-Yourself

Die vorderen Dreipunkt-Sicherheitsgurte sind ab Modelljahr '96 mit Gurtstraffern ausgestattet. Bei einem Crash werden die Gurte innerhalb von zehn Millisekunden schlagartig gestrafft (gezündet) und nach weiteren fünf Millisekunden fixieren sie die »Besatzung« gegen die Vordersitzrückenlehnen. Das geschieht automatisch. Sobald ein festprogrammierter Verzögerungswert überschritten wird, zünden die Gasgeneratoren und erledigen den Job. Arbeiten an automatischen Rückhaltesystemen sind immer ein Fall für den Profi, er hat in speziellen Lehrgängen den sachgerechten Umgang mit Gurtstraffer & Co. trainiert. Machen Sie sich also »seine« Erfahrungen zu eigen – es geht immer um Ihre und die Sicherheit Ihrer Beifahrer.

Gurtstraffer »entschärfen« – bei Karosseriearbeiten unterm Fahrzeug

Karosseriearbeiten im Umfeld von Sicherheitsgurten mit Gurtstraffern führen Sie bitte nicht unüberlegt aus: Schon leichte Hammerschläge oder Schlagschraubervibrationen könnten die Sensoren bereits fälschlich als Unfall interpretieren und »zünden«. Klemmen Sie zu Ihrer persönlichen Sicherheit vor allen Karosseriearbeiten am Unterboden die Batterie ab. Geben Sie auch den Airbag- und Gurtstrafferkondensatoren mindestens fünf Minuten Zeit, um sich zu entladen.

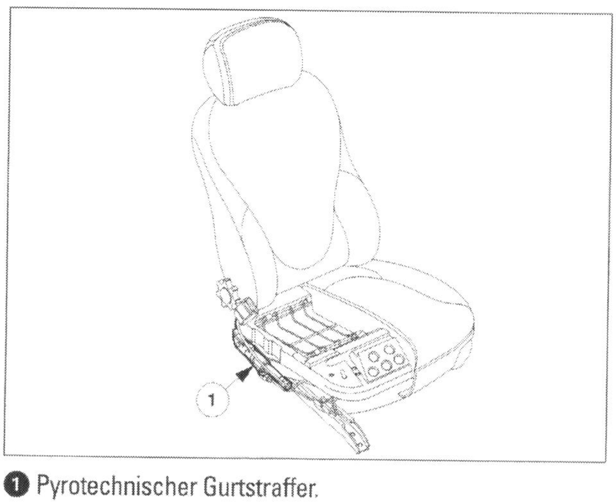

❶ Pyrotechnischer Gurtstraffer.

Tür demontieren

Da die Arbeit für alle Türen nahezu identisch ist, greifen wir die Fahrertür als Beispiel auf.

Arbeitsschritte

① Sollte Ihr Fiesta eine Zentralverriegelung, Türlautsprecher und elektrische Fensterheber an Bord haben, klemmen Sie zunächst die Batterie ab.

② »Türfangband« ❶ von A-Säule schrauben.

③ Mehrfachstecker ❷ für Lautsprecher, Zentralverriegelung und elektr. Fensterheber im Türschacht nach links drehen und lösen.

④ Sicherungsschrauben ❸ an beiden Scharnierbolzen lösen.

⑤ Bolzen austreiben. Ford Mechaniker verwenden dazu einen speziellen Durchschlag. Es reicht jedoch auch, wenn Sie einen im Durchmesser entsprechenden Dorn oder eine passende Schraube verwenden.

⑥ Setzen Sie den Dorn zunächst am unteren Türscharnier an und treiben den Scharnierbolzen mit einem Kunststoffhammer aus. Lassen Sie die Tür dabei von einem Helfer abstützen.

⑦ Analog zum unteren jetzt den oberen Scharnierbolzen austreiben.

⑧ Tür vorsichtig aus den Scharnierfitschen ziehen und sicher auf geeigneter Unterlage abstellen.

⑨ Vor der Montage beide Scharnierbolzen leicht einfetten und bis zur Riffelung in die Fitschen drücken. Türscharnier leicht einfetten. Bolzen einschlagen und sichern.

⑩ Türfangband und Zentralstecker montieren – Batterie anklemmen.

❶ Türfangband. ❷ Mehrfachstecker. ❸ Klemmschraube.

Tür einstellen

Stellen Sie Ihren Wagen auf einer möglichst waagrechten Fläche ab. Bereits ab Werk sind die Scharnierbänder und Fitschen mit der Karosserie bzw. der Rohbautür verschweißt. Die Feinstellung nehmen Sie also am Schließdorn der B-Säule vor.

Arbeitsschritte

① Schließdorn an der B-Säule leicht lösen.

② Tür schließen und so in Position bringen, dass Türhinterkante mit der Karosserie fluchtet.

③ Türaußengriff anziehen und Tür leicht angehoben öffnen.

④ Schließdorn festziehen – Türsitz überprüfen und evtl. wie beschrieben korrigieren.

Außenspiegel demontieren

Arbeitsschritte

① Bei elektrisch verstellbaren Außenspiegeln zuerst Batterie abklemmen und den Verbindungsstecker – wie beschrieben – an der A-Säule abziehen.

② Türverkleidung – wie beschrieben – demontieren.

③ Innere Abdeckung demontieren. Dazu Schraubendreher an der Türschräge ansetzen und Verkleidung von der Tür abdrücken (Lappen unterlegen, sonst können Kratzer entstehen).

④ Spiegeleinstellschalter aus der Abdeckung drücken und Zentralstecker lösen.

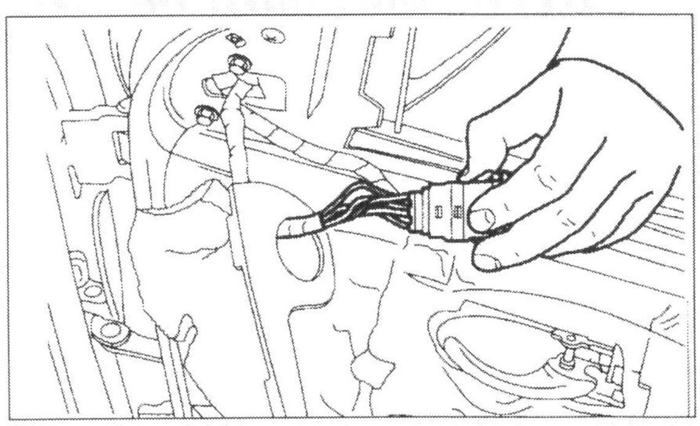

Spiegeleinstellschalter.

⑤ Schutzfolie im »Spiegelbereich« der Innentür abziehen (nicht auf die Klebeflächen fassen), umlegen und mit Klebeband anheften.

⑥ Zentralstecker (siehe Pfeil) zum Außenspiegel abziehen und Kabelstrang lösen.

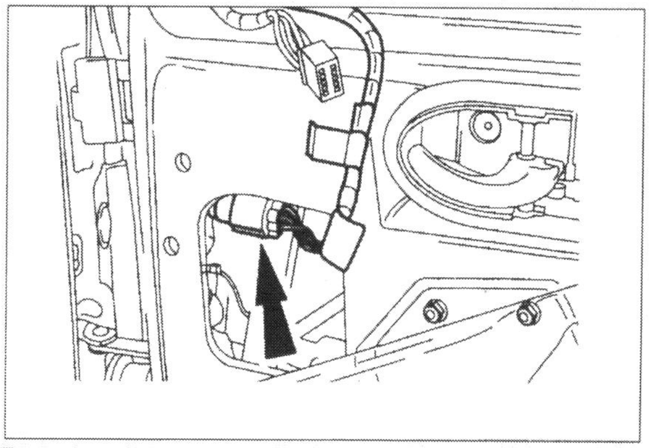

Zentralstecker.

⑦ Drei Befestigungsschrauben des Außenspiegels lösen. Spiegel derweil von außen festhalten.

⑧ Die Montage erfolgt in umgekehrter Reihenfolge.

Außenspiegelglas erneuern

① Spiegelglas an der Innenseite in das Gehäuse drücken.

② Spiegelglas an der Außenseite aus dem Gehäuse ziehen (Glas dabei in Körperrichtung führen).

③ Falls vorhanden, Stecker abziehen.

④ Spiegelglas aus dem Gehäuse nehmen.

⑤ Zur Montage das Glas auf der Außenseite nach hinten drücken.

⑥ Falls vorhanden, Stecker anschließen.

⑦ Spiegelglas in Einbaulage ausrichten und auf der Innenseite in die Spiegelhalterung einrasten.

⑧ Glas jetzt auf der Außenseite nach innen drücken und in die Halterung einrasten.

Motorhaube demontieren

① Motorhaube öffnen und abstützen.

② Position der Scharniere markieren.

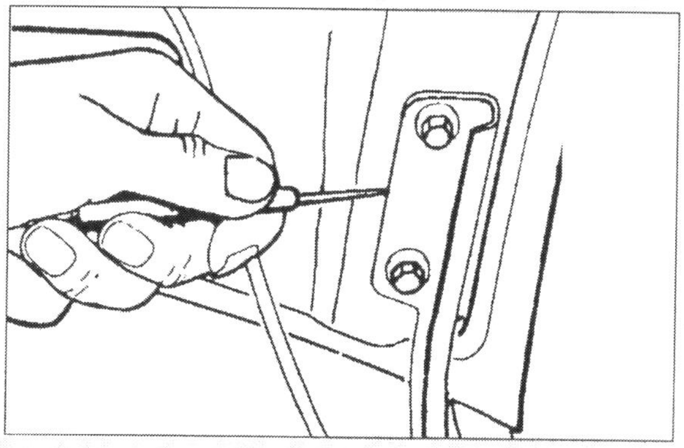

Motorhaubenscharniere markieren.

③ Schläuche der Scheibenwaschanlage aus den Halterungen der Motorhaube lösen und vorsichtig von den Scheibenwaschdüsen abziehen (verhärtete Schläuche mit Feuerzeug leicht anwärmen).

④ Scharnierschrauben an der Haube lösen. Motorhaube abnehmen. Lassen Sie sich dabei assistieren.

⑤ Bei Montage die Scharnierschrauben zunächst nur leicht anziehen. Haube schließen und ausrichten.

⑥ Haube vorsichtig öffnen. Befestigungsschrauben festziehen. Haube schließen, Sitz überprüfen und evtl. erneut korrigieren.

Motorhaube einstellen

Die neue Motorhaube vor der Montage mit Anbauteilen der alten Haube komplettieren (siehe Abb. Motorhaube im Detail).

① Schrauben des Haubenschlosses lösen.

② Haube mit leicht vorgezogenen Scharnierschrauben befestigen und so ausrichten, dass die Spaltmaße zur Frontscheibe und beiden Kotflügeln gleich sind.

③ Beide Anschlagpuffer der Haubenauflage eindrehen.

④ Haube schließen und mit Haubenschloss zu beiden Kotflügeln bündig einstellen. Danach Gummipuffer soweit herausdrehen, dass Haube in geschlossenem Zustand eine minimale Vorspannung hat.

⑤ Haubenschloss festziehen. Scharnierschrauben festziehen. Haube schließen und Sitz evtl. korrigieren.

⑥ Motorhaube aus ca. 20 cm Höhe ins Schloss fallen lassen – sie muss dabei durch ihr Eigengewicht vollständig verriegeln. Bei geringerer Höhe muss zumindest der Sicherungshaken einrasten. Falls nicht, Haubenschloss leicht nach oben verschieben.

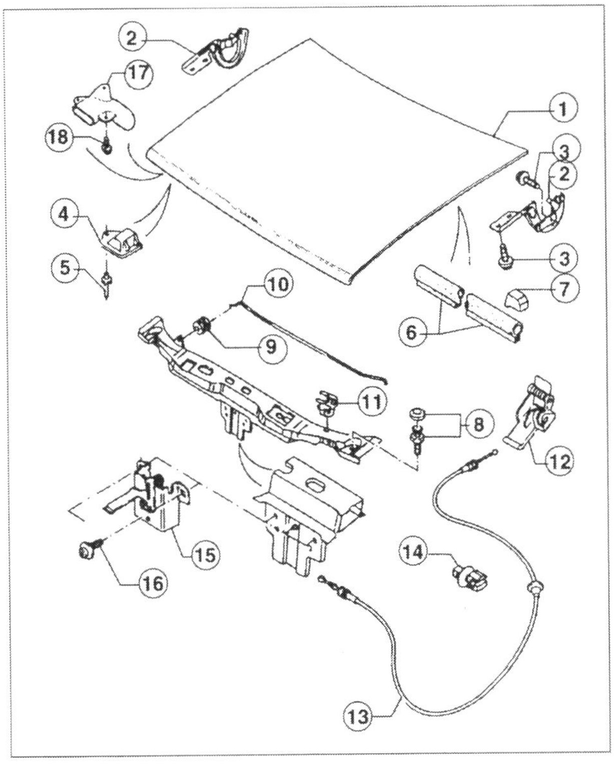

Motorhaube im Detail:
❶ Motorhaube. ❷ Haubenscharnier. ❸ Schraube mit U-Scheibe. ❹ Haubenstützhalter. ❺ Blindniet. ❻ Dichtung. ❼ Dichtung. ❽ Anschlagpuffer. ❾ Gummitülle. ❿ Haubenstütze. ⓫ Halteclip. ⓬ Entriegelungsgriff. ⓭ Haubenzug. ⓮ Haubenzughalter. ⓯ Motorhaubenschloss. ⓰ Schraube mit U-Scheibe. ⓱ Luftführung. ⓲ Schraube mit U-Scheibe.

Haubenzug auswechseln

Die Motorhaube entriegelt ein Seilzug, der vom Schloss der Haube über die linke Seite des Motorraums durch die Stirnwand ins Wageninnere führt. Dort ist der Zug links neben der Lenksäule am Öffnungshebel verankert (siehe Motorhaube im Detail).

Arbeitsschritte

① Motorhaubenschloss ausbauen. Einbaulage vorher markieren.

② Seilzug am Schloss im oberen Querträger aushängen.

③ Haubenzug am Öffnungshebel aushängen.

④ Neuen Haubenzug mit Bindedraht an den alten Zug am Haubenschloss anhängen. Alten Zug nach innen aus der Ummantelung ziehen.

⑤ Neuen Zug an Öffnungshebel montieren.

⑥ Haubenzug im Motorraum auf »Länge« bringen und am Haubenschloss befestigen.

⑦ Nach Montage des Haubenschlosses evtl. die Motorhaube – wie beschrieben – neu justieren.

Praxistip

Haubenzug gerissen

Sollte der Zug am inneren Öffnungshebel gerissen sein, versuchen Sie das Zugende mit einer Flachzange (Wasserpumpenzange, Kombizange) zu erreichen und den Zug zu ziehen. Falls der Zug am Haubenschloss gerissen ist, mit einem stabilen Drahthaken den Betätigungshebel des Haubenschlosses zwischen Motorhaube und Grill »einfangen« und nach rechts ziehen. Der Sperrhaken lässt sich leichter ziehen, wenn Sie die Haube dabei etwas ins Schloss drücken (siehe Motorhaube im Detail).

Stoßfänger (vorne) demontieren

Arbeits-schritte

① Motorhaube öffnen und Batterie abklemmen. Falls montiert, Kabelverbindungen an Zusatzscheinwerfern abziehen.

② Kühlergrill abnehmen (siehe Pfeil).

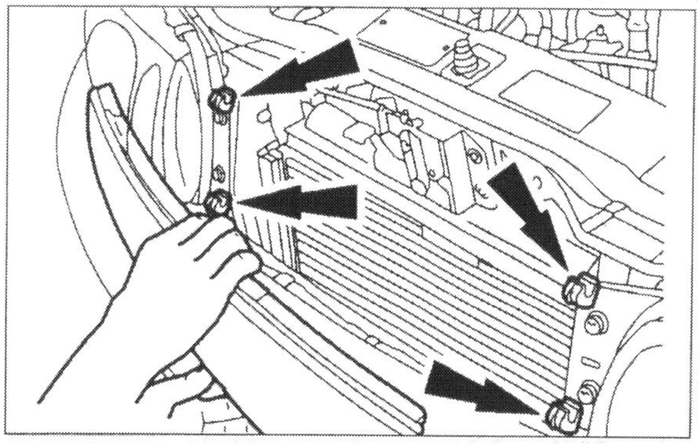

Kühlergrill demontieren.

③ Scheinwerfer – wie beschrieben – demontieren.

④ Vorderwagen auf Böcke stellen (Handbremse anziehen und Hinterräder mit Unterlegkeilen sichern).

⑤ Resonatorschraube (siehe Pfeil) ausdrehen.

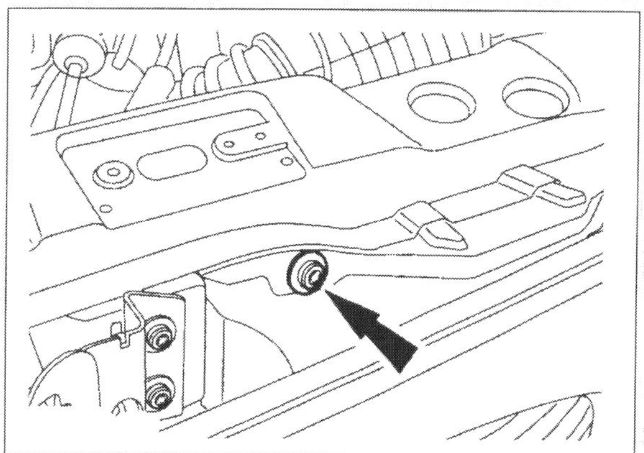

Resonatorschraube.

⑥ Beide Innenkotflügel lösen (siehe Pfeil).

⑦ Lampenstecker im Kotflügel abziehen.

⑧ Stoßfänger Befestigungsschrauben (siehe Pfeil) ausschrauben.

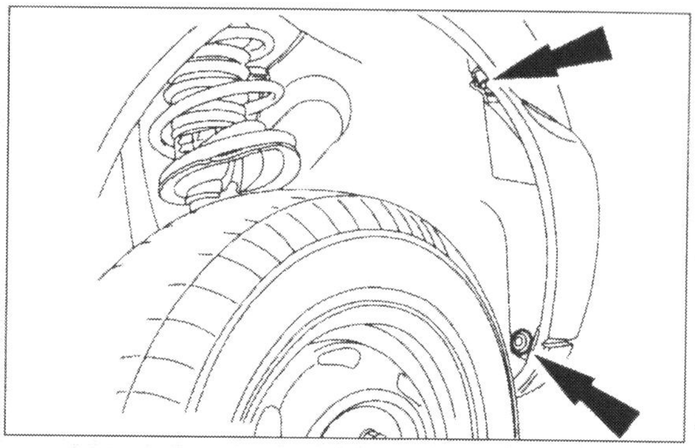

Innenkotflügel lösen.

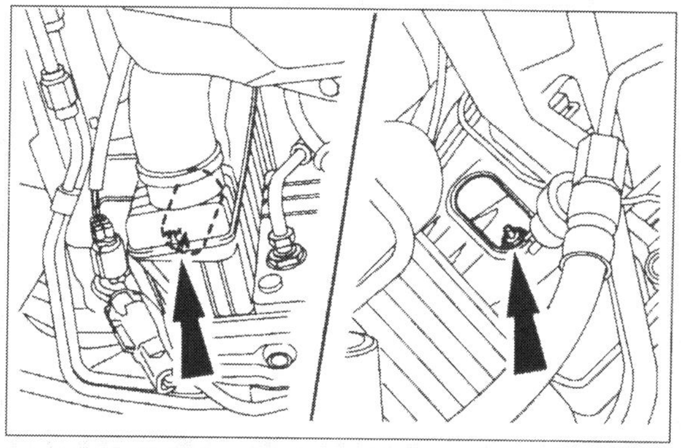

Stoßfänger-Befestigungsschrauben.

⑨ Stoßfänger vom Vorderwagen abnehmen.

⑩ Zur Montage den Stoßfänger mit Helfer in den Aufnahmen ausrichten. Beide Stoßfängerenden müssen mit den Kotflügeln fluchten.

⑪ Stoßfänger mit 25 Nm anziehen.

⑫ Die Arbeit in umgekehrter Reihenfolge abschließen.

Kotflügel demontieren

Arbeits-schritte

① Vorderwagen auf Böcke stellen (Handbremse anziehen und Hinterräder mit Unterlegkeilen sichern). Betreffendes Vorderrad abnehmen.

② Innenkotflügel ausbauen (eine Schraube am Stoßfänger, fünf Schrauben im Radlauf)

③ Stoßfänger – wie beschrieben – demontieren.

④ Seitliche Blinkleuchte – wie beschrieben - demontieren.

⑤ Spreizclip vorne am Kotflügel heraushebeln.

⑥ Befestigungsschrauben im Kotflügelfalz und am Türschweller herausschrauben.

⑦ Mit einem schmalen Spachtel bzw. scharfem Messer vorsichtig die Kontaktflächen des Kotflügels zur Karosserie lösen. Sie erleichtern sich die Arbeit, wenn Sie ein Heißluftgerät (Fön) verwenden. Denn Unterbodenschutz und Dichtmasse sind durch die Verschraubung zusammengepresst und wirken wie eine Schweißnaht.

⑧ Kotflügel ringsum an allen Kontaktflächen vorsichtig abheben.

⑨ Mit einem Schaber und scharfen Messer an den Kontaktflächen die alte Dichtmasse sorgfältig abtragen. Achten Sie darauf, dass die Lackierung unbeschadet bleibt.

Kotflügel montieren

Arbeits-schritte

① Sämtliche Kontaktflächen an Kotflügel und Karosserie reinigen und beidseitig eine »Raupe« Dichtungsmasse (Fugendichtmittel) auftragen. Hier dürfen später keine Wassernester entstehen. Sollte der Lack beschädigt sein, bessern Sie vorab die Schäden fachgerecht (Rostprimer, Haftgrund, Decklack) aus. Geben Sie dem neu aufgebauten Lack genügend Trockenzeit.

② Neuen Kotflügel lackieren und an den Innenfalzen und im Kontaktbereich des Innenkotflügels gegen Rost schützen.

③ Die Kontaktflächen am Radlauf und der A-Säule mit handelsüblichem Karosserieband auslegen.

④ Kotflügel auflegen und Karosseriespaltmaß grob gegen die geschlossene Motorhaube und Tür ausrichten.

⑤ Befestigungsschrauben ansetzen (Gewinde vorher reinigen und etwas einfetten).

⑥ Sämtliche Schrauben von der Mitte aus versetzt in Richtung Motorhaube und Frontscheibe festziehen. Auf die gleiche Art gehen sie an der A-Säule vor. Bei jeder »neuen« Schraube halten Sie das korrekte Spaltmaß »im Auge«.

⑦ Überstehendes Karosserieband fest in die Montagefugen pressen.

⑧ Kontaktflächen von innen sauber mit Dichtmasse verfugen.

⑨ Endmontage in umgekehrter Reihenfolge abschließen. Evtl. Motorhaube – wie beschrieben – einpassen.

Stoßfänger (hinten) demontieren

Arbeits-schritte

① Kennzeichenleuchte mit Schraubendreher aus dem Stoßfänger hebeln. Schaffen Sie gegen Kratzschäden eine Unterlage zwischen Schraubendreher und Stoßfänger.

② Stecker Kennzeichenbeleuchtung abziehen.

③ Befestigungsschrauben am Radausschnitt entfernen.

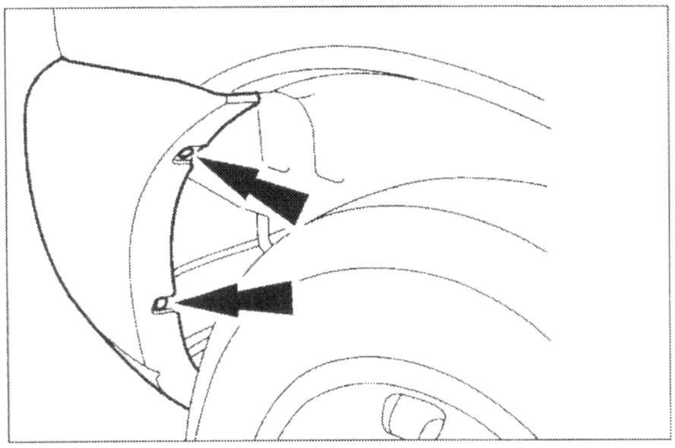

Befestigungsschrauben Radausschnitt.

④ Heckklappe öffnen und im Gepäckraum Befestigungsschrauben herausschrauben.

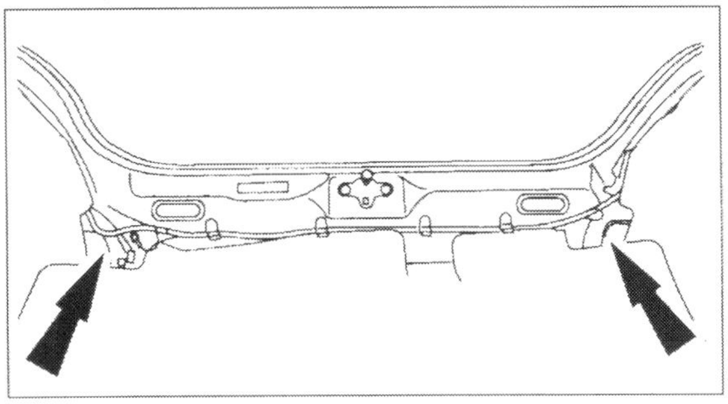

Befestigungsschrauben Gepäckraum.

⑤ Stoßfänger vorsichtig abnehmen.

⑥ Zur Montage Stoßfänger (wie unter Stoßfänger vorne beschrieben) ausrichten und sämtliche Befestigungsschrauben anziehen.

⑦ Endmontage in umgekehrter Reihenfolge ausführen.

Heckklappe demontieren

Arbeits-schritte

① Batterie abklemmen.

② Laderaumabdeckung komplett mit Fangbändern demontieren.

③ Kabelstecker zur beheizbaren Heckscheibe und zum Heckscheibenwischer abziehen. Wasserschlauch von Waschdüse abziehen.

④ Heckklappe abstützen.

⑤ Beide Gasdruck-Aufstellheber vom Kugelkopf des Halters abhebeln. Dazu Halteklammer (siehe Pfeil) etwas anheben, um den Aufsteller vom Kugelkopf ziehen zu können.

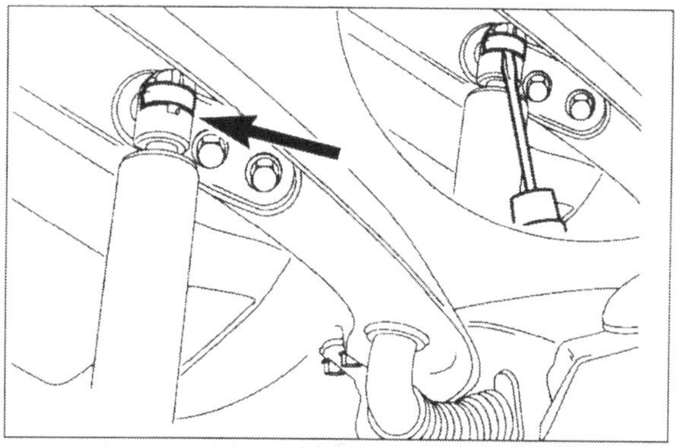

Halteklammer anheben.

⑥ Wie unter »Motorhaube demontieren« gezeigt, die Heckklappen-Scharniere kennzeichnen.

⑦ Vier Befestigungsschrauben ausdrehen und Klappe mit Helfer abheben.

⑧ Bei der Montage Befestigungsschrauben zunächst nur leicht vorziehen. Klappe ausrichten und Spaltmasse egalisieren.

⑨ Befestigungsschrauben mit 10 Nm anziehen.

⑩ Endmontage in umgekehrter Reihenfolge vornehmen.

Heckklappe demontieren

Praxistip

Um die »Innereien« der Heckklappe nach der Montage bequemer installieren zu können, empfehlen wir Ihnen bei der Demontage alle gelösten Anschlüsse mit einem Bindfaden zu »verlängern«. Sie ziehen dann die Zuleitungen am anderen Ende aus der Klappe. Die in der Klappe verbleibenden Fäden nutzen Sie bei der Montage als »Pfadfinder« für die Kabel und Schläuche.

Gummidichtung ersetzen

① Wenn Sie sich schon die Heckklappe »vorgenommen« haben, prüfen Sie gleich auch die Heckklappendichtung: Undichte Stellen »verraten« Staub- oder Wasserlaufspuren auf beiden Seiten der Dichtfläche. Ist die Dichtung spröde oder rissig, spendieren Sie Ihrem Fiesta ein neues Formteil. Ziehen Sie dazu die alte Dichtung vollständig ab und säubern den Falz von alten Dichtmittelresten und Schmutz.

② Neues Dichtmittel (z. B. Fugendichtmittel, Silicon) sparsam in Dichtungsnut pressen. Dichtung in Schlossmitte ansetzen und rundum andrücken. Das überstehende Ende mit Seitenschneider passend schneiden. Die endgültige Stoßverbindung sollte etwas unter Vorspannung stehen. Vormontierte Dichtung vorsichtig mit Gummihammer aufschlagen.

Schließzylinder aus Heckklappe demontieren

Arbeits-schritte

① Batterie abklemmen.

② Verkleidung der Heckklappe demontieren (gehen Sie vorsichtig mit den »Kunststoffpilzen« um – sie zerbrechen schnell).

③ Schließzylinderverkleidung abschrauben.

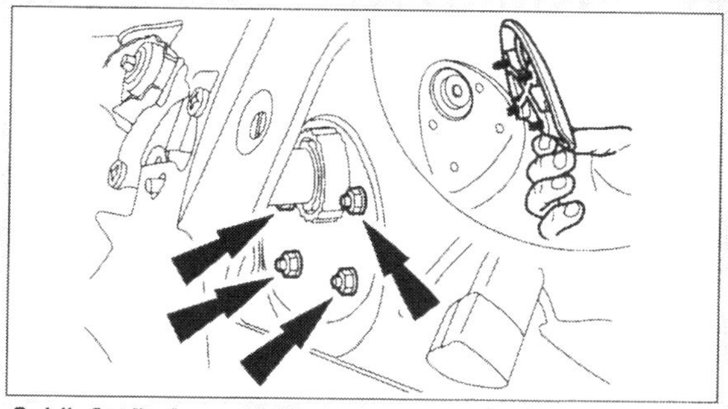

Schließzylinderverkleidung.

④ Schließzylinder-Sicherungsring lösen (entgegen Uhrzeigersinn – Pfeil – drehen).

⑤ Schließzylinder-Betätigungsstange (siehe Pfeil) aushängen. »Verkanten« und verdrehen Sie den Zylinder etwas.

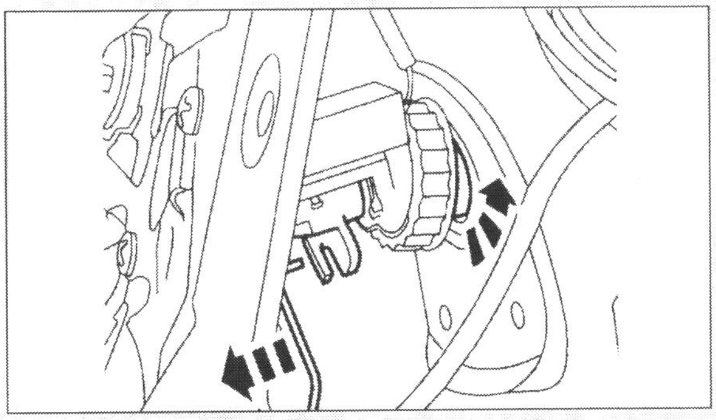

Sicherungsring lösen / Betätigungsstange aushängen.

⑥ Falls installiert, Alarmverhinderungsschalter demontieren.

⑦ Schließzylinder nach außen abnehmen.

⑧ Die Montage erfolgt in umgekehrter Reihenfolge. Poröse oder spröde Dichtgummis grundsätzlich erneuern.

Heckklappenschloss demontieren

Arbeitsschritte

① Batterie abklemmen.

② Heckklappenverkleidung – wie beschrieben – demontieren.

③ Schlossstange (siehe Pfeil) am Stellmotor aushängen.

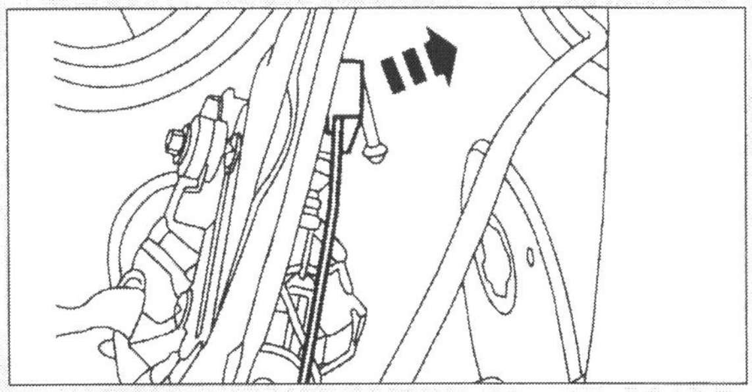

Schlossstange aushängen.

④ Schlossbefestigungsschrauben abschrauben.

⑤ Schloss vorsichtig aus der Klappe ziehen (falls installiert, Kontrollschalter für Heckklappe demontieren).

⑥ Montage in umgekehrter Reihenfolge vornehmen.

Technische Daten

Motor

Bauart		Reihe (OHV)	Reihe (OHV)	Reihe (DOHC)	Reihe (DOHC)	Reihe (OHC)
Motortyp		1,3i Endura-E	1,3i Endura-E	1,25i Zetec-SE	1,4i Zetec-SE	1,8D Endura-DE
Bohrung	mm	73,96	73,96	71,90	76	82,5
Hub	mm	75,48	75,48	76,50	76,50	82,0
Hubraum	cm^3	1299	1299	1242	1388	1753
Kurbelwellenlager		5	5	5	5	5
Verdichtungsverhältnis		9,5:1	9,5:1	10,0:1	10,3:1	21,5:1
Höchstleistung	kW/PS	37/50	44/60	55/75	66/90	44/60
bei	1/min	5000	5000	5200	5600	4800
Maximales Drehmoment	Nm	94	103	110	125	105
bei	1/min	2500	2500	4000	4500	2500
Ventilspiel						
Einlass (hydr. Spielausgleich) in kaltem Zust.			0,20		0,17–0,23	0,30 – 0,40
Auslass (hydr. Spielausgleich) in kaltem Zust.			0,30/0,50		0,27–0,33	0,45–0,55
Öldruck						
bei Leerlauf	bar	0,6 (OHV)		1,0 (DOHC)		0,75 (Diesel)
bei ca. 2000/min (100° C)	bar	1,5		2,8		1,.5

Ventilsteuerung

OHV-Motor (Endura-E 1,3i)	Nockenwellenantrieb über Steuerkette, Hydrostößel, automatischer Ventilspielausgleich, 1 Nockenwelle, 2 Ventile pro Zylinder
DOHC-Motor (Zetec-SE 1,25i/1,4i)	Nockenwellenantrieb über Zahnriemen, Hydrostößel, automatischer Ventilspielausgleich, 2 Nockenwellen, 4 Ventile pro Zylinder
OHC-Motor (Endura-DE 1,8D)	Nockenwellenantrieb über Zahnriemen, Hydrostößel, automatischer Ventilspielausgleich, 1 Nockenwelle, 2 Ventile pro Zylinder

Schmiersysxtem

OHV-Motor (Endura-E 1,3i)	Druckumlaufschmierung, Ölfilter im Hauptstrom
DOHC-Motor (Zetec-SE 1,25i/1,4i)	Druckumlaufschmierung, Ölfilter im Hauptstrom

Kühlsystem

Motortyp		1,3i Endrua-E	Zetec-SE	1,8D Endura-DE
Hubraum	cm^3	1299	1242/1388	1753
Kühlung		Wasserumlauf durch Pumpe		
Ventilator		thermostatisch geregelter E-Lüfter		
Antrieb der Wasserpumpe		Keilriemen		
Thermostat				
beginnt zu öffnen	bei °C	85–89 (OHV, DOHC)		86–90 (Diesel)
maximal geöffnet	bei °C	99–102		100
Öffnungsdruck des Kühlsystem-Verschlußdeckels	bar	0,85–1,2 (je nach Motorversion)		

Kraftstoffanlage

Motortyp		1,3 Endura-E	Zetec-SE	1,8 Endura-DE
Hubraum	cm^3	1299	1242/1388	1753
Gemischaufbereitung		elektronisch geregelte Einspritzanlage (SEFI)		Mehrventil-Einspritzanlage
Katalysator		– geregelter Drei-Wege-Katalysator –		Oxydationskatalysator mit Abgasrückführung
Kraftstoff		– Super bleifrei (95 ROz) –		Diesel
Leerlaufdrehzahl	1/min	760–880	760–840	800–920
Abgasnorm		96 EEC II/D4	96 EECII/D4*	96 EEC II

*Automatikversion D3

Kraftübertragung

Antriebskonzept		Vorderradantrieb	
Schaltgetriebe		manuelles 5-Gang Schaltgetriebe (Ford IB5), Mittelschaltung, Differential mit Getriebe verblockt, Antriebswellen mit doppelten Gleichlaufgelenken	
Übersetzungsverhältnis			
1. Gang		3,58:1	
2. Gang		2,04:1	(Diesel 1,93:1)
3. Gang		1,32:1	(Diesel 1,28:1)
4. Gang		0,95:1	
5. Gang		0,76:1	
Rückwärtsgang		3,62:1	
Achsantrieb		3,84:1	(Zetec-SE 4,27:1)
Kupplungstyp		hydraulisch betätigte, selbstnachstellende Einscheiben-Trockenkupplung mit Tellerfeder-Druckplatte, asbestfreier Belag	
Außendurchmesser	mm	180 (Ottomotoren),	210 (Diesel)
Automatikgetriebe (nur in Verbindung mit 1,25i Zetec-SE)			
Stufenlose Ford CTX-Automatik			
Vorwärtsfahrt		3,84:1	
Rückwärtsfahrt		4,27:1	
Untersetzungsgetriebe		1,48:1	

Fahrwerk

Vorderachse		Fahrschemel, Einzelradaufhängung, McPherson-Federbeine,-Schraubenfedern, L-förmige untere Querlenker, Querstabiliator (Ø 15 mm), Gasdruckstoßdämpfer
Spurweite	mm	1429
Hinterachse		Verbundlenkerhinterachse mit progressiver Spursteuerung, Schraubenfedern, doppelt wirkende Teleskop-Stoßdämpfer
Spurweite	mm	1373
Radstand	mm	2446
Felgen		
Focus, Flair, Fun, Ghia		5 J x 13"*
Fun, Ghia (1,4i Zetec-SE)		5 $1/_2$ J x 14"*
*Option		5 $1/_2$ J x 14" Leichtmetall
Reifen		Serie
Focus		155/70 R 13"
Focus 1,8 D, Flair, Fun, Ghia		165/70 R 13"*
Fun, Ghia, (1,45I Zetec-SE)		185/55 R 14"
*Option		185/55 R 14"
Lenkung		variable Zahnstangenlenkung, hydr. Servolenkung (Serie in Focus, Flair und Ghia mit Dieselmotor, auf Wunsch für alle Modelle lieferbar), Fiesta Fun nur in Verbindung mit 1,4i Zetec-SE, Sicherheitslenksäule, Wendekreis 10,3 Meter, Lenkradumdrehungen v. Anschlag zu Anschlag 4,52 (Servolenkung 2,84)

Bremsanlage

Bremssystem		hydraulisch wirkende Zweikreisbremsanlage, diagonal geteilt, Bremskraftverstärker (ø 229 mm); Bremsdruckregelventil, auf Wunsch Vierkanal ABS mit integrierter elektronischer Bremskraftverteilung und Antriebsschlupfregelung, Handbremse auf die Hinterräder wirkend, vorn Scheibenbremsen, hinten selbstnachstellende Trommelbremsen, Bremsbeläge asbestfrei
Handbremse		mechanische Seilzugbremse
Vorderräder		
Scheibendurchmesser	mm	240
Scheibendicke	mm	12
Mindeststärke	mm	10
Max. Scheibenschlag	mm	0,07
(innenbelüftete Scheiben in CTX-Modellen)		
Hinteräder		
Bremstrommel-Durchmesser	mm	180
Max. zulässiges Reparaturmaß	mm	181,5
Bremsbelagstärke	mm	5,5
Mindeststärke	mm	1,0

Elektrische Anlage

Bordspannung	V	12
Batterie	Ah	43 (Diesel 63)
Generator	V/A	14/55
Zündsystem		kontaktlose, elektronisch geregelte 3D-Kennfeldzündung

Füllmengen

Motoröl mit Filter	l	3,25 (OHV); 3,4 (DOHC); 4,5 (OHC)
Kühlsystem inkl. Heizung	l	7,1 (OHV); 6,0 (DOHC); 9,3 (OHC)
Kraftstofftank	l	ca. 42
Schaltgetriebe (iB5)		
Synthetik Getriebeöl 75/W90		
Dauerfüllung	l	2,8
CTX-Automatik		
Synthetik Getriebeöl WSD-M2-C 199A		

Gewichte

(3/5-türig), Angaben in kg	Leistung (kW)	Leergewicht*	Zuladung	zulässiges Gesamtgew.	zulässige Achslast vorne	hinten
Fiesta Focus						
1,3 l Endura-E	37	1005/1033	410/417	1415/1450	740/760	700/730
1,3 l Endura-E	44	1005/1033	455/432	1460/1465	770/774	740/740
1,8 l Endura-DE	44	1089	421	1510	840	725
Fiesta Flair						
1,3 l Endura-E	37	1024/1057	391/393	1415/1450	740/760	700/730
1,3 l Endura-E	44	1024/1057	436/408	1460/1465	770/774	740/740
1,25 l Zetec-SE	55	1015/1043	435/432	1450/1475	760/770	740/750
1,8 l Endura-DE	44	1125	425	1550	850^740	
CTX-Automatik-Getriebe	55	1038/1066	412/419	1450/1485	770/780	720/740
Fiesta Fun						
1,3 l Endura-E	44	1029	431	1460	770	740
1,25 l Zetec-SE	55	1010	440	1450	760	740
1,4 l Zetec-SE	66	1034	416	1450	760	740
Fiesta GHIA						
1,245 l Zetec-SE	55	1029/1057	421/418	1450/1475	760/770	740/750
1,4 l Zetec-SE	66	–/1069	–/406	–/1475	–/770	–/740
1,8 l Endura-DE	44	–/1139	–/411	–/1550	–/840	–/725
Anhängelasten in kg						
5-Gang/Automatik		Gebremst		Ungebremst		
Maximale Anfahrsteigung		12 %	8 %			
1,3 l Endura-E	37	900	900	400		
1,3 l Endura-E	44	900	900	400		
1,25 l Zetec-SE	55	900/600	900/900	400/280		
1,4 l Zetec-SE	66	900	900	400		
1,8 l Endura-DE	44	900	900	400		
Zulässige Stützlast:		für alle Modelle 50 kg				
Zulässige Dachlast:		für alle Modelle 75 kg				

*) Die tatsächlichen Gewichte entnehmen Sie bitte Ihren Fahrzeugpapieren
**) einschließlich Fahrer (75 kg)

Stichwortverzeichnis

FSC
www.fsc.org
MIX
Papier | Fördert
gute Waldnutzung
FSC® C083411

Zeitfracht Medien GmbH
Ferdinand-Jühlke-Straße 7
99095 Erfurt, Deutschland
produktsicherheit@kolibri360.de

Druck:
CPI Druckdienstleistungen GmbH
im Auftrag der
Zeitfracht Medien GmbH
Ein Unternehmen der Zeitfracht - Gruppe
Ferdinand-Jühlke-Str. 7
99095 Erfurt